Information
in der wissenschaftlichen Forschung

S. E. Zločevskij
A. V. Kozenko
V. V. Kosolapov
A. N. Polovinčik

Information in der wissenschaftlichen Forschung

AKADEMIE-VERLAG · BERLIN
1972

Russischer Originaltitel:
Информация в научных исследованиях, Киев 1969
Ins Deutsche übersetzt von Klaus-Dieter Goll, Eberswalde

Wissenschaftliche Bearbeitung der deutschen Ausgabe:
Dr. Dieter Graf, Berlin, unter Mitarbeit von Günter Herting
und Wolfgang Seidel, beide Berlin

Erschienen im Akademie-Verlag GmbH, 108 Berlin, Leipziger Str. 3–4

Umschlaggestaltung: Nina Striewski
Lizenznummer: 202 · 100/28/72
Herstellung: IV/2/14 VEB Druckerei »Gottfried Wilhelm Leibniz«,
445 Gräfenhainichen/DDR · 3846
Bestellnummer: 5839 · ES 20 K 5
EDV-Nr.: 751 895 8
14,50

Vorwort

Heute arbeiten auf der Erde etwa 2,5 Millionen Wissenschaftler, das sind 90 Prozent aller Wissenschaftler, die jemals auf unserem Planeten tätig waren. Unter diesen Umständen haben Probleme der Informationsbereitstellung für die Forschung eine aktuelle Bedeutung gewonnen. Der Umfang der wissenschaftlichen Information verdoppelt sich alle 10 bis 15 Jahre, auf einigen Wissenschaftsgebieten noch schneller. Im Jahre 1968 erschienen mehr als 50000 verschiedene wissenschaftlich-technische Zeitschriften mit eineinhalb bis zwei Millionen Artikeln, etwa 45000 Zeitschriften der Gesellschaftswissenschaften, mehr als 60000 wissenschaftliche Bücher, mehr als 1500 referierende Zeitschriften, etwa 300000 Beschreibungen zu Urheberscheinen und Patenten; es wurden 800000 wissenschaftlich-technische Berichte und andere unveröffentlichte Informationsmaterialien verfaßt. Auf einen Wissenschaftler entfielen im Durchschnitt täglich etwa 100 Druckbogen. Nach optimistischen Prognosen werden sich diese Werte in 20 bis 25 Jahren zumindest verdreifacht haben.

Kein Spezialist ist allein in der Lage, sich diesen gewaltigen Reichtum des von der Menschheit angehäuften Wissens anzueignen. In der Wissenschaft ist eine Situation entstanden, die in mancher Hinsicht an die in der Mitte des vorigen Jahrhunderts erinnert, als eine Aufteilung der wissenschaftlichen Tätigkeit in „experimentelle“ und „theoretische“ Arbeiten erforderlich wurde. Nunmehr erfolgt die nächste Etappe der Differenzierung der wissenschaftlichen Tätigkeit: die Aussonderung der Informationsbereitstellung für die wissenschaftliche Forschung als eine besondere Erscheinungsform wissenschaftlicher Tätigkeit.

Hunderttausende Wissenschaftler und hochqualifizierte Ingenieure in der Welt befassen sich mit wissenschaftlicher Informationstätigkeit. Ein Informator muß ungeheure Mengen an Literatur und nichtpublizierten Materialien kennen, er muß in der Lage sein, aussichtsreiche wissenschaftliche Forschungen zu prognostizieren, er muß über Fertigkeiten in der Anwendung der Rechentechnik bei der Suche nach notwendigen Informationsdaten verfügen usw. Die Anwendung moderner Methoden der Informationsbereitstellung erhöht die Effektivität in der wissenschaftlichen Forschung in der Regel um 25 bis 30 Prozent.

Die wissenschaftliche Informationstätigkeit sichert den Forschern die möglichst vollständige Erfassung und analytisch-synthetische Bearbeitung aller neuen Ergebnisse von Wissenschaft und Technik, die langfristige Speicherung von Büchern, Patentschriften, Zeitschriftenartikeln, Mikrofilmen, Dissertationen, wissenschaftlichen Berichten u. a. in Informations-Recherche-Systemen. Letztere gestatten eine schnelle, erschöpfende und vielseitige Recherche der benötigten Angaben sowie die Informationsbearbeitung (informationslogische Analyse) in Informationsverarbeitungssystemen zur Erlangung neuer Information. Die Hauptaufgabe der neu entstandenen Wissenschaft, die den Namen „Informatik" erhalten hat, besteht in der Sicherung effektiver Methoden und Mittel für die Erfassung, Bearbeitung, Aufbewahrung, Suche und Verbreitung wissenschaftlicher Information.

In der Sowjetunion widmen Partei und Regierung den Fragen der Informationsbereitstellung in Wissenschaft und Industrie große Aufmerksamkeit. Es wurde ein gesamtstaatliches System der wissenschaftlichen Information geschaffen, in dem etwa 100000 Informatoren arbeiten. Der Aufbau des Informationssystems in der UdSSR sowie die Methoden der wissenschaftlichen Informationstätigkeit werden von ausländischen Spezialisten sorgfältig studiert und in ihren Ländern genutzt.

In der vorliegenden Arbeit werden einige Probleme der Informationsbereitstellung für die wissenschaftliche Forschung untersucht. Das Hauptaugenmerk gilt praktischen Fragen der Organisation der Information; auch einige noch nicht gelöste Probleme der Informatik werden analysiert. Wichtige praktische Erfahrungen der wissenschaftlichen Informationstätigkeit der Organe für wissenschaftliche und technische Information der Ukrainischen SSR werden verallgemeinert. Das Buch ist für einen breiten Kreis von Wissenschaftlern, Ingenieuren und Technikern bestimmt.

Als große Hilfe erwiesen sich für die Autoren die Ratschläge des Direktors des Allunionsinstituts für wissenschaftliche und technische Information (VINITI), Professor A. I. Michajlov. Überaus nützliche Hinweise zum Manuskript gaben auch der Doktor der Geschichtswissenschaften I. V. Bestužev-Lad, der Kandidat der technischen Wissenschaften B. N. Tardov und der Kandidat der philosophischen Wissenschaften V. A. Lisičkin.

A. N. Ščerban, Mitglied der Akademie
der Wissenschaften der Ukrainischen SSR

Kapitel I

Methodologische Prinzipien und Grundbegriffe der Theorie der wissenschaftlich-technischen Information

Ausgangsprinzipien und -begriffe

In seiner Arbeit „Materialismus und Empiriokritizismus" weist V. I. Lenin darauf hin, daß unter bestimmten Bedingungen gesetzmäßig denkende Materie entsteht. Lenin ging von den Erkenntnissen der Naturwissenschaft über die Eigenschaften der Materie aus und stellt die These auf, daß „die ganze Materie eine Eigenschaft besitzt, die dem Wesen nach der Empfindung verwandt ist, die Eigenschaft der Widerspiegelung" [1, S. 85]. Diese Eigenschaft liegt „in den Grundsteinen des Gebäudes der Materie" selbst [1, S. 37]. Einige Jahrzehnte sind vergangen, und diese wissenschaftliche These Lenins hat sich bestätigt. Die moderne Wissenschaft entdeckte bei materiellen Gebilden, die untereinander in Wechselwirkung stehen, Informationseigenschaften.

Der Begriff „Information" wurde erstmals auf dem Gebiet der theoretischen Physik angewendet. Im Jahre 1894 stellte Ludwig Boltzmann fest, daß die Entropie eines physikalischen Systems unmittelbar den Gesetzen der Wahrscheinlichkeitsrechnung folgt. Den Begriff Entropie, der mit dem des „Informationsverlustes" verknüpft wurde,verwendeten Leo Szillard im Jahre 1925 in der Physik und von Neumann im Jahre 1932 auf dem Gebiet der Quantenmechanik und der Atomphysik. Im Jahre 1948 begründete Claude Shannon die mathematische Informationstheorie. Norbert Wiener wandte diese auf dem Gebiet der Steuerung an und gab damit den Anstoß für die Ausnutzung des Informationsbegriffes in allen Bereichen der modernen Wissenschaft. Jedoch wurde der Begriff der Information nicht einheitlich bestimmt. C. E. Shannon [2], A. Ja. Chinčin [3], N. Wiener [4], L. Brillouin [5], J. v. Neumann [6], E. Kolman [7] und andere haben für einzelne konkrete Aufgabenstellungen Definitionen für den Informationsbegriff erarbeitet. Nach Shannon kann man die Information als das Maß jener Menge von Unbestimmtheit definieren, die nach der Erlangung einer Mitteilung beseitigt wird. Die Bedeutung der Information, die in der Mitteilung enthalten ist, wird dabei nicht in Betracht gezogen. Die Maßeinheit für die Informationsmenge ist das „bit". Ein „bit" ist die Informationsmenge, die notwendig ist, um zwischen zwei gleich wahrscheinlichen, einander ausschließenden Möglichkeiten eine Auswahl zu treffen. Je mehr Unbestimmtheit in gleich wahrscheinlichen Systemzuständen vorhanden ist, desto mehr Information ist nötig, um das System in einen bestimmten Zustand zu bringen. Wenn zum Beispiel bekannt ist, daß ein auf dem Flugplatz erwarteter Gast mit einem von acht Flugzeugen ankommen kann, so ist offenbar die Anzahl der gleichermaßen wahrscheinlichen Systemzustände gleich acht, die Anzahl der Alternativen („ja oder nein"), die durch eine gestellte Frage entschieden werden, gleich zwei und die minimale Zahl von Fragen, durch die der Zustand des Systems bestimmt wird, gleich drei. Denn: Es sind drei entsprechende Fragen notwendig, von denen jede zwei Alternativen entscheidet, um jene bestimmte Information über die Ankunft des Flugzeuges zu erhalten, mit dem der Gast eintrifft. Folglich beträgt die Informationsmenge, die in diesem Falle zur Bestimmung des Systems notwendig ist, drei bit. In der Forschung (zum Beispiel in der experimentellen) treten die zu bestimmenden Objekte aber nicht in gleicher Wahrscheinlichkeit auf. Es kommt hier auf die optimale Auswahl des kürzesten Weges zur gesuchten Antwort auf die gestellten Fragen an, indem die wahrscheinlichsten Zustände des Systems in Erfahrung gebracht werden.

Information kann gespeichert und weitergegeben werden. Der Umfang der erhaltenen Information wird als die Veränderung im Wissen des Empfängers vor und nach Erhalten einer Mitteilung definiert. Die Geschwindigkeit der Informationsübertragung ist von den Übertragungskanälen abhängig sowie vom sogenannten Rauschen.

Rauschsignale sind mit keinem der nützlichen Signale des Systems kohärent. Sie werden von Störungen, die mit Signalen anderer Systeme kohärent sind, und von Verzerrungen unterschieden. Rauschen vergrößert die Unbestimmtheit eines Systems.

In der Informationstheorie werden auch Wechselbeziehungen von Signalen berücksichtigt, d. h. Eigenschaften der Gesamtheit von Mitteilungen. Wenn alle Signale statistisch ähnlich sind, so werden die Beobachtungen eines Signals auf die Gesamtheit der Signale extrapoliert.

L. Brillouin schlägt folgenden Begriff der Information vor, der sich von dem Shannons unterscheidet: Auf der Grundlage des zweiten Gesetzes der Thermodynamik muß die Entropie eines Systems entweder zunehmen oder stabil bleiben. Das bedeutet, daß die organisatorischen Zusammenhänge zwischen seinen Elementen immer zufälliger und chaotischer werden müssen. Erhält das System eine Information, so verringert sich die Unbestimmtheit des Systems, d. h., seine Entropie verringert sich. Folglich kann eine erhaltene Information als „negative Entropie" oder Negentropie betrachtet werden. Zusätzliche Information vergrößert die Negentropie des Systems. Vergrößert man die Negentropie, so bedeutet das eine Zunahme der Information über das System, und umgekehrt führt eine Verringerung der Negentropie des Systems zu Informationsverlust.

Die statistische Interpretation der Entropie in der Thermodynamik wurde von Claude Shannon auf andere Bereiche der Wirklichkeit übertragen, in denen stochastische Prozesse ablaufen, vor allem in der Nachrichtentheorie. Bald wurde offenbar, daß diese Konzeption der Information nicht nur in der Nachrichtentheorie, sondern auch in der Biologie, der Psychologie, Linguistik und anderen Wissenschaften anwendbar war, nämlich überall dort, wo statistische Gesetzmäßigkeiten existieren. Die Erweiterung des Anwendungsbereiches des Informationsbegriffes und der Informationstheorie von Shannon führte dazu, daß die Spezifik der Information und der informationellen Gesetzmäßigkeiten in die verschiedenen Bereiche der Wirklichkeit Eingang fanden. Mit der Entwicklung der mathematischen Informationstheorie selbst erweiterte sich der Anwendungsbereich des Begriffs der Information von diskreten auf stetige Systeme, von endlichen auf unendliche Systeme usw.

Die anthropomorphe Auffassung der Infoımation [8] zu jener Zeit, als die Kybernetik noch nicht begründet war, stellt lediglich eine Seite des Inhalts dar, den dieser Begriff erhalten hat. Im letzten Jahrzehnt wurde dieser Begriff von einer großen Anzahl von Spezialisten der verschiedensten Wissenschaftszweige erforscht.

In sehr weitem Sinne wurde der Begriff „Information" von S. L. Sobolev, A. N. Kitov und A. A. Ljapunov in einer der ersten sowjetischen Arbeiten zur Kybernetik gefaßt. Eine ebenso „allumfassende Begriffsbestimmung" findet sich in den Arbeiten von V. M. Gluškov [9], N. M. Amosov [10], F. P. Tarasenko [11], Z. I. Rovenskij, A. I. Ŭemov, E. A. Ŭemova [12], D. A. Guščin [13] und I. B. Novik [14]. N. V. Medved'ev dagegen engt diesen Begriff auf die bedingt-reflektorische Tätigkeit ein [15]. C. E. Shannon wollte den Begriff „Information" nur auf die technischen Nachrichtenmittel bezogen wissen [16].

Oft wird die Analyse auf den formalisierten Aspekt der Information beschränkt, und diejenige Seite, die noch keine formale Beschreibung gefunden hat, wird nicht berücksichtigt. Diese weitverbreitete Einengung der „Information" macht auch das „Kleine philosophische Wörterbuch" der UdSSR. Tatsächlich steht einem kleinen Bereich formalisierter Beziehungen eine gewaltige Anzahl von Beziehungen gegenüber, die sich nur sehr schwer formalisieren lassen. Das trifft auch auf die Information zu. Auf dem Gebiet der Kybernetik streben die Wissenschaftler danach, möglichst alle Seiten der Information zu formalisieren. Die Informationstheorie selbst befaßt sich nur mit außerordentlich speziellen Prozessen der Übermittlung, Aufnahme und Bearbeitung von Information.

F. I. Georgiev und G. F. Chrustov [17] betrachten Information als Nachrichten über Gegenstände der äußeren Realität und unterteilen sie in vitale und gegenständliche Information. Dabei verstehen sie unter vitaler Information eine Information über ständige Kennzeichen eines Objektes, die zu den biologischen Bedürfnissen eines Organismus gehören und die mit biologisch bedeutsamen und zeitweiligen Signalen dieses Organismus ausgetauscht werden. Als gegenständlich wird die Information über objektive Kennzeichen von Gegenständen bestimmt, die beim Wechselverhältnis von Gegenständen untereinander auftreten.

Nach Meinung einiger Wissenschaftler sind zwei allgemeine Arten von Information zu unterscheiden. Bei A. N. Kolmogorov [18] und N. I. Žukov [19] sind das die Information der lebendigen und der künstlichen Natur. S. G. Ivanov [20, 21] und I. I. Bloch [22] unterscheiden die menschliche, vernünftige Information und die maschinelle Information. V. V. Kosolapov [23] spricht von semantischer und technischer Information. Dabei wird davon ausgegangen, daß die technische (maschinelle) Information unmittelbar in Form von Signalen durch den Nachrichtenkanal übertragen wird, mathematisch genau erfaßbar ist und keine unmittelbare Berührung mit dem menschlichen Bewußtsein besitzt. Es handelt sich um Information, die durch ein technisch-mathematisches Gerät übertragen oder durch eine mathematische Einrichtung oder durch Nervenfasern übermittelt wird. Semantische, menschliche, vernünftige Information betrifft den Nutzer, der die Nachricht erklärt, versteht und benutzt.

S. G. Ivanov [20] schreibt: „Tote (mechanische und physikalisch-chemische) Information in der ausgeprägtesten Form findet sich in der elektronischen Rechenmaschine. Maschinelle Information ist das Ergebnis automatischer Schaltungen. Mit ihrer Hilfe werden Definitionen sowie vorwiegend quantitative und strukturelle Gesetzmäßigkeiten der Bewegung der verschiedensten Erscheinungen und Gegenstände dargestellt, vom Atom und Molekül bis zum Gehirn und zu gesellschaftlichen Erscheinungen. Die maschinelle Information zeichnet sich durch eine Reihe wichtiger Besonderheiten aus. Die wichtigste dieser Besonderheiten ist der Entropiecharakter der Information ... Die vernünftige Information ist außerordentlich spezifisch. In ihrer qualitativen Besonderheit stellt sie eben dasjenige dar, das in der Information anderer Art nicht enthalten ist. Diese Information muß allseitig untersucht und vor allem aus sich selbst heraus richtig verstanden werden, nicht aber durch ihren Vergleich mit der maschinellen oder biologischen Information."

Einige bürgerliche Autoren bringen den Begriff der Information mit der Religion in Zusammenhang, wobei sie die moderne Wissenschaft, insbesondere die Kybernetik, nutzen, um ihre idealistische Haltung zu begründen. A. V. Blom [24] vermeint zum Beispiel in der Information ein besonderes, nichtmaterielles Prinzip der Wirklichkeit zu erblicken, ein Prinzip, das den subjektiven und den objektiven Bereich vereint. G. Günther [25] versteht die Information als Mittler zwischen Bewußtsein und Materie. Nach Ansicht Günthers wie auch des Theologen E. Wasmuth [26], der meint, einen „kybernetischen Beweis der Existenz Gottes" geliefert zu haben, stellt die Infoımation so etwas wie einen dritten Wert neben dem Bewußtsein und der Materie dar, und die Identität dieser drei Werte ist angeblich Gott.

In der letzten Zeit wird im Zusammenhang mit der Information immer häufiger der Begriff der Vielfalt gebraucht. Zum erstenmal findet sich eine derartige Deutung bei William Ross Ashby [27]. Eine Wechselbeziehung zwischen Information und Vielfalt stellt auch St. Beer fest. Eine ähnliche Einstellung zur Information und Vielfalt finden wir zum Beispiel bei den Biologen I. I. Šmal'gauzen [29] und N. Rashevsky [30]. Auch in philosophischen Arbeiten wird eine derartige Betrachtungsweise entwickelt, so in den Arbeiten von P. V. Kopnin [31], A. D. Ursul [32, 33] und K. E. Morozov [34].

In Arbeiten der letzten Jahre ist ein Abgehen von den statistisch-wahrscheinlichkeitstheoretischen Konzeptionen zur Definition der Information festzustellen. A. N. Kolmogorov vertritt die Meinung, daß „die Information ihrem Wesen nach kein speziell wahrscheinlichkeitstheoretischer Begriff ist" [35, S. 35, 37]. Eine solche Konzeption hatte in der Vergangenheit bereits zu einer kombinatorischen Bestimmung der Informationsmenge und ihrer mengentheoretischen Entwicklung im Rahmen der ε-Entropie-Konzeption geführt. A. N. Kolmogorov stellte fest [36], daß die kombinatorische Bestimmung der Informationsmenge als der Logarithmus der Mächtigkeit der endlichen Menge (und als seine Verallgemeinerung – die ε-Entropie) logisch unabhängig sind vom statistischen Herangehen an die Bestimmung der Informationsmenge. In den erwähnten beiden Arbeiten entwickelt A. N. Kolmogorov aus der statistischen Bestimmung der Informationsmenge mathematisch verschiedene Verfahren – das algorithmische (auf der Basis rekursiver Funktionen) und das topologische Verfahren. Es sei auch auf die Deutung des Begriffs Information im Rahmen eines nicht statistischen, sondern dynamischen Systems hingewiesen, wo die Informationsmenge mit Hilfe der Bestimmung der Mengen festgestellt wird [37]. Die polnischen Wissenschaftler R. S. Ingarden und K. Urbanik [38] lieferten eine axiomatische Bestimmung der Information als einer stofflichen Funktion auf der Grundlage der Boolschen Ringe, ohne das Wahrscheinlichkeitsmaß zu Hilfe zu nehmen. Sie gehen davon aus, daß der Begriff der Information primär ist und der Begriff der Wahrscheinlichkeit erst daraus abgeleitet wurde.

Die beschriebenen Definitionen des Infoımationsbegriffs bilden das Wesen der mathematischen Informationstheorie oder der Theorie der „Signalinformation". Diese Theorie liegt der Informatik zugrunde. In der Infoımatik werden jedoch außer den quantitativen Charakteristika der Information auch deren qualitative Besonderheiten, die semantische Bedeutung und die Wichtigkeit der Information für den Informationsnutzer untersucht.

Information bewirkt Wissen und besitzt alle Eigenschaften, die für Wissen zutreffen: Altern, Zuverlässigkeit, Ursprünglichkeit und Wiederholbarkeit, Übereinstimmung mit dem erreichten wissenschaftlich-technischen Niveau usw. Wie das Wissen kann Information sowohl auf assoziative Weise als auch als Terminus oder durch strukturell-logische Zeichen ausgedrückt werden.

Diese Auffassung der Information beschreiben S. L. Sobolev, A. N. Kitov und A. A. Ljapunov so: „Als Information werden Angaben über die Ergebnisse irgendwelcher Ereignisse bezeichnet, die vorher nicht bekannt waren ... Die Kybernetik faßt den Informationsbegriff sehr weit. Sie bezeichnet als Information alle möglichen Daten, die von einem beliebigen bestimmten System aufgenommen und weitergegeben werden können, einschließlich der Daten, die innerhalb des Systems erzeugt werden ... Information können zum Beispiel auch Einwirkungen der Umwelt auf den Organismus des Menschen oder des Tieres sein, desgleichen Kenntnisse und Mitteilungen, die der Mensch im Prozeß der Ausbildung erlangt; Meldungen, die für die Übermittlung durch irgendein Kommunikationsmittel bestimmt sind; die Ausgangs-, Zwischen- und Enddaten in Rechenmaschinen u. a." [39, S. 136].

Sind nun aber Information und Wissen identische Begriffe? Um auf diese Frage zu antworten, muß man zunächst den Kreis der Objekte präzisieren, die prinzipiell mit Hilfe der Begriffe „Information" und

„Wissen" untersucht werden können. Der Informationsaustausch vollzieht sich nicht zwischen allen materiellen Gebilden, sondern nur zwischen denen, die ein System mit einem Minimum an Organisiertheit bilden. Informationsprozesse sind immer mit Energieübertragung, d. h. Energieverlust auf der einen und Energiezuwachs auf der anderen Seite, verbunden. Aber Informationsprozesse stellen weder Energie noch eine Form der materiellen Bewegung – analog etwa der mechanischen oder biologischen – dar. Informiertheit ist eine ebensolche Eigenschaft materieller Gebilde wie der Raum, das Sein, die Existenz usw. Wie die Eigenschaft der räumlichen Ausdehnung von Gebilden auf der Grundlage aller bekannten Tatsachen über die Wirklichkeit und nicht auf der Grundlage irgendwelcher spekulativen Schlüsse festgestellt wurde, so konnte auch die der Materie eigene Informiertheit durch die gesamte gesellschaftsgeschichtliche Praxis bewiesen werden. „Information ist Information", stellt N. Wiener fest, „nicht Materie und nicht Energie. Ein Materialismus, der das nicht anerkennt, kann in unserer Zeit nicht lebensfähig sein" [40, S. 166].

Information ist eine der Haupteigenschaften der Materie. Durch diesen Begriff wird ein konkreter Inhalt der Kategorie der Widerspiegelung in der marxistischen Philosophie beschrieben. Bekanntlich ist die Widerspiegelung eine allgemeine Eigenschaft der materiellen Wirklichkeit.

Die Eigenschaften der Materie – Bewegung, Raum, Zeit, Informiertheit usw. – werden durch die Struktur der materiellen Gebilde bestimmt. So ist zum Beispiel die Ausdehnung des Makrokosmos euklidisch, d. h. dreidimensional, die Ausdehnung des Kosmos ist gekrümmt, sie wird durch die nichteuklidische Geometrie beschrieben. Die strukturellen Organisationsebenen der Materie führen zu qualitativ verschiedenen Formen der Information. Man kann von der Informiertheit physikalischer, biologischer, sozialer und anderer Prozesse sprechen. Die Information wird daher in der Quantenmechanik, Genetik, Radioelektronik, Geschichtswissenschaft, Philosophie und in vielen anderen Wissenschaften behandelt. In der Gesellschaft ist der mit Bewußtsein ausgestattete Mensch das handelnde Subjekt. Inhalt des Bewußtseins ist die Gesamtheit der Kenntnisse, die der Mensch im Prozeß der Erkenntnis der Wirklichkeit erlangt hat. Die Erkenntnistätigkeit, darunter auch die wissenschaftliche Forschungstätigkeit, stellt einen Prozeß der Wissenserlangung dar, dessen Ziel in der Verringerung der Entropie des Bewußtseins, d. h. in der Erhöhung seiner Organisiertheit, besteht. Je größer die Gesamtmenge der Kenntnisse ist, über die ein Mensch verfügt, desto größer sind seine Möglichkeiten, sein Verhalten organisiert und zielgerichtet zu gestalten. Wissen kann man als Information im sozialen Milieu bestimmen, und Information ist ein Ergebnis des Erkenntnisprozesses zur Erhöhung der Informationskapazität des menschlichen Bewußtseins und der gesamten Gesellschaft. In diesem Zusammenhang sind auch jene Daten Wissen, die von elektronischen Rechenmaschinen gespeichert und verarbeitet werden, denn sie stellen Information dar, die in der Gesellschaft zirkuliert.

Man kann aus diesem Grunde sagen, daß Wissen nur der Teil der Information ist, der in der sozialen Sphäre zirkuliert und einen Sinn nur in deren Grenzen erhält. In der logischen Informatik werden nur die Informationen betrachtet, die als Wissen bezeichnet werden können. Das Wissen, das von den wissenschaftlichen Disziplinen vermittelt wird, untersucht die Informatik als Informationsprozeß. Deshalb ist die logische Informatik mit vielen Wissenschaften verbunden, hat aber gleichzeitig ein eigenes spezifisches Erkenntnisobjekt, und zwar Wissen als Information, die in der Gesellschaft zirkuliert. Die Informationskapazität wird von der logischen Informatik quantitativ bestimmt. Die Kapazität für eine gegebene Informationsmenge ist von der Gesamtzahl der Zustände abhängig, in denen sich die Elemente dieser Information befinden können. Die Informationskapazität wird nach der Formel $s = \log n$ berechnet, wobei n die Zahl der verschiedenen Zustände der Informationselemente oder die Zahl der Zustände des Speicherblocks in einem elektronischen Digitalrechner ist. Zum Beispiel wurde berechnet, daß ein gesunder Mensch innerhalb von 50 Jahren Informationen im Umfange von etwa 10^{16} bit verarbeitet. Das heißt, daß die Informationskapazität des Menschen dieser Zahl entspricht. Einzelne Autoren führen Formeln zur Berechnung der Informationskapazität wissenschaftlicher Theorien an [5, S. 53]: $I = k \log n \frac{P_{0teor}}{P_{1teor}}$, wobei P_0teor die Ausdehnung des Bereiches ist, in dessen Grenzen die Theorie wirksam ist; P_{1teor} – die zu erwartenden Fehler bei der Anwendung der Theorie und $k = 1{,}38 \cdot 10^{16}$ die Boltzmannsche Konstante, die von der Wahl des Systems der Einheiten abhängt und bei der Benutzung von bit $k = \frac{1}{\log n\, 2}$ beträgt. Außer quantitativen Charakteristika verfügt die Informationskapazität auch über qualitative Merkmale.

Der wissenschaftlichen Information liegen auch andere grundlegende Ausgangsbegriffe zugrunde, die nicht durch die Mittel dieser Theorie bestimmt werden. Ihre Zuverlässigkeit wird durch die Praxis der Informationstätigkeit festgestellt. Zu diesen Begriffen kann man die Begriffe Alphabet, Kode und Nachricht zählen.

Ein Alphabet ist ein System von graphischen Zeichen, Buchstaben, Symbolen, Interpunktionszeichen usw., die zur Aufzeichnung von Information, zu ihrer Übermittlung und zum Austausch von Information innerhalb der Gesellschaft dienen.

Nachricht ist ein beliebiger Teil der Information, der von Menschen ausgetauscht wird.

Ein Kode ist ein auf die Nachrichtenübertragung spezialisiertes Alphabet. Der Übergang von einem Alphabet zu einem anderen wird als Umkodierung bezeichnet, eine spezielle Zuordnung des Alphabets als Kodierung einer Nachricht.

Eine Nachricht wird in Form eines bestimmten Kodes durch einen Nachrichtenkanal übermittelt. Als Nachrichtenkanal können alle technischen Mittel fungieren, die zur Übermittlung kodierter Nachrichten von der Nachrichtenquelle zum Nachrichtenabnehmer (Empfänger) geeignet sind.

Da die gesamte menschliche Tätigkeit eine Quelle für Nachrichten darstellt, enthalten Nachrichten überaus unterschiedliche Information.

Information ist eine Zustandsfunktion eines beliebigen materiellen Systems, ein Kennwert der Vielfalt (Wandelbarkeit) seiner Struktur (Organisation). Damit ein System zur Informationsquelle werden kann, müssen sich in seiner Struktur wenigstens einige variable Elemente befinden. Ein Nachrichtenkanal wird nur durch die quantitative Charakteristik der Nachricht bestimmt, die übertragen wird, das heißt durch die Zahl der in ihr enthaltenen Buchstaben (Zeichen) eines Alphabets. Die inhaltliche (qualitative) Seite der Nachricht hat auf die Eigenschaften des Nachrichtenkanals keinerlei Einfluß.

Der Empfänger einer Nachricht hat die Aufgabe, die Information über einen Gegenstand (oder ein materielles System) sowie ihre Interpretation (Erklärung oder Verständnis des Sinns der Nachricht) entgegenzunehmen. Bedeutung hat all das, was als Interpretation der erhaltenen Nachricht festgestellt wird und vom Standpunkt ihres Empfängers einen Wert besitzt.

Ein und dieselbe Nachricht kann eine unendliche Zahl von Interpretationen finden und folglich auch verschiedene Bedeutung haben. Zum Beispiel erhält die elementare Nachricht „Der Winter 1968 war in der Ukraine schneereich" entsprechend den unterschiedlichen Gesichtspunkten eines Landwirts, eines Meteorologen, eines Chauffeurs oder eines Soziologen jeweils einen völlig verschiedenen Sinn.

Ein Artikel, ein Buch, ein Referat oder andere Quellen wissenschaftlicher Information besitzen einen unterschiedlichen Informationsgehalt.

Daraus ergibt sich die Frage der Bewertung der einzelnen Quellen wissenschaftlicher Information, d. h. das Problem der Einführung eines Maßes für den Informationswert. Diese Eigenschaft der Information, ihren Wert, untersucht die Informationstheorie nicht. Die Bewertung der Information durch die Informationstheorie geht von der Frage aus, ob überhaupt Information vorhanden ist oder nicht. Sie schließt nicht die Fragen ein, wieviel Information notwendig ist und welchen Wert eine Information für einen bestimmten Nutzer besitzt.

Die Bewertung der wissenschaftlichen Information muß aber von dem Standpunkt der Informationsnutzer ausgehen. Ein Wissenschaftler, der bereits über eine apriorische Information verfügt, kann aus ein und demselben Artikel mehr Nutzen ziehen als ein Wissenschaftler, der über keinerlei apriorische Information verfügt. Das läßt sich aus der „impulsgebenden" Eigenschaft der Information erklären und ist eng mit der Fähigkeit des Subjekts zu „wissenschaftlichem Schöpfertum" verbunden, d. h. der Fähigkeit, neue Ideen auf der Grundlage der erhaltenen Information zu entwickeln.

Man kann die Information zu einem bestimmten Fragenkreis in Nachrichten aufgliedern. Es entsteht die Notwendigkeit, ein mittleres Maß einer Nachricht festzulegen, d. h. eine mittlere Nachricht zu bestimmen. Andernfalls ist es unmöglich, einzelne Nachrichten zu vergleichen. Unter einer mittleren Nachricht ist eine bestimmte Informationsmenge zu verstehen, die für alle Nachrichten gleichermaßen gültig ist.

Es muß festgestellt werden, daß wegen des Fehlens von zuverlässigen Kriterien die Festsetzung einer mittleren Nachricht recht schwierig ist.

Jede mittlere Nachricht wird auf der Grundlage einer Skala von 0 bis 1 bewertet. Eine Nachricht, die lediglich aus Informationen besteht, die dem Wissenschaftler völlig unbekannt sind, ist gleich 1 der Einheit, die wir als Maßeinheit des Informationswertes nehmen und „valbit" nennen (abgeleitet vom englischen Wort valuebit: value – Wert, bit – Einheit der Information in der klassischen Informationstheorie). Eine Nachricht, die dem Wissenschaftler nur bereits bekannte Information vermittelt, wird mit 0 bewertet.

Nehmen wir an, irgendein wissenschaftlicher Aufsatz oder eine beliebige Quelle wissenschaftlicher Information enthält n mittlere, sich nicht wiederholende Nachrichten p. Sich wiederholende Nachrichten werden dabei nicht berücksichtigt. Der Wert jeder Nachricht kann entsprechend der oben erläuterten Größe einen Zahlenwert von 0 bis 1 annehmen. Dann wird der Informationswert des Aufsatzes oder einer beliebigen anderen Quelle der wissenschaftlichen Information nach folgender Formel berechnet:

$$W_{\inf} = \frac{k}{m(n \cdot p)}.$$

Hierbei ist k die Gesamtzahl der Nachrichten in den Aufsätzen oder Büchern, m die Zahl der relevanten Nachrichten.

Nach derselben Formel kann auch der „Impulswert“ einer Quelle der wissenschaftlichen Information ermittelt werden: Die Zahlengröße des „Impulswertes“ besitzt jedoch einen zutiefst subjektiven Charakter und ist nur individuell anwendbar.

Ein Spezialist, der über genügende apriorische Information zu einem bestimmten Fragenkreis verfügt, ist in der Lage, erhaltene wissenschaftliche Information qualifiziert zu bewerten und mit Hilfe der Einheit des Informationswertes „valbit“ zahlenmäßig auszudrücken. Daraus folgt die Möglichkeit, wissenschaftliche Informationsquellen nach dem Informationswert zu ordnen. Es ist zweckmäßig, wissenschaftliche Information nur in Form der wertvollsten Informationsquellen zu sammeln. Man kann offenbar vom Sinngehalt des einen oder anderen Begriffes sprechen, der in verschiedenen theoretischen Systemen benutzt wird, davon, wieweit die Interpretation von Zeichen und – daraus folgend – sicherlich auch wieweit das Indizieren der Termini bereits fortgeschritten ist. Von entscheidendem Einfluß auf den Informationsgehalt der Begriffe ist der Kontext, in dem sie gebraucht werden. Information besitzt auch einen Wert als Mittel zur Erklärung der Wirklichkeit, zur Voraussage oder zur Rückkopplung für die Gewinnung neuer Informationsdaten sowie für die Beschreibung und Systematisierung dieser Daten. Im Prozeß der Entwicklung des Wissens können Informationsdaten an Wert verlieren oder an Wert gewinnen.

Der Wert wissenschaftlicher Information ist eng mit der Zeit verbunden und verringert sich mit fortschreitender Zeit. Diese Feststellung ist besonders für jene Wissenschaften von Bedeutung, die Methoden der Informatik für ihre Forschungen benutzen.

In den letzten Jahren werden in der Physik, Chemie, Biologie, Geochemie und Geologie in immer umfassenderer Weise Begriffe der Informationstheorie verwendet. Zum Beispiel finden Begriffe der Informationstheorie Anwendung in der Geologie. So ist zum Beispiel die Information berechnet worden, die auf ein Atom in verschiedenen Gesteinsarten entfällt. Diese Angaben finden als Ausgangsdaten in stochastischen Modellen Anwendung, die eine quantitative Bestimmung der Grenzen geologischer Körper und Objekte erlauben.

Auch auf dem Gebiet der Gesellschaftswissenschaften wird die Informationstheorie in verstärktem Maße angewendet. Die konkreten Aufgaben, denen sich die Forscher auf dem Gebiet der sozialen Erscheinungen und Prozesse gegenübersehen und die Entwicklungstendenzen der Informationssituation in den gesamten Wissenschaften führen dazu, daß man der Frage der Verbesserung der Organisation der gesellschaftswissenschaftlichen Forschung und der Erhöhung der Effektivität der wissenschaftlichen Arbeit verstärkte Aufmerksamkeit widmet. Einer der möglichen Wege zur erfolgreichen Lösung dieser Frage besteht in der Verbesserung und Vervollkommnung der Methoden der Informationsbereitstellung auf dem Gebiet der Gesellschaftswissenschaften.

Gegenwärtig erfolgt die Informationsbereitstellung für die gesellschaftswissenschaftliche Forschung hauptsächlich mit sogenannten traditionellen Methoden, die aber wegen ihrer Unvollkommenheit nicht befriedigen können. Inzwischen zeigt die Praxis der Informationstätigkeit auf dem Gebiet der Naturwissenschaften und der Technik, daß es zweckmäßig ist, eine derartige Tätigkeit auch in den Gesellschaftswissenschaften zu organisieren.

Es wird immer dringender, die gesellschaftswissenschaftliche Forschungstätigkeit funktionell zu teilen, indem die Informationstätigkeit eine selbständige Form der wissenschaftlichen Arbeit wird.

Die Informationsbereitstellung sieht eine differenzierte Informationsvermittlung für den Forscher vor, und dies erfordert eine vorherige Analyse und qualitative Aufbereitung der Informationsquellen, die Bestandteile des Informationsstroms sind.

Der Informationsstrom stellt eine geordnete Menge von Informationsquellen dar, die im Informationssystem zirkulieren. Der Entstehungsprozeß des Stroms ist nicht einfach ein Akkumulationsprozeß. Ihm geht obligatorisch die Auswahl der informativsten Quellen voraus. Diese Auswahl verfolgt das Ziel, den Strom, der das Informationssystem laufend versorgt, zu regulieren.

Die Spezifik der Gesellschaftswissenschaften, ihrer zugrunde liegenden Begriffe und der dadurch bedingte Charakter der gesellschaftswissenschaftlichen Information bestimmen die Besonderheiten bei der Bildung der Informationsströme in diesen Wissenschaften. Dabei ist der Entstehungsprozeß der Informationsströme weitgehend vom Formalisierungsgrad der gesellschaftswissenschaftlichen Information abhängig.

Bei der Bildung gesellschaftswissenschaftlicher Begriffe wird selten die Methode der Quantifizierung, d. h. die Methode der zahlenmäßigen Darstellung, angewendet. Eine Ausnahme bilden die ökonomischen

Wissenschaften und teilweise die Soziologie. Die Schwierigkeit bei der genauen Begriffsbildung und das Fehlen einer genauen Klassifizierung der Gesellschaftswissenschaften selbst und die sich entwickelnde Tendenz zur Integration der Wissenschaften erschweren den Formalisierungsprozeß der gesellschaftswissenschaftlichen Information.

Wenn von den Möglichkeiten zur Formalisierung der Information auf dem Gebiet der Gesellschaftswissenschaften die Rede ist, so darf dabei die Rolle wissenschaftlicher Vorstellungen, künstlicher Bilder und emotionaler Momente bei der Darstellung sozialer Erscheinungen nicht außer acht gelassen werden. Das betrifft insbesondere die ideologisch-erzieherische Funktion der Gesellschaftswissenschaften.

Alle genannten spezifischen Unterschiede zwischen der gesellschaftswissenschaftlichen und der naturwissenschaftlich-technischen Information machen es notwendig, die Informationsquellen in den Gesellschaftswissenschaften einer sorgfältigen terminologischen und inhaltlichen Analyse zu unterziehen.

Gleichzeitig ist zu erkennen, daß sich eine Integration der Gesellschaftswissenschaften und der Naturwissenschaften, eine Mathematisierung der Wissenschaften von der Gesellschaft usw. vollziehen. Auf einem bestimmten Niveau der Formalisierung einzelner Gesellschaftswissenschaften zeigt sich die Möglichkeit, Methoden zur maschinellen Verarbeitung gesellschaftswissenschaftlicher Information anzuwenden. Das ist insbesondere in den Wirtschaftswissenschaften, den Geschichtswissenschaften und der Rechtswissenschaft der Fall.

Mit der Anwendung von Methoden zur maschinellen Verarbeitung dokumenteller gesellschaftswissenschaftlicher Information rücken die Fragen der Kodierung und der Schaffung von Informationssprachen in den Vordergrund. Voraussetzung für die Schaffung von Informationssprachen sind möglichst vollkommene Klassifikationen der Quellen. Diese Klassifikationen sind direkt von der Vollkommenheit der Klassifikationen der Gesellschaftswissenschaften selbst abhängig und gleichzeitig dem Einfluß der Tendenzen zur gegenseitigen Durchdringung der Wissenschaften unterworfen. Die Schaffung von Informationssprachen stellt eines der schwierigsten und am wenigsten ausgearbeiteten Probleme auf dem Gebiet der gesellschaftswissenschaftlichen Informationsarbeit dar.

Von großer Bedeutung für die Beschreibung des Forschungsprozesses ist auch der von Bellmann [41] eingeführte Begriff „Charakteristik der Information“. Während der Ausbildung an Schulen, Instituten usw. macht sich der Forscher ein bestimmtes Programm zu eigen, das die Gesamtheit der in der Geschichte der Wissenschaften gesammelten Methoden der schöpferischen Arbeit sowie der Lösung wissenschaftlicher Probleme enthält. Dadurch erweist sich der Forscher in gewisser Weise als „vorprogrammiert" für die Erreichung eines schöpferischen Zieles, obwohl ihm dieses Ziel bis zu einem bestimmten Zeitpunkt noch nicht bekannt ist. Wissenschaftliches Schöpfertum stellt die Realisierung jenes Programms dar, das durch den Bildungsprozeß, der durch die Lebenserfahrung ergänzt wird, im Bewußtsein des Forschers ausgeprägt wurde. Die „Charakteristik der Information" beschreibt eben jene im Bewußtsein des Forschers verankerten Informationsdaten (ohne etwas über das Ziel auszusagen), um dessentwillen die Gesellschaft diese Programmierung vorgenommen hat. Bei einer wissenschaftlichen Entdeckung werden die Kenntnisse wirksam, die der Forscher im Bildungsprozeß erworben hat.

Für die Charakteristik der wissenschaftlichen Informationstätigkeit werden neben den beschriebenen Begriffen auch noch eine Reihe anderer verwendet.

Die Ermittlung, Erschließung, Speicherung, Verarbeitung und Vermittlung von Information erfolgt in bestimmten Systemen. Diese Systeme lassen sich in zwei Klassen unterteilen: informationelle Systeme und Recherchesysteme. Informationelle Systeme nehmen die Ermittlung, Erschließung, Verarbeitung und Vermittlung von Information vor, Recherchesysteme dagegen die Suche und Ausgabe entsprechender Information.

Die in Systemen zirkulierende Information stellt eine Gesamtheit von Dokumenten dar. Unter einem Dokument ist ein materielles Objekt, beispielsweise ein Blatt Papier, eine Lochkarte, ein Tonband usw., zu verstehen, das eine fixierte Information enthält, die zur Weitergabe und Verwendung in der Praxis bestimmt ist. Eine nach einem bestimmten gemeinsamen thematischen Merkmal zusammengestellte Gesamtheit von Dokumenten wird als Informationsfonds bezeichnet. Ein Informationsfonds ist ein Objekt, das der wissenschaftlichen Informationstätigkeit unterliegt, und zwar hinsichtlich der Sammlung, der Vervollständigung, der Bearbeitung, Speicherung, Recherche und Verbreitung der Dokumente. Um die Bereitstellung der benötigten Information effektiv zu gestalten, muß der Fonds der Dokumente entsprechend klassifiziert und systematisiert werden, und muß die Primärliteratur – Bücher, Filme, Aufsätze usw. – in Form von Sekundärinformation dargestellt werden: in Form einer bibliographischen Titelaufnahme, einer Kurzbibliographie, einer annotierten Bibliographie, eines Referats oder eines Literaturberichts. Die genannten Operationen am Informationsfonds stellen den Inhalt der Informationsanalyse dar. Im Informationsfonds sind auch die Übersetzungen wissenschaftlich-technischer Texte (darunter auch maschinelle Übersetzungen) enthalten. Ein sich stürmisch entwickelnder Zweig der Informatik ist die informationelle oder sprachlogische Analyse des Übersetzungsprozesses, bei der es darum geht, die arbeitsaufwendige Übersetzung von einer natürlichen Sprache in eine andere durch das Studium von Texten mit den Mitteln der mathematischen Linguistik und Informatik zu mechanisieren.

In der Praxis der wissenschaftlich-technischen Information ergibt sich sehr häufig die Notwendigkeit, auf Anforderung im Informationsfonds dieses oder jenes Dokument zu finden, d. h. eine Informationsrecherche durchzuführen.

Ein Rechercheauftrag ist eine in einer natürlichen Sprache formulierte Anforderung nach einem bestimmten Dokument. Die Dokumentenrecherche besteht aus zwei Etappen: der Ermittlung der Aufbewahrungsadressen der angeforderten Dokumente (= Signaturen) und der Ermittlung der Dokumente selbst.

Die Suche und Ausgabe von Dokumenten erfolgt durch ein Informations-Recherchesystem (IRS). Ein Recherchesystem besteht aus einer Informations-Recherchesprache, die ihrerseits beispielsweise aus einem Anteil einer natürlichen Sprache, einer bestimmten Logik und technischen Mitteln wie verschiedenen Karteien, Sortiervorrichtungen, elektronischen Digitalrechnern usw. besteht. Es gibt viele Arten der verschiedensten Informations-Recherchesysteme: Informationsquellen, Sachverhalte und Fakten vermittelnde Systeme und andere. In der Regel wird ein durch die Recherche ermitteltes Dokument nicht an die das Dokument anfordernde Person ausgegeben, sondern eine Kopie angefertigt. Die Vervielfältigung von Dokumenten, von der einfachen Kopie bis zur Anfertigung hoher Stückzahlen mittels Schnelldruck, ist eine wichtige Etappe der wissenschaftlichen Informationstätigkeit.

Wissenschaftliche Information stellt einen auf eine bestimmte Weise mehr oder minder geordneten Strom wissenschaftlicher Dokumente dar. Darunter verstehen wir alle Arten von Trägern wissenschaftlicher Informationen: Sonderdrucke, Berichte, Bücher, Aufsätze, Thesen, Referate und dergleichen. Unabhängig von seinen semantischen Charakteristika besitzt ein wissenschaftliches Dokument noch eine Reihe anderer Charakteristika. Folgendes Schema verdeutlichet die Struktur eines Dokumentes (Abbildung 1).

In Abbildung 1 werden Störungen wie folgt unterschieden:

1. Rauschen: Fehler in den Berechnungen, vorgefaßte Schlußfolgerungen, die mit den angeführten wissenschaftlichen Fakten nicht über-

einstimmen und dergleichen. Das Mittel zur Verringerung des Rauschens ist die wissenschaftliche Redaktion.

2. Verzerrungen: Stilistische und logische Fehler, ungenaue Formulierungen, inhaltlose Überlegungen. Das Mittel zur Verringerung ist die literarische Redaktion.

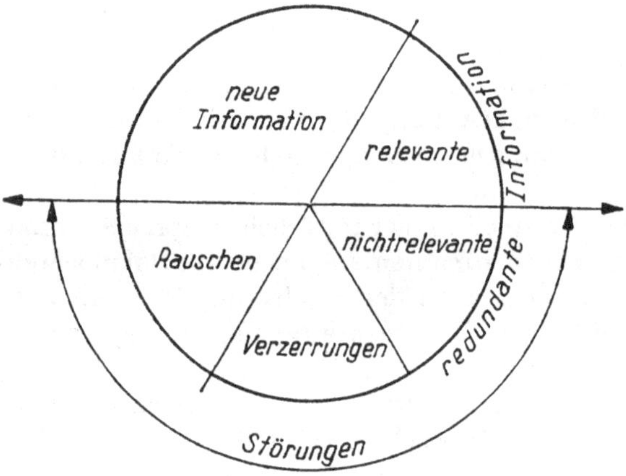

Abb. 1 Struktur eines wissenschaftlichen Dokumentes.

3. Nichtrelevante Redundanz: Wiederholungen im Dokument, übermäßiger Wortreichtum der Darlegung, Ungerichtetheit des Textes, d. h. Nichtbeachtung des Niveaus und der Eigenschaften seiner wahrscheinlichen Benutzer.

Die relevante redundante Information trägt den gleichen Charakter wie die nichtrelevante, jedoch ist ihre „Redundanz" dadurch gerechtfertigt, daß sie zur Erläuterung des Hauptgedankens des Dokuments notwendig ist. Zu dieser Art von Information rechnet man gewöhnlich die „Schlußfolgerungen", „Schlußbemerkungen" und ähnliches.

Das wissenschaftliche Dokument ist die wichtigste Quelle der wissenschaftlichen Information und ein Mittel ihrer Weitergabe in Zeit und Raum. Als wissenschaftliches Dokument gilt ein materielles Objekt, das eine fixierte Information enthält, für die Übermittlung bestimmt ist und in der gesellschaftlichen Praxis Verwendung findet.

Information kann in zwei Zuständen erscheinen; sie kann statisch und dynamisch sein. Die Fixierung der Information bringt sie hinsichtlich ihres materiellen Trägers, des Fonds, in einen statischen Zustand. Die Fixierung der Information verfolgt zwei Ziele: ihre Speicherung für eine bestimmte Zeit (Gedächtnis der Menschheit) und ihre Weitergabe an Informationsnutzer.

Die informationelle Wechselwirkung der Menschen bei der Weitergabe der Information (System „Autor–Nutzer") ist der konkrete Ausdruck des dynamischen Zustandes der Information. Deshalb sind der statische und der dynamische Zustand der Information nicht zwei sich gegenseitig ausschließende, sondern zwei sich gegenseitig ergänzende Begriffe.

Für alle Formen der Information ist die Dynamik (die Bewegung „von – zu") charakteristisch. Wesentliche Unterschiede bestehen dagegen in bezug auf den Inhalt der Information, sowie die Mittel, Formen und Methoden ihrer Übertragung. Hier lassen sich zwei charakteristische Gruppen unterscheiden: die Übertragung von Information ohne Veränderung des Inhalts und die Übertragung der Information mit verändertem Inhalt. Die letzte Gruppe von Informationsfoı men stellt sich als ein komplizierter intellektueller Prozeß dar und beginnt mit der einfachsten Verarbeitung und endet beim wissenschaftlichen, konstruktiven und produktiven Schöpfertum.

Von erstrangiger Bedeutung für ein Nachrichtensystem ist die räumliche Übertragung der Information. Daraus ergibt sich das Problem der Wahl des optimalen Weges vom Ausgangspunkt zum Endpunkt, wobei die Entfernung, die Mittel und die Zuverlässigkeit der Übertragung sowie der reale Zeitaufwand zu berücksichtigen sind. Das Hauptkriterium für das Optimum stellt der Nutzer mit seinen Informationsbedürfnissen dar. Auf diesem Wege ist eine vielfache Transformation der Information möglich, besonders bei Benutzung der technischen Nachrichtenmittel. Hauptkriterium der Transformation ist die Zuverlässigkeit (Verlustlosigkeit).

Die Übertragung der Information in der Zeit (Altern) stellt ein wenig erforschtes Problem dar. Das Absinken des Informationspotentials proportional zur verflossenen Zeit kann die oft beobachteten Fälle einer erhöhten Aufmerksamkeit hinsichtlich einzelner Werke (der Klassiker der Wissenschaft), Erfindungen, Entdeckungen, Forschungsmethoden usw. nicht erklären.

Übersetzung mit Hilfe der traditionellen und der maschinellen Methoden stellt eine besondere Art der Informationsumwandlung dar, die der schöpferischen Tätigkeit nahekommt. Informationsverlust ist dabei eine unerwünschte, aber praktisch – wenn auch in unbedeutendem Maße – häufig auftretende Begleiterscheinung.

Auf dem Informationsweg kann es verschiedene Störungen geben. Der Weg selbst stellt sich als die Überwindung einiger Barrieren dar

(Entfernung, Zeit, Umwandlung und anderes), die gewöhnlich eine hemmende Rolle spielen. Im Nachrichtensystem sind solche möglichen Barrieren positiv oder negativ zu bewerten. Das ist aus den entgegengesetzten Informationsbedürfnissen der Nutzer zu erklären.

Das wissenschaftliche Dokument als die Hauptquelle der Information zeichnet sich durch eine Reihe von Besonderheiten aus. Dokumente unterscheidet man nach der Form: textliche (Bücher, Zeitschriften, Manuskripte und dergleichen), graphische oder darstellende Dokumente (Abbildungen, Schemata, Tabellen, Diagramme usw.) und audiovisuelle Dokumente (Tonaufzeichnungen, Kinofilme, Mikrofilme, Diapositive und anderes). In der wissenschaftlichen Information werden die Dokumente auch in primäre und sekundäre, publizierte und nicht publizierte unterteilt.

Primäre wissenschaftliche Dokumente fixieren unmittelbar den Inhalt und die Ergebnisse der Forschungstätigkeit und der experimentell-konstruktiven Tätigkeit. Sekundäre wissenschaftliche Dokumente-geben die Endresultate der analytisch-synthetischen Verarbeitung primärer wissenschaftlicher Dokumente wieder. Zu den primären Dokumenten gehören Bücher (ausgenommen sind Wörterbücher, Enzyklopädien, Kataloge und Bibliographien), Aufsätze in periodischen und nicht periodischen Publikationen, spezielle Formen der technischen Literatur (Standards, Patentschriften usw.), Dissertationen und wissenschaftliche und technische Berichte. Die Rolle des Buches als Quelle und Verbreitungsmedium wissenschaftlicher Daten wird dadurch gemindert, daß seine Niederschrift und Veröffentlichung oft Jahre erfordern kann. Dadurch haben viele Daten zum Zeitpunkt der Herausgabe des Buches bereits ein Alter von 3 bis 5 Jahren, und sie erweisen sich dann oft als veraltet.

Im Vergleich zu den Büchern werden Artikel in periodischen Veröffentlichungen bedeutend schneller publiziert (Zeitschriften, Sammelbände wissenschaftlicher Arbeiten usw.), jedoch sind ihre Veröffentlichungsfristen immer noch sehr lang.

In den USA werden zum Beispiel etwa die Hälfte der wissenschaftlichen Forschungsarbeiten erst über ein Jahr nach ihrem Abschluß publiziert. Eine derartig lange Verzögerung der Publikation stellt ein ernstes Hindernis für die Verbreitung der wissenschaftlich-technischen Information und ihre Nutzung durch die Wissenschaftler dar. Was die Aufsätze und technischen Nachrichten betrifft, so wird ein großer Teil von ihnen ein Jahr nach Abschluß der Forschungen in Periodika veröffentlicht. Da aber Aufsätze und technische Nachrichten im Vergleich zu Büchern mehr konkrete Fakten und weniger Verallgemeinerungen enthalten, veralten sie ebenso schnell wie Bücher. Die Dynamik des Alterns von Publikationen in wissenschaftlich-technischen Zeitschriften wird durch die Angaben der Tabelle 1 illustriert.

Tabelle 1 Die Dynamik des Alterns von Publikationen in wissenschaftlich-technischen Zeitschriften

„Alter" der Aufsätze (Jahre)	0 – 10	1 – 20	21 – 30	über 30
Anzahl der Literaturverweise auf die Aufsätze	55	25	10	10

Wissenschaftliche und technische Aufsätze und Berichte über die Ergebnisse abgeschlossener Forschungsarbeiten und Konstruktionsarbeiten sind gegenwärtig die wichtigsten Quellen der wissenschaftlichen Information.

In den Berichten über wissenschaftliche Forschungsarbeiten und experimentell-konstruktive Arbeiten werden meistens die Ergebnisse aufwendiger Forschungen zu politisch und volkswirtschaftlich besonders aktuellen Themenkreisen veröffentlicht. Der Bericht enthält möglichst vollständige Angaben über die durchgeführte wissenschaftliche Arbeit, Konstruktion oder Technologie.

Diese Art von Dokumenten findet in fast allen entwickelten Ländern weite Verbreitung. Gegenwärtig werden in den USA allein von Regierungsstellen jährlich über hunderttausend wissenschaftlich-technische Berichte veröffentlicht. Viele Fachleute ziehen die wissenschaftlichen und technischen Berichte den Zeitschriftenaufsätzen vor, da in den Berichten die Methodik und Technik der Durchführung einer wissenschaftlichen Arbeit vollständiger wiedergegeben wird. Die Methodik der Anfertigung wissenschaftlicher und technischer Berichte und die Struktur der Berichte sind in jedem Zweig der Wissenschaft und Technik, in den einzelnen Ländern und sogar in einzelnen Institutionen unterschiedlich. Man unterscheidet im allgemeinen zwei Typen von Berichten, periodisch erscheinende Berichte zum Verlauf der Forschungs- und Konstruktionsarbeit und Berichte über deren Ergebnisse.

Periodische Berichte werden jeweils nach einem bestimmten Zeitraum (monatlich oder nach jedem Quartal) abgefaßt. In ihnen zieht ein für ein bestimmtes Thema oder eine Abteilung verantwortlicher wissenschaftlicher Mitarbeiter die Bilanz seiner Arbeit oder die seiner Arbeitsgruppe und teilt die Ergebnisse mit, die seit dem vorangegangenen Bericht erzielt wurden. Diese individuellen Berichte werden dann einem Abteilungsleiter zugeleitet, der aus diesen nach entsprechender redaktioneller Arbeit einen Abteilungsbericht erarbeiten kann, um ihn der Leitung seines Instituts oder Laboratoriums vorzulegen. In einigen Instituten werden die individuellen Berichte zu einer Art offiziellem Abteilungsbeschluß. Ein derartiges Vorgehen erspart einer Institutsleitung die Notwendigkeit, alle individuellen Berichte zu lesen. Als Mangel dieses Systems wird oft empfunden, daß den einzelnen Mitarbeitern die Möglichkeit genommen wird, der Leitung direkt die eigenen Ergebnisse, Vorschläge und Meinungen zu unterbreiten.

Die Ergebnisse jeder Forschung müssen, sofern ihnen irgendeine theoretische oder praktische Bedeutung zuerkannt werden kann, in einer Form fixiert und gespeichert werden, die auch anderen Personen zugänglich ist. Die Darstellung von Forschungsergebnissen, die die letzte abschließende Etappe einer wissenschaftlichen Forschungsarbeit und oft ihren kulminierenden Teil bilden, erfolgt gewöhnlich in Form von wissenschaftlich-technischen Berichten. Es handelt sich hierbei meist um Aufzeichnungen einer theoretischen, experimentellen oder anderen Forschungsarbeit auf dem Gebiet der Wissenschaft und Technik von besonders beständigem Wert. Wissenschaftlich-technische Berichte enthalten zum Beispiel Daten, Produktionsprozesse, technologische Prozesse, Sicherheitstechnik usw. Die Form der wissenschaftlich-technischen Berichte ist in den verschiedenen Institutionen unterschiedlich, ihr Anliegen ist jedoch immer dasgleiche: In ihnen werden Probleme und Ziele formuliert, die in der betreffenden Institution gerade aktuell sind, oder es werden in der Literatur bekannte Resultate zusammengefaßt, Versuchsmethoden und -daten beschrieben, Schlußfolgerungen gezogen und Vorschläge für die Nutzung der gewonnenen Ergebnisse gemacht sowie der zu erwartende ökonomische Nutzen der Verwirklichung berechnet.

Hinsichtlich Form, Struktur und Stil wissenschaftlich-technischer Berichte gibt es in der Literatur zahlreiche Empfehlungen. Auf der Grundlage einer Analyse der einzelnen Strukturelemente eines Berichts sowie psychologischer und logischer Faktoren, die für eine effektive Aufnahme der Informationsdaten bestimmend sind, wird folgendes Strukturschema eines Berichts vorgeschlagen: 1. Titelblatt, 2. Annotation, 3. Sachwortverzeichnis, 4. Referat, 5. Einführung, 6. analytische Übersicht, 7. experimenteller Teil, 8. allgemeine Schlußfolgerungen, 9. Bewertung der Arbeitsergebnisse durch den Autor, 10. Aufzählung der einzelnen technischen Lösungen, 11. Sachverständigengutachten, 12. Stellungnahme von Rezensenten, 13. Ergebnisse der Diskussion, 14. Schlußwort, 15. Anlagen, 16. Verzeichnis der Abbildungen, Tabellen, 17. Verzeichnis der verwendeten Abkürzungen und Bezeichnungen, 18. Literaturquellenverzeichnis, 19. Inhaltsverzeichnis. Ausgehend von dem Charakter der jeweiligen Forschungen sowie der Experimente und Konstruktionsarbeiten, sollten die Wissenschaftler selbst die für sie zweckmäßigste Struktur des Berichts und den Umfang seiner Teile bestimmen.

In der Sowjetunion werden alle von einem Leiter einer wissenschaftlichen Einrichtung bestätigten Berichte über wissenschaftliche Forschungsarbeiten an das Allunionszentrum für wissenschaftlich-technische Information weitergeleitet. Das trifft für Berichte über abgeschlossene eigenständige Teile (Etappen) der Arbeiten ebenso zu wie für die Arbeiten insgesamt.

Die in einem Bericht verwendete Terminologie sollte nicht nur für den heutigen, sondern auch für den zukünftigen Leser verständlich sein. Große Aufmerksamkeit verdient die Abfassung eines Berichtsreferates. Zielstellung dieses Referats ist es, interessierte Institutionen über die durchgeführte Forschungsarbeit zu informieren sowie die Auswahl der Recherche-Kennzeichen für die Eingabe in ein Informations-Recherche-System zu erleichtern. In diesem Zusammenhang muß das Referat von dem Inhalt des Berichts ausgehen und die dort aufgeworfenen wichtigen Fragen behandeln.

Der Informationswert eines wissenschaftlichen Dokumentes läßt sich mit Hilfe der folgenden Formel bestimmen:

$$H = \frac{I_n}{I_n + I_r + I_{ir} + I_v + I_{rau}}.$$

Dabei ist I_n die neue Information; I_r – die relevante redundante Information; I_{ir} – die irrelevante redundante Information; I_v – die Verzerrungen; I_{rau} – das Rauschen.

Kein wissenschaftliches Dokument ist „frei" von Störungen. Die Aufgabe besteht darin, den Anteil der Störungen zu verringern. Das Wesen der Informationsbereitstellung für die Forschung besteht in der Vergrößerung der Kennziffer I_n auf Kosten der übrigen.

Struktur und Bedeutung der wissenschaftlichen Erkenntnis als spezifischer Form der Information

Zur Aufgabe der Informatik gehört die Beschreibung der heuristischen Besonderheiten der Erkenntnisformen des empirischen und theoretischen Wissens: des Fakts, des Systems von Fakten, der Hypothese als Gesamtheit von Annahmen mit wahrscheinlicher Bestätigung, der Theorie als systematisch geordneter Menge zuverlässiger Kenntnisse.

Im Unterschied zur Logik der Wissenschaften werden diese Formen auf die Zunahme ihres heuristischen Potentials entsprechend dem historischen Entstehen der Wissenschaft hin untersucht. Die Struktur des Wissens wird als ein System untersucht, das die akkumulierten Erfahrungen der Wirklichkeitserkenntnis enthält. Das gibt den Strukturelementen der Wissenschaft heuristische Besonderheiten bei der Gewinnung prinzipiell neuer Informationen. Die wissenschaftliche Erkenntnis findet, indem sie sich entwickelt, neue Probleme und dient gleichzeitig als Mittel zu deren Lösung. In diesem Sinne ist eine wissenschaftliche Theorie immer Methode, Weg, Mittel zur Erlangung neuer Erkenntnisse und neuer Information. Eine wichtige Rolle bei der Entstehung von Erkenntnissen kommt dabei dem Experiment zu. Gegenstand der informationslogischen Analyse sind auch Termini, verschiedene Aussageformen von Termini, Indizierungsstufen usw.

Neben der Struktur der wissenschaftlichen Erkenntnis werden auch die Methoden zur Herausbildung dieser Struktur erforscht, d. h., es ist unmöglich, das Wesen einiger struktureller Formen der Erkenntnis zu begreifen, ohne gleichzeitig auch jene Methoden zu untersuchen, mit deren Hilfe sie gewonnen werden. Wie wird empirisches Wissen zu theoretischem umgewandelt? Kann die in dieser Theorie enthaltene Erkenntnis auf jene Erkenntnis zurückgeführt werden, die experimentell gewonnen wurde und Grundlage für die Formulierung einer Theorie war? Welche Rolle spielen die allgemeinen wissenschaftlichen Methoden der Modellierung, Interpolation, Extrapolation, Abstraktion, Induktion, Deduktion bei der Entstehung neuer Erkenntnisse?

Die Informationsanalyse dieser Methoden besteht in der Aufdeckung ihrer heuristischen Möglichkeiten beim Prozeß der wissenschaftlichen Entdeckung, im Studium dieser Umwandlungsmethoden der Information, um so die Grenzen ihrer Anwendungsmöglichkeiten bei der wissenschaftlichen Erkenntnis festzustellen. Die Informationsanalyse von Forschungen in der Mathematik, Physik, Wirtschaftswissenschaft und Geschichtswissenschaft untersucht die spezifischen Besonderheiten der Anwendung dieser allgemeinen wissenschaftlichen Methoden in den einzelnen Wissenschaftszweigen, um so neue Erkenntnisse zu gewinnen. Dabei finden sowohl Begriffe aus der Wissenschaftslogik als auch aus jenem Gebiet Anwendung, das als Heuristik[1] bezeichnet wird.

[1] L. I. Mikulič definiert die Heuristik als „eine Richtung der Kybernetik" [7, S. 347], die den Prozeß der Lösung von Problemaufgaben unabhängig von deren Inhalt erforscht und derartige Prozesse bei Lebewesen beobachtet, in erster Linie die Lösung von Aufgaben durch den Menschen.

Natürlich werden auch die Kategorien und Prinzipien der empirischen Wissenschaften und ihre Rolle und Bedeutung für die Gewinnung neuer Informationsdaten analysiert.

Informationslogische Analyse der Wissenschaftssprache

Jede Information wird durch sprachliche Zeichen ausgedrückt. Experimentell nachgewiesene Gesetzmäßigkeiten werden in Form von Sätzen fixiert. Eine Theorie ist eine Gesamtheit von Aussagen, die auf eine bestimmte Weise wechselseitig verbunden sind. Wissenschaftliche Forschung ist ein Prozeß der Umwandlung von sprachlich fixierter Information. Eine automatische Indizierung und die Informationsrecherche sind ohne Analyse der teminologischen Zusammenhänge innerhalb der modernen wissenschaftlichen Kenntnisse und ohne die Schaffung spezieller Informationssprachen auf der Basis einer entsprechenden Bearbeitung der natürlichen Sprachen unmöglich. Der Aufbau von Registern, Gliederungsschemata und Klassifikationssystemen, die optimale Nutzung der Speicher bei der maschinellen Dokumentenrecherche – diese und viele andere Fragen der Informatik sind ohne eine informationslogische Analyse der Wissenschaftssprache nicht zu lösen.

Ein wissenschaftlicher Text stellt ein einheitliches, systematisches Ganzes dar. Es wurde zum Beispiel festgestellt, daß in den Registern der technischen Literatur die Wörter sowohl durch die logische Struktur der in den Registern enthaltenen Originalsätze zu technischen Themen als auch mit Hilfe von „Interpunktionsebenen" und „Bedeutungsdeterminanten" untereinander verbunden sind.

Die „Interpunktionsebenen" gliedern die Wörter in logische Gruppen analog einer einzelnen Wortgruppe, eines zusammengesetzten Satzes, eines ganzen Satzes oder Textabschnittes in einer natürlichen Sprache. Die „Bedeutungsdeterminanten" entsprechen den Präpositionen in einer natürlichen Sprache. Auf dieser Grundlage wird ein semantischer Kode ausgearbeitet, der dazu bestimmt ist, einen im Originalaufsatz enthaltenen Spezialbegriff mit allgemeineren Grundbegriffen und anderen Begriffen der gleichen Klasse zu verbinden. So wird zum Beispiel der Terminus „Gipsguß nach einem Wachsmodell" durch den semantischen Kode mit den Grundbegriffen „Metall", „Produktion", „Fette, Öle und Wachse", „Prozesse" sowie mit den engeren Begriffen „Wachs", „Guß", „Präzisions-Gipsguß nach Wachsmodell" usw. verbunden. Dadurch werden der Zugang zu Tausenden von Termini in beliebiger Zusammensetzung, die automatische Kodierung von Referaten und die maschinelle Informationsrecherche möglich.

Das angeführte Beispiel ist nur eines von vielen, die von der großen Bedeutung gerade der informationslogischen Analyse der Wissenschaftssprache zeugen. Im letzten Jahrzehnt wurde viel über die für die Automatisierung der Informationstätigkeit bestimmten Systeme zur Analyse und Recherche von Dokumenten veröffentlicht. Welches sind die allgemeinen Prinzipien für die Schaffung von Informationssprachen? Gibt es Gesetzmäßigkeiten innerhalb der wissenschaftlichen Recherche, oder handelt es sich dabei um einen intuitiven Prozeß der Erfassung der Wahrheit? Diese Fragen erfordern eine Antwort. Die Entwicklung der Wissenschaft selbst stellt diese Fragen, und ausgehend von der Wissenschaftslogik entstand ein sich stürmisch entwickelnder selbständiger Wissenszweig – die logische Semantik.

Die Probleme der Sprache werden bei diesen Forschungen nicht in Hinblick auf die heuristische Rolle sprachlicher Ausdrücke behandelt. Jede übermittelte Information besteht aus Zeichen des Alphabets. Jede neue Erkenntnis stellt eine vom Gesichtspunkt des normativen Denkens aus ungewohnte Kombination von Begriffen dar, die durch Wörter ausgedrückt werden. Die Geschichte der Wissenschaft zeigt, daß jede Entdeckung gleichermaßen notwendig wie zufällig ist. Wenn man davon ausgeht, daß eine Entdeckung einfach eine erfolgreiche Kombination wahrscheinlicher Begriffsverbindungen darstellt, dann läßt sich die schöpferische Leistung als eine Art statistischer Prozeß vorstellen. In diesem Falle ist die weitgehende Möglichkeit einer Automatisierung des wissenschaftlichen Schöpfertums gegeben. Das ist durchaus keine Utopie. V. M. Gluškov wirft die Frage einer möglichen „Automatisierung des Prozesses der Aufstellung komplizierter deduktiver Theorien" auf [42, S. 318]. Auf der Grundlage eines sich selbst organisierenden Systems werden die von der „nichtkonstruktiven Umwelt" ausgegebenen Zeichenreihen auf entsprechende Weise in geordnete Reihen von Formen eines eingeengten Prädikatenkalküls umgewandelt, die bewiesen und damit wahr oder unbewiesen und folglich unwahr sind. In der informationslogischen Analyse spielen die von der modernen formalen Logik ausgearbeiteten Methoden zur Aufstellung von Berechnungen sowie gnoseologische und philosophische Forschungsmethoden eine große Rolle [43].

Die Zuverlässigkeit der Information und der Irrtum in der Wissenschaft als nichtzuverlässige Information

Eine Information ist von Bedeutung, wenn sie Wissen über die Wirklichkeit darstellt. Es ist wichtig, beim Entdeckungsprozeß genau festzustellen, ob die erhaltene Information irgendetwas Reales widerspiegelt oder das Ergebnis der menschlichen Phantasie ist. Das Problem der Überprüfung der Erkenntnisse, ihrer Beweisbarkeit ist eines der kompliziertesten Probleme der Wissenschaft. Die Erkenntnis ist immer relativ. Das einzig absolute an ihr ist ihre Tendenz, die auf der Basis einer unendlichen Summe von Informationsdaten zur Gesetzmäßigkeit wird.

Der Begriffsapparat der modernen Wissenschaft hat sich außerordentlich weit von seinen empirischen Quellen entfernt. Eine wissenschaftliche Theorie wird immer häufiger in Form von Zeichenreihen entwickelt, welche eine unterschiedliche Interpretation zulassen. Das Experiment wird auf der Grundlage vorher ausgearbeiteter theoretischer Prämissen geplant, und oft ist dem Experimentator schon vor der Durchführung des Experiments bekannt, was es zu bestätigen und was es zu widerlegen gilt.

In der Vergangenheit war eine Übereinstimmung zwischen empirischem und theoretischem Wissen festzustellen. Oft erfolgte eine wissenschaftliche Entdeckung im Bereich der Erfahrung und wurde bis hin zu ihrer Realisierung theoretisch nicht begründet. Erst später, nach der Erfahrung, entstand die wissenschaftliche Theorie. In der modernen Wissenschaft hat sich der Charakter der Forschung von Grund auf geändert.

Bezeichnend sind in diesem Zusammenhang die Worte Albert Einsteins über den Werdegang der physikalischen Entwicklung: „Die Physik stellt ein sich entwickelndes logisches Denksystem dar, dessen Grundlagen man nicht durch ihre Ausgliederung mit Hilfe irgendwelcher induktiver Methoden aus gesammelten Erfahrungen gewinnen kann, sondern nur durch freie Überlegung. Die Begründetheit (Wahrheit) des Systems beruht auf dem Beweis der Anwendbarkeit seiner Theoreme im Bereich der sinnlichen Erfahrung, wobei man das Wechselverhältnis zwischen dem ersten und dem letzteren nur intuitiv erfassen kann. Es vollzieht sich eine Evolution in Richtung auf eine immer größer werdende Einfachheit der logischen Grundlagen hin. Mehr noch, um uns diesem Ziel zu nähern, müssen wir uns entschließen, anzuerkennen, daß sich der logische Grund immer weiter von den Erfahrungswerten entfernt und daß der Denkweg von den Grundlagen zu den aus ihnen hervorgehenden Theoremen, die mit den sinnlichen Erfahrungen in Korrelation stehen, immer schwieriger und länger wird" [44].

Wie verläuft nun die Rechtfertigung der in einer Theorie enthaltenen Erkenntnis durch die Erfahrung? Auf welcher Basis kann ein Wissenschaftler den Formeln, die er selbst mit seiner Einbildungskraft geschaffen hat, die Eigenschaft der Wahrheit zuerkennen? Unterscheidet sich die Information, die zum Beispiel ein empirisches Gesetz darstellt, von jenen Feststellungen, die in einer theoretischen Annahme enthalten sind? Die aufgezählten Fragen stellen nur einen Teil jener Probleme dar, die durch die informationslogische Analyse vermutlich gelöst werden können. Die vielfachen Versuche, diese Fragen als logische Probleme zu lösen, führten nicht immer zu den gewünschten Resultaten. So endeten die Bemühungen von R. Carnap, M. Schlick und anderer Logiker und Philosophen um die Darstellung einer physikalischen Sprache (einer Sprache von Aussagen, die Beobachtungen an physikalischen Objekten ausdrücken) als Hilfsmittel für Untersuchungen wissenschaftlicher Entdeckungen mit einem Mißerfolg. Das Problem der Beweisführung, d. h. der Ersetzung der theoretischen Termini durch eine bestimmte geordnete Gesamtheit empirischer Termini (oder durch die Angabe eines Verfahrens zur Bildung theoretischer Termini), ist mit rein logischen Mitteln nicht lösbar. Es gibt keine Kriterien für die Einfachheit oder Kompliziertheit theoretischer Begriffe und folglich auch keine einheitliche Rangfolge der Begriffe, die zu einem wissenschaftlichen Ergebnis führen. Ein und dieselbe Entdeckung kann durch verschiedene Kombinationen von Termini und mit verschiedenen Methoden erfolgen. Daher muß die logische „Präparierung" des theoretischen Wissens durch eine Analyse des Wesens der Erkenntnis ergänzt werden, d. h. durch eine Analyse der praktischen Nutzung der in einer gegebenen Wissenschaft benutzten Termini. In jedem Zweig der Wissenschaft wird das Problem der Beweisführung praktisch gelöst und bestätigt. Aber diese Bestätigung geschieht nicht dadurch, daß für jeden theoretischen Begriff sein empirisches Äquivalent gesucht wird. Im besten Falle begnügt sich der Forscher damit, die theoretischen Schlüsse soweit zu „übersetzen", daß sie, in einen anderen Kontext gestellt, in einigen ihrer Teile die Möglichkeit eines Vergleichs mit den Resultaten der Erfahrung zulassen. Diese Wiedergabe in „leicht abgewandelter Form" erfolgt nicht nur mit logischen Mitteln, sondern auch mit Hilfe „extralogischer" Überlegungen wie gnoseologischer Überlegungen, traditioneller Methoden in dem entsprechenden wissenschaftlichen Gebiet usw.

Eine Aufgabe der Informationsanalyse ist die Erforschung der Steuerung des wissenschaftlichen Forschungsprozesses. Dieses Ziel wird auf vielerlei Weise erreicht, vor allem durch die Analyse des wissenschaftlichen Textes. Ein wissenschaftlicher Text ist ein System von Worten, die Information enthalten und miteinander durch die Nähe der Bedeutungen verbunden sind. Die Untersuchung der qualitativen Charakteristika und der quantitativen Parameter der Informationsdaten, der zwischen ihnen bestehenden Wechselbeziehungen sowie der Wechselbeziehungen der verschiedenen Informationsebenen im wissenschaftlichen Text ermöglicht es, die Besonderheit der in der Forschung benutzten Sprache aufzudecken. Unter Textanalyse verstehen wir die Untersuchung der Eigenschaften der Informationsdaten und die Erklärung der zwischen ihnen bestehenden Beziehungen. Die Textanalyse hat das Ziel, die wesentlichen Seiten der Informationsdaten festzustellen und zu beschreiben, was für die Erzielung optimaler Ergebnisse bei der Dokumentenrecherche, für den Prozeß der wissenschaftlichen Forschung ausschlaggebend ist.

Die Informationsanalyse der Forschung umfaßt zwei Seiten des schöpferischen Prozesses: 1. die Gesamtheit der Elemente der schöpferischen Arbeit, die Verfahren und Methoden, mit denen ein bestimmtes Resultat der Erkenntnis zustande kommt, und 2. ihre Wechselwirkung. Das läßt sich bestimmter ausdrücken, wenn man den Terminus „Funktion" als Bezeichnung für den Umwandlungsprozeß der Information im Forschungsprozeß verwendet und den Begriff „Satz von Forschungselementen" für die materiellen und nichtmateriellen Mittel, mit denen die Forschung verwirklicht wird, also für die Mittel der experimentellen Technik, die Methoden, Verfahren, Fertigkeiten, Operationen. Ein bestimmter Satz von Forschungselementen ist mit bestimmten Funktionsregeln gekoppelt. Wenn man also den Satz der Elemente kennt, so kann man ihre Funktionsregeln ermitteln, d. h. jene Methoden und Verfahren, durch welche die wissenschaftliche Information im Bereich des Systems in schöpferische Ergebnisse umgewandelt wird. Auch die umgekehrte Feststellung ist richtig: Wenn man die funktionalen Besonderheiten einer bestimmten Forschung kennt, so kann man die Elemente beschreiben, aus denen sie besteht.

Nehmen wir an, es soll ein Permutationsregister für einen Informationsfonds ausgearbeitet werden, das mehr als 1000 Dokumente nachweist. Zur Verwirklichung der gestellten Aufgabe wird folgender Satz von Forschungselementen benötigt: ein elektronischer Digitalrechner oder zumindest ein Lochkartenrechner, 80spaltige Lochkarten, ein besonderer Mikrokontext, Regeln für die Aufzeichnung der Titel, einzelner Wörter und Wortkomplexe, Regeln für den Ausschluß von Lochkarten mit sich wiederholenden Deskriptoren, Regeln für die

Tabellierung der Lochkarten. Das Funktionieren der genannten Elemente erbringt das gesuchte Ergebnis: Das Permutationsregister des Fonds stellt die Struktur des Forschungsprozesses dar. Die Aufgabe, „eine informationslogische Analyse der Forschung vorzunehmen", führt zur Sammlung und Analyse zweier Typen von Information: 1. Information über die Elemente, die die Forschung ausmachen. 2. Information über die Funktionen dieser Elemente, über ihre sich wandelnde Rolle bei der Bearbeitung der Informationsdaten.

Die Menge der Forschungselemente besteht aus zwei Untermengen: den materiellen Elementen (dem Gebäude des Forschungslaboratoriums, den Einrichtungen zur Durchführung der Experimente, dem elektronischen Digitalrechner usw.) und den nichtmateriellen Elementen, d. h. den Methoden, Instruktionen, Algorithmen, Modellen, philosophischen Prämissen, mathematischen Formeln, also der Gesamtheit der Informationsdaten, die in bestimmten Sprachen fixiert sind (mathematischen, logischen und natürlichen Sprachen, Zeichen physikalischer Korrelationen usw.). Die Funktionen des Forschungsprozesses verwirklichen sich in der Einheit mit den nichtmateriellen Elementen der Forschung oder aber in der Gemeinsamkeit mit den materiellen Elementen. Das Objekt der Informationsanalyse ist natürlich die Teilmenge der nichtmateriellen Forschungselemente.

Die Informatik, die als selbständige wissenschaftliche Disziplin aus verschiedenen Wissenschaften hervorgegangen ist, bedient sich vieler Methoden dieser Wissenschaften. Sie nutzt kybernetische, logische, mathematische und andere Methoden. Dazu gehören die Massenbedienungstheorie, die Operationsforschung, die mathematische Statistik, Methoden der Bibliothekskunde und andere.

Die Theorie der wissenschaftlichen Informatik umfaßt die Gesamtheit der Methoden und Verfahren, die auf eine effektive Informationsversorgung des Forschers gerichtet sind, um so die Aufwendungen für die Lösung wissenschaftlicher Probleme zu verringern. Die Informationsbereitstellung für die Forschung geht von der Theorie der Informatik als ihrer Methodik aus.

Folglich gibt es eine Wissenschaft von der Informationstätigkeit – die Informatik. Sie ist die Theorie der Erforschung der Gesetzmäßigkeiten bei der Entstehung wissenschaftlicher Information, ihrer Fixierung, Verdichtung und Weitergabe in der Entwicklung der Wissenschaft, in der Technologie der Informationstätigkeit, der Mechanisierung und Automatisierung (Anwendung von Laser bei der Recherche) usw. Sie dient zur wissenschaftlichen Organisation der Informationstätigkeit der Mitarbeiter als einer Form der Forschungsarbeit, als Mittel der Indizierung usw.

Kapitel II

Wissenschaftlich-technisches Schöpfertum als Verarbeitung und Gewinnung neuer Information

Eine wissenschaftliche Forschung stellt hauptsächlich einen Prozeß der Informationsverarbeitung dar. Er enthält folgende Komponenten: 1. einen bestimmten zusammenhängenden Text als Basis, deren Hauptelemente die Gesamtheit der Begriffe bilden; 2. das künstlich konstruierte Modell des gesuchten Ergebnisses; 3. das schöpferische wissenschaftliche Suchen, das als eine fortschreitende Analyse der sich ständig verändernden Textgrundlage auf die sich allmählich abzeichnende Gestalt (Modell) des gesuchten Ergebnisses hin aufgefaßt wird. Das schöpferische Suchen im Forschungsprozeß ist seinem Wesen nach systemhaft und wird durch die Tatsache bedingt, daß jede „geistige Tätigkeit des Menschen auf der Verarbeitung von Information beruht" [45].

Wissenschaftliche Forschung wird als ein Verfahren zur Organisierung von Daten über ein Objekt oder eine Gesamtheit von Objekten verstanden. Der Prozeß der wissenschaftlichen Forschung als System stellt einen Komplex von Informationsdaten dar, die in einer bestimmten Sprache ausgedrückt sind, welche nur hinsichtlich der Forschungsobjekte einen Sinn erhalten. Die Forschung besteht aus der Wechselwirkung von Objekt (Prozeß, Erscheinung), Forscher (Aufgaben) und einem Komplex von Informationsdaten in Form von Sprache (Terminologie, Formeln, Worten einer natürlichen Sprache, Ziffern, Graphiken, Tabellen usw.). Die Forschung als funktionierendes System besitzt Eingänge und Ausgänge, mit deren Hilfe sie mit der äußeren, objektiv existierenden Welt verbunden ist. Wir werden in den folgenden Ausführungen die relative Isoliertheit der wissenschaftlichen Forschung darstellen.

Die wissenschaftliche Forschung bildet ein offenes System, in das aus der Umwelt (in bezug auf die Forschung) Informationsdaten über die Eigenschaften des zu erforschenden Objektes A eintreten und umgewandelt werden: $A \rightleftarrows B$, wobei B das zielgerichtete Suchen des Forschers ist. Das System der Forschung wird dann durch das folgende

Schema wiedergegeben:

$$S \xrightarrow{K_0} A \underset{K_{-1}}{\overset{K_1}{\rightleftarrows}} B \xrightarrow{K_z} Z.$$

K_0 und K_z bezeichnen hier Konstanten, die die Schwelle oder die Filter beschreiben, welche die äußere Information passieren muß, wenn sie den Forscher erreicht und von ihm in Form von Berichten usw. abgegeben wird. Solche Filter sind vor allem die logischen Mittel, die den vorliegenden Text zu einem einheitlichen Ganzen verbinden (zum Beispiel traditionelle Vorstellungen im Milieu der Wissenschaftler, festliegende Begriffsdeutungen, der mathematische Apparat und dergleichen mehr), weltanschauliche und methodologische Auffassungen des Forschers usw. Offenbar ist eben hierin die Erklärung für die Erscheinungen in der Geschichte der Wissenschaft zu sehen, daß große Entdeckungen nicht von Fachleuten gemacht wurden, sondern von Laien, denen die Schwierigkeit der von ihnen gelösten Aufgaben gar nicht bewußt war. Ihr Erfolg wird verständlich, wenn man in Betracht zieht, daß sie keine Filter von lang angehäuften Traditionen und falschen Vorstellungen vor sich hatten. Die Symbole K_1 und K_{-1} sind Konstanten, die die Geschwindigkeit der Informationsverarbeitung bezeichnen. Sie werden durch das Organisationsniveau der Wissenschaftlerkollektive, durch die Zuverlässigkeit und Beweglichkeit der Informationsbereitstellung für den Wissenschaftler und durch die Qualität der Meßtechnik bestimmt, die bei der Forschung verwendet wird. Die gestrichelten Linien bezeichnen die Grenzen des Forschungssystems, S – das Forschungsobjekt, Z – die Information, die aus der Gesamtheit der wissenschaftlichen Fakten, Hypothesen und Theorien besteht.

In statischem Zustand bleibt eine bestimmte Menge von Information über ein und dasselbe Objekt konstant:

$$\frac{da}{dt} = \frac{db}{dt} = \ldots = 0.$$

Die Veränderungsgeschwindigkeit dieser Menge ist gleich der Summe der Durchgangsgeschwindigkeiten der Information durch die Filter K_0 und K_z und der Geschwindigkeit ihrer Umwandlung. Diese ist in erster Linie vom Entwicklungsstand der Informationsbereitstellung abhängig. Der „Informationsstau", der in der modernen Wissenschaft mit der ständigen Zunahme der Informationen enthaltenden Dokumente entstand, ist durch die Verlangsamung der Umwandlungsgeschwindigkeit der Information in den Forschungssystemen bedingt. Für einen Wissenschaftler, der sich das Ziel gesetzt hat, zu prinzipiell neuen Erkenntnissen zu gelangen, ist es wichtig, sicher zu sein, daß er nicht bereits durchgeführte Forschungen wiederholt. Zu diesem Zweck ist es notwendig, die Gesamtheit der auf dem jeweiligen Forschungsgebiet bereits vorliegenden Arbeiten zu sichten. Unter den heutigen Bedingungen erweist sich das oft als unlösbare Aufgabe. Nach den Angaben der Zeitschrift „American documentation" gibt es auf der Welt mehr als 100 Millionen Titel verschiedener Publikationen, und auf jeden Spezialisten entfallen täglich 100 Druckbogen von Publikationen verschiedener Art. Die gegenwärtige Situation ist außerdem dadurch gekennzeichnet, daß durch die Integration der einzelnen wissenschaftlichen Richtungen und die gegenseitige Durchdringung von Methoden der verschiedenen Disziplinen, die für die Entwicklung der modernen Wissenschaft charakteristisch sind, eine große Menge der Materialien, die für Fachleute interessant sind, in den nichtfachspezifischen Publikationen veröffentlicht werden oder aber in solchen, die auf Grund ihres allgemeinen Profils nicht die Beachtung des Forschers finden. So wurde festgestellt, daß sich mehr als 50 Prozent der von den Fachleuten gelesenen Literatur auf Grenzbereiche der betreffenden Wissenschaft beziehen [46, S. 279–285]. Der Wissenschaftler sieht sich daher gezwungen, viel unnötige, redundante Literatur zu lesen, die für die Lösung des vor ihm stehenden wissenschaftlichen Forschungsproblems keinerlei Bedeutung hat. Wenn man dazu die sprachlichen Barrieren, die dem einzelnen Forscher gesetzt sind, den vertraulichen Charakter vieler Entwicklungen, die Unzulänglichkeit der Nachrichtenkanäle usw. berücksichtigt, so wird offensichtlich, daß in der modernen Wissenschaft eine produktive Forschungstätigkeit ohne wissenschaftliche Informationsbereitstellung völlig unmöglich ist. Aus diesem Grunde ist die Entwicklung von Informationszentren von außerordentlicher Bedeutung. Sie liefern unter Berücksichtigung der vorher bekannten Filter Information mit dem Ziel, diese Filter zu „durchbrechen", und korrigieren auf diese Weise den Forschungsprozeß insgesamt ganz wesentlich.

Wissenschaftliche Forschung stellt ein dynamisches System dar. Alle ihre Elemente befinden sich in ununterbrochener Veränderung. Daher ist die Struktur einer solchen Forschung instabil. Nicht nur das vom Forscher konstruierte Modell des gesuchten Resultates, sondern auch das Objekt der Forschung S unterliegt der Veränderung. Es bleibt nicht unveränderlich und befindet sich in ständiger Entwicklung. Darum ist die Fixierung irgendeines Zustands des Objekts durch eine Gesamtheit von Fakten unvollständig und relativ. Die Verbindungen des Forschungsobjekts mit anderen materiellen Gebilden werden nur durch die Aufdeckung seiner Rolle und Bedeutung in einem Entwicklungsprozeß erkannt. Nur wenn das Objekt als Element eines Entwicklungsprozesses dargestellt wird, kann der Forscher Fehlschlüsse hinsichtlich der Bedeutung von Eigenschaften des Objekts in der realen Entwicklung vermeiden. Deshalb muß ein Wissenschaftler immer bestrebt sein, eine Theorie des Prozesses aufzustellen, in der die von ihm gewonnenen Fakten als Elemente eines ganzheitlichen Bildes auftreten und das Objekt als integrierender Teil des Ganzen erforscht wird.

So stellt sich eine wissenschaftliche Forschung als Informationsstrom vom Forschungsobjekt zum Forscher hin dar, als Prozeß der Verarbeitung „innerhalb" des Systems. Eben dies ist auch das Objekt der informationslogischen Analyse. Im Prozeß der wissenschaftlichen Forschung beeinflussen sich die Informationsdaten gegenseitig. Aussagen über die Eigenschaften des Forschungsobjekts, die mit Hilfe eines bestimmten Alphabets und einer bestimmten Grammatik ausgedrückt sind, gruppieren sich, systematisieren sich, gliedern sich und werden synthetisiert, die Zeichen ihrer Variablen werden zu Konstanten, und die Menge der Fakten wird zu Gesetzen umgeformt. Die Untersuchung der Zirkulation der wissenschaftlichen Informationsströme ist Gegenstand der informationslogischen Analyse. Voraussetzung für eine solche Analyse ist die genaue Herausarbeitung der Grenzen einer wissenschaftlichen Forschung, d. h. die Bestimmung des Objektes der Forschung selbst, ihres Zieles, der Sprache, in der die Forschung ausgedrückt ist, sowie der Endergebnisse.

Objekt der wissenschaftlichen Erkenntnis ist alles, was unabhängig vom Forscher existiert und zum Ziel seines Forschens wird. Die Dinge der materiellen Welt verwandeln sich erst dann in Objekte der wissenschaftlichen Erkenntnis, wenn sie für den Forscher Erkenntniswert erlangen. Das Forschungsobjekt und der Forscher mit seinen Erkenntnismitteln (logischer Apparat, Geräte, Weltanschauung usw.) bilden ein einheitliches, wechselseitig verbundenes System; in ihm existiert das eine nicht ohne das andere. Die Art und Anzahl der Erkenntnismittel werden durch das Objekt bestimmt: in der klassischen Optik ist es das Prisma, in der Quantenmechanik sind es die Synchrophasotrone usw. Entsprechend wechseln auch die logischen, mathematischen und anderen Erkenntnismittel. Folglich werden die entscheidenden Beschränkungen der Forschung durch das Wesen des Forschungsobjektes bestimmt. Die Beschränkung des Erkenntnisobjektes in Zeit und Raum, seine Lokalisierung werden durch die Grenzen der Erkenntnismöglichkeiten des Forschers festgelegt: Der Mensch kann nicht irgend etwas erkennen, ohne das Erkenntnisobjekt aus dem realen Entwicklungsprozeß „herauszulösen“. Diese „Herauslösung“ nimmt er mit Hilfe der Methode des theoretischen Denkens vor. In dieser Beziehung trägt die Erkenntnis über die Wirklichkeit den Charakter integrierter Daten über einzelne Erscheinungen der Wirklichkeit.

Das Forschungsobjekt besteht nicht nur aus Erfahrung, also aus dem Komplex von sinnlicher Wahrnehmung und dem Wahrgenommenen. Zu den sinnlichen Wahrnehmungen des Forschers kommen immer die Informationen, die ihm vermittelt wurden und die er selbst gewonnen hat. Diese Information bildet einen Grundstock, auf dessen Basis der Wissenschaftler ein Modell der beim Objekt vermuteten Eigenschaften aufbaut. Deshalb ist die Informationssammlung eine überaus wichtige Etappe der wissenschaftlichen Erkenntnis. Berechnungen zufolge wird ein Drittel der Arbeitszeit des Forschers für das einer neuen Arbeit vorangehende Studium der Informationen aufgewendet. Beim Prozeß der Informationssammlung wird im Bewußtsein des Wissenschaftlers ein vorläufiges Modell des Erkenntnisobjekts gebildet. In der modernen Wissenschaft wird dieses Modell häufig durch eine Formel, eine Kombination mathematischer Symbole und dergleichen ausgedrückt. Mit anderen Worten, das Forschungsobjekt ist nicht durch die sinnliche Wahrnehmung bestimmt. In der allgemeinen Erkenntnis existieren beispielsweise Sterne, Berge oder eine Symphonie als unmittelbares Erlebnis. In der modernen Wissenschaft wird das Erkenntnisobjekt in der Regel vor Beginn des realen Forschungsprozesses auf der Grundlage der vorhergehenden Information konstruiert. Sowohl Sterne und Berge wie auch eine Symphonie stellen für den Forscher, der sie zu studieren beginnt, in erster Linie jene Information dar, die bereits von der Menschheit gewonnen wurde.

Auf solche Weise wurde zum Beispiel durch Louis de Broglie das Forschungsobjekt der Quantenmechanik „geschaffen“; eine Mikroerscheinung, die sowohl Eigenschaften eines Elementarteilchens wie auch den Wellencharakter der Materie zum Ausdruck bringt. Gestützt auf die in der damaligen physikalischen Literatur vorhandene Information, stellte de Broglie zwei Energie-Formeln gegenüber. Nach Einstein beträgt die innere Energie eines Teilchens $E = mc^2$. Nach der Quantenmechanik existiert die Energie in Form von Portionen $E = hv$, wobei v die Schwingungsfrequenz und h das Plancksche Wirkungsquantum ist. Dieser Vergleich brachte de Broglie auf den Gedanken, die Energie der Teilchen einer bestimmten periodischen Erscheinung zuzuschreiben: „Die Quantenbeziehung wäre ohne besondere Bedeutung, wenn die Energie ununterbrochen in den Raum abgegeben würde, wir haben aber gerade erst gezeigt, daß dem durchaus nicht so ist. Also ist es vorstellbar, daß auf Grund irgendeines bedeutenden Naturgesetzes jede Energiemenge einer Masse durch die Gleichung $h\nu_0 = mc^2$ mit einer periodischen Erscheinung mit der Frequenz ν_0 verbunden ist, wobei ν_0 natürlich in dem System gemessen wird, das mit der Energiemenge verbunden ist. Diese Hypothese stellt die Grundlage unseres Systems dar." [47, S. 646] Aus den damals vorhandenen Informationen ging hervor, daß die Energie des Elektrons im gesamten Raum verteilt ist. Es war deshalb ganz natürlich zu schlußfolgern, daß die „periodische Erscheinung" ebenfalls nicht im Elektron selbst lokalisiert, sondern über den gesamten Raum verteilt war. Dadurch gewann sie die Form einer Welle, die mit einem beliebigen Elementarteilchen gekoppelt ist (Elektron, Proton usw.). In diesem Zusammenhang entstand jedoch die Frage: Sind die Ausbreitungsgesetze bei Teilchen und Wellen gleich? Über diese Gesetze gab es ebenfalls Informationen: Sie waren in den Prinzipien von Fermat und Maupertuis enthalten. Louis de Broglie faßte beide Prinzipien zusammen und kam zu der Schlußfolgerung, daß es eine „Analogie zwischen dem Prinzip von Maupertuis für die Teilchen und dem Fermatschen Prinzip für die Wellenkopplung" gibt [48, S. 29]. Diese Analogie führte de Broglie zu der Annahme, daß die Teilchengeschwindigkeit nicht identisch ist mit der Ausbreitungsgeschwindigkeit der Wellenfront. Mit einem Teilchen ist nicht eine Welle, sondern ein ganzes „Paket" von Wellen gekoppelt, deshalb ist die Teilchengeschwindigkeit gleich der „Gruppengeschwindigkeit" dieses „Pakets". So wurde eine der größten Entdeckungen gemacht: Auf der Grundlage der Umbildung der Informationen über die innere Energie der Teilchen wurde ein neues Erkenntnisobjekt „konstruiert". Die Entdeckung seiner Eigenschaften führte zum Entstehen einer neuen Wissenschaft, der Wellenmechanik.

Das konstruierte Erkenntnisobjekt stellt nur den Beginn der Forschung, genauer, ihre vorbereitende Etappe, dar. Nach der Sammlung der Informationen beginnt die verantwortungsvollste Etappe der Forschung: die Ausarbeitung der Strategie des schöpferischen Suchens. Auf der Grundlage der gesammelten Informationen entsteht im Bewußtsein des Wissenschaftlers das Modell des Forschungsobjektes, und entsprechend wird das Ziel, die Aufgabe des „Suchens", präzisiert. Das Wichtigste dabei ist, erstens die Problemfragen genau zu formulieren (auf der Basis der Analyse der vorhandenen Informationen ein Problem zu formulieren) und, zweitens, eine solche Methode zur Überprüfung der Lösung zu finden, mit deren Hilfe nach einer endlichen Zahl von

Schrittfolgen (oder Experimenten) festgestellt werden kann, ob die gefundene Lösung dem Problem gerecht wird oder nicht.

In der Literatur werden viele allgemeine Wege zur Problemlösung vorgeschlagen. Einer von ihnen ist die Methode der sogenannten Analyse der Mittel und Ziele von Newell, Shaw und Simon [49, S. 151, 166]. Sie besteht aus vier Etappen: 1. Vergleich der Lösungsbedingungen der Aufgabe und der Forderungen; 2. Kontrolle der Möglichkeiten, die gegebenen Bedingungen in die gesuchte Lösung umzuwandeln; 3. Gliederung der Aufgabe in eine Serie einzelner Teilaufgaben; 4. „Verkürzende Kombination", eine Serie von Versuchen, die Kluft zwischen der Lösung einer Teilaufgabe und dem Forschungsziel zu verringern. Mit der Lösung jeder Teilaufgabe kommt man der Lösung der eigentlichen Aufgabe näher.

Für die Lösung eines engen Fragenkreises stellt die Analyse von Mitteln und Zielen tatsächlich ein effektives Verfahren dar. Sie geht jedoch von der übertriebenen Annahme aus, daß die schöpferische Tätigkeit eine systematische Suche sei, die mit Hilfe irgendwelcher Algorithmen ausgeführt werde. In Wirklichkeit können jedoch nur wenige schöpferische Aufgaben als der algorithmischen Lösung zugänglich bezeichnet werden. Die überwiegende Mehrzahl der schöpferischen Aufgaben erfordert eine riesige Zahl von Teilvarianten, d. h., die Lösung schöpferischer Aufgaben erfolgt nur auf der Basis einer ausreichend großen Zahl zufälliger Variantenreihen der Lösung. Auf Grund ungenau formulierter Problemfragen, der Unvollständigkeit der Ausgangsinformation, des gegenwärtigen Niveaus der Forschungstechnik ist ein derartiges Durchspielen der Teilvarianten meist nicht möglich. Trotzdem gewinnt der Forscher in der Praxis neue Erkenntnisse über die Wirklichkeit. Er erreicht das mit Methoden, die der von Newell, Shaw und Simon direkt entgegengesetzt sind. Vor allem wird im Forschungsprozeß das Objekt der Erkenntnis verändert („umkonstruiert"). Die „Konstruktion" stellt dabei die wissenschaftliche Entdeckung dar. Ihre Originalität wird möglicherweise mit statistischen Methoden durch die Quantifizierung der in der Entdeckung enthaltenen Information bestimmt. Es muß bemerkt werden, daß Originalität (Ursprünglichkeit) Unerwartetheit in dem Sinne darstellt, daß irgendjemand unter Tausenden möglichen Systemzuständen den Zustand des Systems erraten hat, ohne darüber informiert gewesen zu sein. Eine solche „Originalität" entspricht einem wenig wahrscheinlichen Ereignis und weist offenbar eine gewisse Analogie mit dem Überraschungs- und Sensationseffekt auf, der wissenschaftliche Entdeckungen gewöhnlich begleitet.

Bei der Erkenntnis spielt das schöpferische Denken eine zweifache Rolle: eine kritische und eine bewußte. Die Kritik, mit der ein Forscher die Anstrengungen seiner Kollegen auf dem jeweiligen Gebiet bewertet, gründet sich auf den logischen Vergleich ihrer Forschungswege mit der gestellten Aufgabe, die als vernünftig vorausgesetzt wird, jedenfalls in ihrer Problemstellung. Eben dadurch verwirft die kritische Funktion des Denkens sogar die Möglichkeit einer schöpferischen Rekonstruktion des Ganzen überhaupt, sogar dessen Grundlagen. Mehr noch, es zwingt dazu, nicht der Logik des Objekts zu folgen, sondern der Logik jener, die dieses Objekt erforscht haben. Daher hemmt die kritische Einstellung die bewußte Funktion des schöpferischen Suchens. Eine wissenschaftliche Entdeckung ist das Ergebnis des intellektuellen Kampfes gegen die herkömmlichen, festliegenden Vorstellungen. Und obwohl das Schöpfertum immer auch das kritische Erfassen der logischen Wege von Vorgängern einschließt, rächt sich ein dogmatisches Verhältnis des Forschers zu den vor ihm erreichten Resultaten durch Fruchtlosigkeit der Forschung. Die schöpferische Funktion ist die umfassende Analyse des Denkens, das in das Erkenntnisobjekt eindringt, es ist die bewußte Abkehr von ausgetretenen Wegen zur Problemlösung.

Bezeichnend in dieser Hinsicht ist die Äußerung des amerikanischen Physikers F. Dayson über die Methode, nach der die Redaktion der Zeitschrift „Physical Review“ Artikel auswählt, die die Lösung aktueller und schwieriger Probleme der Schaffung einer einheitlichen Theorie der Elementarteilchen und der Felder betreffen. Er stellt fest, daß die Redaktion viele Aufsätze nicht deshalb ablehnt, weil sie unverständlich seien, sondern eben, weil sie zu verständlich sind. „Diejenigen, die nicht zu verstehen sind, werden in der Regel abgedruckt. Eine große Entdeckung zeigt sich zuerst fast immer in einer verworrenen, zusammenhanglosen Form. Sie ist sogar für den, der sie macht, nur zur Hälfte verständlich. Für die anderen ist sie ein völliges Geheimnis. Deshalb kann eine Konstruktion, die nicht auf den ersten Blick unvernünftig erscheint, keine Hoffnung auf ‚Erfolg‘ begründen“ [50, S. 95]. Also erweist sich Schöpfertum weder als systematisches Suchen noch als Lösung einer Aufgabe mit Hilfe von Algorithmen und der Verwirklichung einer kritischen Analyse auf der Grundlage bestimmter logischer Regeln. Alle diese Wege sind Einzelfälle des wissenschaftlichen Schöpfertums.

Was geht also im System $S \rightarrow Z$ vor sich? Welche Mechanismen regulieren den Prozeß der Bildung neuer Erkenntnisse auf der Grundlage gesammelter Informationsdaten? Wie wird eine Entdeckung in der Wissenschaft „gemacht“, wenn wir unter einer Entdeckung eben die Gewinnung prinzipiell neuer Erkenntnisse über die Wirklichkeit verstehen? Die gestellten Fragen betreffen die Forschung selbst. Untersuchen wir zunächst auf intuitiver Ebene die Etappe des Suchens nach neuer Information.

Jede einzelne Arbeitsetappe der Forschung ist zunächst individuell. Die schöpferische Natur der Forschungsarbeit besteht in ihrer Spezifik, in ihrer Individualität. Aber bekanntlich strebt jeder Wissenschaftler nach objektiven Ergebnissen, die nicht von den individuellen Besonderheiten seiner schöpferischen Persönlichkeit beeinflußt sind. Die schöpferische Methode jedes Forschers ist einmalig, ebenso wie sein Verhalten und seine Ansichten, sein Geschmack, seine Interessen und seine Handschrift. Die wissenschaftlichen Ergebnisse jedoch verfügen über die Eigenschaft der Objektivität: die Individualität ihres Schöpfers löst sich im Prozeß der wissenschaftlichen Forschung auf. Deshalb kann man von einigen prinzipiellen Seiten jeder Forschung sprechen. Sie sind für alle Forscher zutreffend und bilden die objektive Basis des Erkenntnisprozesses, die die Objektivität der wissenschaftlichen Ergebnisse ungeachtet der Verschiedenheit der Methoden, des Könnens und der Verfahrensweise der einzelnen Wissenschaftler sichern.

Eine wissenschaftliche Forschung besteht aus folgenden Etappen (Abbildung 2):

I. Die wissenschaftlich-organisatorische Etappe

1. Schöpferische Suche des Zieles (der Aufgabe) der Forschung: Studium der Beschlüsse der leitenden Organe, der wissenschaftlichen

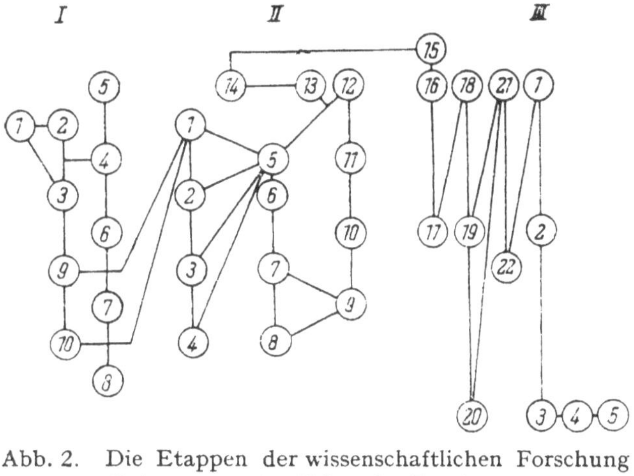

Abb. 2. Die Etappen der wissenschaftlichen Forschung (Erläuterung der Ziffern im Text).

Koordinationsräte, von Artikeln mit Zielstellungs- oder Problemcharakter und dergleichen;

2. Bestimmung der Ziele (der Aufgabe) der Forschung;

3. Einschätzung der Bedeutung der Forschung durch ein erstes Studium der Literatur und der Forschungsthematik der angrenzenden Institute;

4. Beschluß über die Durchführung der Forschung;

5. Berechnung der Finanzierung und der materiell-technischen Sicherung der Forschung;

6. Aufnahme der Forschungsaufgabe in den Plan des Instituts oder des Konstruktionsbüros;

7. Ausarbeitung einer vorläufigen Forschungsstrategie: Bestimmung der Abschnitte, Momente und der finanziellen Aufwendungen für die einzelnen Etappen der Forschung;

8. Vorbereitung des Kollektivs oder, im Falle einer individuellen Arbeit, Beratung der Forschungsstrategie auf einer Sitzung des Laboratoriums oder des wissenschaftlichen Rates;

9. Studium der wesentlichen Ergebnisse in dem Bereich, der dem Forschungsziel benachbart ist;

10. Auswahl der Materialien, die in Beziehung zur Forschung stehen; Festlegung des Umfangs der notwendigen Bibliographie;

II. Schöpferischer Prozeß

1. Allgemeine Bewertung der in der Wissenschaft vorliegenden Ausarbeitungen, die in Beziehung zur Verwirklichung des Forschungszieles stehen; Bestimmung der veralteten Information;

2. Beschreibung des Forschungsobjektes auf der Grundlage der existierenden Information;

3. Ausarbeitung der wichtigsten theoretischen Argumente, die das erwartete Forschungsresultat begründen;

4. Auswahl der Forschungsmethoden;

5. Aufstellung eines hypothetischen Ergebnismodells, d. h. Beschreibung des vorgestellten gesuchten Resultats in Form einer „Arbeitshypothese";

6. Bestimmung der Menge unzureichender wissenschaftlicher Fakten zur Realisierung des Modells;

7. Ausarbeitung von Methoden und Mitteln (theoretischen oder experimentellen) zur Aufbereitung der vorhandenen Fakten;

8. Festlegung der Methodik zur Recherche neuer Fakten;

9. Planung der Fakten des Experiments oder weiterer theoretischer Forschungen;

10. Suche nach neuen Fakten: Durchführung von Experimenten, zusätzliche Durchsicht neuer Literatur usw.

11. Beschreibung, Klassifizierung der neuen Fakten;

12. Theoretische Wertung und Analyse der neuen Fakten;

13. Korrektur der „Arbeitshypothese“ unter Berücksichtigung der neuen Fakten oder Aufstellung einer neuen „Arbeitshypothese“;

14. Generelle Wertung der erzielten Forschungsergebnisse: Zwischenbericht, Publikation in einer wissenschaftlichen Zeitschrift oder einem Sammelband, Mitteilung auf einem Symposium oder auf einer Sitzung der wissenschaftlichen Koordinationskonferenz zu dem Problem;

15. Ausarbeitung der Strategie weiterer Forschungswege;

16. Aufstellung von Modellen der verschiedenen wahrscheinlichen Lösungswege der Forschungsaufgabe;

17. Auswahl der optimalen Variante aus vielen Varianten zur Lösung der Forschungsaufgabe;

18. Schaffung einer Hypothese als Form der Systematisierung wissenschaftlicher Fakten;

19. Kontrolle der Hypothese mit Hilfe eines Experiments, einer theoretischen Analyse ihrer Ausgangsbasis etc.

20. Abfassung einer Erklärung der wissenschaftlichen Faktoren, verbunden mit einer Abgrenzung der Gesetze, Grundbegriffe und Prinzipien;

21. Formulierung der Struktur einer wissenschaftlichen Theorie;

22. Applikation (Ausbreitung) der Lehrsätze auf wissenschaftliche Fakten.

III. Praktische Verwirklichung der Forschungsergebnisse

1. Abfassung der Dokumente zum Erhalt eines Urheberscheines oder eines Patents im Ausland;

2. Vorbereitung einer Publikation oder eines Berichts über die Arbeit;

3. Ausarbeitung eines prinzipiellen Schemas und der technischen Unterlagen für die Einführung der Forschungsergebnisse in die Produktion;

4. Abfassung einer vertraglichen Vereinbarung über Mitarbeit eines Konstruktions- oder Projektierungsbüros, eines Laboratoriums usw.;

5. Annahme und Bestätigung des technischen Projekts.

Die Forschung kann mit Hilfe einiger Vorstellungen der Kybernetik und der Wissenschaftslogik präziser als Prozeß der Umwandlung von Information beschrieben werden.

[2] Urheberscheine sind eine spezifische Erscheinungsform im Patentwesen der Sowjetunion (Anmerkung des Verlages).

Das Ziel einer solchen Präzisierung besteht in der Aufdeckung des Regulierungsmechanismus der Informationsumwandlung, die zu neuem Wissen führt.

Sicher stellt eine solche Präzisierung einen sehr allgemeinen Aspekt dar. Das ist natürlich, weil die Beschreibung des genauen Weges einer wissenschaftlichen Entdeckung, des Regulierungsmechanismus der schöpferischen Suche, es gestatten würde, die Forschung in einen geleiteten Prozeß und die informationslogische Analyse in die Logik der Entdeckung zu verwandeln. Das ist, wie wir bereits feststellten, eine irreale Aufgabe. Dagegen ist es eine vollständig lösbare Aufgabe, genauer zu beschreiben, was bei einem intuitiv inhaltlichen Herangehen an eben diesen Mechanismus der Informationsumwandlung möglich ist. Zu diesem Zweck werden wir die Bedeutung einiger Begriffe, die im weiteren Text verwendet werden, genauer fassen. Die Gesamtheit der Kenntnisse, unabhängig von der Form ihres Ausdrucks in irgendeinem Prozeß, definieren wir als Information. Als Informationsfonds bezeichnen wir eine beliebige Menge von Kenntnissen. Ein Fonds kann geordnet sein, wenn die ihn bildenden Elemente (Bücher, einzelne Dokumente, Mikrofilme, Enzyklopädie-Artikel, Zeitschriften in Bibliotheksregalen, die nach klassifizierenden Rubriken ausliegen) durch gemeinsame Prinzipien oder Grundlagen verbunden sind. Es kann auch ungeordnet sein. Der Begriff der Ungeordnetheit entspricht offenbar dem Sinn der intiutiv verstandenen Definition eines bestimmten „nichtbearbeiteten" Textes, eines „nichtorganisierten", „nichtklassifizierten" Feldes.

Als Forschungsobjekt ist die Information in diesem Sinne eine ununterbrochene Kette punktförmiger Ereignisse in einem eindimensionalen mathematischen Raum. Jedes Ereignis dieses Raumes wird durch seine Entfernung vom Entstehungspunkt oder von einem beliebigen anderen Ereignis, dessen Entstehungspunkt bekannt ist, bestimmt. Auf der Ebene eines Drucktextes werden als Ereignisse zum Beispiel die Zeichen des Alphabets, die Interpunktionszeichen, die Zwischenräume und Durchschüsse zwischen den Zeichen aufgefaßt. Ereignisse, die durch Ausgangsbestimmungen in Mengen organisiert sind („Ein Punkt ist ein Zeichen, das das Ende eines Satzes anzeigt", „Ein freier Raum vor einem Satz am Beginn der Zeile bezeichnet einen Absatz" und dergleichen), bilden verschiedene Ereignisebenen.

Die Ereignisebenen stehen untereinander in Wechselbeziehung. Diese Verhältnisse können verschiedenartigen Charakter tragen, sie können zum Beispiel die Form der Kongruenz, der Identität oder der Differentiation haben, sie können kausalen, prädikativen Charakter tragen usw.

Durch die Wechselbeziehungen der Ereignisebenen wird deren Hierarchie hergestellt: Eine Menge von Ereignissen steht zueinander in hierarchischem Verhältnis (zum Beispiel geht eine Menge an Wörtern in eine Menge an Sätzen über, und die Zeilen bestehen aus Sätzen). Der Forscher übernimmt die Rolle des Informationsumwandlers. Er verarbeitet (zählt aus, vergleicht, verallgemeinert usw.) die Information, die unabhängig von ihm vorhanden ist. Die Umwandlung der Information erfolgt mit Hilfe einer Reihe von unveränderlichen Regeln, die für die Informationsfonds (geordnete und ungeordnete) gelten. Ein Forscher ist nicht in der Lage, gleichzeitig eine unendliche Informationsmenge aufzunehmen. Quastler, der die Frage untersucht hat, wieviel Information ein Mensch maximal verarbeiten kann, schreibt: „Wir fanden heraus, daß Menschen in der Lage sind, mit Erfolg 5–6 Bilder pro Sekunde sich einzuprägen, Information mit einer Geschwindigkeit von 25 bit/s weiterzugeben, mit etwa 30 möglichen Werten hinreichend zu operieren und mit einem Blick 15 bit aufzunehmen. Wir glauben nicht, daß die Menschen immer so hohe Werte bei der Weitergabe von Information verschiedener Art erreichen, unter normalen Bedingungen werden solche Geschwindigkeiten nicht erreicht." [51, S. 62] Folglich ist die Menge der Information, die ein Forscher verarbeitet, immer begrenzt. Um eine genügend große Menge von Informationsdaten umzuwandeln, muß sie der Wissenschaftler allmählich, Schritt für Schritt, in den Forschungsprozeß (d. h. in das System $S \to Z$) einbeziehen.

Wir werden versuchen, die beschriebenen Überlegungen genauer darzustellen, wobei wir dafür die von A. N. Kolmogorov und V. A. Uspenskij [52] vorgeschlagene Methode zur Bestimmung von Algorithmen allgemeinster Art benutzen. Zu diesem Zweck führen wir zusätzlich einige Begriffe ein.

Ein Algorithmus ist eine konstruktiv gegebene Übereinstimmung von Wörtern in abstrakten Alphabeten. Ein abstraktes Alphabet ist eine endliche Gesamtheit von Objekten, die Buchstaben genannt werden (als Buchstaben können beliebige Informationsereignisse des eindimensionalen mathematischen Raums auftreten – alphabetische Zeichen, Wörter, Sätze, Buchtitel, Deskriptoren, Bücher usw.). Als Wort gilt im abstrakten Alphabet jede endliche, geordnete Buchstabenfolge (Wörter können auch beliebige Informationsereignisse sein – Absätze, Bücher, Patente usw.). Wie schon festgestellt, stehen die Informationsereignisse untereinander in einem hierarchischen Verhältnis. Jede Ebene der Hierarchie kann als Alphabet betrachtet werden. Alle Alphabete, die aus Informationsereignissen bestehen, verhalten sich untereinander so, daß jedes von ihnen für ein anderes ein Eingabealphabet und dieses ein Ausgabealphabet bildet. Jede Zuordnung oder Funktion, die den Worten eines Alphabets die Wörter eines anderen Alphabets gegenüberstellt, wird alphabetischer Operator oder alphabetisches Abbild genannt.

Auf einen alphabetischen Operator kann man alle Umwandlungsprozesse der Information zurückführen. Tatsächlich ist das schöpferische Denken die Verarbeitung der Eingabeinformation, die durch die Filter K_0 in das System eintritt, die Nachforschung einer gewissen Übereinstimmung zwischen den in Worten ausgedrückten Fakten (Eingabealphabet) und den logischen Konstruktionen, die der Wissenschaftler in seiner Vorstellung schafft (Gesetze, Prinzipien, Theorien, ausgedrückt in Wörtern des Ausgabealphabets, das die Filter K_1 im System $S \rightarrow Z$ überwindet).

Entsprechend den früher gezeigten Beschränkungen der Informationsumwandlung innerhalb eines bestimmten Zeitintervalls sondern wir die aktive Zone der Informationsumwandlung aus, in der die Informationsdaten allmählich in die Umwandlung einbezogen werden. Die Information stellen wir als eine endliche Folge von Buchstaben T_0, T_1, T_2, . . . ,T_n dar. Wir unterscheiden die möglichen Typen von Verbindungen dieser Buchstaben R_1, R_2, R_3, . . ., R_m. Die Anzahl der durch einen Verbindungstyp verbundenen Buchstaben, z. B. des Typs R_1, bezeichnen wir mit K_1. Die maximale Anzahl der Zahlen K_1, K_2, K_3, . . ., K_m stellen wir durch das Symbol K dar. Die letztere Zahl ist von der Menge der in den verbundenen Buchstaben enthaltenen Information bestimmt und folglich begrenzt. Darum entspricht jedem Buchstaben eine Anzahl von Verbindungen, die wir als Symbol darstellen. Wenn man die Buchstaben als Dreiecke darstellt (Abbildung 3) und numeriert, so nimmt die Information die Form eines Satzes von Dreiecken an, die durch paarige Verbindungen auf der Basis eines beliebigen Eingehens von Buchstaben in sie verknüpft sind. Die Kreise bezeichnen die Orte *1, 2, 3*, . . ., *k*, welche die Buchstabenverbindung in einer gewissen geordneten Menge einnimmt.

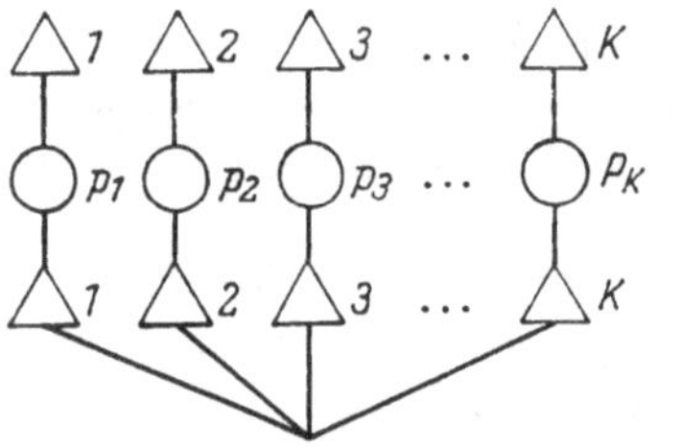

Abb. 3 Linearer ungerichteter Graph.

In dieser Menge M wird die Information im eindimensionalen mathematischen Raum in Form eines linearen ungerichteten Graphen dargestellt. In diesem Graphen bezeichnen die Knoten T_0, T_1, T_2, . . ., T_n

($n \geqq 1$) ungerichtete Strecken, die willkürlich ausgewählte, von der Auswahl der Buchstaben und der Form der Verbindung R unabhängige Knotenpaare, paarige Verbindungen zwischen Buchstaben, verknüpfen. Zur Menge M gehört ein Knoten, der das Zentrum der aktiven Zone der Informationsumwandlung bezeichnet. Im vorliegenden Falle werden mit dem Buchstaben T_0 unvollendete Informationsumwandlungen bezeichnet, mit T_1 Information, die durch die Eingabeumformer gewonnen wurde und Produkt des Umwandlungsprozesses ist. Die aktive Zone wird durch das Symbol S wiedergegeben. Die Zone besteht aus Buchstaben (die mit den Knoten des Graphen gleichgesetzt wurden) und Strecken (den Verbindungen der Buchstaben). Die Folge der Knoten $B_1, B_2, B_3, \ldots, B_p$ nennen wir Kette. Die Ketten können die Länge $\lambda \leqq p$ haben, wobei p eine für den jeweiligen Algorithmus feststehende Zahl ist. Der Anfangsknoten beinhaltet Ketten der Länge λ. Die Knoten ihrer endlichen Folge $B_1, B_2, B_3, \ldots, B_p$ sind untereinander durch Strecken verbunden, deren Zahl gleich p–1 ist. Die Strecken bilden die Elemente der Kette. Folglich zeichnet sich eine Menge von Informationsdaten ab, die sich in der Umwandlung befinden. Diese Menge besitzt eine aktive Zone S und Grenzen dieser Zone, die durch die Gesamtheit der Knoten der Menge gebildet werden, die mit dem Anfangsknoten durch Ketten von der Länge p verbunden sind. Jene Knoten und Strecken, die außerhalb der Grenzen der aktiven Zone S liegen, aber ebenfalls zur Menge M gehören, bilden den äußeren Teil der Menge. Wenn man zwischen den Knoten verschiedener Mengen von Informationsdaten $M_1, M_2, M_3, \ldots, M_n$ eine beiderseitig eindeutige Beziehung herstellen kann, d. h. eine solche, bei der die entsprechenden Knoten durch gleiche Buchstaben $T_0, T_1, T_2, \ldots, T_n$ bezeichnet sind und die einander entsprechenden Knotenpaare gleichzeitig vereint (oder nicht vereint) sind, so sind derartige Mengen isomorph. Da die aktive Zone einer Menge M immer durch die Anzahl der Buchstaben des jeweiligen Algorithmus begrenzt ist, existiert natürlich für diesen Algorithmus eine endliche Zahl verschiedener (d. h. heteromorpher, ungleicher) aktiver Zonen der Informationsumwandlung. Wir benennen diese heteromorphen Zonen mit $U_1, U_2, U_3, \ldots, U_r$. Die Umwandlung der Informationsdaten erfolgt nach bestimmten Regeln. Diese Regeln kann man durch eine Tabelle der Zuordnung $U_i \to W_i (i = 1, 2, 3, \ldots, r)$ vorgeben. Die Tabelle besteht aus einer rechten und einer linken Seite. Auf der rechten Seite erscheinen die Untermengen der Informationsdaten, deren Grenzen den Grenzen der aktiven Zonen U_i isomorph sind. Folglich wird jedem Knoten, der mit der Grenze der aktiven Zone gleichgesetzt wird, ein bestimmter Knoten der Menge W_i $(1, 2, 3, \ldots, r)$

gegenübergestellt. Und schließlich entnehmen wir der Tabelle der Zuordnung, daß ein Operator R_A existiert, der die Informationsdaten auf jedem Handlungsschritt des Algorithmus A umwandelt.

Auf welche Weise erfolgt nun die unmittelbare Umwandlung der Informationsdaten? Dies läßt sich auf folgende Weise beschreiben:

1. Wir finden in der Menge S den Anfangsknoten;
2. Wir verfolgen von ihm aus alle möglichen Ketten der Länge p;
3. Wir bestimmen die Grenze der aktiven Zone U;
4. Im linken Teil der Zuordnungstabelle finden wir die einzige aktive Zone, die isomorph ist. Da U_i und U miteinander verbunden sind und alle Buchstaben, die mit irgendeinem Buchstaben der Menge M verbunden sind, paarweise einander verschieden sind, so ist zwischen U_i und U nur eine Isomorphie möglich;
5. Wir setzen alle Knoten, die an der Grenze der aktiven Zone U liegen, den ihnen isomorphen Knoten der aktiven Zone U_i gleich;
6. Wir setzen die Knoten, die an der Grenze der Zone U liegen, einigen Knoten der Menge U gleich;
7. Wir schließen den Teil der Zone U, der nicht an der Grenze liegt, aus;
8. Wir tauschen die ausgeschlossene Zone gegen den Teil der Menge W_i, welcher nach der vorher erfolgten Gleichsetzung seiner Knoten, die aus der Betrachtung ausgeschlossen werden, übrigbleibt. Diese Knoten werden als dem Wesen nach mit U_i gleichartig angesehen;
9. Wir erhalten eine neue Menge von Informationsdaten, in der die Grenzen der aktiven Zone U enthalten sind, die Information, die umgewandelt wird, aber aus W_i entnommen ist. In dieser neuen Menge S_i nimmt der Anfangsknoten des verbleibenden Teils der Menge W_i in Hinblick auf die unverändert gebliebene Grenze der aktiven Zone U eine neue Lage ein;
10. Wir verschieben den Anfangsknoten und die verbliebene Grenze der aktiven Zone U;
11. Wir erhalten eine neue aktive Zone der Menge S_1. Die erhaltene Menge S_1 mit der aktiven Zone ist das Ergebnis der Anwendung des Operators R_A, des Algorithmus A auf die Ausgangsmenge der Informationsdaten S;
12. Wir wenden den Operator R_A auf die Menge S_1 an. Dabei sind zwei Varianten möglich:

1. Der Anfangsknoten der Menge, die neu entsteht (schon durch die Umwandlung von S_1) wird mit dem Buchstaben T_1 und nicht T_0 bezeichnet und ist die Lösung, die durch die Anwendung des Algorithmus A zur Umwandlung der Eingabemenge von Informationsdaten, sagen wir S_0, erreicht wird;

2. Ungeachtet der fortgesetzten Anwendung des Algorithmus wird keine Lösung gewonnen. Es wird der Schluß gezogen, daß der vorliegende Algorithmus für die Umwandlung von S_0 nicht anwendbar ist.

Aus dem betrachteten Schema lassen sich folgende Schlußfolgerungen ziehen: Der Prozeß der Informationsumwandlung besteht aus einer gewissen endlichen Folge einzelner Etappen, die untereinander durch Anfangs- und Endgrenzen verbunden sind. Jede endliche Menge von Information besteht aus zwei Mengen: einer, die sich im Prozeß der aktiven Umwandlung befindet, und einer anderen, die eine besondere Art von Informationsrauschen darstellt, das der aktiven Zone der Informationsumwandlung kohärent ist. Die aktive Zone stellt jenen Teil des Umwandlungsprozesses dar, der Forschung genannt wird.

Die Umwandlung der Information geschieht im Prozeß der Forschung etappenweise. Im Ergebnis wird eine ganze Serie von Teilsystemen gebildet, in denen die „Übersetzung" von einer Sprache in eine andere erfolgt. Im Verlaufe dieser Übersetzung verlieren die wissenschaftlichen Fakten ihre ursprüngliche Form und erlangen allmählich den Charakter von notwendigen Wahrheiten, d. h. von Abstraktionen mit einem unbestimmten Anwendungsbereich. Aus Abstraktionen als integrierenden Elementen wird das „Tuch" der wissen-

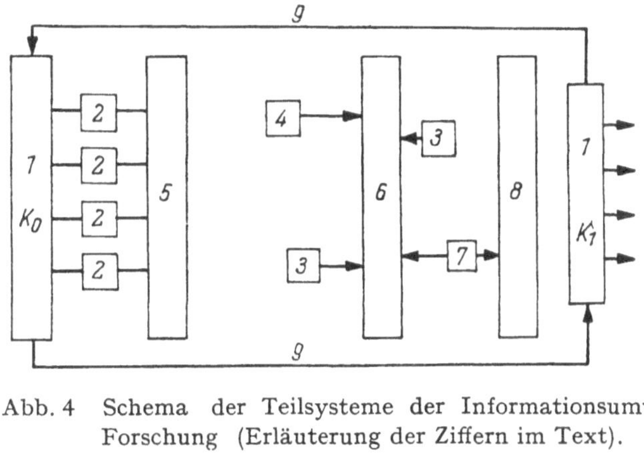

Abb. 4 Schema der Teilsysteme der Informationsumwandlung in der Forschung (Erläuterung der Ziffern im Text).

schaftlichen Theorie „gewebt". Die wichtigsten Teilsysteme für die Informationsumwandlung in der Forschung werden in Abbildung 4 dargestellt:

1. Die Filter K_0 und K_1 begrenzen die Forschung als System und stellen Eingang und Ausgang des Systems dar. So stellt die Methode

mittels magnetischem Tellur z. B. einen Filter für alle anderen Methoden dar, die nicht unmittelbar in Beziehung zum Sachgebiet stehen, das von den Geowissenschaften erforscht wird, also von der Geophysik, der Geologie usw. Gleichzeitg fungieren die Filter auch als Beschränkungen für die Ausgabe von Information aus dem System; Intuitive Vermutungen, die nicht in die entsprechende Sprache der gegebenen Wissenschaft gekleidet wurden, werden bei der Forschung „abgelagert". Der Wissenschaftler stellt sich das Ziel, unbekannte Eigenschaften der Wirklichkeit zu entdecken, und analysiert meistens nicht die „Küche" des Forschungsprozesses selbst, d. h. die Art und Weise, wie eine Entdeckung zustande kam. Nur wenige Naturwissenschaftler (Poincaré, Polya und andere) haben die „Qualen des Schöpfertums" beschrieben, die sie auf dem Wege zur wissenschaftlichen Entdeckung durchlebten.

Die Filter üben einen Einfluß auf die Teilsysteme innerhalb der Forschung aus. Information, die zwar K_0 passiert hat, in Wirklichkeit aber weder der Textgrundlage noch dem Forschungsziel entspricht, wird im Verlauf der Analyse ausgeschieden, „filtriert". In Abhängigkeit von den sozialen Bedingungen der Wissenschaftsentwicklung übt auch die andere Grenze des Systems, K_1, einen filtrierenden Einfluß auf die Informationsumwandlung aus (zum Beispiel führt die Forderung nach Geheimhaltung der Ergebnisse der schöpferischen wissenschaftlichen Arbeit dazu, daß der Filter K_1 das System für die Verbreitung der Information in der Gesellschaft „verschließt". Das gleiche Ziel wird im Falle einer „Konkurrenz" in der Wissenschaft verfolgt.).

2. Die Eingabeumwandler nehmen die „Übersetzung" (Umkodierung) der Eingabeinformation in die „Sprache" vor, die innerhalb der Forschung als System verstanden werden kann. Diese „Übersetzung" erfolgt durch die logischen Strukturen jener Ausgangsprinzipien, Kategorien, Hypothesen und Theorien, von denen der Wissenschaftler ausgeht. Mit anderen Worten, die logische Struktur der Textgrundlage der Forschung wandelt die „äußere" Information (der Meßwertgeber der Geräte oder der Sinnesorgane, die die äußere Wechselwirkung in Nervenimpulse verarbeiten, usw.) um.

3. Die inneren Umwandler nehmen die Auswahl der Information, ihre Verarbeitung auf der Grundlage der eingegebenen Begriffe und der vom Forscher vertretenen Hypothesen und Lehrsätze, die „Kopplung" (wenn sie möglich ist) mit diesen Hypothesen usw., vor. Die Umwandler innerhalb des Systems der Forschung befinden sich in einem Zustand ständiger Veränderung, unter dem Einfluß der eingehenden Information wird ihre Struktur sozusagen „deformiert". Wenn

diese Information sich „koppeln“ läßt (d. h., wenn sie in ihrer Bedeutung den vom Forscher zur Informationsverarbeitung benutzten Strukturen nahekommt), so wird sie einfach umgewandelt und in den Inhalt der entsprechenden Strukturen aufgenommen. Im Falle einer Polarität der Informationsdaten hinsichtlich der Textgrundlage der Forschung verändert sich die letztere von Grund auf, bis zur völligen Auswechselung der Ausgangsprinzipien und Begriffe, d. h. durch eine „Umkonstruierung“ des Forschungsobjektes. Das System der Forschung enthält jedoch immer aktive Umwandler; es befindet sich nie im Zustand des Stillstands. Das ist ein wesentliches Kennzeichen seiner Funktionsweise.

4. Das dekodierende Teilsystem überführt die Informationsdaten in die Sprache jener Begriffe, Kategorien, Formeln und Graphiken, die allgemein üblich und in der gegebenen Forschung für den Wissenschaftler verständlich sind. Damit die im Experiment gewonnenen Daten zum Inhalt theoretischer Sätze werden, müssen sie dekodiert werden, d. h. in die logische Struktur dieser Sätze überführt werden (als Bestandteile aufgenommen werden usw.).

5. Das Teilsystem des Gedächtnisses enthält die Gesamtheit der in der Forschung zirkulierenden Information, die aus jenen Kenntnissen besteht, die der Forscher im Prozeß seiner Ausbildung an der Hochschule und während der Aspirantur sowie im Schöpferkollektiv erworben hat und die für ihn zu einer Sammlung unbestritten wahrer Sätze geworden sind. In der Forschung spielt das Gedächtnis eine zweifache Rolle. Einerseits ist es jenes Medium, das die Überlegungen dogmatisiert, und andererseits werden gerade durch dieses Teilsystem voreilige Schlußfolgerungen und ungenaue Formulierungen ausgesondert. Man kann daher sagen, daß in der Forschung (und nicht nur dort) das Gedächtnis eine sehr wichtige Funktion der wissenschaftlichen Erkenntnis wahrnimmt, nämlich die Bewertung der Information.

Vielfache Versuche von Psychologen haben ergeben, daß neue Information unvergleichlich leichter im Gedächtnis haftet als Information, die sich wiederholende Aussagen enthält. Dadurch, daß sie effektiv ist, wird sie weitaus höher bewertet als bereits bekannte Information. Der Umfang des unmittelbaren Gedächtnisses hängt nicht von der Informationsmenge ab, die in irgendeinem Kode, zum Beispiel einem verbalen, enthalten ist. G. A. Miller hat gezeigt, daß der Umfang des unmittelbaren Gedächtnisses durch eine Anzahl von Symbolen oder „Stücken“ der Information bestimmt wird. Diese Anzahl ist konstant und gleich 7 ± 2. Das Gedächtnis wird durch die Länge einer Reihe von Symbolen beschränkt und ist weder von der Menge noch von der

Neuheit der in ihnen enthaltenen Information abhängig [53, S. 11–93, S. 42–46]. In bezug auf das Langzeit-Gedächtnis ist diese Schlußfolgerung, wie Versuche ergeben haben, offenbar übertrieben [55, S. 49–54]. Das Volumen des Gedächtnisses als Teilsystem ist nicht nur von der Informationsmenge, sondern auch von deren inhaltlicher Seite, d. h. von den in der Information enthaltenen Daten, abhängig. Je mehr Neues die Information enthält, die in die Forschung gelangt, desto größer ist die Wahrscheinlichkeit, daß sie die Filter passiert und, nach Vergleich mit den Daten des Gedächtnisses, diese ergänzt.

6. Das Teilsystem zur Lösung von Problemsituationen. Schöpfertum bedeutet immer die Lösung irgendeines wissenschaftlichen Problems. Die Lösung besteht dabei aus einer großen Anzahl von Fragen und den Antworten, die der Forscher darauf erhält. Der bekannte amerikanische Mathematiker G. Polya schrieb: „Eine große wissenschaftliche Entdeckung bringt die Lösung eines großen Problems, aber in der Lösung jeder Aufgabe steckt ein Teil Entdeckung." [56, S. 5]

Es können in der Regel drei Arten von Problemsituationen auftreten: 1. Die gestellte Frage kann bejaht werden; 2. die Frage kann nur verneint werden; 3. die Eingabeinformation ist unzureichend für die Lösung des Problems, und die Antwort kann unbestimmt sein. Die Lösbarkeit des Problems hängt folglich vom Umfang und Wert der für seine Lösung benutzten Information ab. Das Teilsystem zur Lösung von Problemsituationen gewährleistet die Zuverlässigkeit und Objektivität der Forschung sowie ihre Übereinstimmung mit der wirklichen Lage der Dinge in der Realität. Die Methoden, die in diesem Teilsystem benutzt werden, sind eng verbunden mit den Verfahren zur Feststellung der Wahrheit theoretischer Sätze, mit der wissenschaftlichen Voraussage und mit der Interpretation.

7. Die dekodierenden Teilsysteme der Informationsumwandlung enthalten die Regeln für die „Übersetzung" der wissenschaftlichen Fakten in wissenschaftliche Abstraktionen, die Methoden zur Aufstellung von Theorien und Hypothesen auf Grund empirischer Werte (empirische Interpretation) und die konstruktiven Verfahren für den Aufbau von Graphiken, Sprachformeln und logischen Begriffen verschiedener Ebenen. In der Forschung finden verschiedenartige Hypothesen und Begriffe auch aus angrenzenden Wissenschaften Anwendung. Die dekodierenden Teilsysteme bilden mit Hilfe gewisser Kombinationen und Verfahren diese Begriffe um und schaffen eine einheitliche Sprache. In Abhängigkeit vom Neuigkeitsgehalt der in ihr enthaltenen Information können diese eine wissenschaftliche Entdeckung in dem jeweiligen Wissenschaftsgebiet, die Entstehung einer neuen

wissenschaftlichen Richtung, einer neuen Theorie oder aber einfach eine neue Form der Darstellung trivialer Sätze verkörpern. Die Hauptfunktion der dekodierenden Teilsysteme ist informationeller Art: Zu ihrer Aufgabe gehört es, unter Benutzung der Schablonen des logischen Denkens in der Wissenschaft, darunter auch solcher wie der Maßeinheit des GOST[3], aus den von außen kommenden Informationen in schablonenhaft verständlicher Form die Information auszusondern, die keinen Neuigkeitswert besitzt. Besondere Bedeutung unter den dekodierenden Teilsystemen besitzt jenes, das die Information ausgibt. Die Ausgabeinformation kann die Form eines Berichts, eines Zeitschriftenartikels, einer Monographie, eines Antrages auf einen Urheberschein, eines Referats, es kann die Form von Zahlenangaben, von Zeichnungen oder Graphiken usw. haben. Wissenschaftlichen Wert hat Information nur dann, wenn die Sprache, in der sie dargestellt ist, zumindest unter den Fachkollegen verstanden werden kann. Diese Forderung betrifft natürlich nicht den Inhalt der Information. Er kann unverständlich sein, und in der Geschichte der Wissenschaft hat es häufig Fälle gegeben, in denen große wissenschaftliche Entdeckungen von den Zeitgenossen nicht zur Kenntnis genommen wurden. Die Anzahl der dekodierenden Teilsysteme, die Information in eine einheitliche logische Form umsetzen, ist in verschiedenen Forschungen unterschiedlich und von der Spezifik der Forschungsobjekte sowie der Kompliziertheit der benutzten Methoden abhängig.

8. Das Teilsystem zur Verstärkung der über Neuigkeitswert verfügenden Information. Seiner Funktion nach ist es dem Gedächtnis entgegengesetzt. Das letztere dogmatisiert den Gang der Überlegungen des Forschers und spielt nicht selten die Rolle von Scheuklappen vor den Augen des Wissenschaftlers, der, oft beeinflußt von traditionellen Ansichten und Werturteilen, an Erscheinungen von erstrangiger Bedeutung vorübergeht. Das Teilsystem der Verstärkung besteht aus logischen, psychologischen und anderen Mitteln, die es möglich machen, in der ausgewählten Information diejenige zu erkennen, die im Hinblick auf sich wiederholende Daten selten, aber wesentlich ist. Alle biologischen Systeme verfügen beispielsweise über die Fähigkeit, von außen kommende Signale zu verstärken. In der Forschung jedoch spielt diese Fähigkeit, die oft in der kritischen Haltung gegenüber der im Gedächtnis aufbewahrten Information zum Ausdruck kommt, auch eine schöpferische Rolle. In einem Forscher mischt sich die Achtung gegenüber den Leistungen seiner Vorgänger immer mit einem gewissen Mißtrauen hin-

[3] Staatlicher Unions-Standard (Anmerkung des Verlages)

sichtlich der von ihnen erreichten Ergebnisse. In der Wissenschaft ist blinder Glaube mit Dogmatismus, kritisches Durchdenken mit revolutionärem Schöpfertum verbunden.

9. Die Informationsströme in der Forschung sind organisierte, von den genannten Teilsystemen geordnete Mengen von Informationsdaten, die unter dem Einfluß zielgerichteter Tätigkeit des Forschers in einer bestimmten Richtung zirkulieren. Sie können parallel, entgegengesetzt, kontrastierend, assoziativ, kongruent, angrenzend usw. sein. Besondere Bedeutung besitzen die Ströme, die eine Problemsituation bilden: An den Schnittpunkten informationstragender Ströme bildet sich eine Zone erhöhten Informationspotentials. In dieser Zone, eben „an der Grenze" der verschiedenen Informationsströme, bewirken die dekodierenden Teilsysteme, jene Teilsysteme der Informationsumwandlung, die weitestgehenden wissenschaftlichen Ergebnisse.

Die dekodierenden Teilsysteme ändern beständig die Richtung der Informationsströme, formieren deren Struktur um, schaffen aus mehreren Informationsfeldern eines, das durch bestimmte Ausgangsprinzipien geordnet ist, usw. Dabei tritt ein unausbleiblicher Verlust an Informationsmenge ein, verglichen mit der Menge, die von außen in das System der Forschung eintritt. Außerdem wird die Information durch die Filter und das Rauschen beim Prozeß der Umkodierung, Auswahl und Organisation der Information verzerrt. Infolgedessen enthält die erhaltene Ausgabeinformation neben wahren Sätzen auch unwahre, durch die Verzerrung hineingetragene Sätze. Verzerrungen sind der unumgängliche Preis, den der Forscher für neues Wissen zahlen muß. Manchmal verselbständigen sich Verzerrungen und nehmen, logisch zu einer Theorie entwickelt, die Form wissenschaftlicher Irrtümer an. Ein wissenschaftlicher Irrtum ist nichts anderes als eine logisch geordnete Menge von Informationsdaten, die aus Verzerrungen der Informationsströme in der Forschung resultieren. Als zum Beispiel Ptolemäus seine Theorie der Umlaufbewegungen der Planeten schuf, ging er davon aus, daß, wenn sich die Erde gemeinsam mit den anderen schweren Körpern bewegen würde, sie infolge ihrer größeren Masse diese überholt, die Lebewesen und alle anderen schweren Körper ohne jeglichen Halt in der Luft gelassen hätte und schließlich selbst vom Himmel gefallen wäre [57, S. 98]. Wir sehen, die Überlegungen von Ptolemäus sind logisch richtig, stellen aber trotzdem eine Verzerrung der in jener Zeit vorhandenen wissenschaftlichen Fakten dar, die es schon im 3. Jahrhundert vor unserer Zeitrechnung Aristarchos von Samos erlaubten, auf die Drehung der Erde um die Sonne zu schließen. Die Verzerrung dieser Fakten durch Ptolemäus ist offensichtlich durch die in der Gesellschaft vorherrschende religiöse Ideologie heraufbeschworen worden, besonders durch die Überzeugungen der Kirche von der Richtigkeit des geozentrischen Systems. Wissenschaftliche Irrtümer sind Zufälle in der wissenschaftlichen Erkenntnis. Sie stellen das natürliche negative (unbewußte, natürliche) Resultat des Aufeinandertreffens inhaltlich verschiedener Informationsströme dar. Diese Möglichkeit der Gewinnung neuer Erkenntnisse birgt für den Forscher immer die Gefahr, daß seine schöpferische Phantasie sich von der Wirklichkeit entfernt und daß an Stelle einer wissenschaftlichen Entdeckung ein wissenschaftlicher Irrtum die Folge ist.

Die Informationsströme in der Wissenschaft können außer durch die angeführten intuitiv-inhaltlichen Charakteristika auch mit Hilfe solcher quantitativer Maße wie der Breite des Diapasons, der Phasenverschiebung, des Verhältnisses von Signal und Rauschen, der Übermittlungsgeschwindigkeit der eintreffenden Information durch die Filter, des Durchlaßvermögens der dekodierenden Systeme, der Breite des Durchlaßstreifens usw. beschrieben werden. Diese Frage ist wenig erforscht, feststeht jedoch, daß, wenn wir von den „Verfahren zur Festlegung der Grenzen für die Entwicklung einer Theorie" [58, S. 211] sprechen können, mit noch größerer Berechtigung Überlegungen über die Grenzen der Informationsströme anstellen können, die zur Entwicklung einer neuen Theorie führen. Und wenn ein Informationsstrom derartige Grenzen hat, so kann man ihn unter den bekannten Voraussetzungen als einen Kanal betrachten, der Information übermittelt. In diesem Zusammenhang können offensichtlich alle quantitativen Parameter, die von der Informationstheorie bei den Berechnungen der Durchlaßfähigkeit von Nachrichtenkanälen benutzt werden, mehr oder weniger auch zur Beschreibung der Informationsströme in der Wissenschaft herangezogen werden.

Die Zirkulationsprozesse von Informationsströmen in der Forschung zeichnen sich durch eine große Vielfalt aus. Die entgegengesetzten und sich kreuzenden Ströme bilden, wie wir festgestellt haben, Zonen erhöhter Informationskapazität, in denen meist die Problemsituationen entstehen; die parallelen Ströme führen zur Verbreiterung der Front des Forschers und vermindern das Tempo der Ansammlung von Information über das Objekt durch einen extensiven Zuwachs des Fonds usw. Hier können nur einige Besonderheiten der Informationsströme in der Wissenschaft angeführt werden, die den Strömen in allen Erkenntnissituationen eigen sind. Diese Ströme enthalten immer angenäherte Resultate, da die moderne Wissenschaft auf Hypothesen gegründet ist. Zum Beispiel stellen solche Begriffe wie „Energiequant", „Lichtquant", „Materiewellen", „Spin" und viele andere ihrem Wesen nach Annahmen dar. Gerade Linien, Punkte als Realität, existieren nur in der Vorstellungskraft der Mathematiker, obwohl sich die ganze Wissenschaft auf diese künstlich „konstruierten" Objekte stützt. Infolgedessen bilden die in der Wissenschaft gezogenen Schlußfolgerungen eine der Wirklichkeit immer angenäherte Beschreibung, und die wissenschaftliche Information ist Träger von Näherungswerten. Alle Informationsströme in der Wissenschaft filtern, d. h., sie verfügen über die Eigenschaft, bestimmten Angaben Priorität zuzuerkennen. Die übrigen Angaben stellen den allgemeinen Hintergrund dar. Die filternde Eigenschaft der Ströme schafft ein sie begleitendes kohärentes Informationsrauschen. Oft erweist sich, daß Information gerade im Rauschen enthalten war und bei der Verstärkung nicht hervorgehoben wurde. Darum ist es offenbar sinnvoll, spezielle zusätzliche logische Verfahren zur Suche neuer Information auf dem Geräuschhintergrund, der die Informationsströme begleitet, auszuarbeiten. Das ist besonders wichtig in der experimentellen Forschung.

Die Informationsströme in der Wissenschaft sind außerdem diskret, d. h., sie verlaufen nicht gleichmäßig. In ihnen bilden sich um gewisse logische Begriffe, die eine erhöhte Informationskapazität besitzen, einzelne Anhäufungen von Informationsdaten, werden dezentralisierte parallele Teilmengen ähnlicher oder wird verwandte Information geschaffen usw.

Informationsströme – das ist der Weg, auf dem Information vermittelt wird. Daher werden die Informationsströme nicht von den Grenzen eines Teilsystems (zum Beispiel des Gedächtnisses) beschränkt, sondern umfassen in der Regel zugleich mehrere Teilsysteme und sind manchmal das Kernstück des gesamten Forschungsprozesses. Diese Besonderheit der Informationsströme in der Wissenschaft ist durch ihre Plastizität bedingt. Darunter verstehen wir, daß jedes Element des Stroms über eine Vielzahl von Verbindungen verfügt, die zudem durch die potentielle Möglichkeit, in zusätzliche Wechselwirkung mit anderen Informationsdaten zu treten, noch ergänzt wird. Mit anderen Worten, der Informationsstrom ist vielschichtig, und die Auswahl seiner Richtung bestimmt der Forscher auf der Grundlage seines Qualifikationsniveaus, der Größe der Eingabeinformation, der Forschungsziele usw. Das gewährleistet auch die notwendige Geschmeidigkeit der Informationsströme in der Forschung. Ein und dasselbe Glied irgendeines Stromes kann sich gleichzeitig mit einer Vielzahl anderer „zusammenschließen" und mit ihnen ein kompliziertes Geflecht bilden. Jede derartige Verbindung stellt die Verwirklichung irgendeiner Bedeutungsfunktion der vorliegenden Nachricht dar.

Die Informationstätigkeit wurde zum System der Information, das nach einer hierarchischen Struktur aufgebaut ist. Das drückt sich in den verschiedenen Ebenen der einzelnen Teile des Gesamtsystems der Information aus. Diese einzelnen Teile können wiederum selbst als Informationssysteme bezeichnet werden.

Unter einem Informationssystem verstehen wir die Gesamtheit der Mittel und Verfahren zur Informationsbearbeitung und zur Weitergabe der Information von einem Objekt zu einem anderen. Die Aufgaben der Information bestehen darin, durch die Mobilität der inneren Struktur und der äußeren Verbindungen sowie durch wachsende Organisiertheit des Systems der Information die Optimierung der Steuerungsprozesse zu fördern, die Informationsprozesse zu ordnen, um die qualitativen, quantitativen und zeitlichen Parameter der Informationstätigkeit zu optimieren. Die Informationstätigkeit umfaßt einen Komplex einfacher und komplizierter Informationssysteme. Jedes dieser Systeme enthält solche Etappen des Informationsprozesses wie die Sammlung von Information, die Erstbearbeitung, Weitergabe, Zweitbearbeitung, Speicherung, Recherche und Zusammenstellung, Verallgemeinerung und Verteilung von Information.

Jedes Informationssystem kann als relativ isoliert betrachtet werden. Entsprechend können die relativ isolierten Systeme folgendermaßen klassifiziert werden:

1. Systeme, die informiert werden. Sie verfügen über wenigstens einen Informationseingang.

2. Informierende Systeme. Sie verfügen über wenigstens einen Informationsausgang.

3. Informationssysteme, die gleichzeitig informiert werden und selbst informieren. Sie verfügen über wenigstens einen Informationseingang und einen Informationsausgang.

Praktisch wird jedes System der Information informiert und ist auch seinerseits informierend, ist also ein Informationssystem. Folglich kann man bei der Analyse der Arbeit von Informationssystemen nur Fragen dieser Art stellen: Stellt das untersuchte Informationssystem im jeweiligen Zeitraum ein System, das informiert wird, oder ein informierendes System dar? Welcher Art ist die Tätigkeit des untersuchten Informationssystems (Empfang oder Ausgabe von Information)? Welche seiner Funktionen – die informationsaufnehmende oder die informierende – ist unter Berücksichtigung der Bestimmung des Systems die vorherrschende?

Bei der Wechselwirkung jedes einzelnen zu betrachtenden Informationssystems mit einer Vielzahl anderer Systeme sind für jeden Informationseingang und jeden Informationsausgang sowie auch für jeden eintretenden und austretenden Informationsstrom folgende Charakteristika kennzeichnend: der Informationskode, der Informationskalender, das Informationsrepertoire und die Informationstrajektorie. Dabei wird unter dem Informationskode des Ein- oder Ausgangs das Verhältnis der Informationskapazität der einzelnen Information (Nachricht) zu ihrem physischen Umfang verstanden. Unter dem Informationskalender des Ein- oder Ausgangs sind die Information des Stroms sowie die Folge der Weitergabe und Aufnahme der Information zu verstehen. Als Informationsrepertoire bezeichnen wir eine bestimmte Anzahl verschiedener Zustände der Ein- oder Ausgangsströme. Als Informationstrajektorie bezeichnen wir das Verhältnis des Informationsrepertoires des jeweiligen Ein- oder Ausgangs zu seinem Informationskalender. Dieses Verhältnis kann als Funktion aufgefaßt werden, die eine Menge Nachrichten in Abhängigkeit zu einer Menge von Zeitmomenten zum Ausdruck bringt.

Diese oder jene Tätigkeit des Informationssystems setzt eine Veränderung der Informationsausgabe im Verhältnis zur Informationseingabe voraus. Die Tätigkeit des Systems kann dabei bestehen in:

1. der Verarbeitung des Informationsstroms, das heißt, die Information wird in mindestens einem Kennzeichen verändert (Kode, Kalender, Repertoire, Trajektorie);

2. der Bearbeitung des Informationsstroms, das heißt in der Vermehrung der Information, in der Veränderung der Anzahl ihrer materiellen Träger, in der Zurückhaltung der Information für einen bestimmten Zeitraum $\Delta T > \Delta t$ (wobei mit Δt die für die Verarbeitung im System notwendige Zeit benannt ist), in der Veränderung des Vektors des Informationsstroms (der Vektor des Informationsstroms ist die zu unterscheidende Richtung des Stroms oder die Richtung der Informationsein- und Informationsausgabe des Systems bei seiner Wechselwirkung mit einer Vielzahl anderer Systeme).

Das Vorhandensein einer hierarchischen Struktur des Gesamtsystems der Information macht es möglich, drei verschiedene Richtungen von Informationsströmen festzustellen:
a) ein Informationssystem niederer Rangordnung gegenüber einem System höherer Rangordnung (Informationsstrom von unten nach oben); b) ein Informationssystem höherer Rangordnung gegenüber einem System niederer Rangordnung (Informationsstrom von oben nach unten); c) Informationssysteme gleicher Rangordnung (paralleler

Informationsstrom). Es sind entsprechend 9 unterschiedliche Abweichungen der Richtung des Informationsstromes sowie des Eingabevektors von der des Ausgabevektors zu beobachten (Abbildung 5).

Zur Verarbeitung und Bearbeitung von Informationen muß das System über eine bestimmte innere Struktur verfügen. Eine funktionale Analyse der Struktur eines Informationssystems, das Information verarbeitet und bearbeitet, macht es möglich, im System folgende Teil-

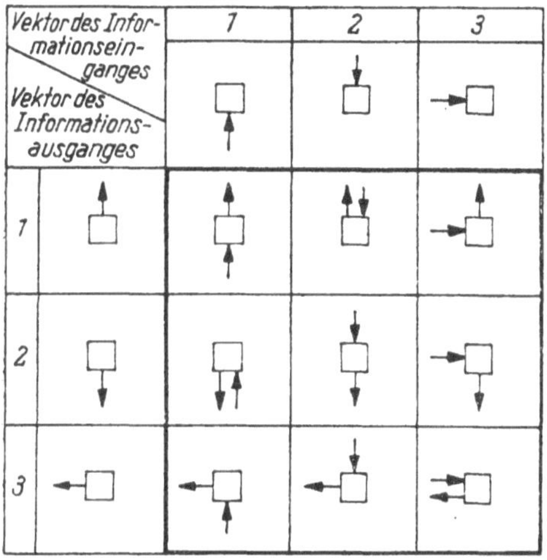

Abb. 5 Die unterscheidbare Richtungsabweichung von Informationsströmen sowie der Ein- und Ausgabe von Information.

systeme (TS) zu unterscheiden: ein filterndes, ein umkodierendes, ein zurückhaltendes und ein vervielfältigendes Teilsystem. Die Funktion des filternden Teilsystems besteht darin, aus dem Strom der eintreffenden Informationsmenge diejenigen Informationen auszuwählen, deren Wert Aufmerksamkeit verdient. Das filternde Teilsystem verändert den Informationsausgang im Vergleich zum Eingang hinsichtlich des Informationsrepertoires und des -kalenders. Die Funktion des umkodierenden Teilsystems besteht in der Veränderung des Kodes der Information. Dabei kann die Veränderung des Informationskodes sowohl auf dem Wege einer Veränderung des sprachlichen Nachrichtensystems wie auch durch eine Veränderung des Verhältnisses der Informationskapazität zum faktischen Umfang der Information erfolgen. Das zurückhaltende Teilsystem dient als Informationsspeicher, und das vervielfältigende Teilsystem gewährleistet die für das System geforderte Vervielfältigung der Informationsträger.

Die Wechselwirkung der Teilsysteme eines Informationssystems, von der die Fähigkeit des Systems, den Informationsstrom zu verarbeiten und zu bearbeiten, abhängt, wird in Abbildung 6 dargestellt.

Das betrachtete Modell über die Wechselbeziehung der Struktur des Informationssystems und der Informationsströme (der Eingabe und der Ausgabe) ist unserer Meinung nach auf jede Information verarbeitende und bearbeitende „Zelle" in Wissenschaft und Industrie anwendbar.

Unter einem Informationsstrom haben wir uns eine bestimmte Menge von Nachrichten vorzustellen, die von einem Informationssystem verarbeitet wird. Informationskanal werden wir die Gesamtheit der

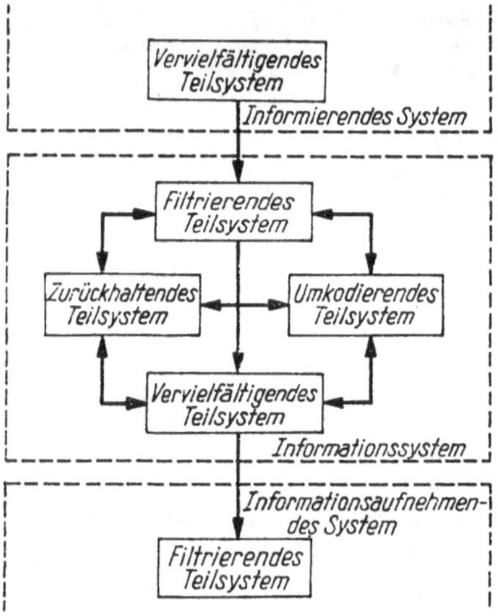

Abb. 6. Struktur eines Informationssystems.

Mittel nennen, die es ermöglichen, Information aus Quellen zu entnehmen und an einen Empfänger abzugeben oder sie von einem Informationssystem an ein anderes weiterzugeben. Entsprechend dieser Definition sind die Teilsysteme, die Information bearbeiten, Bestandteile des Informationskanals. Als Wertmaßstab des Informationsstroms kann sein Informationsgrad dienen. Unter dem Informationsgrad des Informationsstroms verstehen wir das Verhältnis der sich im Strom bewegenden Information zu der Gesamtmenge an Information, die notwendig ist, um eine Unbestimmtheit zu beseitigen. Der Informationsgrad trägt zum Teil subjektiven Charakter, da die für ein informationsaufnehmendes System ausreichende Informationsmenge einem anderen informationsaufnehmenden System durchaus nicht zur Beseitigung der Unbestimmtheit ausreichen muß. Eine Erhöhung des Informationsgrades des Informationsstromes unter Berücksichtigung des Rauschens im Informationskanal und im informationsaufnehmenden System selbst wird durch das Vorhandensein von Redundanz im Informationsstrom erreicht. Hier wird von der Annahme ausgegangen, daß der Informationsstrom kein objektives Rauschen enthält.

Jede Nachricht im Informationsstrom verfügt über Dauer, Frequenz und Redundanz. Diese Parameter beeinflussen wesentlich den Charakter des Stroms. Wechselwirkung und Korrelation dieser Größen machen das Volumen der Nachricht V_n aus. Wenn P_n die Anzahl der Nachrichten im Informationsstrom ist, so ergibt das Produkt des Volumens der Nachricht und der Anahl der Nachrichten das Volumen des Informationsstroms $V_{\mathrm{infstr.}}$:

$$V_{\mathrm{n}} \cdot P_{\mathrm{n}} = V_{\mathrm{infstr.}}$$

Wenn man das Volumen des Informationsstroms kennt, so kann man von der Durchlaßfähigkeit des Kanals DF_{k} der Information sprechen. Damit der Informationsstrom einen gegebenen Informationskanal passieren kann, muß die Durchlaßfähigkeit des Kanals die Summe der Volumina des Informationsstroms und des Rauschens, das im Kanal entsteht, übertreffen. Folglich gilt:

$$DF_{\mathrm{k}} > V_{\mathrm{infstr.}} + R_{\mathrm{k}}.$$

Als Kriterium der Zuverlässigkeit der Arbeit des Informationskanals kann also das Verhältnis der Durchlaßfähigkeit des Kanals zum Volumen des Informationsstroms gelten.

Die Forschung kann als ein gleichzeitig informationsaufnehmendes und informierendes System betrachtet werden, das über Ein- und Ausgabe nach drei Ebenen der Rangordnung verfügt: von oben nach unten, von unten nach oben und parallel. Die Vektoren der Informationsströme werden durch die Funktionen und Ziele der Forschung bestimmt. Es ist offensichtlich, daß die stärkste Belastung bei der Eingabe der Information von oben und bei der Ausgabe der Information nach unten zu beobachten ist.

Kapitel III

Die Informationsströme bei der Organisation und Leitung von Forschungen

Die Sammlung, Bearbeitung und Weitergabe von Information durch den Wissenschaftler erfolgt in bestimmten sozialen Formen. Die Wissenschaft stellt einen sozial organisierten Prozeß der Produktion von Kenntnissen dar, der sich durch eine Reihe von Besonderheiten auszeichnet. Dieser charakterisiert die Wissenschaft als eine besondere Form der sozialen Tätigkeit. Wir wollen folgende Charakteristika der wissenschaftlichen Tätigkeit hervorheben:

1. Die Erlangung hervorragender wissenschaftlicher Ergebnisse als Hauptziel. Die Industrie ist zum Beispiel auf Massenproduktion und Serienfertigung orientiert. In der Wissenschaft gilt das umgekehrte Prinzip: Wiederholung mindert den wissenschaftlichen Informationsgehalt.

2. Die Neuheit des Wissens als bestimmendes Kriterium für die Effektivität. In der industriellen Produktion dienen Gewinn und andere ökonomische Kennziffern als zuverlässige Kriterien der Effektivität. In der Wissenschaft sind die Kosten nur eine sehr relative und indirekte Kennziffer. Wissen ist nicht deshalb wertvoll, weil nur wenig Mittel aufgewendet werden müssen, sondern weil dieses Wissen neue Information über die Wirklichkeit bedeutet.

3. Die Schwierigkeit, soziale und andere Folgen wissenschaftlicher Entdeckungen zu prognostizieren. Man kann zwar die wahrscheinlichsten Resultate in der Wissenschaft prognostizieren und voraussehen, es ist jedoch nicht möglich, den Grad und die Tiefe ihres Einflusses auf die Gesellschaft und die Entwicklung der Wissenschaft selbst vorauszusagen. Gewöhnlich ist eine wissenschaftliche Entdeckung immer gleichbedeutend mit einem revolutionären, sprunghaften Prozeß in der wissenschaftlichen Erkenntnis. Das kann man beispielsweise an einer Reihe revolutionierender, nicht voraussehbarer Veränderungen in der Wissenschaft nachweisen, die zwei bedeutenden wissenschaftlichen Entdeckungen folgten: der Feststellung der Asymmetrie der Moleküle

Die Ergebnisse der Entdeckung PASTEURS

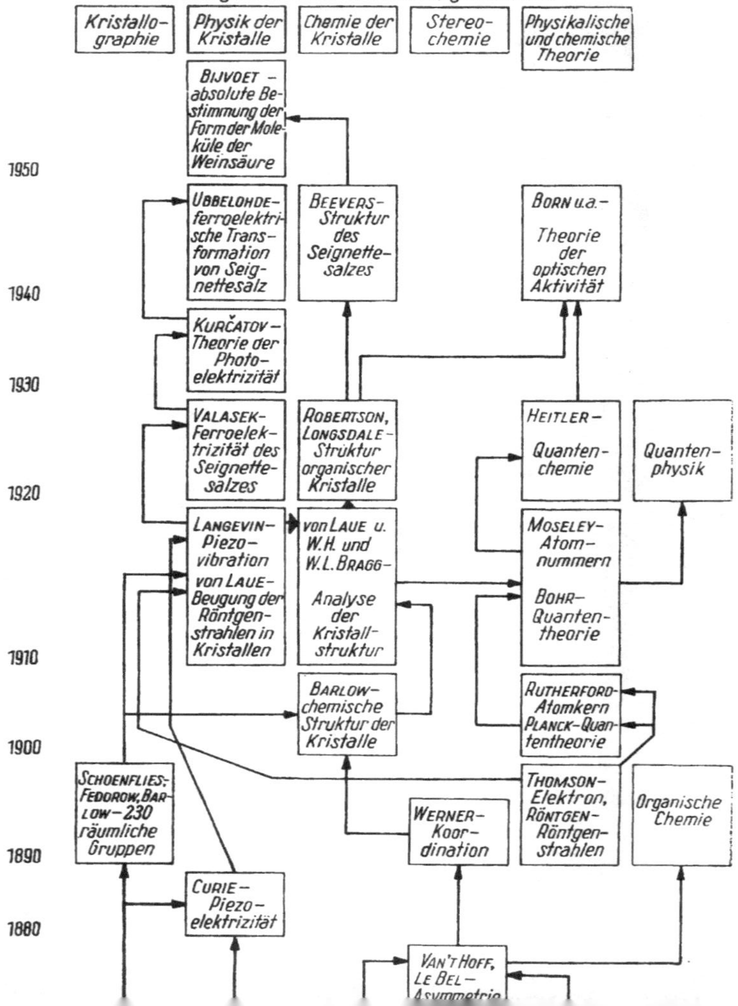

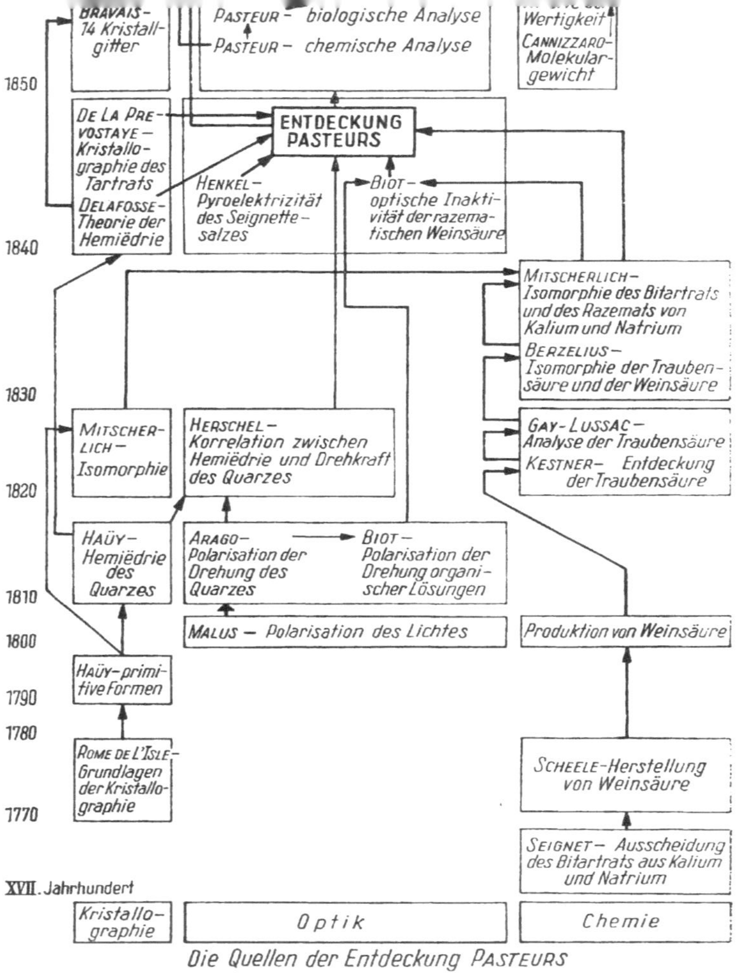

Abb. 7 Quellen und Ergebnisse der Entdeckung der Asymmetrie der Moleküle durch Pasteur.

durch Louis Pasteur (Abbildung 7) .und der Entdeckung der Röntgenstrahlen (Abbildung 8).

4. Die Abhängigkeit der Organisation der wissenschaftlichen Tätigkeit von der logischen Struktur des Prozesses der „Produktion" wissenschaftlicher Information. Die Forschung als ein logisches System zur Sammlung und Umwandlung von Information bestimmt die sozialen Organisationsformen der wissenschaftlichen Tätigkeit zur Produktion dieser Information.

Ein Forschungsinstitut stellt ein sozial organisiertes System zur Sammlung, Umwandlung und Weitergabe wissenschaftlicher Information dar, dessen Ziel darin besteht, prinzipiell neue Erkenntnisse zu gewinnen. Im Idealfall entsprechen die Gesamtheit der Forschungsinstitute sowie die Richtung ihrer Tätigkeit der logischen Aufgliederung des Forschungsprozesses in einzelne Etappen. Jede Etappe auf dem Wege zur Erreichung bestimmter Forschungsziele kann nur durch die ihr entsprechende soziale Organisationsform (zum Beispiel durch ein Forschungskollektiv) bewältigt werden. Ein Forshcungskollektiv ist eine Gruppe von Menschen, die durch gemeinsame Aufgaben sowie durch ein Programm der Forschungstätigkeit auf der Basis der Kooperation spezialisierter Pflichten miteinander verbunden sind. Die Handlungen der Forscher werden miteinander koordiniert und durch die Leitung abgestimmt. Die Leitung eines Kollektivs bedeutet die Herstellung bestimmter Beziehungen unter den Forschern, die über ein bestimmtes Qualifikationsniveau, wissenschaftliche und technische Ideen und materielle Ressourcen verfügen. Die Hauptfunktion der Leitung eines Forschungsinstituts besteht darin, diese Elemente zu einem integrierten System zur Verwirklichung bestimmter Ziele zusammenzufügen.

Ein Forscherkollektiv wird durch folgende Aspekte charakterisiert: Organisation (Kombination der Funktionen der Forscher, die zur Erreichung des Zieles notwendig sind, Projektierung der Tätigkeit usw.), Planung (Ausarbeitung und Auswahl der Ziele, des Forschungsprogramms), Kontrolle und schließlich die Bildung eines Kollektivs (Auswahl der Kader, ihr optimaler Einsatz, Ausbildung der Kader, um einen möglichst großen schöpferischen Effekt zu erzielen, die Schaffung eines schöpferischen „Mikroklimas" im Kollektiv usw.). Es besteht die Meinung, daß wissenschaftliches Schöpfertum ein dem Wesen nach unorganisierter Prozeß und die Sache von Menschen sei, die von Zeit zu Zeit ganz zufällig von genialen Ideen erleuchtet würden.

Vielleicht ist das zu Zeiten Galileis tatsächlich so gewesen. Heute jedoch vollzieht sich das wissenschaftliche Schöpfertum in bestimmten organisatorischen Formen.

In akademischen Institutionen haben diese Organisationsformen traditionellen Charakter angenommen. Eine Forschungseinrichtung gliedert sich in den Leitungsbereich (in der UdSSR gehören dazu der Direktor, seine Stellvertreter und der wissenschaftliche Sekretär), die Forschungsabteilungen (Laboratorien), die Versuchs- und Experimentierwerkstätten und den ökonomischen Bereich (die Planungs- und Wirtschaftsabteilung, die Buchhaltung usw.). Jede Forschungseinrichtung ist spezifisch hinsichtlich ihrer Tätigkeit, der Anzahl und der Größe ihrer Abteilungen und Laboratorien. Das hängt ab von dem Forschungsobjekt und den Forschungsmethoden. In einem Forschungsinstitut für Geschichtswissenschaft sind natürlich experimentelle Werkstätten nicht erforderlich. Dagegen übertrifft in einem Institut für Elektroschweißen die Zahl der in den Werkstätten beschäftigten Spezialisten die Zahl der mit Recherche- und theoretischen Forschungsarbeiten betrauten wissenschaftlichen Mitarbeiter um ein Mehrfaches. Ungeachtet der unterschiedlichen Struktur der einzelnen Forschungseinrichtungen kann man ihre Größen im Durchschnitt als stabil bezeichnen. So nimmt die Zahl wissenschaftlicher Einrichtungen der Akademie der Wissenschaften der UdSSR zum Beispiel ständig zu: Von 1961 bis 1965 erhöhte sie sich von 167 auf 194, d. h. fast um 17 Prozent. Die durchschnittliche Zahl der wissenschaftlichen Mitarbeiter je Forschungseinrichtung blieb jedoch unverändert – etwa 120 Personen. Offensichtlich gibt es bestimmte, bislang noch nicht entdeckte objektive Gesetzmäßigkeiten für die rationellsten Größen und Organisationsformen von Forschungskollektiven. Die Steigerung der Effektivität der Forschung schließt auch die Aufgabe ein, diese spontan wirkenden Gesetzmäßigkeiten aufzudecken und bei der Leitung der Wissenschaft zu berücksichtigen.

Von besonderer Bedeutung ist eine wissenschaftlich begründete Leitung der Forschung in der Industrie. Es ist eine der Besonderheiten der modernen Wissenschaft, daß der Anteil der Forschungen in den Laboratorien der Industriebetriebe wächst. Die Zahl der hochqualifizierten Fachleute, die einen wissenschaftlichen Grad erwerben und weiter in der Industrie arbeiten, wächst von Jahr zu Jahr. Die moderne Produktion benötigt immer dringender Forscher, die in der Lage sind, die Richtung des wissenschaftlich-technischen Fortschritts für den Betrieb kompetent zu bestimmen, „Engpässe" rechtzeitig zu überwinden und die neuesten wissenschaftlichen Ergebnisse vollständig zu nutzen. Gleichzeitig werden die akademischen Institutionen immer häufiger entsprechend ihrer Verbindung zur Produktion bewertet. Jedes Forschungsinstitut bemüht sich, seine wissenschaftlichen Ergebnisse in die Praxis der Volkswirtschaft zu überführen. Die wechselseitige Beziehung von Wissenschaft und Produktion verstärkt sich. Nicht nur die Wissenschaft wird zur unmittelbaren Produktivkraft, auch die Produktion dringt in die Wissenschaft ein: Im wissenschaftlichen Prozeß werden immer mehr Produktionsmittel angewandt. Die Überführung wissenschaftlicher Ergebnisse in die Produktion, das ist der Prozeß der Herstellung von Arbeitswerkzeugen auf der Basis wissenschaftlicher Resultate. Aber diese wissenschaftlichen Resultate können ohne experimentelle Basis nicht erzielt werden. Darum ist die Unterscheidung einer besonderen „Industrieforschung“ außerordentlich relativ. Die Organisationsformen der Wissenschaft behandeln in der sowjetischen Literatur vor allem Arbeiten von V. S. Sominskij, A. A. Zvorkin, G. M. Dobrov, B. M. Kedrov und V. V. Nalimov. In den Arbeiten dieser Autoren werden jedoch die Forschungsinstitute nicht als soziale Organisationsform der menschlichen Tätigkeit zur Sammlung und Umwandlung von Information behandelt, die von der logischen Struktur jener Systeme des Erkenntnisprozesses bestimmt sind, die in den strukturellen Unterabteilungen der Forschungsinstitute zirkulieren. Indessen ist nach unserer Ansicht die Erhöhung der Effektivität der wissenschaftlich-technischen Forschungstätigkeit ohne eine solche informationslogische Analyse der Organisations- und Leitungssysteme von Forschungsinstituten unmöglich.

Gegenwärtig zeichnen sich Leitung und Organisation der Forschungen in den verschiedenen Ländern durch eine außerordentliche Vielfalt aus. Als Beispiel dafür können die in Großbritannien und der BRD üblichen Systeme der Wissenschaftsorganisation dienen.

England und die BRD verfügen nicht nur über eine annähernd gleiche Fläche, Bevölkerungszahl und ökonomische Struktur, sondern auch über den gleichen Umfang an Forschungsarbeiten.

Es ist festzustellen, daß in beiden Ländern in der letzten Zeit wichtige Veränderungen in der Struktur der Forschungsarbeiten vor sich gingen. In England wurde 1965 ein neues Ministerium für Technik gegründet, das sich mit der Einführung und Verbreitung neuer Technologien und neuer Produktionsprozesse in der Industrie befaßt. Das geschieht mittels Kontakten zu einzelnen Industriefirmen oder Forschungsvereinigungen (sowie durch die Erweiterung einer neuen Korporation für Forschungsarbeiten), die in Zusammenarbeit mit den Vertretern der Industrie Erfindungen auswerten und Forschungen in die Praxis überführen.

In der BRD wurde 1957 ein Wissenschaftsrat geschaffen, dessen Arbeit sich auf die von der Bundesregierung vorbereiteten Pläne stützt oder vom Gesamtplan der Wissenschaftsentwicklung ausgeht. In der BRD werden periodisch gemeinsame Beratungen zur Ausarbeitung eines Gesamtplanes für die Erweiterung der Universitäten und die Finanzierung von Forschungsarbeiten durchgeführt. Die Bundesregierung beteiligt sich in beiden Fällen an der Finanzierung. Mit der unmittelbaren Finanzierung dieser gemeinsamen Projekte, die Forschungen auf den Gebieten der Atomenergie und des Kosmos einschließen, befaßt sich das 1962 geschaffene Forschungsministerium.

In einer vom Wissenschaftskomitee der Europäischen Wirtschaftsgemeinschaft vorgelegten Übersicht wurden die Analogien und Unterschiede im Bildungssystem und bei der Durchführung von Forschungsarbeiten in England und der BRD festgehalten. So betrugen die Gesamtausgaben für Modernisierung und für Forschungsarbeiten für friedliche Zwecke einschließlich privater und gesellschaftlicher Fonds 1962 in beiden Ländern 1 Milliarde Dollar. Die britische Industrie ist dabei in größerem Maße als die Industrie der BRD von der staatlichen Finanzierung der Forschungen abhängig.

Die englische Regierung gewährt besondere Vergünstigungen bei der Einführung neuer technologischer Prozesse durch die Industrie. Es muß festgestellt werden, daß in der BRD die Verbindungen zwischen der Industrie und den Forschungszentren enger sind und die Industriefirmen große Aktivität bei der Durchführung eigener Forschungsprogramme zeigen. Das bedeutet, daß bei den herrschenden Kreisen der BRD die Tendenz besteht, die Notwendigkeit einer Erweiterung der Forschungsarbeiten zu berücksichtigen.

Beachtung verdient auch das System der Finanzierung von Forschungszentren und Universitäten. Die britischen Universitäten erhalten den größten Teil ihrer Geldmittel in Form eines fünfjährigen Ausgabeprogramms, während die Universitäten der BRD jährlich finanziert werden. Das britische System erleichtert eine langfristige Planung, wie sie zur Ausarbeitung wissenschaftlicher Probleme notwendig ist.

Unterschiedlich ist auch das Bildungssystem in beiden Ländern. Die britischen Studenten erhalten früher als die Studenten der Bundesrepublik eine spezialisierte Ausbildung. Außerdem absolvieren sie die Hochschulen in kürzerer Zeit.

In beiden Ländern spielen nationale Forschungsorganisationen eine wesentliche Rolle für die Entwicklung der nationalen Wissenschaft. In England gibt es Räte für Forschungsarbeiten, die der Abteilung für Fragen der Wissenschaft und Bildung unterstehen. Kennzeichnend für diese Räte ist ihre große Autonomie bei der Verteilung der Geldmittel. Dazu erweisen diese Räte den Studenten wesentliche Unterstützung, sie verfügen über eigene Laboratorien und Institute und entfalten eine rege Aktivität bei der interdisziplinären Forschung, wobei sie mit den wissenschaftlichen Vereinigungen an den Universitäten zusammenarbeiten. In der BRD existieren die Deutsche Forschungsgemeinschaft und die Max-Planck-Gesellschaft, deren Leitungsgremien Vertreter des Staates und industrieller Kreise angehören. Die wissenschaftlichen Direktoren dieser Organisationen besitzen hinsichtlich der Verteilung der Geldmittel große Bewegungsfreiheit.

Aus den angeführten Beispielen der Organisation von Forschungen in England und der BRD geht hervor, daß die nationalen Systeme zur Leitung der Wissenschaft äußerst verschieden sind. Darum ist das Studium dieser Systeme mit den gewöhnlichen soziologischen Methoden, wie sie zur Fixierung sozialer Massenerscheinungen verwendet werden, erfolglos. Die Wissenschaftssoziologie, mit der bisher die Organisation der Forschung untersucht wurde, ist nicht in der Lage, dem Forscher ausreichend zuverlässige und repräsentative Angaben zu liefern. Ein prinzipiell anderes Vorgehen ist hier erforderlich, nämlich ein informationslogisches, wobei die Wissenschaft als ein kompliziertes dynamisches System angesehen wird, das von Informationsströmen gelenkt wird.

Die Gesetzmäßigkeiten der Zirkulation von Informationsströmen in den verschiedenen Forschungsinstituten und nationalen Systemen zur Organisation der Forschung bestimmen letzten Endes das Wesen der Wissenschaftsleitung. Leitung definieren wir als zielgerichtete Einwirkung eines leitenden Systems auf ein geleitetes System, was durch die Ausgabe von Befehlsinformation erfolgt. Die Befehlsinformation wird auf der Basis von Entscheidungen gebildet, die durch die Verarbeitung der vom geleiteten System sowie von anderen mit diesem verbundenen Systemen eingehenden Informationen gewonnen werden. Das geleitete System in einem Forschungsinstitut sind die Abteilungen, Laboratorien und die Gesamtheit der Versuchswerkstätten, d. h. die Maschinen, die Ausrüstung und die Menschen, die Arbeitsprozesse ausführen, um die Zuverlässigkeit der erhaltenen wissenschaftlichen Ergebnisse zu überprüfen. Das leitende System bildet den administrativen Leitungsapparat des Forschungsinstituts: der Direktor, seine Stellvertreter, die Abteilungsleiter usw.

Die Hauptfunktion der Leitung besteht in der Aufrechterhaltung einer bestimmten Ordnung der Forschungsprozesse, die von den geleiteten Systemen – den Abteilungen und Laboratorien – ausgeführt werden. Im Prozeß der Forschung können Abweichungen gegenüber der festgelegten Forschungsorganisation auftreten. Dann steht vor der Leitung die Aufgabe, die vorher festgelegte Ordnung der Forschung wiederherzustellen. Die Notwendigkeit der Steuerung kann sich auch dann ergeben, wenn es für zweckmäßig gehalten wird, eine neue Forschungsorganisation zu schaffen. Berücksichtigt man das Gesagte, so läßt sich die Leitung in einem Forschungsinstitut auf folgende vier Komponenten zurückführen:

1. Information über den Zustand des geleiteten Systems. Der Leitungsprozeß beginnt mit dem Empfang von Information über den Zustand des geleiteten Systems. Diese Information kann die Form von qualitativen und quantitativen Kennziffern haben, die das System im gegebenen Moment charakterisieren.

2. Die Kenntnis oder die Ausarbeitung der Forschungsziele. Ein solches Ziel kann in der Entdeckung einer Gesetzmäßigkeit, der Aufstellung einer wissenschaftlichen Theorie, der Durchführung eines Experiments, der Überführung von wissenschaftlichen Ergebnissen in die Produktion und dergleichen bestehen.

3. Die Ausarbeitung einer Entscheidung auf der Grundlage der Verarbeitung der erhaltenen Information. Die Entscheidung kann sowohl auf logischem als auch auf mathematischem Wege gewonnen werden. Um die notwendigen Zielgrößen zu erreichen, müssen die Einflüsse des leitenden Systems bekannt oder festgelegt sein. Für ein so kompliziertes System, wie es ein Forschungsinstitut darstellt, ist die Möglichkeit des Übergangs eines geleiteten Systems von einem Zustand in viele andere charakteristisch. Von vielen möglichen Zustandsveränderungen muß jene bestimmt werden, die dem gestellten Ziel am ehesten entspricht.

4. Ausgabe der Befehlsinformation auf der Grundlage der ausgearbeiteten Entscheidung.

Die Leitung eines Forschungsinstituts stellt also dem Wesen nach einen Informationsprozeß dar, der aus Empfang, Verarbeitung und Ausgabe von Information besteht. Die gesamte Tätigkeit eines Forschungsinstituts läßt sich in sechs Hauptfunktionen aufgliedern: 1. Forschung, 2. Versorgung, 3. Kader, 4. finanzökonomische Tätigkeit, 5. Vervollkommnung der Forschungen, 6. Leitung. Die Leitungsfunktion muß die Wirksamkeit aller fünf vorhergehenden Funktionen des Forschungsinstituts sichern. Strukturelle Komponenten der Leitungsfunktion sind die Planung, Organisation, Koordinierung, Führung, Kontrolle und Stimulierung.

1. Planung umfaßt die Ausarbeitung des Ziels und der Aufgaben' die wissenschaftliche Prognose, die Bestimmung der Methoden und

Mittel zur Erreichung des Zieles, die Auswahl des Zeitraumes für die Lösung der Aufgaben;

2. Organisation umfaßt die Schaffung der Struktur des Forschungsinstituts zur Lösung der gestellten Aufgaben, die Verteilung der Funktionen auf die einzelnen Ausführenden und die Organisation aller Elemente des Forschungsinstituts und seiner Dienstleistungsorgane zu einem System;

3. Koordinierung bedeutet die Herstellung der Verbindung zwischen den einzelnen strukturellen Komponenten der Organisation und die Abstimmung der Handlungen zur Gewährleistung eines exakten Funktionierens des ganzen Systems und insbesondere der Leitung;

4. Führung bedeutet Leitung der laufenden Forschungsarbeit des Instituts und das Treffen von Entscheidungen zur Aufrechterhaltung einer optimalen Tätigkeit des Forschungsinstituts;

5. Kontrolle bedeutet die Feststellung von Abweichungen bei der Ausführung des Forschungsprozesses und die Signalisierung dieser Abweichungen an die Führung zur Beseitigung von entstehenden Differenzen zwischen geplanten Zielen und Ergebnissen bei der Durchführung des Forschungsprogramms;

6. Stimulierung heißt materielle und moralische Einwirkung auf die Ausführenden mit dem Ziel, das persönliche Interesse der Wissenschaftler an der Erhöhung der Arbeitsproduktivität zu sichern.

Die genannten Leitungsfunktionen werden mit Hilfe der Verarbeitung und Weitergabe von Information über die Tätigkeit des Forschungsinstituts realisiert. Diese Operationen bilden die Grundlage der Leitung. Jede der genannten Funktionen wird durch einzelne Unterabteilungen des Forschungsinstituts wahrgenommen. So wird die Forschungsfunktion von Forschungsabteilungen wahrgenommen, die Realisierung ihrer „Produktion" von Abteilungen, die die Überführung in die Praxis sichern usw. Die Leitung eines Forschungsinstituts wird meistens entsprechend dem Forschungsprozeß aufgebaut. Zu diesem Zweck werden eine Reihe selbständiger Teilsysteme geschaffen.

Das exakte und richtige Funktionieren des Leitungssystems in einem modernen Forschungsinstitut hängt in erster Linie von der Organisation der Informationsströme ab, d. h. vom rechtzeitigen Eintreffen von Primärinformation über den Zustand des geleiteten Systems.

Das System des Forschungsinstituts und seine Teilsysteme besitzen für Empfang und Abgabe von Information Informationseingänge und Informationsausgänge, die durch Nachrichtenkanäle verbunden sind. Gegenwärtig hat in der UdSSR die Leitung der Wissenschaft folgende hierarchische Struktur: Staatliches Komitee für Wissenschaft und Technik des Ministerrats der UdSSR – Akademie der Wissenschaften – Forschungsinstitut – Abteilung – Laboratorium. Diese Struktur kann in der Form eines auf den Kopf gestellten Baumes wiedergegeben werden. Seine Wurzeln bilden die höchste Ebene der Leitung, während der Gipfel die übrigen Leitungsebenen darstellt. Die Zweige des Baumes stellen Informationsströme dar, die die Spitzen des Baumes miteinander verbinden. Diese Spitzen nennen wir Leitungsknoten (Abb. 9).

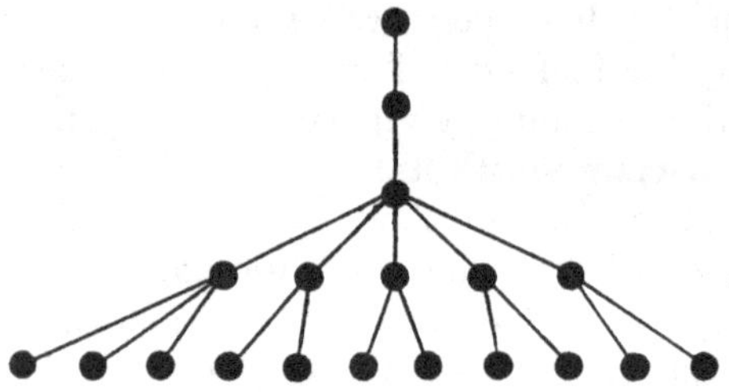

Abb. 9 Die Leitungsstruktur der Wissenschaft in der UdSSR nach dem hierarchischen Prinzip: Ebene V – Staatliches Komitee für Wissenschaft und Technik des Ministerrates der UdSSR; Ebene IV – Akademie der Wissenschaften der UdSSR; Ebene III – Forschungsinstitute; Ebene II – Abteilungen; Ebene I – Laboratorien.

Ein Leitungsknoten nimmt eine Vielzahl eingehender Informationsströme auf, verarbeitet nach dem Ausgabealgorithmus die eingehenden Informationsströme in Ausgabeströme, berechnet mit Hilfe bekannter Parameter laut Algorithmus die gültigen Zustandskoordinaten des geleiteten Systems, das dem Leitungsknoten der gegebenen Ebene untergeordnet ist, und ändert den Ausgabealgorithmus auf Befehl des steuernden Informationsstroms. Die Zahl der Eingaben, Ausgaben und steuernden Eingänge ist gleich der Zahl der Informationsströme, die der Leitungsknoten aufnimmt. So stellt sich also die Leitung eines Forschungsinstituts als Entscheidungsprozeß auf der Basis von Informationsverarbeitung dar. Damit die Entscheidungen kompetent sein können, müssen die Leitungsknoten die unbedingt notwendige Information auch erhalten.

Die Informationsströme der Leitungsprozesse können nach verschiedenen Merkmalen klassifiziert werden: nach dem Verhältnis zwischen Information und Leitungssystem, nach der funktionalen Rolle der Informationsströme im System der Leitung u. a.

Im Leitungssystem eines Forschungsinstituts sind äußere und innere Informationsströme zu unterscheiden. Äußere Informationsströme sind diejenigen, die die Leitungsknoten einer beliebigen Ebene mit der Umwelt verbinden. Unter Umwelt sind alle geleiteten Objekte (Ministerien, Versorgungsorganisationen, Forschungsorganisationen und andere Organisationen) zu verstehen. Der äußere Informationsstrom besteht aus Daten, die die Zustandsparameter der geleiteten Objekte kennzeichnen, sowie Befehle, Leitungsentscheidungen, Planaufgaben, Berichte und dergleichen wiedergeben. Die inneren Informationsströme verbinden die Leitungsknoten untereinander. Sie enthalten Daten, die für die erfolgreiche Ausführung des aufgegebenen Programms, zur Sicherung des Funktionierens der geleiteten Objekte von Bedeutung sind. Nach ihrer funktionalen Rolle im Leitungssystem kann man die Informationsströme in Ströme berichtender, unterrichtender, disponierender und prognostizierender Information einteilen.

Unter berichtender Information verstehen wir die Gesamtheit der Daten über technisch-ökonomische Parameter der Arbeit der geleiteten Objekte und über den Zustand der Elemente des Leitungssystems. Die berichtende Information wird in den Leitungsknoten der niederen Ebenen produziert und an die Leitungsknoten der höheren Ebene weitergegeben. Außerdem gehören zu ihr noch die Daten, die von den geleiteten Objekten an die Leitungsknoten zwecks Beschlußfassung übermittelt werden.

Als unterrichtende Information bezeichnen wir die Gesamtheit der Daten technisch-ökonomischen Charakters, die die Leitungsknoten von Ministerien, Forschungsinstitutionen sowie Projektierungs- und Konstruktionseinrichtungen erreichen. Sie bilden den überschüssigen „informativen" Fonds, der zur Auswahl einer Entscheidungsvariante notwendig ist. Dazu gehören zum Beispiel Angaben über den Zustand der angrenzenden Wissenszweige, über das Entwicklungsniveau des analogen Wissenszweiges im Ausland usw.

Die disponierende Information verbindet die Leitungsknoten höherer Ebene mit den Leitungsknoten niederer Ebene und das Leitungssystem mit den geleiteten Objekten. Die disponierende Information enthält die Gesamtheit der Kommandos und Befehle zur Änderung des Algorithmus der Information, nach dem im Betrieb gearbeitet wird.

Die prognistizierende Information schließlich enthält das Programm der automatischen Selbstregulierung unter Bedingungen eines sich ändernden Zustands (einer Havarie, unvorhersehbarer Umstände und anderes).

Nach ihren Quellen werden die Informationsströme in folgende Gruppen unterteilt:

1. steuernde Informationsströme: äußere – von Ministerien, der Akademie der Wissenschaften, von Forschungsorganisationen u. dgl., innere – von einem Leitungsknoten höherer Ebene;

2. programmierende Informationsströme: äußere – Planaufgaben u. dgl.; innere – Daten, die zur Ausführung des gestellten Programms durch einen Leitungsknoten ohne äußere Einmischung notwendig sind;

3. betriebliche Informationsströme: Daten über den Zustand der Leitungsobjekte, technisch-ökonomische Kennziffern über den Verlauf der Tätigkeit des Objektes;

4. statistische Informationsströme: Angaben über die Erfüllung der Finanzpläne, Materialversorgungspläne usw.

In bezug auf ihre Verwendungsarten kann man die Informationsströme wie folgt untergliedern:

1. operative Information, die für die operative Steuerung des Objekts benutzt wird;

2. technisch-ökonomische Information, die der Festlegung von technisch-ökonomischen Kennziffern der Arbeit des Objekts dient;

3. Information zur Optimierung des Funktionierens des Objektes im Leitungsprozeß.

Entsprechend dem erreichten Leitungsniveau in den Forschungsinstituten werden folgende Leitungstypen unterschieden:

1. Die kompensierende Leitung. Sie veranlaßt eine ständige Kompensation der Abweichungen des Leitungsobjektes von dem ihm vorgeschriebenen Funktionsverhalten. Dieser Typ der Leitung ist am wenigsten effektiv und leider in der Gegenwart am weitesten verbreitet. Er geht von der Ungleichmäßigkeit in den Forschungen, von möglichen Fristüberschreitungen und Abweichungen in Quantität und Qualität bei der Lösung wissenschaftlicher Probleme und von der ungleichmäßigen Versorgung der verschiedenen Abteilungen des Systems mit Ausrüstungen aus. In der Regel sind heute die theoretischen Abteilungen im Vergleich zu den experimentellen mit weniger Ausrüstungen versehen usw. Alles dieses bringt eine Fülle von überflüssigen Informationsströmen hervor sowie unzählige entgegengesetzte, sich kreuzende und parallele Dokumentenströme. Bei diesem Leitungsprinzip übertrifft die Zahl der Informationsströme nicht selten die Zahl der entsprechenden wissenschaftlichen Themen. Das Leitungspersonal eines solchen Forschungsinstituts nimmt ständig zu, es kommt zur Überlastung durch Sammlung und Bearbeitung von Information. Die Leitungstätigkeit eines solchen Instituts ist wenig effektiv und führt ihrem

Wesen nach hauptsächlich zur Fixierung von Abweichungen von der im Forschungsinstitut gesetzten Norm und nicht in erster Linie zur Vervollkommnung der Technologie und des Forschungsprozesses.

2. Die vorauseilende Leitung. Sie arbeitet mit vorausberechneten Entscheidungen und trifft Maßnahmen, die auf der Grundlage einer vorher durchgeführten Analyse die am ehesten wahrscheinliche Entwicklung der Ereignisse berücksichtigen. Eine solche Leitung „arbeitet" tatsächlich als Regulator, der auf eine bestimmte Weise durch die vorangegangene wissenschaftliche Leitungsinformation über das rationellste Tätigkeitsverhalten des Forschungsinstituts „eingestellt" worden ist. In diesem „Regulator" ist ein Block für Regelabweichungen vorgesehen, der die ununterbrochene Fixierung der Divergenzen zwischen den Kommandos der vorausberechneten Leitung und dem faktischen Zustand der Dinge sichert. Dabei ist ein entwickeltes Netz von Informationsströmen zur Rückkopplung vorausgesetzt.

3. Die Leitung mit Selbstregulierung. Sie besteht in der Ausarbeitung solcher Regulierungsprogramme für die Organisation der Forschungen, die, automatisch wirkend, die geleiteten Abteilungen und Laboratorien zwingen, äußerst effektiv zu arbeiten und optimale Ergebnisse in ihrer Tätigkeit zu erzielen. Dieser Leitungstyp ist überaus effektiv und wirtschaftlich. Die Hauptlast der Leitung wird dabei auf die geleiteten Objekte selbst übertragen. Die Forschungsinstitute arbeiten zunehmend selbstregulierend. Die Notwendigkeit administrativer Methoden zur Leitung der wissenschaftlichen Mitarbeit entfällt, da die Leitungsorgane des Forschungsinstituts unmittelbar auf das System der Forschungen einwirken und die Mitarbeiter sich auf die Forderungen dieses Systems automatisch einstellen. Die Informationsströme nehmen an Zahl und Intensität stark ab, die Forderungen nach Information über den Zustand nicht nur des Forschungsinstituts, sondern der ganzen wissenschaftlichen Disziplin nehmen zu. Die Informationsbereitstellung für das Forschungsinstitut entwickelt sich von einer Hilfsabteilung zu einem der wichtigsten Leitungsorgane.

4. Leitung auf der Grundlage der Prognostizierung. Dieser letzte Typ der Leitung wird als optimal angesehen. Er besteht in der Ausarbeitung lenkbarer Einwirkungen auf der Basis der zukünftigen Entwicklung des Leitungsobjektes und der „Umwelt". Dieser Typ der Leitung von Forschungsinstituten erfordert die Voraussage von neuartiger Information. Das ist notwendig, um in der Gegenwart Maßnahmen ergreifen zu können, die sich in der Zukunft als nützlich erweisen. Zum Beispiel orientieren sich die Projektierungsinstitute heute in der Regel auf serienmäßig produzierte Technik, denn man

kann den Bedarf an neuer Ausrüstung nicht einschätzen, bevor sie in Serie geht. Als Ergebnis zeigt sich, daß das technisch-ökonomische Niveau neuerrichteter Betriebe fast dem Niveau bereits arbeitender Betriebe entspricht. Es versteht sich, daß Projekte neuer Betriebe perspektivisch, d. h. im Hinblick auf die Effektivität der Ausrüstung, ausgearbeitet werden müssen, die in 8—10 Jahren entscheidend ist. Zum Beispiel nimmt die Ausarbeitung eines Projektes 2 bis 3 Jahre und der Bau des entsprechenden Betriebes 3 bis 5 Jahre in Anspruch, und dann vergehen bis zu Erreichung der projektierten Kapazität noch 1 bis 2 Jahre.

In Forschungsinstituten angewandten Charakters kann die Leitung natürlich auf der Basis der Voraussage der Informationsströme erfolgen. Eine der Methoden für die Prognose und die darauf gegründete Leitung besteht in der Analyse des Zugangs- von Patentinformationen. In Forschungsinstituten technischen Profils kann diese Methode offensichtlich mit Erfolg angewendet werden. Die Voraussage von Information, die sich durch Neuartigkeit auszeichnet, wird auf der Grundlage der Analyse des Zugangs von Patentinformationen durch die folgenden Operationen erreicht:

1. Bestimmung der Bedeutung der vorausgesagten Entdeckung und ihres Wertes für die Volkswirtschaft;
2. Analyse („Abwägen") der Umstände, die den Zugang von Patentinformationen auf dem entsprechenden Forschungsgebiet positiv oder negativ beeinflussen;
3. Ausarbeitung eines Gutachtens über die gewonnenen Schlußfolgerungen durch Fachleute, die sich mit Forschungsarbeiten auf dem Gebiet der vorausgesagten prinzipiell neuen Information befassen;
4. Einschätzung des realen Zustandes der Forschungen (der Finanzierung, Planung, des Umfangs und Tempos der laufenden Arbeiten) in Richtung der vorausgesagten neuen Information, um praktische Empfehlungen geben zu können. Wichtigkeit und Wert der vorausgesagten Information werden bestimmt, indem man von den praktischen Bedürfnissen der Produktion als dem „kritischen" Punkt ausgeht, der eine Lösung erfordert. Diese Operation kann mit Hilfe von Begriffen der mathematischen Statistik genauer dargestellt werden.

In einem Forschungsinstitut als einem von Informationsströmen gesteuerten System zirkuliert Information in Form von Dokumenten: Büchern, Artikeln, Instruktionen, Methodiken und dergleichen.

Die gesamte in einem Forschungsinstitut vorhandene Information kann in zwei Unterklassen eingeteilt werden:

1. Dokumente, die den unmittelbaren Verlauf der Forschungen sowie die Gesamtheit der Daten über das Weltniveau bei der Erforschung der vorliegenden Problematik (Berichte über abgeschlossene Forschungen, wissenschaftliche Publikationen, Urheberscheine und andere Formen der Fixierung wissenschatflicher Ergebnisse) widerspiegeln;

2. Dokumente, die die Prozesse der Leitung und Organisation der Forschung widerspiegeln (Berichte der Leitung des Forschungsinstituts über die Forschungen, Buchhaltungs- und Finanzberichte, statistische Angaben, die in vorgeschriebenen Formen erfolgen). Die erste Unterklasse von Dokumenten stellt das dar, was gemeinhin unter den Termini „wissenschaftliche Information" oder „Resultat des wissenschaftlichen Schöpfertums" verstanden wird.

Von ausschlaggebender Bedeutung für die Leitung eines Forschungsinstituts sind jene Informationsströme, die mit der Organisation der Forschung verbunden sind. Sie sind eng verknüpft mit Fragen der administrativen und wirtschaftlichen Führung des Forschungsinstituts. Man kann die Leitung von Forschungsinstituten von verschiedenen Zielsetzungen aus untersuchen; diese Zielsetzungen bestimmen auch die Wahl der Forschungsmethoden. Im einzelnen sollte man den Leitungsapparat erforschen, die Struktur des Dokumentationsdienstes, den Umfang der Dokumentation selbst, Form und Inhalt der Dokumente, die technischen Besonderheiten der Dokumentationsprozesse, die Möglichkeiten zur Mechanisierung der Arbeit in den strukturellen Unterabteilungen der Leitung des Forschungsinstituts usw.

Die informationslogische Analyse der Leitung eines Forschungsinstitutes besteht in der Untersuchung der Zirkulationsgesetzmäßigkeiten der die Organisation der Forschungen betreffenden Informationsströme. Die Führung und administrative Leitung eines Forschungsinstituts umfaßt die Ausführung folgender Operationen: Verarbeitung der dokumentellen Information, Regulierung und Bearbeitung der mündlichen Information, Organisation der Informationsströme innerhalb der Leitung mit dem Ziel, Entscheidungen zu treffen.

Die dokumentelle und die mündliche Information besitzen jeweils ihre speziellen Vorteile und Mängel, die für ihre Anwendung maßgebend sind. Die dokumentelle Information verfügt über folgende Vorzüge: Genauigkeit, Möglichkeit langfristiger Aufbewahrung und wiederholter Benutzung. Ihre Mängel sind der zu große Zeitaufwand ihrer Herstellung, die geringe Übermittlungsgeschwindigkeit sowie das Fehlen einer unmittelbaren Rückkopplung zwischen den weitergebenden und den empfangenden Personen. Die mündliche Information zeichnet sich durch Schnelligkeit der Vorbereitung, große Übermittlungsgeschwindigkeit und die Möglichkeit aus, eine große Informationsmenge in einer bestimmten Zeiteinheit zu übermitteln. Besonderen Wert besitzt die Herstellung einer unmittelbaren Rückkopplung bei der Übermittlung von Information. Daneben besitzt die mündliche Information auch Unzulänglichkeiten: die Begrenztheit ihrer Aufbewahrung im Gedächtnis, die Beschränkung der wiederholten Benutzung und die herabgesetzte Genauigkeit der Information.

Zur Gewährleistung einer optimalen Nutzung von Information zur Leitung eines Forschungsinstituts ist es notwendig, folgende Grundprinzipien der Informationsbereitstellung zu beachten:

1. Eingang unbedingt notwendiger Information, die für die Entscheidungsfindung notwendig ist, und Weitergabe von Entscheidungen; dabei muß zweitrangige Information ausgeschlossen werden;
2. Gewährleistung eines maximalen Inhalts bei minimalem Umfang der Information, die weitergegeben wird;
3. maximale Übermittlungsgeschwindigkeit von Information;
4. maximale Aneignung von Information.

Da die Informationsverarbeitung mit der schöpferischen Tätigkeit des Menschen verbunden ist, müssen die psychologischen Besonderheiten des Menschen berücksichtigt werden (sein Verhältnis zur jeweiligen Information, sein emotionaler Zustand im Moment des Empfangs der Information, seine schöpferischen Besonderheiten usw.). Eine nicht geringe Bedeutung bei der Informationsverarbeitung besitzen die äußeren Bedingungen, unter denen die Verarbeitung der Information erfolgt (Beleuchtung, Lärm usw.). Die Effektivität der Weitergabe und Verarbeitung von Information hängt jedoch in großem Maße von den technischen Mitteln der Informationsbereitstellung ab.

Die verantwortungsvollste und komplizierteste Operation bei der Leitung eines Forschungsinstituts ist das Treffen von Entscheidungen. Um eine Aufgabe richtig zu lösen, wird sie zunächst genau formuliert. Jede Aufgabe hat zwei Seiten:

1. das Ziel, das durch die Lösung der Aufgabe erreicht werden soll;
2. das Verfahren (die Methodik) zur Durchführung der Aufgabe.

Für die Lösung von Leitungsaufgaben in einem Forschungsinstitut besitzt der logische Aufbau der Entscheidung große Bedeutung. Das Treffen von Entscheidungen kann man in drei Schritte untergliedern: erstens die Formulierung der Aufgabe und die Wahl des Zieles; zweitens die Ausarbeitung eines Planes (einer Ordnung) für die Lösung; drittens die Kontrolle der Entscheidung. Die erste Gruppe schließt solche Fragen ein wie: Worin besteht der Sinn der Aufgabe? Aus welchen Ursachen ergibt sich die Aufgabe? Welche Fakten bestätigen die

Zweckmäßigkeit der Aufgabe? Welche Besonderheiten führten zu der Aufgabe (die praktische Arbeit der gegebenen Institution, die Nachfrage der Bedarfsträger, die persönlichen Qualitäten des Leiters, Direktiven von oben)? Kann man mit Hilfe einer Graphik, eines Schemas die Verbindung der einzelnen Elemente der Aufgabe klären? Die Antworten auf diese Fragen bilden die Ausgangsdaten für die Formulierung der Aufgabe. Ein Teil von ihnen wird auf dem Informationsweg gewonnen. Gleichzeitig mit der Aufgabenstellung werden das zu erreichende Hauptziel sowie die anderen Zielstellungen bestimmt.

Zur Gruppe der Fragen, die die Aufgabenstellung bestimmen, gehören auch Fragen nach den qualitativen Besonderheiten der Lösung der Aufgabe: Welchen Anforderungen in bezug auf Genauigkeit, Ausführungsfristen usw. muß die Lösung genügen? Was soll durch die Entscheidung erreicht werden? Werden neben den Hauptresultaten auch noch andere Ergebnisse erreicht? Sind sie wirklich notwendig? Welche Information und Kontrolle sind im Prozeß der Ausführung der Entscheidung nötig?

Mit der Aufgabenstellung wird der Sinn der betreffenden Aufgabe endgültig festgelegt und danach der Lösungsplan ausgearbeitet. Bei der Ausarbeitung dieses Plans wird die Aufgabe in ihre einfachsten Elemente zerlegt. Danach werden die üblichen Lösungsverfahren oder Bearbeitungsverfahren für diese Elemente festgestellt. War früher eine ähnliche oder analoge Aufgabe zu lösen, so werden die abweichenden Besonderheiten dieser Aufgabe bestimmt. Es ist zweckmäßig, Information über die erfolgreiche und ökonomische Lösung einer analogen Aufgabe zu erhalten. Dann wird die Anwendbarkeit dieser Lösung für die vorliegenden Bedingungen überprüft. Wenn es nicht möglich ist, analoge Lösungen zu benutzen, so bemüht man sich meistens, diese Lösung für die vorliegende Aufgabe umzuformen.

Die Lösung einer Aufgabe wird wesentlich erleichtert, wenn Information über praktische Lösungen analoger Aufgaben in anderen Forschungsinstituten vorliegt. Dabei ist es nötig, Angaben über die Praxis dieser Forschungsinstitute zu erhalten und festzustellen, ob ihre Erfahrungen für die Lösung der gestellten Aufgabe anwendbar sind. Besonders wertvoll ist es, die Fachleute zu kennen, d. h. zu wissen, wer Spezialist für das Aufgabengebiet des vorliegenden Typs ist. Die Herstellung von Arbeitskontakten mit den jeweiligen Spezialisten macht es möglich, wichtige Erkenntnisse für die Ausarbeitung der Lösungsmethodik der Aufgaben zu erhalten. Von großem Nutzen für die Lösung von Aufgaben können auch Spezialisten sein, die auf einem anderen Gebiet, z. B. auf dem Gebiet der Ökonomie, der Information oder der

Statistik, arbeiten. Möglicherweise vermögen sie die Aufgabe besser zu lösen.

Im Verlauf der Lösung einer Aufgabe ergibt sich gewöhnlich die Notwendigkeit, die entstehenden neuen Ideen zu erörtern. Dabei wendet man sich an Personen, die fähig sind, die Ideen zu prüfen und zu werten sowie wertvolle Vorschläge zu machen. Die Nutzung der Erfahrungen oder der Kenntnisse anderer Spezialisten macht es möglich, bei der Lösung einer Aufgabe Zeit zu sparen. Die selbständige Ausarbeitung der Lösungsmethode, ohne die Kenntnis von Erfahrungen anderer und das Kopieren üblicher Praktiken, erfordert einen schöpferischen Beitrag zur Lösung der Aufgabe und kann von großem ökonomischem Effekt sein.

Das letzte Stadium bei der Lösung einer Aufgabe ist ihre Überprüfung. Es wird festgestellt, in welchem Umfange die gesteckten Ziele erreicht wurden und ob alle Faktoren berücksichtigt worden sind, die auf die Lösung Einfluß haben können. Meistens wird auch die Verwendbarkeit der Lösung unter extremen Bedingungen geprüft. Es kommt vor, daß eine Aufgabe unter verschiedenen Bedingungen verschiedene Lösungen zuläßt. Es wird festgestellt, ob die vorgeschlagene Lösung auch bei Veränderung einiger Bedingungen noch anwendbar ist. Bei der Überprüfung der Lösung wird genau festgehalten, welche Vorzüge die vorgeschlagene Lösung im Vergleich zur bereits vorliegenden Praxis bietet. Manchmal wird eine Aufstellung von Vorzügen und Unzulänglichkeiten der vorgeschlagenen Lösung angefertigt, die auch die Kosten und den erwarteten Effekt enthält. Bei der Überprüfung einer Lösung werden auch die Schwierigkeiten ihrer Umsetzung in die Praxis berücksichtigt. In einigen Fällen wird eine Überprüfung der Lösung durch eine Versuchsreihe vorgeschlagen.

Die Verwirklichung einer Entscheidung hängt auch von denjenigen ab, die diese Entscheidung bestätigen und dann durchführen. Bei einer erfolgreichen Realisierung sollten auch psychologische, subjektive und ähnliche Faktoren beachtet werden.

Die Untersuchung der Etappen bei der Ausarbeitung einer Leitungsentscheidung in einem Forschungsinstitut zeigt, daß dieser Prozeß wesentlich ein Informationsprozeß ist: Auf der Grundlage der Analyse und Synthese vorhandener Informationen wird eine neue Information erarbeitet, die zur Befehlsinformation wird. Es gehört zu den Aufgaben der Führung eines Forschungsinstituts, die Ströme der wissenschaftlichen, technischen und ökonomischen Information so zu organisieren, daß zweckmäßige Leitungsentscheidungen der Forschungseinrichtungen in vollem Umfang gewährleistet sind.

Dabei kann natürlich nicht von einem apriorischen Herangehen an die Ausarbeitung einer Strategie der Forschungsorganisation oder von einem mechanischen Übertragen von Organisationsschemata anderer Bereiche der sozialen Tätigkeit auf die Wissenschaft ausgegangen werden. Die Erforschung der Leitungsmethoden der Wissenschaft muß mit dem Studium dessen beginnen, was in der Wissenschaft ohne das bewußte Eingreifen des Menschen vor sich geht. Die Aufgabe besteht darin, den sozialen Prozeß der Wissenschaftsentwicklung zunächst als einen elementaren Mechanismus der Wechselwirkung zwischen den einzelnen Wissenschaften, zwischen Wissenschaft und Technik zu erforschen und danach allmählich die Bedingungen für eine effektive Wissenschaftsentwicklung zu erforschen. Die wirksame Norm der Leitung von Forschungen ist ihre Planung.

Bei der Forschungsplanung wird vor allem die Richtung der Forschungen festgelegt. Von der Genauigkeit der Bestimmung der Hauptrichtungen ist der Erfolg abhängig. Weiter muß im Plan eine vernünftige Korrelation zwischen der „großen" und der „kleinen" Wissenschaft vorgesehen werden. Ein Forschungsplan enthält Projekte zur Organisation von Wissenschaftlerkollektiven, die eine notwendige Voraussetzung von Komplexen moderner, wichtiger wissenschaftlicher oder technischer Probleme bilden. Die Verwirklichung des Forschungsplanes gewährleisten Menschen, die über eine entsprechende wissenschaftliche Ausbildung verfügen. Folglich muß der Forschungsplan auch einen Teil enthalten, in dem die Fragen des Einsatzes der vorhandenen Spezialisten und der Ausbildung junger Fachleute behandelt werden. Zur Organisation der Ausarbeitung des Plans und mehr noch für seine Ausführung werden vor allem Wissenschaftsorganisatoren benötigt. Der Erfolg der Forschungsplanung ist weitgehend dadurch vorherbestimmt, inwieweit es gelingt, solche Wissenschaftsorganisatoren aus der Zahl der vorhandenen Spezialisten auszuwählen und unter den jungen Wissenschaftlern heranzubilden. Man darf nicht aus den Augen verlieren, daß die erfolgreiche Vorwärtsbewegung der Wissenschaft in jeder Etappe ihrer historischen Entwicklung in vielem von der methodologischen, methodischen und experimentell-technischen Ausrüstung der Forscher abhängig war. Daher muß im Forschungsplan die Sicherung der genannten Bedingungen auch eine große Rolle spielen. Und schließlich müssen Fragen der Informationsbereitstellung und der ökonomischen Begründung der Forschung für den Gesamtplan der Forschungen beantwortet werden. Der Forschungsplan muß durch die nötigen materiellen und finanziellen Ressourcen abgesichert sein.

Es gibt heute drei Hauptformen der Forschungsorganisation:

1. die Organisation der Forschung durch stabile Forschungsinstitute, Abteilungen und Laboratorien;

2. die Organisation der Forschung durch die Schaffung dynamischer Gruppen zur Ausarbeitung von Problemen (Problemgruppen);

3. die Organisation der Forschung durch Aufstellung von Zielprogrammen. In allen Fällen ist die Vervollkommnung der Wissenschaftsorganisation wichtigstes Ziel.

Betrachtet man die Wissenschaft als dynamisches Informationssystem, so können die allgemeinen Prinzipien der Steuerung hinreichend komplizierter Systeme Anwendung finden. Die Programmsteuerung stellt ein dynamisches Verfahren dar, das mit sich ändernden Anforderungen an die Forschung, Entwicklung und an die Produktion abgestimmt ist und mit der Schaffung und Nutzung militärischer und ziviler Systeme großen Maßstabs verbunden ist. Dieses Prinzip besteht in der Integration aller Tätigkeitsarten, die zur Erreichung eines bestimmten Zieles erforderlich sind. Es gründet sich auf eine besondere integrierende und koordinierende Tätigkeit, die eine gewaltige Menge von Funktionen auf die Verwirklichung des gemeinsamen Ziels zu orientieren hat.

Der Erfolg der Leitung hinsichtlich der Gewährleistung der Kennziffern eines Produktes wird an der Fähigkeit zur optimalen Wahrnehmung aller Funktionen gemessen, die für diesen Erfolg notwendig sind, nicht aber an der effektiven Wahrnehmung irgendeiner einzelnen Funktion. Im großen und ganzen kann man fünf Leitungsfunktionen nennen, die zur vollständigen Lösung einer bestimmten Aufgabe notwendig sind: 1. die Bedarfsklärung; 2. Projektierung und Entwicklung; 3. Produktion; 4. Lieferung, Aufbau oder Verteilung; 5. Nutzung. Unabhängig von Charakter und Bestimmung des Produkts müssen diese Funktionen von verschiedenen Organisationen wahrgenommen werden. Mit der Kompliziertheit des Produktes wächst die Notwendigkeit, effektivere Instrumente und Methoden der Leitung und Organisation zu finden, um diese Funktionen zu integrieren.

Die Grundidee der Programmsteuerung geht von der Notwendigkeit einer zeitlichen Integration aller aufgezählten Funktionen und der Schaffung eines koordinierten und effektiven Systems aus, das die Lösung einer bestimmten Aufgabe gewährleistet. Bei weniger komplizierten Anforderungen ist es möglich, diese Funktionen voneinander abzugrenzen und ihre Ausführung verschiedenen Organen und Institutionen zu übertragen. Dabei wird der maximalen Ausweitung des Aufgabenbereichs, der zu jeder dieser Funktionen gehört, große Bedeutung beigemessen, weniger dagegen der Optimierung der Tätigkeit des ganzen Systems.

Wenn man solche bekannten modernen Methoden und Mittel zur Leitung der Forschung wie „PERT", „PATTERN" und „FAME" aufmerksam studiert, kann man zu der Schlußfolgerung gelangen, daß sich diese Mittel nicht sehr stark von den alten graphischen Mitteln der Produktionskontrolle unterscheiden. Sie bieten jedoch eine neue Möglichkeit, nämlich diese Leitungsmittel zusammen mit Rechenanlagen (EDVA) zu benutzen. Der Vorteil von „PERT" im Vergleich zu Graphiken besteht vor allem darin, daß es möglich ist, zur Ausführung der analytischen Arbeiten und zur Berichtskontrolle Rechenanlagen zu verwenden. Die Rechenanlagen haben eine Revolution bei den Leitungsmitteln vollzogen und sich als jenes mächtige Mittel erwiesen, das bei der Planung und Kontrolle von Programmarbeiten weitgehend benutzt werden kann. Es hat sich gezeigt, daß die meisten schon vor vielen Jahren ausgearbeiteten Methoden zur Planung und Kontrolle erst jetzt durch die modernen Rechenanlagen umfassend und effektiv zu Leitungszwecken angewendet werden können.

Betrachten wir einige Seiten der Systeme „PERT" und „PATTERN" in bezug auf die Gewinnung origineller wissenschaftlicher Erkenntnisse. Wenn diese Programme hinreichend korrekt durchgeführt werden, so besitzt die erhaltene Information in jedem Fall Neuheitswert. Foglich können diese Systeme selbst als Methoden zur Bewertung der Effektivität der schöpferischen wissenschaftlichen Arbeit angesehen werden.

Das System „PERT" (Program Evaluation and Riview Technique) wurde in den USA entwickelt und 1958 zum ersten Mal erfolgreich angewendet. Heute findet es breite Anwendung bei der Organisation von Forschungen in Forschungsinstituten. „PERT" setzt die Benutzung von Rechenanlagen voraus. Hauptzweck des Systems ist es, mit Hilfe der sogenannten Methode des kritischen Weges die Leitung und Koordinierung komplizierter technischer, baulicher und industrieller Projekte zu erleichtern. Dieses System ermöglicht es, ein Projekt im voraus zu planen, die Erfüllung jeder Aufgabe bei der Ausführung des Projektes zu verfolgen und die Ursachen jeder Verzögerung festzustellen. Bei der Planung und Berechnung von Projekten wurde meistens die „historische" Methode angewendet. Um zum Beispiel festzustellen, wieviel Zeit zur Ausführung eines bestimmten Teils des Projektes notwendig ist, benutzte man lediglich ein Mittel: Man benutzte die Daten über bereits abgeschlossene analoge Arbeiten. Die empirische Methode der Planung und Berechnung von Projekten (die Herstellung von Analogien auf der Basis von Erfahrungen) ist jedoch nur dann anwendbar, wenn direkte „historische“ Parallelen existieren. In Forschungseinrichtungen der modernen Industrie für den zivilen und militärischen Bedarf wird diese Methode nicht angewandt, denn diese Institutionen führen Arbeiten aus, die es vorher nie gegeben hat.

Das System „PERT“ hat in den USA zur erfolgreichen Verwirklichung des Programms der „Polaris“-Rakete beigetragen. Die Marine der USA nutzt das System „PERT“ bei der Entwicklung von Kampfmitteln. Den Streitkräften der USA diente das System „PERT“ zur Leitung und Koordinierung des Antiraketensystems „Nike-Zeus“ und den Luftstreitkräften bei den Entwicklungsprogrammen der Raketen „Titan“, „Atlas“ und „Minutemen“ sowie bei der Entwicklung von Satelliten (zum Beispiel „Midas“).

Die Analyse der Ausführungsfristen von Aufgaben stellt eine komplizierte Synthese der „Operationskarte“ und der „Karte des kontinuierlichen Prozesses“ dar, die bis heute in der kommerziellen Tätigkeit sehr verbreitet sind. Die Operationskarte zeigt die Lage (den Zustand) aller Aufgaben (in der Reihenfolge und parallel) in einem gegebenen Zeitabschnitt und die Ausführung der wichtigsten Prozesse. Aber keines dieser Diagramme spiegelt die gegenseitige Abhängigkeit der Aufgaben und der wichtigsten Prozesse wider, wie das mit der Methode des kritischen Weges erreicht wird.

Zuerst entwirft der Analysefachmann auf Grund der eingehenden Daten der einzelnen Aufgaben des Projektes ein Schema oder eine Karte, die die Reihenfolge der voneinander abhängigen Prozesse des ganzen Projektes wiedergibt. Dazu gehört auch die Zeit, die zur Ausführung jedes Prozesses notwendig ist. Wenn die Zeitgraphiken nicht genau festliegen, was bei Entwicklungen oft der Fall ist, so berechnet der Analysefachmann die Zeit auf drei Arten. Er berechnet eine optimistische, eine wahrscheinliche (oder realistische) und eine pessimistische (unerwünschte) Frist (Abbildung 10). Dann wird das statistische Mittel der erhaltenen Werte gebildet, wodurch man die wahrscheinlichen optimalen Fristen für jede Aufgabe erhält (die für die Erfüllung der diskreten Aufgabe wahrscheinlich notwendige Zeit).

Die Zeitberechnung für jede Aufgabe und die Stellung der Aufgabe im Gesamtprojekt werden in eine Rechenanlage eingegeben. Die Maschine bearbeitet diese Daten, berechnet alle möglichen Parameter und ordnet sie nach ihrer Stellung. Es wird der zeitaufwendigste Parameter festgestellt, d. h. die Reihenfolge der wichtigen Prozesse, deren Ausführung die meiste Zeit erfordert. Dieser Parameter wird kritisch genannt. Er enthält die wichtigsten Prozesse, die die Ausführung des Projektes verzögern können, wenn sie nicht dem Plan entsprechend verlaufen.

Danach wird die Annehmbarkeit des kritischen Parameters festgestellt. Wenn zum Beispiel im Vertrag gefordert wird, das Projekt in 7 Wochen abzuschließen, der kritische Parameter aber anzeigt, daß das Projekt nicht vor 9 Wochen abgeschlossen werden kann, so ist ein solcher Parameter unannehmbar (Abbildung 11). Jetzt wendet sich

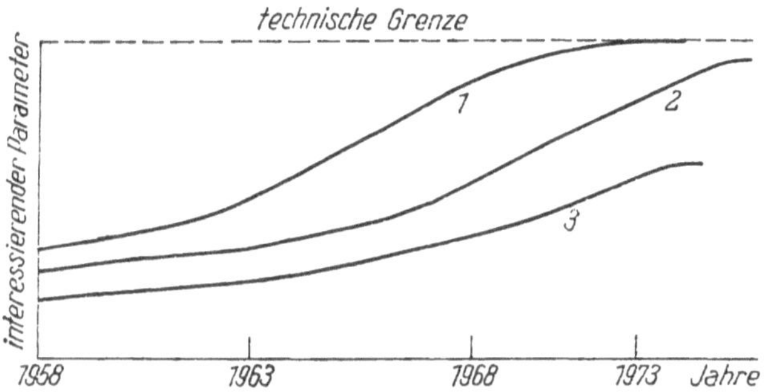

Abb. 10 Zeitliche Bestimmung der voraussichtlichen Vollendung einer technischen Kenngröße; 1 – optimistische Zeit; 2 – wahrscheinliche Zeit; 3 – pessimistische Zeit.

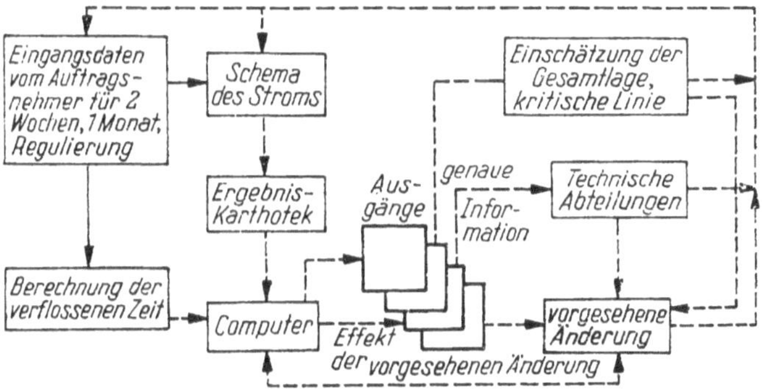

Abb. 11 Wirkungsschema des Systems „PERT".

der Analysefachmann wieder der Karte zu und sucht Mittel, den kritischen Parameter zu vermindern. Die Verminderung des Parameters erfolgt mit Hilfe einer dazu geeigneten Methode. Eine der Methoden zur Herabsetzung des Parameters geht zum Beispiel auf folgende Überlegung zurück: Man muß feststellen, ob alle den Parameter betreffenden Prozesse gleichzeitg ablaufen müssen. Wenn zwei Prozesse gleichzeitig ausgeführt werden können, so vermindert sich der Parameter entsprechend. Andere Methoden zur Verkürzung des Parameters sind mit zusätzlicher Ausrüstung, der Vergrößerung der Mitarbeiterzahl oder der Überstunden verbunden, in einigen Fällen auch mit der Weglassung bestimmter Aufgaben.

Der Analysefachmann stellt dann eine neue Karte auf und gibt die berichtigten Daten in die Rechenanlage, die diese bearbeitet und einen neuen kritischen Parameter ausgibt. Ist er noch immer zu zeitaufwendig, so wird wieder eine Karte aufgestellt, und der ganze Prozeß beginnt von vorn. Wenn der geforderte kritische Parameter gefunden ist, so wird die Karte, nach der er berechnet wurde, zum wirklichen Plan des Projekts. Der Analysefachmann vergleicht diesen Plan mit der tatsächlichen Ausführung des Projektes und richtet sich bei der Kontrolle des Ablaufplans nach dem Plan. Jedesmal, wenn ein kritischer Abschnitt nicht planmäßig abgeschlossen wird, muß das Programm von neuem durchgerechnet, muß der kritische Parameter berichtigt und das Projekt erneut analysiert und verdichtet werden.

Das System „PERT" verfügt über drei wesentliche Vorzüge: Es hilft, den effektivsten Plan für die Ausführung des gesamten Projekts aufzustellen, macht Rückstände gegenüber dem Plan bei jeder Teilaufgabe sichtbar und stellt die Ursache jeder möglichen Verzögerung fest. Abbildung 11 zeigt den Übermittlungszyklus des ununterbrochenen Informationsstroms im Programm nach dem System „PERT". Der Zyklus beginnt damit, daß Daten einer Forschungsgruppe (oder Abteilung), die mit der Verwirklichung des wichtigsten Endzieles betraut ist, als Eingangsdaten in die Rechenanlage eingegeben werden. Die Enddaten werden analysiert. Notwendige Veränderungen und Berichtigungen werden von neuem überprüft und veranlaßt.

In den letzten Jahren hat in einer Reihe industriell entwickelter kapitalistischer Länder das System „PATTERN"[4] Anwendung bei der Forschungsorganisatian gefunden. Dieses System macht es möglich, den wissenschaftlichen Organisationen und den Wissenschaftlern eines Landes bestimmte Aufgaben zu stellen, die Priorität von Forschungsaufgaben und experimentell-konstruktiven Arbeiten zu bestimmen und die schöpferischen Anstrengungen für die Ausarbeitung der aktuellsten Probleme zu mobilisieren.

[4] Das System „PATTERN" gehört zu den normativen Prognosemethoden und wird mit „Relevance Tree"-Methode (in der englischen Literatur), mit „graphes d'appri" (in der französichen) und mit „Zielbaummethode" (in der sowjetischen Literatur) wiedergegeben.

Das System „PATTERN“ wurde entwickelt, um für die Unternehmensführung das Treffen von Entscheidungen zu erleichtern, die in den USA letztlich mit der Bestimmung der Perspektiven militärischer Produktion verknüpft sind. Es erwies sich, daß die diesem System zugrunde liegenden Prinzipien von allgemeinerer Bedeutung sind. Das System macht es möglich, eine gewaltige Menge von Daten aus einem beliebigen Tätigkeitsbereich von Regierungsorganen so zu analysieren und nach ihrer Wichtigkeit so zu ordnen, daß die Führung in der Lage ist, sich die Kompliziertheit und die Wechselwirkung der konstanten und variablen Faktoren vorzustellen, die von den Entscheidungen betroffen werden.

Das System „PATTERN“ stellt einen der ersten Versuche dar, ein gesamtstaatliches Planungssystem zu schaffen. Entscheidungen von gesamtstaatlicher Bedeutung führen unausweichlich zu der Notwendigkeit, Tausende von Faktoren zu berücksichtigen. Darum wurde zur Erfassung und vernünftigen Einschätzung von Informationsfeldern dieses Ausmaßes ein besonderes Verfahren entwickelt. Die Erfinder des Systems gingen dabei davon aus, daß der Mensch, wie Forschungsergebnisse der Psychologie bestätigen, nur mit Mühe Entscheidungen treffen kann, wenn mehr als zehn variable und oft widersprüchliche Faktoren oder 20 bis 30 Faktoren gleicher Art zu berücksichtigen sind. Es wurde deshalb vorgeschlagen, ein Problem in Teilprobleme aufzugliedern und diese Zerlegung der Aufgabe nach den Grundsätzen der deduktiven Logik etappenweise so lange fortzusetzen, bis die Anzahl der Faktoren oder Daten einen Umfang erreicht, der ihre richtige Einschätzung durch den Menschen ermöglicht. Dieser Operation entsprechend wurde ein hierarchischer Zielbaum ausgearbeitet. Nach diesem Zielbaum erhalten die Zwischenziele und -aufgaben Koeffizienten ihrer relativen Wichtigkeit. Da die Zahl dieser Koeffizienten einige zehntausend betragen kann, wird zu ihrer Aufzeichnung und anschließenden Bearbeitung ein elektronischer Digitalrechner benutzt.

Es ist wichtig, zu unterstreichen, daß das System „PATTERN“ nicht wegen der obligatorischen Benutzung von elektronischen Rechenmaschinen, sondern seinem Wesen nach zur Klasse der maschinellen Informationssysteme gehört. Es geht darum, daß in diesem System nur die Information, nur jene Daten berücksichtigt werden, die die Entscheidung durch Leiter erfordern. Dementsprechend wird in den USA alles das aus der Betrachtung ausgeschlossen, was nach Meinung der Spezialisten in ausreichendem Maße durch die Industrie und die Wissenschaft gewährleistet ist. Deshalb werden auch keinerlei technische Probleme untersucht, zum Beispiel solche, die mit der üblichen

Verbesserung der Parameter, der Konstruktionsmaterialien, mit Abmessungen und Gewichten der Konstruktionen verbunden sind. Die Entwicklung des maschinellen Informationssystems „PATTERN" geht von einem Sachverständigen-Gutachten aus, das den Charakter der Aufgabe festlegt, die unter Bedingungen einer großen Unbestimmtheit gelöst werden soll.

Das System „PATTERN" wurde etappenweise ausgearbeitet. Zuerst wurde eine kurze Beschreibung der politischen Interessen des amerikanischen Imperialismus im Zeitraum von 1968 bis 1978 (Kodebezeichnung „Szenarium") gegeben. Die Beschreibung schließt die Interessen der Verbündeten und die der Gegner der USA und schließlich die möglichen Typen bewaffneter Konflikte ein.

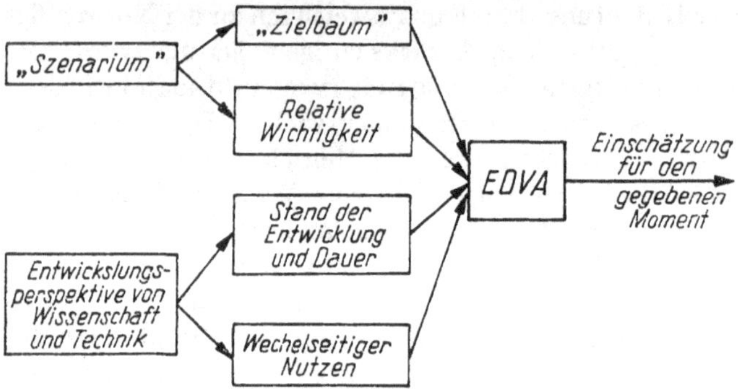

Abb. 12 Das System „PATTERN" als Mittel zur Vorbereitung von Entscheidungen.

Als zweite Etappe wird entsprechend dem „Szenarium" der „Zielbaum" aufgestellt. Dieser wird nach Ebenen errichtet und verzweigt sich von den allgemeinen Aufgaben zu den Teilaufgaben. Die Informationsdaten zur Aufstellung des „Zielbaums" werden durch Expertenurteile gewonnen. Jede Ebene des „Zielbaumes" besteht aus unkomplizierten Elementen, denen die Experten Koeffizienten der relativen Wichtigkeit ihrer Entwicklung im Interesse der amerikanischen Streitkräfte zuordnen. Danach werden die Schwierigkeiten bei der Schaffung neuer Systeme und Teilsysteme von Waffen eingeschätzt. Die Grundlage dafür bilden eine entsprechende Idee und die wahrscheinliche Frist zur Überwindung der technischen Schwierigkeiten bei ihrer praktischen Realisierung (Koeffizient „Entwicklungsstand – Dauer"). Schließlich wird ein dritter Koeffizient eingeführt, der die Nützlichkeit der gegebenen Forschung oder experimentellen Entwicklung für die

Schaffung anderer Kampfmittel angibt (Koeffizient „Wechselseitiger Nutzen").

Die Bestimmung der Lösungsfristen wissenschaftlicher und technischer Probleme sowie des wechselseitigen Nutzens der einen Arbeit für andere trägt zur Erhöhung der Qualität der zu treffenden Entscheidungen bei. Sie macht es möglich, intuitive und willkürliche Entscheidungen sowie Entwicklungen abzulehnen, die nicht innerhalb einer gewünschten Frist abgeschlossen werden können. Folglich kann das System „PATTERN" so wie in Abbildung 12 schematisch dargestellt werden. Ein wichtiges Element dieses Systems stellen die Koeffizienten der relativen Wichtigkeit dar, die auch als Kriterien zur Bewertung der gesuchten wissenschaftlichen Information gelten. Sie sind mit dem „Zielbaum" eng verbunden.

Der hierarchische „Zielbaum" (Abbildung 13) ist so aufgebaut, daß die Maßnahmen einer Ebene die Aufgaben der nachfolgenden Ebene gewährleisten. Der „Zielbaum" wird auf der Grundlage der Prinzipien der deduktiven Logik geschaffen. Er basiert im wesentlichen auf den Kenntnissen und Erfahrungen der zu seiner Aufstellung herangezogenen Spezialisten. Natürlich ändert sich das Profil beim Übergang von den allgemeinen politischen zu den wissenschaftlichen und schließlich zu den technischen Aufgaben. Es gehört zur Aufgabe der Spezialisten, allen Elementen der jeweiligen Ebene des „Zielbaumes" Koeffizienten der relativen Wichtigkeit zuzuordnen. Die Kompliziertheit einer solchen Aufgabe ist offensichtlich. Wie soll man beispielsweise die der amerikanischen Regierung zur Verfügung stehenden Mittel auf die verschiedenen Aufgaben wie Vervollkommnung der Rüstung, Erweiterung der nachrichtendienstlichen Tätigkeit und Entwicklung der Wissenschaft verteilen? Welcher dieser Aufgaben soll man den Vorrang geben? Gibt es auf der ersten Ebene nur drei Elemente, so erreicht die Zahl der Elemente am Ende des „Zielbaumes" einige tausend. Wie soll man da die Koeffizienten der relativen Wichtigkeit verteilen?

Zur Lösung dieser Aufgabe benutzten die Erfinder der „PATTERN"-Methode zwei Verfahren: die „horizontale" und die „vertikale" Wertung. Letztere ist abhängig von der zur Verfügung stehenden Menge und Art der Information. So wird zum Beispiel die Feststellung der Qualität von zwei Fernsehapparaten verschiedenen Typs einem Fachmann übertragen. Dieser Fachmann benutzt eine große Anzahl von Geräten, bestimmt das Verhältnis Signal-Rauschen, den Durchlaßbereich und andere Meßgrößen und sammelt so eine bestimmte Information, die er für seine Schlußfolgerung benötigt. Diese Wertungsmethode wird „vertikal" genannt. Ein anderer Spezialist beobachtet die Arbeit der beiden Fernsehempfänger visuell, ohne genau zu wissen, welcher Parameter verbessert werden müßte. Er sieht aber, was seiner Meinung nach verbessert werden muß, und äußert seine Meinung, ohne genaue Messungen vorzunehmen. Diese Wertungsmethode wurde „horizontal“

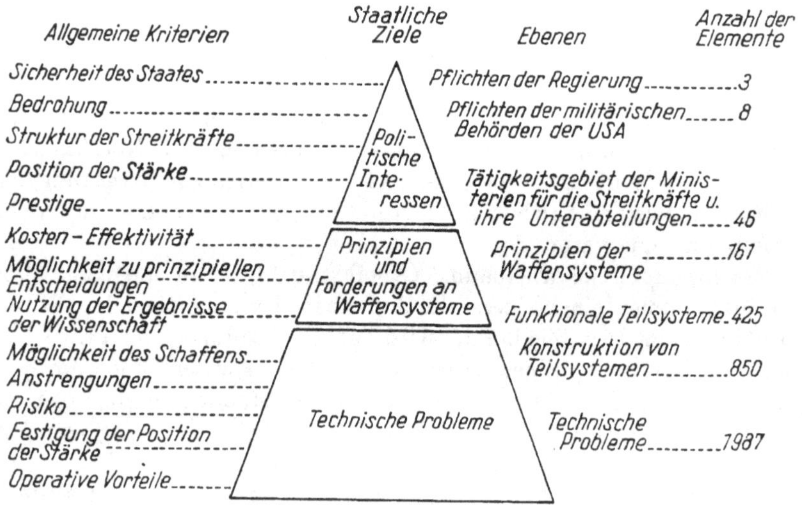

Abb. 13 Schema eines „Zielbaumes“.

genannt. Bei Beachtung vieler Umstände wandten die Erfinder von „PATTERN“ zur Bestimmung der Ziele und ihrer relativen Wichtigkeit das „horizontale“ Verfahren an.

Die Wissenschaftler, die das System „PATTERN“ ausarbeiteten, waren der Ansicht, daß es möglich sei, die eine Entwicklung erfordernden Bereiche der militärischen Interessen der USA einzuschätzen, wenn man sich die Ziele der Regierungen der verschiedenen Staaten, ihre ökonomischen Möglichkeiten und die politische Weltlage für die nächsten Jahre mehr oder minder deutlich vorstellt. Eine genauere Berücksichtigung zusätzlicher Umstände erfolgte am Ende der Zweige des „Zielbaumes“ mit der Vertiefung und Detaillierung der Aufgaben. Hier ergab sich die Möglichkeit, die Aufgaben wissenschaftlich und technisch einzuschätzen, und zwar hinsichtlich der Reife der einen oder anderen Idee, des wahrscheinlichen Zeitpunktes ihrer Vollendung, des wechselseitigen Nutzens wissenschaftlicher und technischer Forschungen, insbesondere in den Grenzbereichen der Wissenschaften.

In Abbildung 14 ist das Schema eines „Zielbaums“ wiedergegeben. Auf der Ebene 2 sind 3 Bereiche der militärischen Interessen der Regierung der USA aufgeführt. Auf der Ebene 3 werden 8 Aufgaben oder „Konflikte" angegeben, in die die USA verwickelt sein könnten. Danach folgen 46 „Arbeitsaufgaben", die sich aus dem militärischen und angewandt-wissenschaftlichen Charakter des Systems „PATTERN" ergeben (Ebene 4). Auf Ebene 5 wurden 161 wissenschaftliche Gesamtkonzeptionen und prinzipiell neue Waffensysteme postuliert. Diese wurden ihrerseits in 425 zu vervollkommnende funktionale Teilsysteme (Ebene 6) und 850 mögliche konstruktive Ausführungen (Ebene 7) untergliedert. Diese wiederum enthalten 1987 technische Probleme (Ebene 8), die es zu lösen gilt, bevor es möglich sein wird, die spezifischen wissenschaftlichen Aufgaben der vorhergehenden Ebenen zu lösen. Entsprechend dem Charakter der Ziele, die auf jeder Ebene angegeben sind, kann der „Zielbaum" in drei Abschnitte unterteilt werden. Der obere Teil des „Baumes" stellt die politischen Interessen

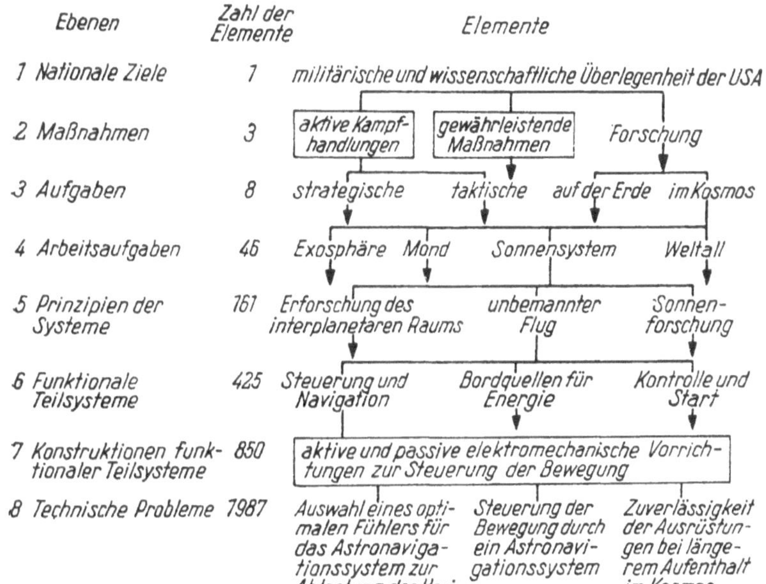

Abb. 14 Zielbaum von Aufgaben und Zielen der USA.

der Regierung der USA dar. Danach folgen die Aufgaben auf dem Gebiet der Rüstungsforschung, die das Bestreben der herrschenden Klasse widerspiegeln, die amerikanische Wissenschaft endgültig den militärischen Interessen des amerikanischen Imperialismus unterzuordnen. Und schließlich folgen die technischen Aufgaben.

Die Koeffizienten für die oberen Ebenen legten Experten fest. Danach wurden diese Koeffizienten zur Präzisierung Spezialisten auf militärischem, nachrichtendienstlichem und wissenschaftlichem Gebiet übertragen. Als Beispiel für die Zuordnung der Koeffizienten der relativen Wichtigkeit betrachten wir diese Prozedur auf der Ebene 2. Man übergab den Spezialisten das „Szenarium" – die Liste der sozialen Ziele der USA – zum gründlichen Studium sowie ein Formular (Tabelle 2). Die Spezialisten mußten die relative Wichtigkeit der aufgeführten „kritischen" Maßnahmen bestimmen und in Teilen von Eins ausdrücken, jedoch so, daß die Summe der Koeffizienten wieder gleich Eins war. Dabei war den Spezialisten erlaubt, das „Szenarium" untereinander zu erörtern, die Koeffizienten legten sie jedoch getrennt fest. Sie konnten auch das Formular ändern, wenn es nach ihrer Meinung nicht alle wichtigen Kriterien berücksichtigte.

Die Feststellung der Koeffizienten der relativen Wichtigkeit erfolgt in mehreren Etappen. Nach Erhalt der ersten Ergebnisse errechnen die mit der Ausarbeitung von „PATTERN" beauftragten Wissenschaftler den Mittelwert des Koeffizienten und wählen jene Daten aus, deren Koeffizienten erheblich nach der einen oder anderen Seite abweichen.

Tabelle 2 Formular zur Befragung von Spezialisten

Wichtigste Maßnahmen	Koeffizient der wichtigsten staatlichen Maßnahmen K_M in Abhängigkeit von den Hauptaufgaben			
	Überleben des Landes 0,6	Demonstration der Autorität 0,3	Öffentliche Meinung 0,1	Gesamtkoeffizient K_A
Aktive Kampfhandlungen	0,6	0,6	0,4	0,58
Nichtmilitärische Maßnahmen	0,3	0,1	0,1	0,22
Forschung	0,1	0,3	0,5	0,20
Summe der Koeffizienten	1,0	1,0	1,0	1,0

Danach beginnt als zweites die Zuordnung der Koeffizienten. Sie fängt mit der Bekanntgabe der erhaltenen Resultate und der Dispersion der Koeffizienten an. Darauf erhalten diejenigen Spezialisten das Wort, die erheblich abweichende Koeffizienten gesetzt haben. Das Ziel der Erläuterung besteht nicht darin, die übrigen Beteiligten von der Richtigkeit zu überzeugen, sondern darin, ein tieferes Verständnis der Aufgabe durch alle Teilnehmer zu gewährleisten. Es erfolgt eine weitere Festlegung der Koeffizienten, und der Durchschnitt der Resultate wird von neuem errechnet. Die Anzahl solcher Prozeduren hängt in großem Maße von der Qualifikation der Spezialisten und von ihren Erfahrungen ab. Man rechnet, daß für Gruppen von 10–12 Experten im Durchschnitt 3 Abstimmungsrunden ausreichend sind.

Die „horizontale" Methode zur Bestimmung der Koeffizienten erbrachte folgende Ergebnisse (siehe Tabelle 2):

Gewährleistung des Überlebens des Landes	0,6
Demonstration der Autorität	0,3
Günstige Meinung der Weltöffentlichkeit	0,1.

Für die Gewährleistung der Sicherheit der USA legten Spezialisten im weiteren die Bedeutung von „kritischen" Maßnahmen zur Sicherung des „Überlebens" der USA (K = 0,6) fest:

Aktive Kampfhandlungen	0,6
Sichernde Maßnahmen	0,3
Wissenschaftliche Forschungen	0,1.

Dieselben Maßnahmen erhielten im Interesse der „Demonstration der Autorität" (K = 0,3), d. h. der berüchtigten „Position der Stärke", folgende Koeffizienten:

Aktive Handlungen	0,6
Sichernde Maßnahmen	0,1
Wissenschaftliche Forschungen	0,3.

Für die Schaffung einer den USA günstigen öffentlichen Meinung in der Welt (K = 0,1) wurden schließlich folgende Koeffizienten festgelegt:

Aktive Kampfhandlungen	0,4
Sichernde Maßnahmen	0,1
Wissenschaftliche Forschungen	0,5.

Die endgültigen Koeffizienten der relativen Wichtigkeit der Aufgaben erhält man als Summe der Produkte aus den Koeffizienten der Maßnahmen K_M und den Koeffizienten der entsprechenden Kriterien K_K, das heißt als $K_{Ai} = K_M \, K_K$, wobei $K_{Ai} = 1{,}0$ ist.

Das System „PATTERN" erlaubt es, mit verhältnismäßig großer Genauigkeit die Wichtigkeit und die Ausführungsfristen von Aufgaben zu bestimmen, die die Entwicklung neuer Erzeugnisse und die Vervollkommnung der Technologie der Produktion zum Inhalt haben. Es ermöglicht weiter, die Sammlung und Bearbeitung der für die geplanten

Forschungen notwendigen wissenschaftlichen Information zu sichern. Gleichzeitig ist das System jedoch nicht ohne Mängel: Es garantiert nicht die Kontinuität der Planung, enthält keinerlei logische Filter gegen mögliche Fehler bei der Aufstellung der Programme und garantiert nicht die nötige Qualität der technischen Neuentwicklungen.

Die wachsende Kompliziertheit der Forschungen und experimentell-konstruktiven Entwicklungen führt zu großen Schwierigkeiten bei ihrer Leitung. Es entsteht die Notwendigkeit, zur Erhöhung der Effektivität der Leitung von Forschungen Leitungssysteme zu entwickeln, die die Anwendung elektronischer Rechenmaschinen einschließen. Als Beispiel für ein solches System kann „FAME" (Forecast and Appraisal for Management Evolution) gelten.

Das System „FAME" funktioniert auf der Grundlage der Bearbeitung vorhandener Information, wertet die laufende Information und nimmt auf dieser Basis eine Prognose der wahrscheinlichen zukünftigen Ereignisse vor, die den Verlauf und den Ausgang des Gesamtprojekts beeinflussen können. „FAME" ist dem Wesen nach ein automatisiertes System zur Leitung von Forschungen, das auf der Grundlage der operativen Prognose arbeitet.

Das System „FAME" verwirklicht 1. die Leitung des Gesamtprojekts, 2. die Leitung funktionaler Teilsysteme und 3. die Leitung der konstruktiven Entwicklungen. Die Aufgabe der Leitung dieser Elemente besteht darin, das gesamte Projekt innerhalb kontrollierter Grenzen zu halten, die optimale Nutzung der Mittel und der Zeit sowie den erfolgreichen Verlauf der Projektierung und Konstruktion des Endproduktes zu gewährleisten. Diese Aufgaben werden gelöst, indem folgende Punkte kontinuierlich beobachtet werden: 1. die Übereinstimmung der Forderungen an die Teilsysteme mit den Zielen des Gesamtprojekts, 2. die Einhaltung der technischen Grenzwerte aller Elemente des Projekts und 3. der Verlauf der Ausführung des Projekts. Die Spezifik des Funktionierens von „FAME" ist dadurch gekennzeichnet, daß dieses System es ermöglicht, unannehmbare Abweichungen rechtzeitig zu erkennen und ihren Einfluß auf den Verlauf der Ausführung des Projekts einzuschätzen, um bei der Ausführung des Projekts mögliche Abweichungen in minimalen Grenzen zu halten.

Die Art einer Entscheidung hängt davon ab, wie der Verlauf der Ausführung des Projektes beurteilt wird. Als Bewertungssystem fungiert eine Einschätzung der Abweichungen nach vier Rangstufen: 1. kritische Abweichung, 2. starke Abweichung, 3. schwache Abweichung und 4. Normalzustand.

Dem System der Prognose und der Einschätzungen liegt ein Prinzip der Theorie der Steuerungssysteme zugrunde, demzufolge die Stabilität eines Prozesses dadurch erhöht werden kann, daß die Einführung von Steuerungsmaßnahmen im gleichen Tempo erfolgt, wie Fehler innerhalb des Prozesses auftreten. Das setzt eine Prognose des zukünftigen Prozesses voraus, damit die korrigierenden Wirkungen erfolgen können, bevor der Prozeß unkontrollierbar wird. Die Leitung eines Projekts auf der Grundlage der Rückkopplung über die Prognosen, die dem Aktionsprogramm vorausgehen, ist bedeutend effektiver als eine Leitung, die nur auf der Information bereits abgelaufener Prozesse basiert.

Das Programm oder der Prozeß wird mit Hilfe der Einschätzung der Information kontrolliert, die in das Prognose-System eingeführt wird. Diese Information wird periodisch (monatlich) bearbeitet, um eine Prognose des Ausführungsstandes des Projekts für einen bestimmten Moment der Zukunft aufzustellen. Die erhaltenen Prognosen werden einer Analyse hinsichtlich der Wechselbeziehungen mit den vorgegebenen Begrenzungen und anderen Kontrollgrößen unterzogen. Bei der Analyse werden die möglichen und wahrscheinlichsten Abweichungen sowie ihr Einfluß auf die Ausführung des Projekts festgestellt. Die dabei entstehenden Aufgaben werden vom Gesichtspunkt der für das Projekt fixierten Forderungen und Begrenzungen, der Berücksichtigung geplanter Maßnahmen und bestimmter Alternativen der Entwicklungsrichtungen eingeschätzt. Im Ergebnis faßt die Leitung des Projekts einen Beschluß über die Recherche neuer oder die Modifikation der alten Korrektive, um die Entstehung unannehmbarer Abweichungen von den Aufforderungen an das Projekt zu vermeiden. Nach der Durchführung der korrigierenden Maßnahmen wird die Information über die Veränderungen im Ausführungsprozeß zur Präzisierung der Prognose benutzt. Das erlaubt den Leitern, über eine Kette von Rückkopplungen die Effektivität der getroffenen Maßnahmen zu beurteilen. Im System „FAME" ist ein Mechanismus zur Optimierung des Systems vorgesehen. Diese Optimierung des Systems erfolgt durch die Minimierung von Abweichungen im faktischen Ablauf der Prozesse gegenüber der festgelegten „Bahn", durch die Minimierung des Programms oder anderer funktionaler Parameter.

Eine große Schwierigkeit bei der Ausarbeitung des Systems „FAME" bildet die Messung der Charakteristika. Die festgelegten Bedeutungen der „nichtphysischen" Parameter werden mittels quantitativer Methoden gewertet und prognostiziert.

Den Prognosemethoden liegen in der Regel irgendwelche Modelle zugrunde. Diese Modelle sind theoretisch formulierte Gesetzmäßigkeiten oder mathematische Abhängigkeiten, die durch Regressionsanalyse gewonnen wurden.

Bei der Leitung des Projektes zur Bestimmung des Gewichts eines Weltraumschiffes wurden beispielsweise im System „FAME“ vier Prognoseverfahren angewendet: 1. ein lineares Modell des Maximums an Wahrscheinlichkeit, 2. ein nichtlineares Modell des Maximums an Wahrscheinlichkeit, 3. ein logistisches Exponentialmodell und 4. ein adaptives Exponentialmodell.

Je nach der Zahl der Ausgangsdaten werden die oben beschriebenen Prozesse von Analyse und Prognose im System „FAME“ entweder automatisch oder von Personen durchgeführt. Das System „FAME“ ermöglichte es, den Prozeß der Entwicklung des Raumschiffes „Apollo“ effektiv zu leiten und das gesamte Projekt bis zum Starttermin erfolgreich abzuschließen. Die Wissenschaftler, die das System „FAME“ ausgearbeitet haben, sind der Ansicht, daß das System in breitem Umfang zur Prognose und Leitung von Prozessen verwendet werden kann, die mit der Kontrolle des Aufwandes an Zeit und Mitteln bei der Entwicklung komplizierter Systeme verbunden sind, und daß es eine effektive Kontrolle der Einhaltung von technischen Charakteristika dieser Systeme ermöglicht.

Zum Schluß möchten wir betonen, daß der wissenschaftliche Fortschritt die dringende Aufgabe gestellt hat, Forschungen zu organisieren und zu planen. Es ist noch nicht lange her, daß viele Wissenschaftler meinten, das Gebiet des wissenschaftlichen Denkens entziehe sich der Planung. Die Gegner der Planung waren der Ansicht, daß die Unterordnung der Forschung unter irgendeinen Plan und die Organisation der Forschungen in eine bestimmte gesellschaftlich erwünschte Richtung das freie Schöpfertum unterdrückt und für die Wissenschaft gefährliche Folgen haben muß. Die objektive Realität widerlegt derartige Vorstellungen.

Moderne wissenschaftliche Einrichtungen sind große Unternehmen industriellen Typs. Die Notwendigkeit der Organisation und Planung der Forschungen wird immer offensichtlicher. In der UdSSR befassen sich heute mehr als 50 verschiedene Einrichtungen mit den Problemen der Organisation von Forschungsinstituten. Das Interesse an diesen Fragen wächst von Jahr zu Jahr. Es ist offensichtlich notwendig, die zersplitterten Bemühungen der verschiedenen Spezialistengruppen im Interesse der Informationsbereitstellung in der Forschung, ihrer Organisation und Leitung zu koordinieren.

Kapitel IV

Die Informationsbereitstellung – eine notwendige Voraussetzung der wissenschaftlich-technischen Arbeit

Die spezifischen Besonderheiten des Erkenntnisprozesses – seine Kontinuität sowie die Möglichkeit, Kenntnisse anzuhäufen und weiterzugeben – befreien den Forscher von der Notwendigkeit, in seiner Arbeit jeweils von neuem zu beginnen: Er stützt sich immer mehr auf die Erfahrungen bereits abgeschlossener wissenschaftlicher Arbeiten und benutzt auf Grund des kollektiven Charakters der Wissenschaften die Ergebnisse anderer Forschungen, die in den gleichen oder benachbarten wissenschaftlichen Disziplinen durchgeführt werden. Eine wissenschaftliche Forschung basiert in jedem Falle auf bestimmtem Wissen, auf einer bestimmten, dem Forscher bekannten Menge von Information.

Diese Information wird dem Forscher in zwei Etappen zugänglich. In der ersten Etappe erwirbt er grundlegende wissenschaftliche Kenntnisse im Ausbildungsprozeß. Die Menge der in dieser Etappe erhaltenen Kenntnisse bestimmt den Grad der Vorbereitung des Forschers auf die wissenschaftliche Arbeit und seine wissenschaftliche Qualifikation. Die Benutzung dieser Kenntnisse ist selbstverständlich und bedarf keiner Begründung oder Bezugnahme. In der zweiten Etappe erwirbt der Forscher wissenschaftliche Kenntnisse und Daten aus anderen Arbeiten auf seinem Tätigkeitsgebiet, die gleichzeitig oder fast gleichzeitig ausgeführt werden. Diese Kenntnisse erlangt der Spezialist dadurch, daß er sich in den Informationsfluß innerhalb der Wissenschaft einschaltet und auf diese Weise Information aufnimmt.

Die starke Zunahme des Informationsumfangs und der Zahl der Informationsströme einerseits sowie die Verwandlung der Wissenschaft in eine unmittelbare Produktivkraft andererseits führen zwangsläufig zum Entstehen eines „Vermittlers" der Information. Dieser Informationsvermittler besorgt erstens die Konzentration der Informationsmaterialien und zweitens die Verteilung dieser Materialien entsprechend den Bedürfnissen der jeweiligen wissenschaftlichen Gliederungen. Die Funktionen der Recherche, Sammlung, Aufbereitung und Speicherung von Information werden allmählich von den unmittelbaren Produzenten und Nutzern der Information abgesondert und gehen an Informationsvermittler über.

Die Informationsvermittler müssen danach streben, ein dynamisches Gleichgewicht zwischen ihren Interessen und den Interessen der Informationsnutzer herzustellen und aufrechtzuerhalten und dadurch die schöpferischen Möglichkeiten der Nutzer zu stimulieren. Die Beziehung zwischen dem Nutzer und der informationsvermittelnden Einrichtung muß in allen ihren Phasen sorgfältig studiert werden.

Die Prozesse der Weitergabe, die kommunikativen Prozesse hinsichtlich der Information können auf der Grundlage verschiedener Arten von Merkmalen klassifiziert werden. Aufmerksamkeit verdient unserer Meinung nach ihre Einteilung in zwei große Gruppen: in axiale und retikuläre. Axiale Kommunikationsprozesse umfassen die Weitergabe einer Information an einen streng vorgeschriebenen einzelnen Adressaten. Retikuläre (vom lateinischen Wort rete – Netz) Kommunikationsprozesse erfolgen bei der Weitergabe von Information an eine bestimmte Anzahl wahrscheinlicher Informationsempfänger. In der Informationstätigkeit, bei der Übermittlung der Information von der Quelle zum Konsumenten, treten sowohl axiale als auch retikuläre Informationsprozesse auf. Nach dem von uns betrachteten Merkmal zur Einteilung von Kommunikationsprozessen unterscheidet sich zum Beispiel ein Dialog oder ein Briefwechsel zwischen zwei Personen von einer Rundfunk- oder Fernsehsendung oder einer Nachrichtenverbreitung als Aushang oder Erklärung. Der erste Kommunikationstyp stellt einen axialen, der zweite einen retikulären Kommunikationsprozeß dar.

In der Informationstätigkeit entsprechen dem retikulären Kommunikationsprozeß zum Beispiel die Herausgabe von wissenschaftlicher und technischer Literatur in hohen Auflagen, die Rede des Vortragenden auf einem Symposium oder einer Konferenz, der Aufbau von Vitrinen mit Neuerscheinungen von Büchern, Kataloge bibliographischer Angaben und dergleichen. Dem axialen Kommunikationsprozeß entspricht die Informierung einzelner (vorher festgelegter) Nutzer, wie zum Beispiel einer wissenschaftlichen Einrichtung, eines Industrieunternehmens, einer bestimmten Gruppe von Menschen, einzelner Spezialisten usw. Als ein besonders deutliches Beispiel für den axialen Kommunikationsprozeß in der Praxis der Informationstätigkeit können die Vermittlung von Information durch einen Auskunftsdienst oder eine Informationseinrichtung sowie der Kundendienst für Abonnenten der Bibliothekssysteme gelten.

Zum Unterschied vom retikulären Kommunikationsprozeß garantiert die Ausgabe von Information an einzelne Empfänger in der Regel eine höhere Effektivität der Information für den Nutzer, da hierbei eine bestimmte Differenzierung der Information nach Inhalt, Art, Form usw. vorausgeht. Die Differenzierung der Information im gegebenen Fall ist dadurch bedingt, daß eine Informationseinrichtung in einem bestimmten Maße davon unterrichtet ist, welche Informationen für einen bestimmten Nutzer von Wert sind.

Eine zu strenge Unterteilung der Kommunikationsprozesse in axiale und retikuläre führt dazu, daß es unmöglich wird, eine ganze Reihe von „Zwischenarten" der Kommunikationsprozesse herauszuarbeiten. Das ist in der Praxis der Informationstätigkeit unbedingt zu berücksichtigen. Der Unterschied zwischen der Informierung zufälliger Informationsnutzer, zum Beispiel durch eine Rundfunksendung oder durch einen Vortrag auf einer thematisch eng begrenzten Konferenz, durch einen öffentlichen Aushang oder die Verbreitung spezieller Information auf dem Vertriebsweg, wird vom Gesichtspunkt der Informationstätigkeit her intuitiv erfaßt. In den angeführten Beispielen erfolgt die Weitergabe der Information in der Form des retikulären Kommunikationsprozesses. Es ist jedoch unschwer zu erkennen, daß im Falle der Information durch eine Rundfunksendung oder einen öffentlichen Aushang die Anzahl der Nutzer, für die die gegebene Information absolut wertlos ist, praktisch weitaus größer sein wird als bei der Weitergabe der Information auf einer Konferenz oder in Form einer Broschüre zu einer eng begrenzten wissenschaftlichen Thematik. Es ist zum Beispiel wenig wahrscheinlich, daß zu einer Konferenz über Fragen der strukturellen Linguistik viele Leute kommen, die nicht wissen, womit sich dieser Wissenschaftszweig beschäftigt. Es werden auch kaum Leute, die der Philosophie und der Linguistik fremd gegenüberstehen, eine Broschüre über Fragen der Semiotik kaufen. Ein noch deutlicheres Beispiel für eine solche „intermediäre" Art des Kommunikationsprozesses ist die Vermittlung von Information durch einen Vortrag auf einer Beratung einer Institution, wobei die Nutzung der Information außerhalb der beruflichen Interessen der Versammelten für praktisch unmöglich gehalten werden muß. Aus diesen Beispielen geht hervor, daß retikuläre kommunikative Prozesse durchaus verschiedenartig gewährleisten können, daß diese Information jene Nutzer erreicht, an die sie gerichtet ist.

Bei der Betrachtung der axialen Kommunikationsprozesse in der Informationstätigkeit trifft man ebenfalls auf Prozesse, die sich zum Teil in verschiedenem Grade den retikulären Prozessen annähern. So unterscheidet sich die Ausgabe von Information auf Bestellung eines einzelnen Nutzers von dem Versand einer Annotationsliste der veröffentlichten Literatur eines bestimmten Verlages an festgelegte Adressen.

Die Erhöhung der Effektivität der Informationstätigkeit erfordert eine klare Vorstellung davon, auf welche Art, mit Hilfe welcher Kommunikationsprozesse die verschiedenen Informationsströme verteilt werden müssen. Nach dem Typ der weitergegebenen Information können die in der Wissenschaft erfolgenden Kommunikationsprozesse in drei Arten eingeteilt werden: Information über Konzeptionen, Ideen und Theorien; Information über wissenschaftliche Fakten; Information über Methoden und technische Verfahren.

Wissenschaftliche Fakten, Ideen, Hypothesen, Theorien und Methoden können hinsichtlich ihres „potentiellen Anwendungsbereichs" verschieden sein. Mit andern Worten: Die qualitativen Charakteristika der Information können die quantitative Seite der Information bestimmen. So kann zum Beispiel Information über eine neue Anwendungsart von chemischem Dünger nur im landwirtschaftlichen Bereich von Nutzen sein, während Information über die Anwendung künstlicher Diamanten in vielen Zweigen der Volkswirtschaft nutzbringend sein kann. Das heißt, die letztere Information verfügt über einen bedeutend breiteren potentiellen Anwendungsbereich.

Die Bestimmung des potentiellen Anwendungsbereichs jeder einzelnen Information – ein wissenschaftlicher Fakt, eine Hypothese, eine Theorie usw. – kann wesentlich zur Erhöhung der Effektivität der Informationstätigkeit beitragen. Es ist offensichtlich, daß sich die Tätigkeit von Informationseinrichtungen, deren Aufgabe in der Übermittlung von Information an daran interessierte Nutzer besteht, gerade auf solche Festlegungen gründen muß. Die Festlegung des potentiellen Anwendungsbereiches einer Information oder eines Informationsstroms fällt augenscheinlich in das Aufgabengebiet der angewandten Richtungen der Wirtschaftswissenschaft. Es versteht sich, daß eine derartige Festlegung auf der Basis einer Analyse der Entwicklungstendenzen und einer Prognose der Entwicklung der einzelnen Wissenschaftszweige erfolgen muß.

Mit der Zunahme der Wechselwirkungen zwischen den Wissenschaften erhöht sich die Bedeutung jener Kommunikationsprozesse, deren Übermittlungsobjekt Methoden sind. Die Weitergabe von Methoden eines Bereichs an einen anderen wird zu einer alltäglichen Erscheinung. Man kann ohne Übertreibung sagen, daß gerade die Kommunikation von Methoden zu der stürmischen Entwicklung einiger Wissenszweige beigetragen hat. Durch die Anwendung der Methoden der Elektronenmikroskopie hat sich die Biologie in den letzten zwanzig Jahren völlig verändert. Sie verfügt heute über eine theoretische Struktur, die umfassender und genauer ist als früher.

Die Ingenieurpsychologie hat sich nicht deshalb so stürmisch entwickelt, weil man auf spezifische Kenntnisse der Psychologie zurückgriff, sondern vielmehr dadurch, daß die Methoden der Psychologie in den Ingenieurwissenschaften angewendet wurden. Die Anwendung der Methode der radioaktiven Analyse in der Archäologie und quantitativer Methoden in der Linguistik, Physiologie und Medizin hat wesentlich zur Entwicklung dieser Wissensgebiete beigetragen.

Bemerkenswert bei der Kommunikation von Methoden ist die Tatsache, daß der Prozeß der Weitergabe von Methoden in der Regel außerhalb der Tätigkeitssphäre der Informationseinrichtungen der Wissenschaft erfolgt. Diese Feststellung ist zumindest für die erste Zeit der Anwendung einer Methode in irgendeinem Wissensgebiet zutreffend. Daraus ergibt sich sehr deutlich die Notwendigkeit, die angewandten Zweige der Wissenschaftswissenschaft zu entwickeln, die in der Lage wären, die potentiellen Anwendungsbereiche der verschiedenen wissenschaftlichen Methoden zu bestimmen und so zu einer gerichteten Kommunikation von Methoden in den verschiedenen Wissenschaftsgebieten beizutragen. Das Studium des Bedarfs an bestimmten Informationen bei der Durchführung von Forschungs- und Entwicklungsarbeiten muß unbedingt von den realen Forderungen nach Information ausgehen, die von den mit bestimmten Arbeiten beauftragten Spezialisten gestellt werden.

Die Recherche der für die Durchführung einer wissenschaftlichen Forschung notwendigen Information bildet eine der wesentlichsten Komponenten des Forschungsprozesses. Sie wird von Jahr zu Jahr schwieriger. Diese Tendenz wird durch die folgenden Angaben illustiert. Mußte ein Forscher für die Recherche von Literatur auf einem Gebiet der Technik für Katalogsarbeit im Jahre 1940 durchschnittlich 3 Minuten aufwenden, so betrug die entsprechende Zeit im Jahre 1950 bereits 30 Minuten und erreichte im Jahre 1960 sogar 3 Stunden [59]. Nicht zufällig wird ein großer Teil der Informationsschätze, über die die Gesellschaft verfügt, praktisch gänzlich unbeachtet gelassen. Von diesem Schicksal ist mehr als die Hälfte des gesamten Bücherfonds der Staatlichen Lenin-Bibliothek betroffen.

Die Schwierigkeiten, mit denen es Forscher bei der Informations-Recherche zu tun haben, gehen auf eine ganze Reihe von Ursachen zurück. Diese lassen sich in zwei Gruppen unterteilen: in objektive und subjektive. Den ersten Platz unter den objektiven Ursachen nimmt das exponentielle Anwachsen der wissenschaftlich-technischen Publikationen ein. Unserer Meinung nach darf die Zunahme der Anzahl der wissenschaftlichen Publikationen an und für sich nicht so interpretiert werden, als ob dies unausweichlich zu einem kritischen Zustand führe. Der Prozeß der Verdoppelung der Anzahl wissenschaftlicher Publikationen zu einer bestimmten wissenschaftlichen Problematik führt keineswegs zwangsläufig dazu, daß auch der Umfang der Information, die der Forscher benötigt, in gleichem Maße zunimmt. Mit der Vergrößerung der Anzahl der Zeitschriften geht ein Sinken der relativen Abonnentenzahl einher. Die Ursache dafür ist nicht etwa in dem hohen Preis der Zeitschriften zu suchen; sie besteht vielmehr in der Spezialisierung und Zersplitterung der Interessen der Leser.[5] Die Anzahl der Interessengebiete eines Forschers hat im Durchschnitt von 1954 bis 1962 infolge des zunehmenden Differenzierungsprozesses der Forschungen um die Hälfte abgenommen und wird sich bis 1970 noch einmal um die Hälfte verringern [60]. In jeder Nummer einer Zeitschrift interessieren den Forscher hinsichtlich des Forschungsthemas ein bis zwei Artikel.

Die zweite Schwierigkeit, auf die der Forscher bei der Informationssuche stößt, ist die Unvollständigkeit der Angaben in den publizierten Materialien. Diese Ursache kann man unter zwei Aspekten betrachten:

1. Die publizierte Information enthält im allgemeinen Mitteilungen über abgeschlossene wissenschaftliche Arbeiten, beleuchtet aber in der Mehrzahl der Fälle nicht das Wesen der einzelnen wissenschaftlichen Lösungen. Der überwiegende Teil der wissenschaftlichen Erfahrungen geht wegen des begrenzten Umfangs der Artikel nicht in die Publikation ein. Viele Forscher wissen aus eigener Erfahrung, wie oft der Umfang eines Artikels so weit gekürzt werden muß, daß der Artikel praktisch seinen Sinn verliert und aus einer wissenschaftlichen Publikation eine kurze Mitteilung darüber wird, was getan wurde. Das Haupt der italienischen Schule von Operationsforschern, S. Ceccato, stellte fest, daß sich der Text eines Aufsatzes zum gedanklich gewünschten Text wie ein Telegramm zu einem ausführlichen Brief verhält. Der Ideengehalt des Aufsatzes wird stark beschnitten und geht manchmal völlig verloren [61]. Publizierte Arbeiten sind, wie es D. J. de Solla Price

[5] Die Zersplitterung der Interessen der Forscher auf verschiedenen Periodika geht mit der Durchführung von Forschungen über Grenzprobleme einher, die die Interessen mehrerer oder sogar vieler bereits bestehender Wissenschaftsgebiete berühren.

sinnbildlich formulierte, „ausgequetscht“: Aus ihnen sind alle besonders interessanten, aber oft umstrittenen und nicht genügend klar herauskristallisierten Ideen entfernt worden. Viele Redaktionen, die den Umfang von Artikeln kürzen, rechtfertigen dies mit zwei Begründungen: mit der Verkürzung der Publikationsfristen und der Möglichkeit, mehr Artikel in einer Ausgabe veröffentlichen zu können. In diesem Zusammenhang ist es interessant, den Umfang wissenschaftlicher Publikationen in den Zeitschriften der UdSSR und denen anderer Länder zu vergleichen.

Tabelle 3 Der durchschnittliche Umfang wissenschaftlicher Publikationen (in Druckbogen)

Wissenschaftsgebiet	UdSSR	USA	Großbritannien	BRD
Molekulare Spektrographie	1	1,6	1,3	–
Physikalische Chemie	1	1,8	–	1,4
Metallkunde	1	2,6	1,7	2,1
Analytische Chemie	1	1,7	–	–

Aus Tabelle 3 geht hervor, daß der mittlere Umfang unserer Publikationen erheblich geringer ist als der ausländischer Publikationen. Es gibt allen Grund zur Annahme, daß die Kürzung des Umfangs in einer Reihe von Fällen das Verständnis der Publikationen erschwert und ihren wissenschaftlichen Wert mindert.

2. Die publizierte Information ist im Vergleich zu der Information, die bei der Durchführung der Forschungen gewonnen wurde, unvollständig. Die überwiegende Mehrzahl von Forschungsergebnissen gelangt infolge ihrer unzureichenden Verbreitung nicht zur Nutzung durch andere Institutionen. Es gibt Angaben, die besagen, daß nur 3 bis 5 Prozent der wissenschaftlichen Lösungen in Publikationen beleuchtet werden [62]. Ein bedeutender Teil der neuen, nützlichen wissenschaftlichen Information wird nur für die Bedürfnisse der eigenen Institution im Umfang von 5 bis 10 Exemplaren vervielfältigt. Besonders auffällig wird die Unvollständigkeit der publizierten Information durch das Fehlen von wissenschaftlichen Berichten über abgeschlossene Forschungen und Entwicklungen (dabei wählen die Forschungsinstitutionen in der Regel für ihre Themen Probleme, die für die Volkswirtschaft besonders aktuell sind). In vielen Forschungsinstituten wird mit den Forschungsergebnissen gleichzeitig Sekundärinformation über die Schlußfolgerungen aus den Forschungsergebnissen vermittelt. In kleinen Auf-

lagen von 5 bis 10 Exemplaren werden auch solche außerordentlich interessanten Unterlagen wie die Methodik der Versuche, technologische Instruktionen und sogenannte Dienstdokumente technisch-ökonomischen Charakters, wie zum Beispiel Berichte an leitende Organe über das moderne Niveau, die Entwicklungsperspektiven des Zweiges oder einzelner Probleme, hergestellt. Diese Dokumente sind die Frucht kollektiver Arbeit der besten Spezialisten des jeweiligen Gebietes und enthalten Information von erstrangiger Bedeutung. Die Unvollständigkeit der publizierten Information kommt weiter darin zum Ausdruck, daß in ihr ausschließlich die positiven Erfahrungen der Forschungen Platz finden, während die Forscher in vielen Fällen gerade Information über Mißerfolge der einen oder anderen Forschung benötigen.

Eine dritte objektive Ursache ist das Übermaß an publizierten Materialien. In der Gegenwart ist ein krasser Widerspruch zwischen einem Übermaß an Informationsmaterialien, die für das jeweilige Forschungsthema relevant sind, und des wirklichen Nutzens dieser Materialien zu beobachten.

In der wissenschaftlichen Literatur, besonders in den wissenschaftlich-technischen Zeitschriften, ist oft eine Doppelung der Information festzustellen; viele Artikel resumieren den Inhalt anderer, vorher publizierter Artikel. Oft hängt die Tatsache der Publizierung nicht vom Wert der wissenschaftlichen Arbeit, sondern von der Aktivität der einzelnen Autoren ab. Angaben der UNESCO zufolge können von 100 Aufsätzen infolge Redundanz nur 5 bei der wissenschaftlichen Arbeit genutzt werden [63]. Der englische Wissenschaftler K. Townley formulierte seine Einstellung zu gewissen Publikationen folgendermaßen: „Ein inhaltsloses Dokument kann man ignorieren, denn die Kenntnisse, die man aus ihm gewinnt, sind unvergleichlich gering im Vergleich zu der fürchterlichen Arbeit, die man für seine Lektüre aufbringen muß" [64].

Die zweite und die dritte Ursache bilden einen Widerspruch: Es gibt zu viel Information und gleichzeitig zu wenig, der Forscher leidet an Informationshunger und lebt gleichzeitig im Informationsüberfluß.

Eine vierte Ursache bildet die Streuung der Information in einer riesigen Zahl verschiedener Periodika, das heißt das Fehlen einer genauen Abgrenzung der Thematik unter den Zeitschriften. Die Tatsache, daß viele Fragen in gleicher Art in verschiedenartigen Periodika behandelt werden, erschwert die Suche nach Artikeln zu konkreten Fragen, führt zu einem unnützen Zeitaufwand und macht oft bestimmte Arbeiten für die Spezialisten unzugänglich. So werden Fachleute für Metallkunde kaum den Artikel von T. Kakisadze „Der Einfluß der Kaltbearbeitung auf die magnetischen Eigenschaften des Kupfers" finden, der in den Veröffentlichungen des Telavsker Staatlichen Pädagogischen Instituts (1957/2, S. 417–434) erschienen ist, ebensowenig wie den Artikel von V. Jarósenko „Der Einfluß von Beimengungen auf die thermoelektrischen Eigenschaften von Metallen", der in den Nachrichten der Staatsuniversität Tbilissi (1959/14, S. 59–74) veröffentlicht wurde. Die amerikanischen Wissenschaftler W. Harvey und B. Griffith stellten fest, daß Fragen der Psychologie in fast tausend verschiedenen Zeitschriften der USA behandelt werden, während es nicht mehr als 28 Fachzeitschriften für Psychologie in den USA gibt [65].

Die Zersplitterung der wissenschaftlichen Publikationen ist nicht zu vermeiden. Der Integrationsprozeß der Wissenschaften selbst bringt diese Zersplitterung unumgänglich mit sich. In welcher Fachzeitschrift sollte zum Beispiel ein Artikel wie „Die statistische Bearbeitung von Ergebnissen der Isotopenmessungen des Bleis in Meteoriten" erscheinen? Allein von der Überschrift ausgehend, kann er den Interessengebieten der Geologen, Astronomen, Physiker, Geophysiker, Geochemiker, Chemiker und Mathematiker zugeordnet werden. Erscheint er in der Fachzeitschrift einer der aufgezählten Wissenschaften, so wird er sich für die Vertreter der anderen ebenfalls an diesem Artikel interessierten Wissenschaften im Bereich der „zerstreuten Information" befinden.

Zu den objektiven Ursachen können auch die mangelnde Aktualität und das nicht rechtzeitige Erscheinen vieler Publikationen gerechnet werden.

Ein für die Wissenschaft und Technik unserer Zeit charakteristischer Zug besteht darin, daß sich mit der Zunahme der Zahl wissenschaftlicher Ideen gleichzeitig die Fristen ihrer Realisierung in der Volkswirtschaft von Hunderten von Jahren auf einige Monate oder sogar Wochen verkürzt haben.

Der große italienische Maler, Wissenschaftler und Ingenieur Leonardo da Vinci äußerte die Idee, daß die Schwingungsbewegung die Grundlage zur Erklärung der Natur der Licht-, Ton-, Wärme- und Magneterscheinungen sei. Ihre Verwirklichung fand diese Idee in der Wissenschaft erst nach Jahrhunderten. Mit der Zeit finden wissenschaftliche Hypothesen und Theorien eine immer weitgehendere Anwendung in Wissenschaft und Technik. Die Entwicklung der nichteuklidischen Geometrie erfolgte schon in kürzerer Zeit. Der erste zusammenfassende Katalog von Arbeiten zur Entwicklung der Ideen von Lobačevskij erschien 1911, 82 Jahre nach der Publizierung dieser Ideen. Heute hat sich die Lage radikal verändert. So konnte die Informationstheorie (als Beginn der Entwicklung dieser Theorie gilt der 1948 erschienene Artikel

„A Mathematical Theory of Communication“ von Shannon, in dem Fragen einer Theorie der Information ausgearbeitet wurden) bereits nach fünf Jahren auf drei zusammenfassende Literaturkataloge verweisen. Immer geringer wird die Lebensdauer wissenschaftlicher Theorien, immer schneller werden sie durch neue Theorien ersetzt, die richtiger und vollständiger die Prozesse und Erscheinungen der Umwelt widerspiegeln. So existierte die Aristotelische Gravitationstheorie etwa zweitausend Jahre; die Theorie von Dalton über die Unteilbarkeit des Atoms wurde nach 100 Jahren widerlegt, das Atommodell von Rutherford und Bohr galt dagegen ganze 10 Jahre als richtig.

Auch der Zeitraum zwischen der Formierung einer Idee und ihrer praktischen Verwirklichung in der industriellen Produktion wird geringer. Jedoch gibt es noch eine große zeitliche Diskrepanz zwischen der Vorlage einer wissenschaftlichen oder technischen Ausarbeitung sowie ihrer Veröffentlichung in einer entsprechenden Zeitschrift.

Die moderne polygraphische Technik hilft leider nur die Auflage der Veröffentlichungen zu vergrößeren, nicht aber die Durchlaufgeschwindigkeit des Manuskripts bis zur Publikation zu erhöhen. Der russische Drucker Ivan Fedorov druckte 1563 sein erstes Buch „Apostol“ in 10 Monaten und 15 Tagen, sein zweites – „Evangele učitel'skoe“ – in 8 Monaten und 9 Tagen. Heute, 400 Jahre später, wird ein Aufsatz im Durchschnitt 8–12 Monate nach seiner Vorlage in der Redaktion gedruckt, und noch mehr Zeit vergeht bis zur Veröffentlichung einer wissenschaftlichen Arbeit in Form eines Buches. Forschungsergebnisse zeigen, daß die durchschnittlichen „Wartefristen“ von Aufsätzen in den Redaktionen der Zeitschriften der UdSSR „rekordverdächtig“ sind [66]. Wenn Artikel gedruckt sind, erweisen sie sich oft als ein Jahr älter als gleichzeitig erscheinende ausländische Arbeiten. In der untersuchten „Zeitschrift für analytische Chemie“ beträgt die durchschnittliche „Wartefrist“ von Artikeln in der Redaktion 13 Monate, die minimale 6 Monate und die maximale 34 Monate. Noch bedrückender sind die Fristen in den biochemischen Zeitschriften. Es zeigt sich, daß die längsten „Wartefristen“ von Publikationen die „Nachrichten der Akademie der Wissenschaften der UdSSR“ auf biologischem Gebiet (63,8 Monate), die „Botanische Zeitschrift“ (54,2 Monate) und die „Bodenkunde“ (40 Monate) aufweisen, während in ausländischen Zeitschriften analogen Profils die maximalen Wartefristen zwischen 10 und 20 Monaten schwanken und nur in einem Fall 23,2 Monate erreichten [67].

Die hauptsächlichen subjektiven Ursachen der Schwierigkeiten bei der Informationsrecherche sind folgende: unzulängliche Fremdsprachenkenntnisse der Spezialisten; ihr Unvermögen, mit bibliographischen Katalogen und Bibliothekskatalogen zu arbeiten; falsche Vorstellungen von den Möglichkeiten der Informations-Recherche in den bestehenden verschiedenartigen Fonds usw.

Nach dem Zeugnis der Mehrheit der auf dem Gebiet der Informationstätigkeit arbeitenden Spezialisten muß jeder wissenschaftliche Mitarbeiter, auf welchem Wissensgebiet er auch immer forscht, eine ständig wachsende Menge an Zeit für die Suche und Verarbeitung der von ihm benötigten Information aufwenden. Wir werden derartige Aussagen nicht bestreiten, jedoch wird unserer Meinung nach die Tendenz zur Vergrößerung der Zeitaufwendungen der Forscher für die Suche und Verarbeitung von Information zu Unrecht als katastrophal und ausweglos dargestellt. Der Zuwachs der Anzahl von Publikationen (bei einer Verdoppelung ihrer Zahl in einigen Wissenschaften) innerhalb von 8 bis 12 Jahren kann nicht mit der Zunahme des Zeitaufwandes der Forscher für die Verarbeitung der benötigten Information gleichgesetzt werden. Die Disproportionalität dieser Prozesse (Zunahme der Publikationen und Zunahme der Zeitaufwendungen) ist offenbar nicht nur auf die begrenzten psychophysiologischen Möglichkeiten der Forscher, sondern auch auf eine Reihe anderer Ursachen zurückzuführen, zum Beispiel auf die Verengung der Thematik der Forschungen, die Erhöhung des „Kollektivitätskoeffizienten" des Schöpfertums bei der Forschung u. a. Besondere Beachtung verdient die Tatsache, daß die Disproportionalität in den meisten Fällen auch dadurch erklärt werden kann, daß die Zunahme der Publikationen zu einer bestimmten engen Thematik durchaus nicht gleichbedeutend ist mit steigendem Umfang der für den Forscher notwendigen Information.

Der Begriff notwendige Information selbst ist sehr unbestimmt. Wenn man aus der Literatur die Meinungen von Spezialisten auf dem Gebiet der Informationstätigkeit hierüber zusammentragen und summieren würde, so ergäbe sich folgendes Bild:

1. Nur Vermittlung von notwendiger und erschöpfender Information;
2. Auf keinen Fall unnötige Information vermitteln;
3. Die interessierende Information nur dann vermitteln, wenn sie am dringendsten gebraucht wird, nicht aber, wenn die Notwendigkeit nicht mehr oder noch nicht besteht;
4. Die notwendige Information in kürzestmöglicher Form vermitteln.

Bei der Erforschung der Organisation der Informationsbereitstellung ergibt sich unausweichlich eine Reihe von Fragen. Was ist notwendige

Information? Wodurch unterscheidet sie sich von nicht notwendiger Information? Wie muß Information beschaffen sein, um gleichzeitig zwei Bedingungen zu erfüllen: erschöpfend zu sein und möglichst kurz zu sein? Eine direkte Antwort auf diese Frage ist offensichtlich nicht möglich.

Die Informationsvermittlung kann nur dann rationell sein, wenn der Mitarbeiter der Informationseinrichtung (der Informator) außer der Informationsanforderung auch den Nutzer der Information kennt, wenn er dessen Qualifikation, Dienstalter, dessen berufliche Interessen und Dienststellung kennt und weiß, für welche Arbeit, wozu der Nutzer die entsprechende Information braucht, was er ihr zu entnehmen wünscht usw. Ccortecci, der die Wichtigkeit einer detaillierten Untersuchung feststellt, schreibt: „Um die Effektivität der Auswahl und Verbreitung von Dokumenten zu heben, müssen Analyse und Auswahl der Dokumente auf der Grundlage der Bestimmung der Bedürfnisse der ‚einzelnen' Nutzer erfolgen. Daraus folgt, daß man, bevor man die teure und verantwortungsvolle Arbeit der Analyse und Bearbeitung der Dokumente beginnt, detailliert untersucht, was der Bedarfsträger braucht. . . Man muß daran denken, daß für Menschen, die zum Beispiel in einem großen Werk arbeiten, das Eintreffen von nicht den Bedürfnissen entsprechender Information dasselbe bedeutet, als ob auf ein Fließband ein gewisser Prozentsatz nicht passender Teile gegeben wird." [68]

Natürlich kann das Problem einer tiefgehenden Untersuchung der Informationsbedürfnisse einzelner Nutzer nicht für jeden einzelnen Menschen gesondert gelöst werden. Es kann aber mehr oder weniger befriedigend gelöst werden, wenn man die Nutzer in Kategorien einteilt, um durch ein verallgemeinertes Verfahren die Informationsbedürfnisse der einzelnen Kategorien von Nutzern darzustellen. Ccortecci führt eine Einteilung der Informationsnutzer-Kategorien auf gesamtstaatlicher Basis an. Er nennt folgende Kategorien:

1. Höchste humanistische Bildung. Theoretische Forschungen. Kunst.
2. Höchste Regierungsbeamte.
3. Verwaltung von Unternehmen. Regierungsbeamte.
4. Angewandte Forschung.
5. Direktion und Leitungsapparat von Industrie- und Handelsvereinigungen.
6. Intellektuelle Arbeit höherer Leiter.
7. Angestellte mittlerer Ebene.
8. Leiter und Meister in Industriebetrieben. Leiter von Kontoren.

9. Hochqualifizierte Arbeiter.
10. Kleine Angestellte.
11. Arbeiter ohne Spezialausbildung.
12. Ungelernte Arbeiter.

Ccortecci meint, daß die Informationsbedürfnisse der Menschen hinsichtlich des Umfangs, der Qualität, der Darstellungsform usw. innerhalb der genannten Kategorie sehr ähnlich sind und sich von denen in anderen Kategorien weitgehend unterscheiden.

Welche Kategorien von Bedarfsträgern kann man nun innerhalb der Wissenschaftler unterscheiden? In der Liste von Ccortecci sind das die Kategorie (1) Theoretische Forschungen und (4) Angewandte Forschungen. Eine solche Einteilung ist jedoch aus vielen Gründen unbefriedigend, zumal Ccortecci die Spezifika der verschiedenen Forderungen an die Information bei Theoretikern und Wissenschaftlern der angewandten Forschung nicht angibt. Für die Einteilung der Wissenschaftler in Kategorien sind offensichtlich Untersuchungen der sozialpsychologischen Züge, die zum Beispiel die Wissenschaftler von Produktionsarbeitern oder Schauspielern unterscheiden, Untersuchungen zur Spezifik der wissenschaftlichen Arbeit und ihrer Unterschiede gegenüber beispielsweise der poetischen oder physischen Tätigkeit und schließlich Untersuchungen der Unterschiede und Besonderheiten der geistigen Arbeit der Wissenschaftler gegenüber der Tätigkeit von Verwaltern, Schriftstellern, Lehrern und anderen notwendig. Weitere Voraussetzungen sind auch Kenntnisse über die Psychologie des wissenschaftlichen Schöpfertums und über die Wechselbeziehung zwischen Information und wissenschaftlichem Schöpfertum. Die typischen Denkweisen von Wissenschaftlern müssen erforscht und die Spezifika der Informationsnutzung durch die Vertreter der einzelnen Denktypen geklärt werden.

Bis auf den heutigen Tag ist die sozialpsychologische Charakteristik moderner Wissenschaftler in der sowjetischen wissenschaftlichen Literatur äußerst unklar. Es zeigt sich, daß die Soziologie und die Psychologie der Erforschung wissenschaftlicher Kollektive und, in weiter Sicht, der Organisation der wissenschaftlichen Tätigkeit nicht genügend Aufmerksamkeit geschenkt haben. In der ausländischen Literatur ist eine Vielzahl von Forschungen zu moralischen und willensmäßigen Qualitäten der Wissenschaftler zu verzeichnen, nicht aber zu den intellektuell-schöpferischen Eigenschaften, die Wissenschaftler von anderen sozialen Gruppen unterscheiden. In der Mehrzahl der Arbeiten wird der Wissenschaftler als der „Gipfel der Tugend“ dargestellt: Er ist in der Lage, in den abstraktesten Forschungen eine strenge Folgerichtigkeit zu bewahren und das Unwahrscheinliche zu erreichen; er zeichnet sich in großartiger Weise durch Logik und die Fähigkeit aus, die Ergebnisse seiner Forschungen darzulegen; er vermag eine gigantische Menge von Druckseiten zu lesen und sich deren Inhalt anzueignen. Er verfügt über einen unglaublich großen Wortschatz und seltene Gaben der Darstellung eines Gedankens, verfügt über außerordentliche tiefe Kenntnisse, ist fähig, alles mit eigenen Händen zu tun, und zeichnet sich in höchstem Maße durch Scharfblick und Intuition aus.

Nach dem Zeugnis der Soziologen Super und Bachrach wird in der amerikanischen wissenschaftlichen Literatur von den Forschern „ständig gesagt, daß der Wissenschaftler in sozialer Hinsicht ein gewisser exklusiver Stereotyp sei, ein Mensch, der sich durch Wissensdurst, innere Disziplin, Kaltblütigkeit, Duldsamkeit gegenüber anderen sowie durch eine phantastische Hingabe an seine Arbeit auszeichnet" [69].

Natürlich können derartige Charakteristika von Forschern wenig zur Einteilung der Forscher in Kategorien beitragen. Bis heute ist noch keine einheitliche Klassifizierung der Forscher erarbeitet worden, die deren Informationsbedürfnisse berücksichtigt. Die vorliegenden Klassifizierungen gehen von verschiedenen Grundlagen aus: von den wahrgenommenen Funktionen [70], von der Art der Tätigkeit [71] und vom Charakter der Arbeit [72]; einige Autoren gehen von mehreren Aspekten aus [73, 74].

Gegenwärtig wird bei der Ausarbeitung neuer Systeme und der Anwendung schon lange existierender Verfahren zur analytisch-synthetischen Bearbeitung dokumenteller Information im Ausland der Profilierung der Kategorien von Informationsnutzern selbst große Aufmerksamkeit geschenkt. Man ist allgemein der Ansicht, daß die Verwendung des einen oder anderen Verfahrens von der Nutzerkategorie abhängt. Um eine effektive Information zu gewährleisten und die unnützen Aufwendungen an Arbeit und Material auf ein Minimum zu senken, müssen alle Dokumente nach folgenden drei Gesichtspunkten klassifiziert werden: Thematik, Dokumentenkategorie und Kategorie der potentiellen Nutzer. Die wahrscheinlichen Informationsbedürfnisse stimulieren die Entwicklung einer rationellen Arbeitsorganisation der wissenschaftlichen Informationsdienste und tragen zur Steigerung der Arbeitsproduktivität der Informationsnutzer bei. Eine ideale Lösung der Aufgabe, den interessierten Personenkreis möglichst schnell mit möglichst vollständiger und zuverlässiger Information zu versorgen, ist nur erreichbar, wenn jede einbezogene Person ein Optimum an Information erhält, das ihren hauptsächlichen Tätigkeitsbereich berührt. Dabei müssen Umfang und Charakter der den Nutzern erreichenden Information der Zeit entsprechen, die der entsprechenden Person zur Aneignung der erhaltenen Information zur Verfügung steht, sowie ihren Fähigkeiten, ihrer intellektuellen Aktivität und Qualifikation. Ein solches System bringt den maximal möglichen Effekt bei der Durchführung von Forschungsarbeiten. Wenn sich die Kosten der Informationsleistungen in vernünftigen Grenzen bewegen, so werden sich diese Aufwendungen durch die Forschungsergebnisse durchaus bezahlt machen. Natürlich kann das Problem der Gewährleistung der notwendigen Information nicht für jeden Nutzer im einzelnen gelöst werden. Zur Bestimmung der Nutzerkategorie ist es notwendig, die Bedürfnisse der einzelnen Nutzer noch vor Beginn der sehr teuren und verantwortungsvollen Arbeit an der Analyse und Bearbeitung der Information sorgfältig zu studieren. Ein solches Studium der Bedürfnisse der verschiedenen Nutzergruppen ermöglicht es, die Effektivität der Analyse und Bearbeitung der Information wesentlich zu erhöhen. Ein vereinfachtes Beispiel spezialisierter Information unter Berücksichtigung der Bedürfnisse des Nutzers wurde auf dem Internationalen Kongreß der Dokumentalisten in Rom 1963 angeführt (Tabelle 4).

Tabelle 4 Pyramide spezieller Information für Fachleute an Hochöfen

Bezeichnung der Information	Kürzungsgrad der Information
Technologie des Frischens in Hochöfen	0
Technologie der Vorbereitung der Beschickung	10
Bearbeitung des Roheisens	50
Wissenschaftliche Arbeitsorganisation im Hochofenbetrieb	70
Fragen der Ökonomik	80
Soziologie und Psychologie	90
Allgemeine wissenschaftlich-technische Fragen	95
Allgemeinbildende und belletristische Literatur	100

Die Ziffern in der Spalte „Kürzungsgrad der Information" bedeuten- 0 – vollständiges Dokument (Original oder Übersetzung), 95 – Annotation im Umfang von 80 bis 100 Wörtern (in der Sprache des Nutzers), 100 – Titel in der Originalsprache. Die Aufstellung derartiger Informationspyramiden ist ein sehr arbeitsaufwendiger Prozeß, der sich aber in der Ziukunft bezahlt machen wird.

Die Informationsbereitstellung für schöpferisch tätige Menschen erfolgt mit dem Ziel, deren Zeitaufwendungen für unproduktive Elemente ihrer Tätigkeit zu verringern. Die Notwendigkeit einer rationellen Organisation der Arbeit von schöpferisch Tätigen und die Erhöhung ihrer Arbeitsproduktivität machen es erforderlich, Informationssysteme zu schaffen, welche bei minimalen Aufwendungen an Zeit und Mitteln die Bereitstellung notwendiger Information auf Anforderung des Nutzers gewährleisten. In der Regel umfaßt ein solches System (als Bestandteile) Ausrüstung und Menschen. Die Menschen, die an der Informationsbereitstellung beteiligt sind, nehmen die Bewertung der Information vor, fällen entsprechende Entscheidungen und bringen in die Informations-Recherche ein Element schöpferischen Denkens.

Die Ausarbeitung einer möglichst wirtschaftlichen Organisationsstruktur eines Informationssystems muß in jedem konkreten Fall von den möglichen Anforderungen ausgehen. Auf dieser Grundlage kann unter Berücksichtigung der angenommenen Möglichkeiten des Systems seine zukünftige Rentabilität bestimmt werden. Als Kriterium der Effektivität des Systems kann seine Fähigkeit dienen, gewissen Anforderungen optimal gerecht zu werden. Diese sind auf der Basis sowohl logischer Prinzipien als auch rein praktischer Überlegungen festzulegen. Die Praxis zeigt, daß sich die Anforderungen und die von den Nutzern darauf erwarteten Antworten in erheblichem Maße ändern können. Man kann folgende Typen der Anforderungen feststellen:

1. Anfrage nach einer konkreten wissenschaftlichen oder wissenschaftlich-technischen Arbeit. In manchen Fällen kann nur ein Teil der Angaben vorgegeben sein, aus denen die volle bibliographische Beschreibung der Arbeit besteht (zum Beispiel nur der Familienname des Autors oder nur der Titel). Je nach den Wünschen der Anforderungen und den Möglichkeiten der Informationseinrichtung kann die Antwort eine vollständige bibliographische Beschreibung der erforderlichen Arbeit oder eine Liste möglicher Varianten sein, wenn die vorgegebene Beschreibung die Arbeit unzureichend identifiziert. Es kann eine mit einer Annotation verbundene bibliographische Beschreibung oder ein Referat der Publikation ausgegeben werden. Die Forschung zeigt, daß sekundäre Informationsquellen die Wissenschaftler und Techniker nicht von der Notwendigkeit befreien, sich den Originalen zuzuwenden. Die Schaffung der Voraussetzung dafür, daß den Nutzern die interessierenden primären Dokumente schnell zur Verfügung gestellt werden können, ist von großer Bedeutung.

2. Die eng spezialisierte Anfrage (zum Beispiel ein Chemiker braucht eine Methode zur Synthese einer bestimmten chemischen Verbindung). In diesem Fall kann auf die gestellte Frage eine direkte Antwort gegeben werden, die bei der Informations-Recherche gefunden und formuliert

wurde. Die Antwort kann auch in der Ausgabe einer wissenschaftlichen Arbeit (oder mehrerer) bestehen, in der (oder in denen) sich die Antwort auf die gestellte Frage befindet oder sich befinden kann.

Als Antwort können auch eine bibliographische Titelaufnahme (oder eine Liste von Titeln) der Publikationen, in der sich die Antwort auf die Frage befindet (oder befinden kann) sowie die Adresse (oder die Adressen) derjenigen Organisationen oder der Spezialisten erscheinen, die die gestellte Frage beantworten können.

3. Die Anfrage nach Literatur zu einem bestimmten wissenschaftlich-technischen Thema. Die Antwort wird in der Vermittlung von dokumentellen Informationen bestehen, die das Thema betreffen (oder wahrscheinlich betreffen), oder einer bibliographischen Liste der gesamten (oder der im System vorhandenen) Literatur, in der das entsprechende Thema behandelt (oder wahrscheinlich behandelt) wird.

4. Anfragen solcher Art: Wurde dieses wissenschaftlich-technische Thema schon irgendwo bearbeitet? Wurden bereits Versuche dieses Charakters durchgeführt? Wie weit ist dieses Thema gegenwärtig ausgearbeitet? Die Antworten auf solche Anfragen können folgender Art sein: eine direkte Antwort, die feststellt, daß bis zur Gegenwart Ausarbeitungen zu diesem Thema nicht vorhanden und entsprechende Versuche nicht erfolgt sind (oder daß im System keine Angaben darüber vorliegen) oder daß die entsprechenden Ausarbeitungen vorhanden sind; eine Publikation oder eine bibliographische Aufnahme einer Publikation (oder einer Reihe von Publikationen), die das geforderte Thema, die Forschungen oder das Experiment betrifft (oder möglicherweise betrifft); die Adresse (oder die Adressen) einer Institution (oder mehrerer) oder von Spezialisten, die sich mit der Ausarbeitung des entsprechenden Themas, mit derartigen Forschungen und Experimenten befaßt haben (befassen oder möglicherweise befassen).

5. Die Anforderung einer thematischen (gegenstandsbezogenen) Recherche oder Sammlung von Resultaten bestimmter Forschungen oder Experimente. Die Antwort auf eine derartige Anforderung kann sein: eine als Ergebnis der Recherche zusammengestellte Übersicht, die nach den literarischen Quellen geordnet ist; eine bibliographische Liste der wissenschaftlichen Literatur mit oder ohne Annotation, die das geforderte Thema behandelt (oder möglichweise behandelt); die Adresse (oder Adressen) einer Organisation oder von Spezialisten, die mit der Ausarbeitung des entsprechenden Themas befaßt sind (oder sich möglicherweise damit befassen).

Bei der Formulierung der Antwort und sogar bei der Suche der gewünschten Information ist zu beachten, zu welcher Nutzerkategorie der Anfordernde gehört. Dabei kann sich der Umfang der ausgegebenen Information wesentlich verändern.

Leitern von Partei-, Wirtschafts- und Planungsorganen genügt zum Beispiel Sekundärinformation (Annotation, Referat, Übersicht), auf deren Grundlage sie in vielen Fällen schöpferisch Entscheidungen fällen können, ohne auf die Primärinformation zurückgreifen zu müssen. Forscher benötigen in der Regel Primärinformation; ihnen dient die Sekundärinformation in der Hauptsache zur Recherche und Vorauswahl der Primärinformation.

Zwar können die Forscher sekundäre Information benutzen, ohne im weiteren die Primärquellen zu lesen, sie müssen in diesem Falle jedoch dem Mitarbeiter der Informationseinrichtung vollständig dahingehend vertrauen, daß die Auswahl der erforderlichen Information aus den Primärquellen qualitativ hochwertig und ohne Verluste erfolgt ist.

Die Arbeitserfahrungen haben gezeigt, daß, wenn die Bearbeitung der Primärinformation von hochqualifizierten wissenschaftlichen Mitarbeitern vorgenommen wird, die eigentlichen Forscher und Entwicklungsingenieure durch Benutzung der Sekundärinformation zusätzlich 2–2,5 Monate im Jahr für die Durchführung von Forschungen und Experimenten gewinnen.

Eine weitere Erhöhung der Effektivität der Informationsrecherche bei maximaler Differenzierung der Antworten kann durch eine Verstärkung der Rückkopplung zwischen dem Informations-Recherche-System und den Nutzern erreicht werden. Die individuellen Bedürfnisse setzen sich aus den Anforderungen an die Information und den individuellen Charakteristika des einzelnen Nutzers zusammen. Die wichtigsten dieser Charakteristika sind folgende:

1. Die Breite des Wahrnehmungsbereichs von Information beim Nutzer. Gemeint ist jener Fragenkreis, der in die Kompetenz des Nutzers fällt. Es ist natürlich, daß der Kreis der interessierenden Informationsmaterialien bei einem Spezialisten für theoretische Fragen der Kybernetik umfangreicher sein wird als zum Beispiel bei einem Fachmann für automatisierte Systeme zur Leitung der Produktion, obwohl die Informationsanforderung gleichlautend formuliert sein kann.

2. Die Tiefe der Informationswahrnehmung beim Nutzer. Damit ist das Niveau der theoretischen Kenntnisse gemeint, das zur Arbeit auf einem bestimmten Spezialgebiet notwendig ist. So kann zum Beispiel die gleiche Anforderung von einem Spezialisten für theoretische Physik und von einem Philosophen erfolgt sein. Natürlich ist die Tiefe der Wissensaufnahme auf dem Gebiet der theroetischen Physik bei dem

Philosophen geringer als bei dem Physiker, obwohl neue Information aus der Physik dem Philosophen bei der Bearbeitung eines entsprechenden wissenschaftlichen Themas sehr nützlich sein kann.

3. Das Qualifikationsniveau. Dieses Charakteristikum ist in der Regel proportional dem Zeitraum der Arbeit in einem Wissenszweig, der Bildung, dem wissenschaftlichen Grad und den wissenschaftlichen Kenntnissen.

4. Die Spezifik der Verwendung der Kenntnisse. Hiermit ist der Grad der Verbindung der Arbeit des Nutzers mit wissenschaftlicher Forschung gemeint. Die gleiche Information kann zum Beispiel von einem Ingenieur-Technologen, einem Konstruktionsingenieur und einem Wissenschaftler angefordert werden.

5. Die eingenommene Position in der hierarchischen Struktur des Unternehmens oder der Organisation.

Die aufgeführten Chrakteristika müssen bei der Vermittlung von Information berücksichtigt werden, da die von den einzelnen Nutzern erwartete Information verschiedenartig ist (selbst bei gleich formulierter Anforderung). Tatsächlich wird sich die für einen Doktor der Wissenschaften optimale Information wesentlich von derjenigen unterscheiden, die für einen durchschnittlichen wissenschaftlichen Mitarbeiter erwünscht ist. Information, die zum Beispiel für einen erfahrenen Chefingenieur wertlos ist, kann für einen jungen Fachmann von großem Nutzen sein.

In einigen großen Unternehmungen Italiens werden die Berichte über durchgeführte wissenschaftliche Forschungen in drei Varianten angefertigt. Die erste Berichtsvariante wird in einer sehr kurzen Form abgefaßt und kennzeichnet vor allem die wirtschaftliche Seite der durchgeführten Forschung. Sie ist für die Leiter der Unternehmen oder Firmen bestimmt. In der zweiten Variante, die für die technische Direktion und die Produktionsleiter vorgesehen ist, wird die technisch-ökononische Seite des Problems hervorgehoben. Die dritte Variante stellt der vollständige Bericht dar. Er ist für die Forscher, Konstrukteure und Technologen bestimmt.

Die Herstellung stabiler Kopplungen setzt voraus, daß die Mitarbeiter des Informations-Recherchesystems über folgende Fragen unterrichtet sind:

1. Entspricht der Inhalt (die Darstellungsform, die Art, der Typ, der Kürzungsgrad usw.) der ausgegebenen Informationsquelle den Erwartungen des Nutzers?

2. Welche Bemerkungen gibt es hinsichtlich der auf Anforderung erhaltenen Informationsquelle seitens des Nutzers?

3. Welche Schwierigkeiten rief die Formulierung der Anforderung beim Nutzer hervor?

4. Welchen praktischen Nutzen erbrachte die erhaltene Informationsquelle für die Arbeit des Nutzers?

5. Welche Information (Darstellungsform, Art, Typ, Kürzungsgrad usw.), die durch bestimmte, bereits vorher bekannte Charakteristika und Forderungen an die Information bekannt ist, stellt den Nutzer am meisten zufrieden?

6. Welche Charakteristika und Forderungen an die Information müssen für den Nutzer erfüllt sein, damit ihn eine gegebene Informationsquelle in höchstem Maße zufriedenstellt?

Gut funktionierende und in ausreichendem Maße studierte Rückkopplungen machen es möglich, stabile Zusammenhänge zwischen den Gruppen der Nutzer und dem Kreis (Darstellungsform, Art usw.) der sie interessierenden Information zu finden. Das gibt die Möglichkeit, auf Anforderung eines bestimmten Nutzers Information auszugeben, die schon früher von einem Nutzer derselben Gruppe angefordert wurde. Bei Berücksichtigung der Charakteristika des ersten und des zweiten Nutzers kann ein hoher Nutzen der Information für den zweiten Nutzer garantiert werden.

Bei einer tiefgehenden Analyse der Rückkopplungen lassen sich mathematische Matrizen des Typs „Nutzer-Information" herstellen. Diese Matrizen erleichtern die Feststellung, für welche Nutzer welche Information am nützlichsten ist. Bei hinreichender Detaillierung können diese Matrizen in einzelne Gruppen vom Typ „Charakteristik des Nutzers – Information" untergliedert werden.

Weiterhin lassen sich Matrizen des Typs „Information – Nutzer" herstellen, die es ermöglichen, die Information nach Nutzerprofilen zu klassifizieren, wobei diese Matrizen auch in Gruppen der Art „Information – Charakteristik des Nutzers" unterteilt werden können.

Die Schaffung von Matrizen des Typs „Nutzer – Nutzer" kann bei der Feststellung ständiger Interessen von Nutzern mit bestimmten Charakteristika helfen. Forschungen amerikanischer Informationszentren ergaben, daß 50 Prozent der von Fachleuten gelesenen Literatur Grenzbereiche des Wissens betrafen [75, 76].

Bei einem ausreichenden Studium der Reihenfolge der Anforderungen durch dieselben Nutzer läßt sich eine objektive Beziehung zwischen den Informationen finden, die sich auf den ersten Blick nicht feststellen läßt. Es ergibt sich so die Möglichkeit, Matrizen des Typs „Information – Information" herzustellen. Bei der Untersuchung der Informationsanforderungen der letzten 10 Jahre wurde im „Thornton Research

Centre“ des „Shell“-Konzerns (Großbritannien) festgestellt, daß die auf dem Gebiet der Petrolchemie publizierten Materialien weitaus häufiger auf allgemeineren Gebieten als speziell dem Gebiet der Petrolchemie genutzt werden [77]. Eine sorgfältigere Analyse der Anfragen in dem genannten wissenschaftlichen Zentrum, insbesondere hinsichtlich der Reihenfolge, würde dazu beitragen, die angeforderten Informationen derart miteinander zu verbinden, daß die Anforderung der einen Information mit großer Wahrscheinlichkeit die Anforderung einer anderen nach sich zieht. Folglich könnte man bei der Beantwortung der ersten Anforderung zugleich auch die zweite Antwort ausgeben (oder sie zumindest vorbereiten). Das würde für den Nutzer von großem Wert sein. Nur eine kleine Anzahl von Aufgaben läßt sich im Rahmen einer einzelnen Disziplin lösen. Das Studium einer beliebigen Frage in irgendeiner wissenschaftlichen Disziplin führt lediglich zu einem bestimmten Gesichtspunkt des Herangehens. Das Verständnis des Wesens der meisten in der Wissenschaft aufgeworfenen Fragen erfordert aber die Zusammenfassung verschiedener Gesichtspunkte. Dabei ist unter dieser Zusammenfassung nicht einfach die Summe der Ergebnisse zu verstehen, die unabhängig voneinander im Rahmen jeder einzelnen Disziplin erbracht wurden; gemeint sind vielmehr die Ergebnisse, die als Synthese der einzelnen Ansichten gewonnen werden. Die verschiedenen wissenschaftlichen Disziplinen müssen nicht nur vor und nach der Lösung von Aufgaben kooperieren, sondern auch im Lösungsprozeß selbst. Nicht zufällig werden in vielen Bereichen wichtige Forschungen von Spezialisten durchgeführt, die ihre Ausbildung in anderen Wissensgebieten erhalten haben. Das Studium der Nutzerinteressen, das auf der Grundlage der Anforderungen erfolgen kann, wird es ermöglichen, jene Breite der Information für die verschiedenen Disziplinen festzustellen, die am häufigsten zu den erwünschten Resultaten führt. Eben auf dieses Ziel ist die Schaffung einer Matrize „Information – Information“ gerichtet.

Bei der Übereinstimmung von Elementen einer dokumentellen Information mit Elementen der Anforderung können analog der dargestellten Methodik Matrizen vom Typ „Terminus – Dokument“, „Dokument – Terminus“ und „Terminus – Terminus“ geschaffen werden. Die Schaffung der genannten Matrizen sowie stabiler Rückkopplungen wird sowohl für den Informationsempfänger (schnellere Beantwortung der Anfrage und erhöhte Qualität der Antworten) als auch für die Informationseinrichtung ökonomischen Nutzen erbringen; in der Informationseinrichtung werden die Bearbeitung der Anfrage und die Recherche der benötigten Information beschleunigt, und die Kosten des Informationsergebnisses werden sich verringern. Dabei wird die Effektivität der Informationsprozesse proportional der Korrektionszeit der Matrizen und dem Umfang der Rückkopplung zunehmen. Das heißt, die in der Anfangszeit relativ geringe Effektivität bei der Anlage von Matrizen wird sich im weiteren bezahlt machen.

Natürlich werden die ökonomische Effektivität von Matrizen und die Erfassung der Nutzerbedürfnisse (bei Berücksichtigung ihrer Charakteristika) auch durch die Größe des Informationsfonds, die Zahl der Nutzer und das Automatisierungsniveau des Informations-Recherche-Systems bestimmt.

Beim Studium der Anforderung des Nutzers nach einer Informationsrecherche zu einem wissenschaftlichen oder technischen Thema ist genau festzustellen, was für ein Resultat der Nutzer zu erhalten wünscht. Oft hat der Nutzer bei der Formulierung der Anforderung von dem für ihn optimalen Ergebnis der Informationsrecherche eine nicht genügend klare Vorstellung. Nach einer gewissen Zeit werden zusätzliche Anforderungen gestellt, oder früher erhobene Forderungen erweisen sich als unwesentlich.

Manchmal kann die Überprüfung eines Teils der Information, die der Nutzer auf Grund seiner Anforderung erhalten hat, ihn zu der Überzeugung gelangen lassen, daß er eine ganz andere Anfrage hätte stellen müssen. Das bedeutet, daß der Kontakt „Informationseinrichtung – Nutzer" während der Informationsrecherche nicht nachlassen darf, denn die Rückkopplungen werden das Resultat der Informationsrecherche, ihren Nutzen für den Anfragenden sehr wesentlich beeinflussen. Die Praxis hat gezeigt, daß der Nutzer während der Ausführung der Informationsrecherche seinerseits Information über andere Kanäle sammelt. Das führt natürlich zur Veränderung einiger Seiten seiner Anfrage und des erwünschten Ergebnisses der Informationsrecherche.

Die Praxis der Informationstätigkeit zeugt davon, daß der Forscher nur einen Teil der erforderlichen Information aus gedruckten Quellen entnimmt. Eine Untersuchung der Informationseinrichtungen des Verteidigungsministeriums der USA, die 1375 Wissenschaftler erfaßte, hat gezeigt, daß ein Spezialist bei der Lösung von wissenschaftlichen und ingenieurtechnischen Aufgaben sich an 10–20 Prozent der notwendigen Angaben erinnert und entsprechend 80–90 Prozent „äußeren" Quellen entnimmt. In mehr als 50 Prozent der Fälle nehmen die Spezialisten zuerst persönliche Kontakte zu Mitarbeitern auf, in weniger als 50 Prozent der Fälle nehmen sie sofort die Leistungen der örtlichen wissenschaftlich-technischen Bibliotheken und Informationseinrichtungen in

Anspruch. 30 Prozent der tatsächlich bei einer Arbeit benutzten Daten erhält der Forscher mündlich, 15 Prozent entnimmt er wissenschaftlich-technischen Berichten. 5 Prozent der tatsächlich benutzten Daten entfallen auf wissenschaftliche Bücher, Lehrbücher und Zeitschriften, 3 Prozent auf Zeichnungen, Spezifikationen, Erprobungsdaten, Kataloge, Zeitungsausschnitte, Fotografien und Leitungsdokumente; nur 1 Prozent der für die Arbeit notwendigen Angaben entstammt Beratungen und Ausstellungen [78].

In einer Arbeit [79] des Jahres 1965 wird gezeigt, wie Chemiker, Physiker und Biologen Großbritanniens Informationsquellen nutzen. Diese Untersuchung erstreckte sich auf etwa 500 Wissenschaftler (Tabelle 5).

Tabelle 5 Die Nutzung von Informationsquellen

Informationsquellen	Benutzung (in Prozent)		
	Chemiker	Physiker	Biologen
Gespräche mit Kollegen	52	69	72
Briefwechsel mit Kollegen	18	32	95
Angaben aus Bezugnahmen	83	79	84
Sachregister und Zusammenfassungen	71	47	61
Information aus der Lektüre der aktuellen Literatur	79	75	78
Personenregister	52	38	58
Bibliothekskartotheken	8	9	12
Empfehlungen eines Bibliothekars oder Dokumentalisten	12	8	3
Fachbibliographien	18	9	23
Interne Publikation	22	7	8
Bücher und Monographien	58	42	41
Nichtveröffentlichte Materialien	17	41	21

Von großer Bedeutung für die Erhöhung der Effektivität der Informationsleistung kann die Aufgliederung der Informationsbedürfnisse der Forscher in den verschiedenen Stadien einer wissenschaftlichen Ausarbeitung sein.

In einem Forschungsinstitut der Akademie der Wissenschaften der Ukrainischen SSR wurde eine Liste der wissenschaftlich-produktiven Etappen aufgestellt und Verzeichnisse der typischen Arbeiten jeder Produktionsabteilung (Forschungslaboratorien, Konstruktionsabteilung, Versuchs-Produktionswerkstätten) in den einzelnen Etappen hergestellt. Die aufgestellten Listen sind für mindestens 80 Prozent der Arbeiten des Instituts charakteristisch. Bei einem genauen Studium der Produktionsetappen und der typischen Arbeiten ergibt sich die reale Möglichkeit, die Tätigkeit der Informationseinrichtung der entsprechenden Institution so zu planen, daß die den Nutzern ausgegebene Information in höchstem Maße der Etappe der jeweiligen Arbeit entspricht.

Die Informationsbereitstellung für die wissenschaftliche Arbeit der Forscher muß natürlich auf der Grundlage eines sorgfältigen Studiums der Informationsbedürfnisse geplant und durchgeführt werden. Gegenwärtig ist die Klassifizierung von Nutzern unter den Wissenschaftlern nicht genügend genau, sind die Unterschiede in den Bedürfnissen der aufgestellten Kategorien noch gänzlich unzulänglich erforscht. Die Schlußfolgerungen der Forscher sind oft widersprechend. Die einen [80, 81] vertreten die Ansicht, daß mit Grundlagenforschungen beauftragte Wissenschaftler in höherem Maße von der wissenschaftlichen Information Gebrauch machen und die wissenschaftliche Literatur lesen. Weniger Information verbrauchten Forscher, die angewandte Forschung betreiben, und noch weniger die Mitarbeiter von Konstruktionsbüros und Projektierungsorganisationen. Andere [82] halten Mitarbeiter der Industrie für besonders aktive Informationsnutzer. Dritte, die sorgfältig die Informationsbedürfnisse der wissenschaftlichen Mitarbeiter, Konstrukteure und Ingenieure des Verteidigungsministeriums der USA erforscht haben [83], kommen zu der Schlußfolgerung, daß zwischen diesen Nutzerkategorien keine sichtbaren Unterschiede in den Informationsbedürfnissen bestehen und daß die bei der Untersuchung gefundenen Gesetzmäßigkeiten generell für alle Mitarbeiter dieses Ministeriums zutreffen. Erfreulich sind die Versuche und gewisse in dieser Richtung erzielte Resultate sowjetischer Forscher [84–87]. Es muß jedoch festgestellt werden, daß diese Autoren die Spezifik der wissenschaftlichen Forschung und die Struktur des Prozesses zur Gewinnung neuen Wissens selbst nicht genügend berücksichtigen.

Die von uns durchgeführten Forschungen gestatten es, zwei Feststellungen zu treffen, die nach unserer Meinung bei der Ausarbeitung von Systemen zur differenzierten Informationsbereitstellung bei den Wissenschaftlern berücksichtigt werden müssen.

Die erste Feststellung ergibt sich aus der Betrachtung des Forschungsprozesses als eines dynamischen Prozesses, der bestimmten Veränderungen unterworfen ist. Tatsächlich ermöglicht es der logische Prozeß der Forschung, der zeitlich gegliedert ist, in der Struktur dieses Prozesses bestimmte Veränderungen festzustellen. So sind der Bestand an Denkoperationen, die Struktur des Operierens mit bekannten Daten und die Korrelation von Denkoperationen und technischen Operationen im

Verlauf der Forschung insgesamt unterschiedlich. Das gibt uns das Recht festzustellen, daß man eine wissenschaftliche Forschung als eine Reihe folgerichtiger Etappen ansehen kann. Ein derartiges Vorgehen findet sich schon bei einigen Forschern [88–91]. Zum Unterschied von den genannten Arbeiten möchten wir in der logischen Struktur der wissenschaftlichen Forschung solche Etappen heraussheben, in denen ein Unterschied im Herangehen, in der Operationsweise und der Informationsverarbeitung deutlich sichtbar wird. Wir möchten bemerken, daß zwischen den von uns hervorgehobenen Etappen keine strenge zeitliche Reihenfolge besteht, jede dieser Etappen jedoch vorhanden sein muß. Betrachten wir nun diese Etappen.

1. Die allgemeine Bekanntschaft mit dem Problem und die Aufgabenstellung. In dieser Etappe stellen die Forscher fest, in welchem Maße das Problem bereits ausgearbeitet ist, klären seine Perspektive und sein Verhältnis zu angrenzenden Problemen. Das Verhältnis zwischen bekannter und unbekannter Information wird grob überschlagen. Arbeitspläne mit ungefähren Fristen werden aufgestellt. Die Lösung der erstrangigen und zweitrangigen Aufgaben wird geplant. Das Verhältnis der Forscher zur Information kann in dieser Etappe mit dem Wort „Kennenlernen" charakterisiert werden.

2. Die Sammlung von wissenschaftlichen Fakten und Daten zum Thema der Ausarbeitung. Diese Etappe wird vor allem durch eine Erhöhung der Aktivität der Forscher bei der Informations-Recherche gekennzeichnet. Eine retrospektive Suche relevanter Information wird angestellt, die erforderliche Tiefe der retrospektiven Recherche zu Beginn der Etappe festgelegt. Eine kennzeichnende Besonderheit der Informationsnutzung in dieser Etappe ist ein unzureichend kritisches Verhalten gegenüber der Information.

3. Die Abstimmung und Wertung der wissenschaftlichen Fakten und Angaben. In dieser Etappe wird der Rahmen der repräsentativen Auswahl von Informationen für die weitere Nutzung festgelegt. Es wird ein kritisches Verhältnis zu den vorher durchgearbeiteten Quellen gewonnen, ebenso ein wertendes Verhältnis zu den Ideen und Hypothesen der Autoren der Information hergestellt. Nach dieser Etappe nimmt der Umfang der genutzten Information rapide ab.

4. Die Aufstellung von Hypothesen und die Auswahl der Arbeitshypothese, Etappe der Interpretation all dessen, was gesammelt wurde. Die Aufstellung von Hypothesen im weiteren Sinne ist für jede beliebige Forschung kennzeichnend. Der Prozeß der Aufstellung von Teilhypothesen erfolgt in jeder Etappe, sogar in der Anfangsetappe der Forschung, in der der allgemeine Plan ausgearbeitet wird, wobei von

bestimmten Annahmen ausgegangen wird (oder von Hypothesen darüber, welche Faktoren [Information] wahrscheinlich eine wichtige Rolle spielen werden und welche fast sicher in keiner Beziehung zur Sache stehen). In der vorliegenden Etappe formiert sich die „wissenschaftliche Dominante" der Forschung. Die Nutzung der Information ist mehr durch die Tiefe der Verarbeitung als durch die Informationsmenge gekennzeichnet. Jedoch erfolgt die Wahl der Arbeitshypothese, wie die Geschichte der Wissenschaften zeigt, oft unter dem Einfluß nichtrelevanter (nicht zum Forschungsthema gehörender) Information. In den technischen Wissenschaften kann man diese Etappe als außerordentlich wichtig einschätzen.

5. Der Beweis der Arbeitshypothese. In theoretischen Forschungen ist dies eine überaus wichtige Etappe. Die Informationstätigkeit ist in dieser Etappe in den verschiedenen Forschungen äußerst verschiedenartig und hängt völlig von der Spezifik der letzteren ab. Manchmal besteht diese Etappe zu 90% aus der Durchführung einer Serie von Experimenten, manchmal dagegen ist sie ganz von theoretischen Berechnungen ausgefüllt. Und es kann in dieser Etappe auch einen Höhepunkt der Aktivität der Informations-Recherche geben, wenn zum Beweis der Hypothese statistische Angaben erforderlich sind, die bekanntlich aus einer gewaltigen Anzahl von Literaturquellen gewonnen werden.

6. Die Formulierung von Schlußfolgerungen und Empfehlungen. In dieser Etappe sind die Forscher gezwungen, Anfang und Ende der Forschung in gewisser Weise zu verbinden. Die als Ergebnis der gesamten Arbeit erhaltenen Schlußfolgerungen werden in ein Verhältnis zu der anfangs übernommenen Forschungsaufgabe gebracht. In dieser Etappe werden außer summierenden Fragen auch solche mit Perspektive- und Prognosecharakter gelöst. Oft ist diese Etappe durch ein originelles Verhältnis zur Information gekennzeichnet – durch die Recherche nach einem Präzedenzfall. Nach Durchsicht der Literatur wird festgestellt, was wer zur entsprechenden Frage gesagt hat.

7. Die Darstellung der Forschungsresultate in Form eines Berichts, einer technischen Dokumentation, eines Modells, eines Wirkungsmusters oder in einer anderen vorher geplanten Form. Erscheint als Forschungsergebnis ein wissenschaftlicher Bericht, so wird dabei Information genutzt, die schon vorher verarbeitet worden ist, meistens Information, die in der persönlichen Sammlung oder in der Abteilung oder dem Laboratorium vorhanden ist. Die Verwendung neuer Information mit Problemcharakter vermeiden die Forscher in der Regel in dieser Etappe (sie stört bei der Abfassung des Berichts).

Wenn man von einer gewissen Schematisierung absieht, die den aufgeführten Etappen eigen ist, so besitzt die wissenschaftliche Forschung eine logische Struktur, die der beschriebenen adäquat ist.

Die zweite Feststellung basiert darauf, daß sich mit der Ablösung einer Etappe durch die andere nicht nur die Quantität der von den Spezialisten benutzten Information ändert, sondern daß sich auch die Anforderungen an die Information von seiten des Nutzers sowie das Ziel der Bearbeitung ändern. Die Forderung an die Information stellt eine Zusammenstellung jener Charakteristika der Information dar, die in ihrer Gesamtheit zum gegebenen Zeitpunkt am vollständigsten dem Wunsch des Nutzers entspricht und zu einem möglichst erfolgreichen Abschluß der laufenden Denkoperationen beiträgt. Die Forderung an die Information spiegelt den Wunsch des Wissenschaftlers wider, sie in der Form zu nutzen, die er im Moment am nötigsten braucht. Zählen wir die wichtigsten und besonders charakteristischen Forderungen auf, die von den Wissenschaftlern während der Durchführung einer wissenschaftlichen Forschung an die Information gestellt werden.

1. Das Bedürfnis nach Überblicksinformation und prognostischer Information zum Thema der Forschung. Diese Forderung ergibt sich besonders dringend ganz am Beginn der Forschungen. Die Überblicksinformation führt den Spezialisten in die der Forschung zugrundeliegenden Fragen ein und gibt ihm eine „Panorama-Sicht" der gestellten Aufgabe im Licht des Gesamtproblems. Die prognostische Information orientiert den Forscher hinsichtlich des Maßstabes und der Wichtigkeit der Frage. Es muß gesagt werden, daß die Spezialisten gegenwärtig weniger Überblicks- und Prognoseinformation benutzen, als eigentlich notwendig wäre. Die Ursache dafür besteht darin, daß in der Wissenschaft ein ständiges Defizit an fachgerechten und zeitgemäßen Überblicken und mehr noch an Prognosen vorliegt. In einigen wissenschaftlichen Richtungen, die intensiv entwickelt werden, gibt es überhaupt keine mehr oder weniger seriösen Übersichten. Das Bedürfnis nach Überblicks- und Prognoseinformation tritt außerdem bei den Forschern in den Schlußetappen der Forschung auf; insbesondere prognostische Information ist in der Etappe der Formulierung von Schlußfolgerungen und Empfehlungen erwünscht. Mit Hilfe von Prognosen könnten die Empfehlungen für einen längeren Zeitraum gegeben werden, wodurch die Nutzungsfrist der Forschung vergrößert werden könnte. Die Überblicksinformation ist besonders während der Niederschrift des wissenschaftlichen Berichts sehr wertvoll; sie ermöglicht es, eng begrenzte Einzelfragen zu beschreiben, ohne das Problem als Ganzes aus den Augen zu verlieren.

2. Das Bedürfnis nach Information im engeren Sinne zu der entsprechenden Forschung. Diese Forderung besteht während des gesamten Verlaufs der Forschung in diesem oder jenem Umfang, sie wird durch wissenschaftliche Periodika und andere Publikationen befriedigt. In der Etappe der Sammlung wissenschaftlicher Fakten und Daten wird Information im engeren Sinne jedoch zur Hauptforderung. Sie wird in dieser Etappe durch die Recherche und Verarbeitung wissenschaftlicher Literatur zum Forschungsthema befriedigt. Die Tiefe der retrospektiven Information schwankt dabei zwischen 3 bis 5 Jahren bei Periodika, 5 bis 8 Jahren bei Monographien, Sammelbänden und nichtperiodischen thematischen Publikationen sowie zwischen 3 und 4 Jahren bei wissenschaftlichen Berichten und anderen nichtpublizierten Materialien.

3. Das Bedürfnis nach Information aus einer breiteren Sicht als der Thematik der jeweiligen Forschung. Das Bedürfnis nach Information aus dem Fachgebiet, aus einem Spezialgebiet sowie über das Gesamtproblem ist in gewisser Hinsicht spezifisch und wird nicht allein von den Erfordernissen der jeweiligen Forschung diktiert, sondern auch von den Erfordernissen der Zeit. Die gewaltige Menge neu erscheinender wissenschaftlicher Ergebnisse führt zu einem schnellen Veralten der früher erworbenen Kenntnisse. Es ist berechnet worden, daß (abgesehen von der Eigenschaft des Gedächtnisses, früher Bekanntes zu vergessen) ein Spezialist jährlich 20–25% seines Fachwissens auswechseln muß, weil dieses Wissen veraltet ist. Die Befriedigung dieses Bedürfnisses nach Neuinformation geschieht aber nicht allein deswegen, um einen moralischen Verschleiß der Kenntnisse des Spezialisten zu verhindern. Der bedeutende Umfang an Forschungen erfordert, daß sich der Fachmann in den Etappen der Anhäufung von Information, der Deutung der Fakten und der Aufstellung von Hypothesen Angaben aus einem weiteren Bereich verschafft. In einigen Fällen bedeutet das die Hinwendung zu angrenzenden wissenschaftlichen Themen, in anderen Fällen die Beschäftigung mit wissenschaftlichen Arbeiten von Problemcharakter bzw. das Eingehen auf fundamentale Fragen des jeweiligen Wissenszweiges.

4. Das Bedürfnis nach Information aus angrenzenden Wissenschaftszweigen ist in hohem Maße von der Spezifik der durchgeführten Forschung abhängig. Nach Meinung vieler großer Wissenschaftler der Gegenwart ist die Wahrscheinlichkeit wichtiger wissenschaftlicher Entdeckungen dort am größten, wo sich verschiedene Wissenschaftszweige kreuzen oder berühren. Der fortschreitende Integrationsprozeß der Wissenschaften bringt in der Gegenwart eine ständig wachsende

Anzahl neuer Gesichtspunkte im Hinblick auf bestehende Anschauungen hervor, und dies führt mehr als alles andere zur Entstehung neuer revolutionärer Ideen und Hypothesen. Gerade jetzt ist festgestellt worden, daß eine gewisse proportionale Abhängigkeit zwischen der wissenschaftlichen Effektivität einzelner Forscher und dem Umfang der Information besteht, die sie aus angrenzenden Wissenschaften in ihre Arbeit einbezogen. Interessant ist, daß gegenwärtig bei der Ausbildung von zukünftigen Forschern und der Bewertung ihrer Qualifikation zwei gegensätzliche Standpunkte zu beobachten sind. Die eine Richtung tritt für eine frühe Spezialisierung ein, die den jungen Wissenschaftler sofort in die Lage versetzen soll, effektiv zu arbeiten. Die andere, entgegengesetzte Richtung tritt für eine allgemeine, breite Ausbildung des zukünftigen Spezialisten während der Studienzeit ein. Diejenigen jungen Wissenschaftler, die eine solche Spezialausbildung in geringerem Maße erhalten haben, sind für die Aufnahme einer Tätigkeit nach Absolvierung der Hochschule nicht weniger vorbereitet; sie können jedoch zwischen verschiedenen Spezialgebieten wählen und, wenn sich mit der Zeit die Notwendigkeit ergibt, von einem Gebiet auf das andere überwechseln.

Bürgerliche Forschungsinstitute geben heute in der Mehrzahl Fachleuten den Vorzug, die über allgemeine Kenntnisse verfügen. Die Leiter dieser Institute vertreten die Ansicht, daß solche Wissenschaftler nach 1 bis 2 Jahren Arbeit auf einem bestimmten Gebiet hinsichtlich ihres Niveaus und ihrer Effektivität engbegrenzte Spezialisten übertreffen werden, die über unzureichende allgemeine Kenntnisse verfügen. Solche Kenntnisse sind später schwer zu erwerben.

Daneben ist noch zu berücksichtigen, daß Spezialisten mit einem weiten Wissensspektrum auch in bedeutend höherem Grade über die Fähigkeit zur wissenschaftlichen Adaption verfügen, das heißt über die Fähigkeit, sich einer neuen Situation und neuen wissenschaftlichen Gesichtspunkten anzupassen. Ein sich leicht anpassendes Kollektiv einer wissenschaftlichen Gruppe (eines Laboratoriums) garantiert zuverlässig eine ununterbrochene fruchtbare Arbeit ebenfalls bei einer Veränderung der Methodik oder des Forschungsthemas. Von besonderer Wichtigkeit sind ein breites Wissensspektrum und eine erhöhte Fähigkeit zur Adaption, wenn der Spezialist an gekoppelten oder integrierten Forschungen mitarbeitet. Im übrigen ist festzustellen, daß das System der Hochschulbildung in der Sowjetunion auf dem Prinzip einer breiten Spezialisierung aufgebaut ist. Zur Zeit werden die Universitäten und Colleges der USA allmählich umorganisiert, wobei man sowjetische Erfahrungen übernimmt.

Akademiemitglied L. A. Arcimovič sagte in einem Vortrag, daß wir unserer Jugend eine Abneigung gegen die enge Spezialisierung anerziehen müssen, weil sie die an der Hochschule erworbene Ausbildung des Wissenschaftlers wertlos macht, den Kreis seiner Interessen einengt und ihn schließlich zu einem qualifizierten Präparator werden läßt, der nicht in der Lage ist, die Tendenzen der Hauptentwicklungsrichtungen der Wissenschaft zu erkennen. Tatsächlich läßt sich nur eine geringe Zahl von Aufgaben invariant im Rahmen einer Disziplin lösen. Um das Wesen der meisten in der Wissenschaft entstehenden Fragen zu verstehen, bedarf es der Vereinigung unterschiedlicher Gesichtspunkte. Ein Beweis dafür ist das Entstehen solcher Wissenschaften wie der Kybernetik, der Bionik, der Ingenieurpsychologie und vieler anderer. Die verschiedenen wissenschaftlichen Disziplinen müssen nicht nur vor und nach der Lösung einer Aufgabe kooperieren, sondern auch im Lösungsprozeß selbst. Einige amerikanische Firmen nehmen in ihren Mitarbeiterstab Vertreter der verschiedensten Spezialgebiete auf: Physiker, Chemiker, Mathematiker und sogar Vertreter der Sozialwissenschaften – Psychologen und Soziologen. Es werden bedeutend mehr fruchtbringende Ideen hervorgebracht, wenn der schöpferische Prozeß selbst kollektiv von Spezialisten verschiedener Wissenszweige gestaltet wird. Mit dieser Methode, die in Amerika „brainstorming" (eine Art „Kettenreaktion" neuer Ideen) genannt wird, kann eine Gruppe verschiedener Fachleute in kurzer Zeit Dutzende interessanter Vorschläge entwickeln, die nicht entstehen könnten, wenn die Fachleute einzeln arbeiteten.

Italienische Wissenschaftler, die die Wichtigkeit von Kenntnissen auf verschiedenen Gebieten betonen, weisen darauf hin, daß in der schöpferischen Tätigkeit die schon lange bekannte Erscheinung der „kreuzweisen Befruchtung" eine große Rolle spielt. Diese Erscheinung kann man als eine „Kreuzung" der Kenntnisse und Ideen aus verschiedenen Gebieten beschreiben, die mit dem Ziel erfolgt, das Entstehen neuer Ideen zu stimulieren, also die schöpferische Tätigkeit zu aktivieren.

Immer mehr Forscher, die früher für eine Vertiefung der Spezialisierung der Wissenschaftler eintraten, halten es heute für erforderlich, Maßnahmen zur „Rettung aus den eisernen Klauen der Spezialisierung" zu treffen.

Die Benutzung von Information aus angrenzenden Wissenschaftsdisziplinen durch die Forscher wird einerseits durch die Forschung selbst diktiert und ist andererseits eine Forderung der Zeit. Am deutlichsten tritt die Notwendigkeit derartiger Information in den Etappen 3, 4 und 5 der wissenschaftlichen Forschung zutage (vgl. S. 121, 122).

5. Das Bedürfnis nach Information, die aus Spezialkenntnissen (für die jeweilige Forschung spezifischen Kenntnissen) besteht, trifft zur Zeit des Beweises der Arbeitshypothese und der Applikation der Theorie auf den Gegenstand der Forschung auf. Hier ist auf die verstärkte Forderung eines „realen Zeitmaßstabes" für die Information dieses Typs hinzuweisen.

Nichts bremst und „unterkühlt" eine Forschung mehr als das Fehlen oder die verzögerte Vermittlung dringend benötigter Information.

Die diese Forderung befriedigende Information besteht in der Regel aus einer dem Umfang nach geringen Mengen von Ziffern, Angaben oder Fakten, manchmal überhaupt nur aus einer Ziffer; aber die Suche dieser Information ist oft mit ungeheuren Schwierigkeiten verbunden.

6. Das Bedürfnis nach bibliographischer Information. Dieses ist besonders am Beginn der Etappe der Sammlung relevanter Information sehr groß, das heißt, ein extremes Bedürfnis nach dieser Information ist am Ende des Sich-vertraut-machens mit dem Problem zu beobachten. Die Dringlichkeit des Bedürfnisses hängt von der Streuung der wissenschaftlichen Literatur zum Forschungsthema in den Informationsfonds ab. Manchmal ergibt sich das Bedürfnis nach bibliographischer Information noch während der Niederschrift des Berichts.

7. Das Bedürfnis nach Information unter institutionellen Aspekten. Zur Information dieses Typs gehört eine Vielzahl von Angaben folgenden Charakters: Wer, außer der gegebenen Gruppe, befaßt sich noch mit Forschungen ähnlicher Thematik? Seit wann werden in angrenzenden Gruppen, die ähnliche Ausarbeitungen vornehmen, Forschungen durchgeführt? Wie sind die angrenzenden Gruppen im Hinblick auf die Qualifikation der Forscher zusammengesetzt? Forscher aus welchen Spezialgebieten arbeiten an naheliegenden Problemen? Zu welchen Ergebnissen sind die Forscher in diesen Gruppen gelangt, welche Pläne haben sie?

So interessiert ein Forschungslaboratorium in Zusammenhang mit der endgültigen Formulierung der Forschungsaufgabe zum Beispiel, ob die geplante Arbeit unter den Bedingungen des Laboratoriums möglich ist, ob die vorhandene Ausrüstung genügt, wieviel Zeit die geplante Ausarbeitung etwa in Anspruch nehmen und wieviel sie kosten wird.

Bei der Informations-Recherche zu dieser Frage konnte festgestellt werden, daß in keinem der gefundenen Informationsdokumente die Rede davon war, wie hoch die Entwicklungskosten waren, mit welcher Ausrüstung die Entwicklung erfolgte und wieviel Zeit sie in Anspruch nahm. Das bedeutet aber nicht, daß diese benötigten Daten überhaupt nicht zu beschaffen wären. Bei einer entsprechenden Analyse der vorhandenen Materialien könnte diese Aufgabe gelöst werden. So befindet sich in den recherchierten Materialien ein Patent auf das interessierende Objekt, und vom Datum der Patentanmeldung ausgehend, kann man auf Grund der Patentierungspraxis der entsprechenden Institution darauf schließen, wann das Interesse an dem bearbeiteten Problem entstanden ist. Unter den recherchierten Materialien befinden sich Publikationen über die Laborerprobung des Versuchsmusters, Reklameartikel und schließlich Prospekte über das fertige Produkt. Ein Vergleich dieser Materialien ergibt eine Vorstellung über die Dauer der Laboratoriumsphase und der Einführung in die industrielle Produktion. Fast immer fließt in die Materialien zur Thematik auch Information anderer Art mit ein. Einzelne Parameter und Forderungen an die Laborausrüstung werden mitgeteilt, die Anzahl der mit ihr vorgenommenen Messungen, die bei der Forschung benutzten Materialien usw. Der Vergleich dieser und ähnlicher Angaben macht es möglich, die Konstruktion zu präzisieren, und, wenn notwendig, zu rekonstruieren, den Materialbedarf, den Bedarf an finanziellen Mitteln, die Anzahl und die Qualifikation der Spezialisten usw. ungefähr zu bestimmen.

Bei der Gewinnung solcher Information aus dokumentellen Quellen[6] haben wir es mit Aufgaben zu tun, für deren Lösung zwar Information existiert, jedoch in unvollständiger Form. Mit derartigen Aufgaben haben es die Forscher ziemlich oft zu tun. Wenn diese Aufgaben Informationseinrichtungen übertragen werden, die dem Forscher zuarbeiten, müssen die Informationsspezialisten die Bedürfnisse des Nutzers genau kennen.

Am ausgeprägtesten tritt das sogenannte Bedürfnis in der ersten Etappe der Forschung – bei der Bekanntmachung mit dem Problem – sowie in den Schlußetappen, bei der Formulierung der Schlußfolgerungen und Empfehlungen und der Abfassung des Berichts, in Erscheinung.

Die von uns angeführten Einteilungen der wissenschaftlichen Forschung in Etappen und Informationsbedürfnisse sind für die Informationseinrichtungen von Forschungsinstituten wesentliche Vorgaben. Es ist allerdings der Vorbehalt zu machen, daß in der Praxis sich

[6] Derartige Information, besonders wenn sie inländische wissenschaftliche Arbeit betrifft, kann zuverlässiger und oft mit geringerem Zeitaufwand durch persönlichen Austausch, Briefwechsel, Dienstreisen und dergleichen als aus dokumentellen Quellen beschafft werden.

erstens eine Etappe von der anderen nicht deutlich abgrenzen läßt, die Übergangsperiode jedenfalls nicht immer fixiert werden kann, und zweitens, daß sich die Etappen nicht immer in eine zeitliche Reihenfolge einordnen lassen. Jede Forschung ist nach Inhalt und Form besonders geartet. Eine wissenschaftliche Forschung entwickelt sich, wie der amerikanische Gelehrte Conant feststellte, nie glatt [92]. Die Ursache dafür und das Unglück der meisten Forscher besteht in ihrer Unfähigkeit, die Arbeit zu planen. Es ist festzustellen, daß es in vielen Forschungen unmöglich ist, solche Etappen wie die Aufstellung von Hypothesen und ihren Beweis zu planen. Unter den bürgerlichen Wissenschaftlern erfreut sich deswegen die folgende aus dem Englischen stammende ironische Feststellung großer Popularität: „Man kann eine Arbeit, die auf ein Jahr berechnet ist, unter Umständen in 9 Monaten schaffen. Nie aber in 12 Monaten." Die Richtigkeit dieser Aussage belegen die Wissenschaftler mit dem sogenannten Gesetz von Murphy: „Wenn in einer wissenschaftlichen Forschung etwas danebengehen kann, dann geschieht es auch." Der Forscher muß seine Arbeit so planen, daß er sie zur vorgesehenen Frist abschließen kann, und er muß dabei eine gewisse Zeit für unvorhersehbare Verzögerungen einplanen. Der häufigste Fehler besteht darin, daß für eine bestimmte Zeit mehr Arbeit geplant wird, als wirklich zu schaffen ist. Dabei ergeben sich meist bedeutend mehr unvorhersehbare Umstände, als angenommen wurden. Im Ergebnis führen diese Fehler zum sogenannten logarithmischen Effekt. Nehmen wir an, daß eine Arbeit aus neun Teilen besteht, von denen jeder etwa den gleichen Zeitaufwand erfordert. Tatsächlich aber ergibt sich, daß die Ausführung der ersten Teile der Arbeit mehr Zeit erfordert und für die folgenden Teile also weniger Zeit übrig bleibt. Wenn man den Verlauf der Ausführung einer solchen Aufgabe in der Zeit graphisch darstellt, so ergibt sich eine Darstellung, die an eine logarithmische Kurve erinnert.

In der Praxis wird der „logarithmische Effekt" durch eine intensivere Arbeit in der zweiten Hälfte der Forschung kompensiert, und gegen Ende der Forschung verstärkt sich die Arbeitsintensität noch mehr. Wenn der Forscher zu Beginn der Arbeit einem wissenschaftlichen Thema der unmittelbaren Thematik täglich 4 bis 6 Stunden widmet, erreicht dieser Zeitaufwand in der Endphase der Forschung, in der Periode der Beendigung der Experimente oder der Niederschrift des Berichts, nicht selten einen Umfang von 10 bis 14 Stunden. Aber selbst eine solche erhöhte Arbeitsintensität führt nicht dazu, daß die Nutzung der Information den erforderlichen und geplanten Umfang erreicht.

Damit die eine Forschungsgruppe betreuende Informationseinrichtung hinreichend genau über die Form der Informationsbedürfnisse der Forscher unterrichtet ist, muß die Rückkopplung „Forscher – Informationseinrichtung" vom Anfang bis zum Abschluß der Forschung voll funktionsfähig gemacht und ständig vervollkommnet werden.

Um die Informationsbedürfnisse der Forscher praktisch berücksichtigen zu können, ist ein ständiger unmittelbarer Kontakt zwischen den Mitarbeitern der Informationseinrichtung und den Forschern während der gesamten Arbeit erforderlich. In dieser Hinsicht ist es außerordentlich vielversprechend, einen Informationsmitarbeiter in das Forscherkollektiv aufzunehmen. Die Praxis zeigt, daß die Teilnahme eines Informationsmitarbeiters an der Forschungsarbeit die direkten Aufwendungen für die Durchführung der Arbeit nicht erhöht, sondern die Verkürzung der Forschungsfristen und die Erhöhung des wissenschaftlichen Niveaus sehr positiv beeinflussen kann.

Das Vorhandensein eines Informationsmitarbeiters im Wissenschaftlerkollektiv hat auch noch eine andere positive Seite. Dieser Mitarbeiter kann bei der Darstellung der Ergebnisse der Arbeit in Form eines Berichts oder einer Publikation wertvolle Hilfe geben. In seinem Zeitungsartikel „Brauchen wir Wissenschaftsschulen?" [93] schrieb Akademiemitglied A. N. Kolmogorov: „Bei der üblichen ‚Resonanz', die im Verlauf der gemeinsamen Arbeit entsteht, kann man die Idee des Beweises einer neuen Tatsache mit wenigen Worten mitteilen; eine vollständige Darlegung dieses Beweises für kompetente, an der gemeinsamen Arbeit aber nicht teilnehmende Fachleute nimmt dagegen manchmal einige Stunden in Anspruch. Es kommt auch vor, daß Ideen, die den unmittelbaren Teilnehmern an der Arbeit völlig klar sind, nur unter so großen Schwierigkeiten objektiv darzustellen sind, daß die Ausarbeitung der Darstellungsverfahren Wochen und Monate erfordert." Eine Befreiung der schöpferischen Mitarbeiter von den zweitrangigen Etappen der Forschung wird diesen zusätzlich Zeit geben und die Produktivität ihrer Arbeit erhöhen.

Daß die Rolle der Arbeit von Informationseinrichtungen zunimmt, bedeutet jedoch nicht, daß der Fachmann in immer wachsendem Maße auf die selbständige Arbeit mit der Spezialliteratur verzichten kann. Die durchgeführten Forschungen zeigten, daß zwischen der Produktivität der wissenschaftlichen Arbeit und der Lektüre von Spezialliteratur eine bestimmte Abhängigkeit existiert. Es ist zu betonen, daß die am produktivsten arbeitenden Wissenschaftler, obwohl sie die Leistungen der Informationseinrichtungen in Anspruch nehmen, sich an der

Suche nach wissenschaftlicher Information auch selbst beteiligen. Nicht selten geschieht es, daß diese oder jene Informationsmittel von den Forschern nicht vollständig genutzt werden und daß an diese Mittel Forderungen gestellt werden, die mit den realen Möglichkeiten nicht in Einklang stehen. Viele schöpferisch Tätige haben von den Informationsmitteln unzulängliche Vorstellungen und sind mit den bestehenden Systemen der bibliothekarisch-bibliographischen Klassifikation und der analytisch-synthetischen Bearbeitung von Dokumenten in den Informationsmitteln ungenügend vertraut. Um die Ergebnisse der eigenen Informationssuche zu verbessern, ist die Verbreitung von Kenntnissen über die Informations- und Dokumentationsarbeit dringend erforderlich. Die Popularisierung solcher Nutzerkenntnisse bildet eine wichtige, heute noch unzureichend beachtete Seite der Tätigkeit der Informationseinrichtungen.

Kapitel V

Die informationelle Aufbereitung wissenschaftlicher Forschungsergebnisse

Das Hauptmittel zur Weitergabe wissenschaftlicher und technischer Information bilden die literarischen Informationsquellen, die in verschiedenen Formen Ergebnisse wissenschaftlicher Forschungen und technischer Ausarbeitungen fixieren. Das sind Bücher, Zeitschriftenartikel, wissenschaftliche Berichte u. a. m. Damit die Informationsquellen ihrer Hauptfunktion, als Mittel zur Weitergabe wissenschaftlich-technischer Kenntnisse zu dienen, auf die beste Weise gerecht werden können, ist es notwendig, wissenschaftliche Prinzipien für die Anfertigung der verschiedenen Arten von Informationsquellen auszuarbeiten. Solche Prinzipien können nur auf der Grundlage eines tiefgehenden Studiums der Psychologie des wissenschaftlichen Denkens der Forscher sowie der Besonderheiten der Wahrnehmung und Aneignung der schriftlichen Information durch die Forscher aufgestellt werden.

Um die Wirklichkeit adäquat widerspiegeln und am Erkenntnisprozeß teilnehmen zu können, muß sich der Mensch in einem bestimmten Maß jene Kenntnisse aneignen, die im Verlauf der historischen Entwicklung des Wissens angehäuft worden sind.

Der Umfang des Wissens, das der Forscher für eine erfolgreiche Arbeit braucht, nimmt unablässig zu. Das Verhältnis zwischen den auf der Hochschule erhaltenen Kenntnissen und denen, die ein Wissenschaftler oder Ingenieur für seine laufende Tätigkeit braucht, wird immer ungünstiger im Sinne der Schulkenntnisse. Die Fachleute sind nicht mehr in der Lage, die gesamte Information zu verarbeiten, die notwendig ist, um ein hohes Niveau bei der Ausführung der wissenschaftlich-technischen Forschungsarbeiten zu gewährleisten.

Infolge zunehmenden Umfangs des Wissens und der Erhöhung der Anforderungen an die Studierenden wächst die Studiendauer an den Hochschulen. Soziale und ökonomische Faktoren erfordern eine Umstrukturierung des Bildungssystems mit dem Ziel: 1. die notwendige Ausbildungszeit zu verkürzen, 2. die Effektivität der Ausbildung zu erhöhen, das heißt, den Lernenden in weniger Zeit mehr Kenntnisse zu vermitteln, 3. das Ausbildungsprogramm den Bedürfnissen der Gesellschaft anzupassen, das heißt, den Studierenden bestimmte Komplexe von Erkenntnissen in dem Umfang zu vermitteln, der den Erfordernissen der nachfolgenden Tätigkeit in möglichst weitgehendem Maße entspricht, und 4. das Zahlenverhältnis von Lehrern und Absolventen der Studieneinrichtungen vom Gesichtspunkt der Ökonomie her zu verbessern.

Die gleichen sozialen und ökonomischen Faktoren erfordern eine Veränderung der bestehenden Informationssysteme sowie der Formen und Methoden der Informationsvermittlung mit dem Ziel:

1. die Wahrnehmungszeit der benötigten Information durch die Wissenschaftler zu verkürzen,
2. die Zeit zu verkürzen, die der Forscher für die Suche der benötigten Information aufwendet, und
3. die Wahrnehmung von Information durch den Wissenschaftler zu verbessern.

Das Gesamtergebnis der notwendigen Forschungen auf diesem Gebiet muß sichern, daß der Wissenschaftler die angeforderte Information in kürzerer Zeit verarbeiten kann und daß als Folge davon eine Erhöhung des wissenschaftlichen Niveaus der durchgeführten Forschungen oder technischen Ausarbeitungen eintritt.

Die Lösung dieser Aufgaben setzt voraus, daß die Wahrnehmung und Verarbeitung von Information durch den Menschen bei den vielfältigen Arten der Erkenntnistätigkeit und der wissenschaftlichen Arbeit einem sorgfältigen Studium unterzogen werden.

Die Erforschung der Wahrnehmung und Verarbeitung von Information durch den Menschen sollte unter drei Aspekten erfolgen. Erstens: Wie werden die in einer Informationsquelle fixierten Elemente von Zeichensystemen durch den Menschen wahrgenommen? Zweitens: Wie geben die Zeichensysteme den Inhalt der Information weiter? Drittens: Wie entnimmt der Mensch den in der Informationsquelle fixierten Zeichen den Inhalt der Information?

In der Erkenntnistheorie wird die durch irgendein Zeichensystem fixierte Information als Erregung oder Signal aufgefaßt, das von bestimmten Rezeptoren des Organismus wahrgenommen wird. Der Begriff „Signal" bezeichnet erstens einen äußeren Gegenstand oder eine Erscheinung, die auf das Nervensystem des menschlichen Organismus einwirkt, und zweitens die Reflexion des Gegenstandes (der Erscheinung) — also des Erregers — im menschlichen Gehirn. I. P. Pavlov schrieb: „Wenn unsere Empfindungen und Vorstellungen, die sich auf die Außenwelt beziehen, für uns die ersten und dabei konkreten Signale der Wirklichkeit sind, so bildet die Sprache, und in erster Linie speziell die kinästhetischen Reize, die von den Sprachorganen der Hirnrinde übermittelt werden, eine zweite Ordnung von Signalen, die Signale der Signale" [94]. Ein Gegenstand oder eine Erscheinung kann nicht zum Signal werden, ohne vorher im menschlichen Gehirn reflektiert worden zu sein. Aber nicht jede Reflektion bildet ein Signal. Um ein Signal zu werden, muß sie entsprechend dem Pavlovschen bedingten Reflex mit der Wirkung einer anderen Erregung auf den menschlichen Organismus verbunden sein, folglich also auch mit der Reflexion dieser zweiten Erregung im Großhirn. Nur unter dieser Bedingung wird ein Gegenstand oder eine Erscheinung, die eine erste Reflexion ergibt, zum Signal mit einer bestimmten Bedeutung.

Ein Signalreflex kündigt immer etwas an, besitzt immer irgendeine Bedeutung. Der Inhalt dieser Bedeutung stellt für den Menschen semantische (sinntragende) Information dar. Ohne die Bildung bedingter Reflexe kann es keine Signalerregung geben. Darum wird die Information in Verbindung mit der Bildung bedingter Reflexe und der ihnen eigenen Signalreflexe wahrgenommen.

Aus dem Dargelegten wird klar, daß Information in der Bedeutung von Signalen die feste Verbindung zweier komplizierter nervlicher Prozesse darstellt, von denen einer die Reflexion des bedingten Erregersignals verwirklicht und der andere die Reflexion der Erregung, die signalisiert wird. Die Spezifik dieser Verbindung besteht in ihrer strengen Determiniertheit, ihrer exakten Selektion. Auf Grund einer solchen Verbindung geschieht es, daß Erregungsprozesse und andere Prozesse, die durch ein äußeres Signal ausgelöst werden, im Organismus bestimmte Prozesse hervorrufen, die die Tätigkeit irgendeines Organs oder eine Denkoperation stimulieren. Zugleich tritt diese gesamte Dynamik in Form einer Verbindung inhaltlich determinierter Reflexe in Erscheinung. Da der Information mindestens die Verbindung zweier Prozesse zugrunde liegt, wird offensichtlich, daß die strenge Determiniertheit den dynamischen Charakter dieser Verbindung als sich gegenseitig stimulierende Prozesse nicht ausschließt.

Beim Studium des Informationsaustausches zwischen den Menschen ergibt sich die interessante Frage, welche Informationsmenge der Mensch aus dem gesamten ihn umgebenden Informationsmilieu aufzunehmen vermag.

Das wichtigste Charakteristikum eines beliebigen Nachrichtenkanals ist seine Kapazität, d. h. die maximale Übermittlungsgeschwindigkeit von Information durch den Kanal. Im Vergleich zu dem in seiner physischen Umgebung verlaufenden Informationsstrom ist die maximale Kapazität des menschlichen Kommunikationssystems relativ gering und beträgt nur einige Dutzend bit in der Sekunde. Wenn die Information mit einer Geschwindigkeit eintrifft, die die „Durchlaßfähigkeit" des Menschen überschreitet, treten Wahrnehmungsstörungen auf, d. h., die Information wird nur zum Teil oder überhaupt nicht wahrgenommen. Solche Fälle treten zum Beispiel bei der Wahrnehmung von Information durch das Lesen eines Textes auf, wenn dieses Lesen unter Zeitdruck erfolgt und die Möglichkeit fehlt, zu einem nicht vollständig begriffenen Gedanken des Autors der Information zurückzukehren.

Die Forschung zeigt, daß der Mensch bei einer Überlastung des Informationskanals verschiedene Mittel anwendet, um die Wahrnehmung zu regulieren und einen Zusammenbruch des Kommunikationsprozesses zu vermeiden.

Je nach der Fähigkeit des Menschen und der Art und Form der eintreffenden Information können die möglichen Regulierungsverfahren bei Überlastung auf die im folgenden aufgezählten zurückgeführt werden:

1. Die Wahrnehmung mit teilweiser Auslassung der eintreffenden Information. Zum Beispiel wird beim Anhören eines Vortrags dieser von der Mehrzahl der Zuhörer nicht vollständig aufgenommen, gewisse Worte, Phrasen und Gedanken werden ausgelassen. Die große Redundanz der mündlichen Rede trägt jedoch dazu bei, daß selbst bei solchen Auslassungen die Grundidee des Vortrags voll erfaßt werden kann. Wird dagegen versucht, während des Anhörens des Vortrags noch irgendeinen Text zu lesen oder sich mit dem Nachbarn zu unterhalten, so werden die Auslassungen bei der Wahrnehmung des Vortrags spürbarer, denn die erhöhte Belastung des Kommunikationskanals kann seine Durchlaßfähigkeit überschreiten.

2. Die fehlerhafte Wahrnehmung irgendwelcher Teile der eintreffenden Information. So können irgendwelche Teile der Information beim schnellen Lesen oder Zuhören (wenn versucht wird, keine Auslassungen zuzulassen oder umgekehrt, wenn irgendein wesentlicher Teil der Information ausgelassen wurde) falsch verstanden, nur teilweise verstanden oder durch den Wahrnehmenden selbst falsch ergänzt oder gedeutet werden. Die fehlerhafte Wahrnehmung ist in der Mehrzahl der Fälle die Folge einer Besonderheit des menschlichen Denkens, der Trägheit des intellektuellen Stereotyps. Diese besteht darin, daß der Mensch die wahrgenommene Information entsprechend den ihm eigenen Stereotypen mit Kenntnissen verbindet, die er schon vorher hatte. Bei jedem Menschen

bilden sich im Prozeß der Tätigkeit individuelle, für ihn besonders übliche und leichte Wege zur Verbindung von Kenntnissen heraus. Wenn nun zum Beispiel die Anfangsteile eines Vortrages oder eines Textes bekannt erscheinen, so erfolgt infolgedessen die Wahrnehmung der weiteren Teile mit verminderter Aufmerksamkeit. Das ist ganz natürlich für den physiologischen Informationskanal, der nach einer kurzfristigen maximalen Belastung eine periodische Abschwächung (Erholung) verlangt. Bei verminderter Aufmerksamkeit kann es geschehen, daß eine Mitteilung oder eine Gruppe von Mitteilungen ausgelassen wird, wodurch es unmöglich wird, eine Verbindung zu der Information, die aufgenommen wurde, entsprechend dem vorher gewählten stereotypen Weg herzustellen. In einem derartigen Fall kommt es natürlich zu einer fehlerhaften Wahrnehmung der folgenden Information. Zu Fehlern bei der Wahrnehmung von Information kann es auch aus anderen Gründen kommen, zum Beispiel durch eine ungenügende Vorbereitung des Wahrnehmenden auf die Information, durch Unaufmerksamkeit, durch teilweise Aufnahme von Information über andere Kanäle usw.

3. Die Wahrnehmung der Information erfolgt in nicht chronologischer Reihenfolge. Beim Lesen eines Textes oder Anhören der Rede eines Vortragenden unter Zeitdruck kann eine Situation entstehen, in der der Umfang der eintreffenden Information die Durchlaßfähigkeit der Kommunikationskanäle des Lesenden oder des Zuhörers überschreitet. In einer solchen Situation kann die Wahrnehmung gewisser Teile der Information für eine bestimmte Zeit zurückgestellt werden. So kann man beim Lesen noch einmal oder mehrere Male auf den gleichen Text zurückkommen und beim Anhören einer Rede später die Vortragsteilnehmer nach der ausgelassenen Information befragen oder mit dem Vortragenden sprechen.

Die nichtchronologische Reihenfolge bei der Informationswahrnehmung kann auch die Folge davon sein, daß beim Wahrnehmenden ein bestimmtes Schema der Priorität von Nachrichten besteht, die für ihn von unterschiedlicher Bedeutung sind.

4. Die Filtrierung der Information bei der Wahrnehmung. Sie besteht in einer auswählenden Wahrnehmung der Information entsprechend früher formulierten Bedürfnissen oder einem vorher gewählten Prioritätsschema. Von der nichtchronologischen Reihenfolge bei der Informationswahrnehmung unterscheidet sich die Filtrierung dadurch, daß der Wahrnehmende sich nicht die Aufgabe stellt, die ausgelassene Information später aufzunehmen.

5. Die annähernde Wahrnehmung der Information. Um sich in groben Zügen mit dem Inhalt der Information vertraut zu machen,

braucht der Mensch nur die Grundidee der entsprechenden Information aufzunehmen und kann von den Einzelheiten abstrahieren (Argumente, Beispiele, Beweissysteme, Abschweifungen usw.). Eine derartige Wahrnehmung der Information findet auch dann statt, wenn das Darstellungsniveau und einzelne Seiten des Vortrags oder des Textes dem Wahrnehmenden wesentliche Schwierigkeiten bereiten.

6. Die Vermeidung der Information. Das ist das vollständige Zurückweisen von Information, die über den betreffenden Informationskanal ankommt. Im Falle des Lesens eines Textes bedeutet das die Einstellung des Lesens und die Benutzung eines anderen Informationskanals, zum Beispiel im Falle des Anhörens einer Rede die Umschaltung der gesamten Aufmerksamkeit auf das Gespräch mit dem Nachbarn oder das Lesen eines Textes.

Die beschriebenen Methoden, die die Informationskanäle vor Überlastung schützen, werden von den Menschen überall angewandt und nach außen als Belastungsmoment sichtbar. So ist in der gegenwärtigen Etappe der Wissenschaftsentwicklung der einzelne Spezialist nicht imstande, die gesamte in seinem Fachgebiet publizierte Information aufzunehmen. Er nimmt sie selektiv auf, indem er sie nach bestimmten Merkmalen filtert, und vermeidet dabei die Aufnahme einer gewaltigen Menge von Information, die für ihn ohne großes Interesse ist. Wenn der Forscher Erkenntnisse verarbeitet, zum Beispiel einen Text oder eine Monographie liest, so läßt er aus, was ihm der Aufmerksamkeit nicht wert erscheint, oder stellt die Bearbeitung einzelner Kapitel oder Teile für später zurück (nichtchronologische Reihenfolge). Bei dem Vertrautmachen mit einer großen Menge von Informationsmaterial nimmt der Forscher einen Teil davon nur oberflächlich auf und läßt aus, was ihm unwesentlich erscheint.

Die wissenschaftliche Information wird meistens in Sätzen dieser oder jener Sprache fixiert, die als Drucktext in der Quelle erscheinen. Auf der Grundlage der Sprache, im Prozeß ihrer Entwicklung in einem Wissenschaftszeig oder in interdisziplinären Verbindungen werden zusätzliche Mittel wie Formeln, Schemata, Graphiken und andere Hilfmittel benutzt, die in die Sprache der Wissenschaft und Technik einbezogen werden. Dabei wird angenommen, daß der Mensch, der Information aufnimmt, über die Fertigkeiten verfügt, verschiedene solcher Formeln, Graphiken, Schemata und Hilfmittel zu benutzen und sie in Sätzen einer natürlichen Sprache zu „lesen".

Inwieweit ein Text seinen möglichen Übersetzungen entspricht, ist schwer zu entscheiden. Anders ausgedrückt: Dem Text T in der Sprache S entspricht eine Vielzahl von Texten T_1 in der Sprache S_1. Aus diesem Satz kann man die Schlußfolgerung ziehen, daß dem denkbaren Text des Autors einer Information eine Vielzahl von Texten entsprechen kann, die in schriftlicher oder mündlicher Form fixiert werden.

Der gedankliche Inhalt einer Information ist immer bedeutend reicher als ihre Wiedergabe durch den wörtlichen Text. In der Mehrzahl der Fälle verhält sich der durch sprachliche Mittel weitergegebene Sinn zum vollen Gedankengehalt des Textes wie ein Telegramm zu einem ausführlichen Brief.

Bei der Übertragung eines gedanklichen Textes in einen mündlichen und mehr noch in einen schriftlichen Text entsteht ein großer Verlust, weniger an Inhalt selbst (am Wesen der Nachricht) als vielmehr an Beziehungen der gegebenen Information zu weiteren Problemen. Durch solche Beziehungen eröffnet sich dem Autor die wertmäßige Einschätzung der jeweiligen Information. Bei der Übertragung in einen wörtlichen Text geht in höchstem Maß das verloren, was durch den formalen Apparat der Informationstheorie nicht ausgedrückt werden kann. Manchmal sind das die Überzeugung des Autors von der Richtigkeit des aufgestellten Satzes, die Überzeugungskraft der Argumente, die Anschaulichkeit, manchmal die emotionale Wechselwirkung von Gegenstand oder Erscheinung, die in der Information untersucht werden, mit den Interessen des Autors. Es ist offensichtlich, daß die Weitergabe dieses schwer zu definierenden Teils der Information eine emotionale Färbung der schriftlichen Wiedergabe erfordert (die möglicherweise deshalb auch eintritt).

Es ist bemerkenswert, daß sogar dann, wenn eine Tatsacheninformation weitergegeben wird, zum Beispiel ein assertorisches Urteil vom Typ „Die Tür ist offen", beim Sprecher, der den gedanklichen Inhalt einer Information dieses Typs analysiert, fast immer noch andere, diesen Gedanken begleitende Gedanken auftreten, und sei es in „unbewußter" Form. Zum Beispiel: „Die Tür ist weit geöffnet", „Sie wurde vor kurzem geöffnet", „Die Tür wurde mit Mühe geöffnet", „Die Tür wurde für kurze Zeit geöffnet", „Daß diese Tür offen ist, ist ein außerordentliches Ereignis", „Die Tür ist infolge gewisser Umstände offen", „Wenn die Tür offen ist, so folgt darauf mit großer Wahrscheinlichkeit diese oder jene Tatsache "usw. Wenn nun der Autor alle genannten Verbindungen zu der zuerst erwähnten Information „Die Tür ist offen" textlich ausdrücken würde, so entstünden bei einem wörtlichen Ausdruck dieser Verbindungen wieder neue Verbindungen. Der gedankliche Text übertrifft immer den verbalen und mehr noch den schriftlichen Text. Mit anderen Worten, die Zahl der Verbindungen im gedanklichen Text wird immer größer sein, als man im verbalen Text auszudrücken vermag.

Außerdem setzt der Autor der Information bei der Formulierung seines Gedankens diese Information immer in Beziehung zu einer bestimmten Gesamtheit von Fakten (Informationen) aus der bereits vorhandenen Erfahrung. Dadurch erhält diese Information für den Autor eine emotional wertbestimmende Färbung, die mündlich oft nicht in ihrer ganzen Vielfalt, in all ihren Nuancen der emotional-wertmäßigen Beziehungen der Information zu den zurückliegenden Erfahrungen des Autors dargestellt werden kann. Das trifft in größerem Maß noch auf einen schriftlichen Text zu, denn beim mündlichen Ausdruck können die emotionale Intonation der Rede und die Gesten des Sprechers das Verhältnis des Autors zum Inhalt der Information vermitteln.

Der Sinngehalt irgendeines Wortes oder Begriffes wird durch den Menschen über eine Reihe elementarer Denkoperationen oder mit Hilfe eines Algorithmus zur Umwandlung des Wortes in Bedeutung wahrgenommen und verstanden. M. V. Popovič, der einen Ausdruck vom Typ „Der Apfel ist grün" im System der Sprachmittel S_0 eines Alphabets A analysiert, schreibt: „Wenn das Prädikat ‚grün' zum System gehört, so stellt seine Zuordnung zu unserem Apfel, kurz gesagt, eine Mitteilung dar, die einige Schlußfolgerungen erfordert, z. B. die Schlußfolgerung, daß der Apfel ungenießbar ist. Mit anderen Worten, das Prädikat ‚grün' formuliert eine bestimmte Aufgabe, und zwar: einen neuen Ausdruck in unserer Sprache zu finden (ein bestimmtes Wort im Alphabet A zu formen), in diesem Beispiel – Der Apfel ist ungenießbar . . . Tatsächlich bedeutet es im allgemeinen, wenn wir den Sinn eines solchen Merkmals wie ‚Der grüne Apfel' erfassen, daß wir auch die Schlußfolgerung seiner Ungenießbarkeit ziehen können. Wenn wir einfach konstatieren, daß der Apfel grün ist, und nicht verstehen, daß man ihn nicht essen kann, so bedeutet das, daß wir den Sinn von ‚grün' nicht verstehen, d. h., es ist für uns kein Merkmal von etwas, teilt uns nichts mit (trägt keine Information)" [43, S. 105–106].

Wenn man die Ausführungen von M. V. Popovič interpretiert, kann man sagen, daß nur die Nachricht Information trägt, die mit früher bekannter Information verbunden werden kann. Der Begriff des Sinnes irgendeiner Information oder irgendeines Textes kann nur innerhalb eines relativ geschlossenen Zeichensystems, mit dessen Hilfe die vorliegende Information weitergegeben wird, angewendet werden.

Wir werden davon ausgehen, daß beim Verständnis des Sinngehalts einer Information intuitive Überlegungen eine wesentliche Rolle spielen, die in irgendeiner Weise zu dem Zeichensystem gehören, mit dessen Hilfe die vorliegende Information ausgedrückt wird. Da wir Fragen des Sinngehalts von Information betrachten, werden wir uns nicht mit der formalen Beschreibung dieses Prozesses befassen.

Jede Information läßt sich als Gesamtheit bestimmter, untereinander in Wechselbeziehungen stehender „Komponente“ vorstellen. Das können irgendwelche Schlußfolgerungen sein, zwischen denen bestimmte Beziehungen bestehen. Jede Komponente kann ihrerseits als Summe von „Elementen“ oder „Merkmalen“ betrachtet werden, die in der jeweiligen Information enthalten sind. Zum Beispiel: In der Information ist die Rede von einem Mechanismus mit Verbrennungsmotor, der zum Transport von bestimmten Lasten und Menschen auf der Erdoberfläche vorgesehen ist. Nehmen wir an, daß diese Merkmale den Inhalt der Information kennzeichnen und es ermöglichen, sie von irgendeiner anderen Information zu unterscheiden. Man kann sagen, daß die Gesamtheit der Merkmale einen Komplex ergibt, den man im vorliegenden Beispiel kurz etwa als „Automobil“ bezeichnen kann. Die in Wechselbeziehung stehende Summe dieser Merkmale kann einem Element unseres Denkens entsprechen, zum Beispiel dem Begriff „Automobil“. In diesem Falle erfolgt eine Übertragung der Merkmale aus der Welt der Realität in den Bereich des Denkens.

Der Wahrnehmende setzt die Information in Beziehung und vergleicht die Merkmale der jeweiligen Information mit irgendeiner anderen Information, um ihren Inhalt bewerten zu können, um zu verstehen, wovon in der betreffenden Information die Rede ist, und um die Merkmale in ein einheitliches System zu bringen. Der Vergleich und die Herstellung von Beziehungen erfolgen nicht direkt zwischen jeder neuen und den vorher erhaltenen Informationen, sondern über einen Mittler. Ein solcher Mittler ist der Begriff, den der Mensch schafft. Zu verstehen, was ein „Kraftwagen“ ist, bedeutet, „einen Begriff zu haben“, „gedanklich einen Begriff herauszuarbeiten“. Den Begriff „Kraftwagen“ zu haben heißt erstens, über die Fähigkeit zu verfügen, einen Kraftwagen von anderen Objekten zu unterscheiden und Objekte zu erkennen, die man „Kraftwagen“ nennen kann, und zweitens zu wissen, daß die ausgesonderten Objekte über bestimmte Eigenschaften verfügen, die sich von den Eigenschaften anderer Objekte unterscheiden.

Bei der Wahrnehmung der Umwelt lernt der Mensch konkrete, einmalige Erscheinungen kennen, faßt sie aber verallgemeinernd zu einem einheitlichen Ganzen zusammen, und dies eben stellt jeweils einen Begriff dar. Der Grad der Verallgemeinerung der betrachteten Objekte kann, abhängig von verschiedenartigen Umständen, unterschiedlich sein. Man kann zum Beispiel sagen „Kraftwagen", „Personenkraftwagen", „Personenkraftwagen vom Typ ‚Moskwitsch'," „grüner Kraftwagen" usw. und doch dabei dasselbe Objekt meinen.

Zwischen Begriffen, die auf verschiedene Stufen der Verallgemeinerung gebildet wurden, besteht eine bestimmte Verbindung. Am engsten ist diese Verbindung zwischen Begriffen, die sich nur durch ein Merkmal unterscheiden. Das ist dann der Fall, wenn ein Begriff, sagen wir A, über ein Merkmal mehr verfügt als der Begeiff B, während alle übrigen Merkmale übereinstimmen. So unterscheiden sich zum Beispiel die Begriffe „Kraftwagen" und „Personenkraftwagen" dadurch, daß der zweite Begriff, der über die gleichen Merkmale wie der erste verfügt, noch ein zusätzliches Merkmal aufweist.

Solche Begriffe verhalten sich zueinander wie der Gattungsbegriff „Kraftwagen" zum Artbegriff „Personenkraftwagen". Der Gattungsbegriff verfügt über eine geringere Zahl von Merkmalen, die ihn bestimmen, und kann selbst einem anderen Gattungsbegriff untergeordnet sein (im vorliegenden Beispiel etwa dem Begriff „Transportmittel"). Der Artbegriff seinerseits kann auch als Gattungsbegriff auftreten und eigene Artbegriffe haben, zum Beispiel „Personenkraftwagen vom Typ ‚Moskwitsch'". In der Regel sind jedem Gattungsbegriff mehrere Artbegriffe untergeordnet, die verschiedene Bedeutungen haben und auf einer gleichen Verallgemeinerungsstufe stehen.

Von sehr großem Einfluß auf die Wahrnehmung der Information ist der vom Autor bei der Niederschrift gewählte Darstellungsstil.

Es ist davon auszugehen, daß der Stil der wissenschaftlichen Darstellung heute von einer ganzen Reihe sozialer Faktoren diktiert wird, von denen die wissenschaftliche Information als Mittel der Kommunikation von Spezialwissen innerhalb der Mitglieder der Gesellschaft nicht zu trennen ist. Der Darstellungsstil der wissenschaftlichen Information wird durch die Festlegungen des „sozialen Auftrags" beschränkt und diktiert. Das kommt vor allem darin zum Ausdruck, daß bei der Gewinnung der Information (bei der Niederschrift des Textes durch den Autor) unbedingt die nachfolgende Wahrnehmung durch die Nutzer in der wissenschaftlichen Praxis berücksichtigt werden muß. Die sozialen Bedingungen für die Ausprägung des Darlegungsstils irgendeiner Information beruhen auf dem Einfluß einer Reihe von Faktoren, die in der Spezifik der wissenschaftlichen Arbeit zum Ausdruck kommen. Dazu gehören zum Beispiel das Ziel, der Inhalt, die Art der potentiellen Nutzer, die Spezifik der kommunikativen Situation, die wissenschaftliche Strategie der Gesellschaft in dem entsprechenden Wissenszweig und anderes mehr.

Als die am meisten verbreitete Form der Information, die in der Wissenschaft zirkuliert, kann die wissenschaftliche Mitteilung in Form eines einzelnen wissenschaftlichen Aufsatzes angesehen werden. Die Praxis zeigt, daß diese Art der wissenschaftlich-technischen Information – die die Forschungsergebnisse in einer Informationsquelle festhält und weitergibt – im Vergleich zu anderen Arten, wie zum Beispiel Monographien, wissenschaftlichen Berichten, Dissertationen usw., eine relativ schnelle Verbreitung wissenschaftlicher Kenntnisse ermöglicht.

Durch die Erfüllung des „sozialen Auftrags" hat der wissenschaftliche Artikel als Einzelinformation im Prozeß der Wissenschaftsentwicklung ein bestimmtes Aussehen, einen bestimmten Umfang, eine bestimmte Darstellungsform, Auflagenhöhe, Anschaulichkeit durch zusätzliche Mittel (Graphiken, Formeln, Tabellen etc.), einen bestimmten logischen Abschluß sowie eine Reihe anderer spezifischer Züge erworben.

Die Klärung des Inhalts der Information bei ihrer Wahrnehmung kann man sich als eine mehr oder weniger bewußte Übertragung ihres Textes in die Sprache des Wahrnehmenden vorstellen. Der Sinngehalt der wissenschaftlichen Information, die der Spezialist in der wissenschaftlichen Praxis benutzt, kann mit Hilfe der Charakteristika der Information annähernd bestimmt werden.

Eine Feststellung der Charakteristika des Informationsinhalts wird bei der Analyse der Informationsquelle möglich. Zu solchen allgemein bedeutsamen Charakteristika des Inhalts der wissenschaftlichen Information gehören die folgenden: das Forschungsobjekt mit seinen zeitlichen und räumlichen Merkmalen, die Forschungsmethode und die Ergebnisse der durchgeführten Forschungsarbeit. Diese Charakteristika verdienen es, genauer betrachtet zu werden.

In den Anfangsstadien des Kennenlernens der Information versucht der Spezialist vor allem, das Forschungsobjekt zu klären, festzustellen, wovon in der vorliegenden Informationsquelle „die Rede ist". Dabei setzt er sie gedanklich in Beziehung zu einer bestimmten Wissenssphäre, zu irgendeinem Wissenschaftszweig oder einer Thematik. In der Mehrzahl der Fälle (jedoch nicht in allen) wird eine derartige Zuordnung eindeutig erreicht.

Je nach dem Ziel, das sich der Autor der Information gestellt hat, und der Richtung seiner Forschungen kann das Forschungsobjekt ein realer oder ideeller Gegenstand, ein Prozeß oder eine Gesamtheit von Prozessen sein. Die Anzahl der Forschungsobjekte in einer einzelnen angenommenen Information ist in der Regel gering. Wenn die Information aus dem Text eines wissenschaftlichen Aufsatzes besteht, so schwankt die Zahl der Forschungsobjekte zwischen eins und drei. Dabei ist eine bestimmte Gesetzmäßigkeit festzustellen, die mehr oder minder durch die wissenschaftliche Praxis bestätigt wird. Diese Gesetzmäßigkeit besteht darin, daß, je mehr Forschungsobjekte in einer Information behandelt werden, desto geringer ihr praktischer Wert für die Spezialisten ist, die diese Information benutzen. Es kann dabei natürlich Ausnahmen geben.

Beim Aufspüren des in der Information enthaltenen Forschungsobjekts kann das subjektivistische Herangehen des Wahrnehmenden auf ein Minimum begrenzt werden: das Erkennen des Objekts kann infolgedessen mit ausreichender Genauigkeit erfolgen. Die charakteristischsten Fehler bei der Feststellung des Forschungsobjekts sind im Gebrauch der Termini zu beobachten, deren Begriffsumfang über den wirklichen Umfang dessen hinausgeht, was das Forschungsobjekt charakterisiert. Das wurde bei der Analyse der Arbeit von Referenten ermittelt [95]. Die Aufgabe eines solchen Fachinformators ist es, den Inhalt von Dokumenten mit Angabe ihres Charakters, der Untersuchungsmethoden, der Ergebnisse und der Zeit sowie des Ortes der Durchführung der Untersuchungen kurz wiederzugeben. Diese Fehler kommen in einer Erweiterung oder Einschränkung des Forschungsobjekts zum Ausdruck. Es kann gesagt werden, daß, je abstrakter ein Begriff ist, den der Mensch wahrnimmt, desto weniger der Sinn fixiert ist, den der Mensch durch einen solchen Begriff aufnimmt.

Enthält die Information mehr als ein Forschungsobjekt, so ist es bei der Wahrnehmung außerordentlich wichtig, erstens alle Forschungsobjekte festzustellen und zweitens den Rang jedes Forschungsobjekts innerhalb der Information genau zu bestimmen. Es ist ganz natürlich, daß innerhalb einer einzelnen Information nicht alle Forschungsobjekte über das gleiche „Gewicht", die gleiche Bedeutung und „Untersuchungstiefe" verfügen. In diesen Fällen kommt es oft zu einem subjektivistischen Herangehen des Informationswahrnehmenden und daher auch zu einer fehlerhaften Wahrnehmung des Bedeutungsinhalts von Information.

In gewissen Fällen wird zur deutlicheren Hervorhebung des Forschungsobjekts dieses räumlich und zeitlich abgegrenzt. Die Bedeutung dieser Charakteristika für das erforschte Objekt ist je nach der Spezifik des Objektes selbst und der Methode seiner Erforschung verschieden. Auf dem Gebiet der Topographie, Geologie und ähnlichen Gebieten stellt zum Beispiel die räumliche Lokalisierung des Forschungsobjekts ein sehr wichtiges Charakteristikum dar, und bei der historischen Analyse einer Erscheinung ist die genaue Datierung des Forschungsobjekts ein wesentlicher Faktor.

Als das nächste bedeutende Charakteristikum des Inhalts einer Information kann die Forschungsmethode angesehen werden. Die Feststellung der Forschungsmethode, die im wissenschaftlichen Prozeß angewendet worden ist, sowie ihre Wiedergabe in der Sekundärliteratur ist prinzipiell erwünscht und kann genau bestimmt werden. Aus zwei wesentlichen Gründen kann sie jedoch gegenwärtig nicht für Informationen aus allen Wissensgebieten angegeben werden.

1. Die Forschungsmethode spiegelt sich nicht immer klar im Primärdokument wider, und bei ihrer Feststellung ist ein subjektives (und folglich nicht hinreichend genaues) Vorgehen möglich.

2. Es ist im allgemeinen nur sinnvoll, wissenschaftliche Richtungen oder Wissenschaftszweige von anderen oder einzelne wissenschaftliche Arbeiten innerhalb eines Zweiges hinsichtlich der Forschungsmethode zu unterscheiden.

Hinzuzufügen wäre, daß wegen des Gesamtumfangs der beim heutigen Stand der Wissenschaftsentwicklung vorhandenen Informationsquellen nur in einem kleinen Teil von ihnen die Forschungsmethode streng und eindeutig bestimmt werden kann. In der Mehrzahl der Informationsquellen kommt die Forschungmethode nicht klar zum Ausdruck. Was diese Informationsquellen angeht, kann man also die Forschungsmethode nicht als objektiv feststellbares Charakteristikum für den Inhalt der wissenschaftlichen Information bezeichnen.

Betrachten wir nun die Forschungsergebnisse, die der Autor erreichte und in der Informationsquelle fixiert hat, hinsichtlich ihrer Eigenschaft als bedeutsames Charakteristikum des Inhalts wissenschaftlicher Information.

Die Aufgabe jeder beliebigen wissenschaftlichen Forschung besteht darin, irgendwelche konkreten Resultate zu erbringen. Da in der Informationsquelle die wissenschaftliche Erforschung irgendeines Objektes widergespiegelt wird, kann man logischerweise erwarten, daß die Forschung mit bestimmten Schlußfolgerungen endet. Dabei muß gesagt werden, daß die im Forschungsprozeß gewonnenen Resultate ganz verschiedenartigen Charakter tragen können. Das hängt in erster Linie vom Forschungsobjekt selbst und von der Forschungsmethodik ab.

Für die Wahrnehmung des Inhalts am geeignetsten ist die Darstellungsform, wobei die Forschungsergebnisse in einem besonderen (am besten letzten) Teil des Textes als Schlußfolgerungen dargelegt werden. Die vorhandene Vielfalt der Darstellungsmethoden in schriftlicher Form führt jedoch dazu, daß die Ergebnisse der durchgeführten Forschungen in der Informationsquelle nicht immer deutlich hervorgehoben werden. Doch selbst bei der existierenden Unterschiedlichkeit der Formen und Methoden zur Darstellung wissenschaftlicher Ausarbeitungen sowie der Vielfalt der Objekte und Forschungsmethoden können die in einer Arbeit gezogenen Schlußfolgerungen (mögen sie auch nicht immer in einer klaren Form vorliegen) in bestimmten Fällen als Charakteristikum für den Informationsinhalt dienen.

In der Praxis der wissenschaftlichen Arbeit benutzen die Spezialisten eine Vielzahl von Methoden zur Gewinnung wissenschaftlicher Angaben aus Informationsquellen.

Wie tiefgehend sich der einzelne Spezialist mit den thematisch so vielfältigen Informationen vertraut macht, hängt natürlich davon ab, inwieweit der Informationsinhalt den Erfordernissen seiner wissenschaftlichen Tätigkeit und seinen persönlichen Interessen entspricht, und kann demzufolge sehr verschieden sein.

Nach der Tiefe des Eindringens in die Information können die verschiedenen Verfahren (Stadien) des Kennenlernens des Informationsinhalts, die sich im Verlauf der Zeit bei den Spezialisten der verschiedenen Gebiete herausgebildet haben, wie folgt eingeteilt werden:

1. Das Kennenlernen von Thema und Inhalt der Information anhand des Titels oder anderer Merkmale – des Namens des Autors, des Verlags, der Publikationszeit usw. Dieses Verfahren wird auf alle Informationsquellen angewandt, die der Wissenschaftler benutzt. Mit seiner Hilfe erfolgen die Suche sowie die Auswahl der benötigten Information im allgemeinen Informationsstrom. Der Spezialist sieht die Bücher in der Buchhandlung oder in der Bibliothek. Er benutzt Karteien, Bibliographien, Verzeichnisse der in einer Arbeit zitierten oder verwendeten Literatur und nimmt eine Auswahl derjenigen Informationsquellen (oder ihrer Adressen) vor, mit deren Inhalt er sich seiner Meinung nach vertraut machen müßte.

2. Das Kennenlernen von Umfang, Form und Illustrationsmaterialien einer Publikation. In diesem Stadium schaut der Spezialist die Arbeit flüchtig an, blättert sie durch und prüft ein erstes Mal die Notwendigkeit einer detaillierteren Beschäftigung mit der Arbeit. Bei einer solchen flüchtigen Durchsicht kann man besser ermessen, zu welcher Art die vorliegende Informationsquelle gehört, ob es sich um eine theoretische Ausarbeitung oder eine experimentell-konstruktive Abhandlung, um ein Nachschlagewerk oder eine Übersicht über abgeschlossene frühere Arbeiten handelt usw. In diesem Stadium schätzt der Spezialist auch das Niveau der Darlegung ein, d. h., ob es sich um eine populäre oder eine wissenschaftliche Ausgabe handelt, ob die Dartsellung seinem Verständnis zugänglich ist usw. Es ist zum Beispiel nicht selten, daß etwa ein Physiologe, der die Grundbegriffe der Infor-

mationstheorie oder der Kybernetik kennenlernen will, Schwierigkeiten beim Verständnis der Darlegungen hat, die sich in der speziellen Literatur dieser wissenschatflichen Richtungen finden. Er benutzt deshalb zuerst Informationsquellen mit einem populären Darstellungsniveau. Es kann auch umgekehrte Fälle geben, in denen ein Spezialist, der sich zum ersten Mal für den Titel eines Informationsmaterials interessiert hat, in diesem Stadium feststellt, daß die Darstellung populären Charakter trägt und deshalb sein Interesse an der vorliegenden Information geringer wird.

Die Charakteristik der Information und des Darstellungsniveaus sowie die Art der Information können vom Fachmann manchmal schon im ersten Stadium geklärt werden, wenn der Name des Autors oder der Verlag bekannt sind. Das zweite Stadium des Kennenlernens erfolgt, wenn die Publikation den Interessen des Spezialisten entspricht.

3. Das Kennenlernen der Resultate der in der Informationsquelle dargelegten Ergebnisse oder Verfahren. Dieses Stadium des näheren Kennenlernens erfolgt dann, wenn der Spezialist in den beiden ersten Stadien feststellen konnte, daß die vorliegende Information hinsichtlich ihres Inhalts teilweise den Kreis seiner Interessen berührt. Er macht sich mit den in der Informationsquelle dargelegten Forschungsergebnissen bekannt, stellt fest, wie neu die Schlußfolgerungen, Verallgemeinerungen und Versuchsergebnisse für ihn sind, und vergleicht die Forschungsresultate mit seiner eigenen wissenschaftlichen Tätigkeit. In diesem Stadium wird auch das bibliographische Material der Informationsquelle durchgesehen (bibliographische Hinweise, benutzte Literatur, Zitate). Diese Art des Kennenlernens ermöglicht es, die Frage zu entscheiden, ob ein Studium der Forschungsmethodik notwendig ist, mit deren Hilfe die dargelegten Schlußfolgerungen gewonnen wurden.

4. Das Kennenlernen der Forschungsmethodik und der wichtigsten Beweisführungen für die aufgestellten Thesen. In diesem Stadium wird ein großer Teil des Textes der wissenschaftlichen Arbeit durchgesehen. Wird aber zu Beginn des Lesens eines Absatzes, Paragraphen oder Abschnitts der dargelegte Gedanke deutlich erfaßt, so wird der entsprechende Absatz oder Paragraph in der Regel nicht zu Ende gelesen. Nachdem er sich auf diese Weise mit der Information vertraut gemacht hat, sind dem Spezialisten die Neuheit und Wichtigkeit der vorliegenden Forschung, das Niveau der Beweisführung (ihre Konsequenz und Korrektheit), die benutzten wissenschaftlichen Fakten, das statistische Material usw. klar und bekannt.

5. Das vollständige Kennenlernen der Arbeit. Dieser Abschnitt des Studiums einer Informationsquelle wird notwendig und erfolgt in der

Praxis der wissenschaftlichen Tätigkeit nur dann, wenn der Inhalt der Quelle in den Bereich der unmittelbaren Interessen des Wissenschaftlers fällt. Es geschieht jedoch in vielen Fällen, daß der Forscher nach der vollständigen Lektüre des Textes der Information aus diesem oder jenem Grunde von der Art der Darlegung, der Spezifik der Beweise oder thematischen Ausrichtung des gelesenen Textes nicht voll befriedigt ist.

Es ist zu berücksichtigen, daß in jeder wissenschaftlichen Richtung ein relativ kleiner Kreis von Fachleuten arbeitet, die von neuen Forschungsergebnissen in der Regel noch vor der Publikation von Forschungsmaterialien erfahren. Wenn in der laufenden Nummer einer Zeitschrift ein Aufsatz veröffentlicht wird, dann ist die in dem Aufsatz beschriebene Arbeit bereits 1,5 bis 3 Jahre vor der Veröffentlichung begonnen worden. Ein Jahr nach Beginn der Untersuchung ist ein Bericht gedruckt worden (oder ein Teilbericht). Einige Monate vor der Veröffentlichung der Arbeit ist eine mündliche Mitteilung für einen engen Kreis von Spezialisten auf einer Konferenz, einem Seminar, einem Symposium u. dgl. gemacht worden. Angaben einer amerikanischen Statistik besagen, daß jeder fünfte in einer Zeitschrift veröffentlichte Artikel schon vorher für die Spezialisten auf einer Konferenz behandelt wurde. 60 Prozent aller Autoren machen ihre noch nicht in der Zeitschrift erschienenen Artikel durch maschinengeschriebene Kopien unter ihren Kollegen bekannt; 81 Prozent der Autoren verbreiten ihre Arbeiten in Form von Resümees. Im Ergebnis dieser vorausgehenden Information wird der Zeitschriftenartikel nur von 1 bis 7 Prozent der Spezialisten der jeweiligen wissenschaftlichen Richtung vollständig gelesen, denn die übrigen haben ihn schon aus Vorabinformationen kennengelernt.

Man kann auch feststellen, daß von den Wissenschaftlern sehr oft Informationsmaterialien ganz gelesen werden, die mehr oder weniger populäre Darstellungen wissenschaftlicher Forschungen zum Inhalt haben und auf den ersten Blick hin nicht zum Kreis der unmittelbaren Berufsinteressen dieser Wissenschaftler gehören. Wenn zum Beispiel ein Kybernetiker eine populärwissenschaftliche Broschüre mit dem Titel „Was ist optimale Steuerung" kaum ganz lesen wird, so kann doch eine Broschüre, in der die Grundideen der Genetik oder Physiologie dargestellt werden, durchaus ein bestimmtes Interesse dieses Wissenschaftlers erregen und folglich auch ganz von ihm gelesen werden. Eine solche Erweiterung der Interessen wird durch den Verlauf der Entwicklung der wissenschaftlichen Kenntnisse selbst, durch die Differenzierung und Integration der einzelnen Wissenschaften hervorgerufen.

6. Das Durcharbeiten eines wissenschaftlichen Textes. Hier muß geklärt werden, was wir unter den Termini „Lesen" und „Durcharbeiten" verstehen; denn die mit diesen Termini verbundenen Vorstellungen sind meistens identisch. Unserer Meinung nach geht die Verschiedenheit dieser Begriffe aus dem Unterschied von Lesen und Durcharbeiten der Information hervor. Das Lesen bildet einen Bestandteil der Informationsverarbeitung. Wenn man das Lesen als die Entnahme irgendwelcher „Sinneinheiten" der Information aus dem Text ansehen kann, so umfaßt das Durcharbeiten darüber hinaus noch die Anfertigung von Auszügen, das Durchdenken sowie die Kritik der in der Informationsquelle aufgestellten Behauptungen, das schriftliche Festhalten assoziativ entstandener eigener Gedanken, Ideen und Hypothesen, die gedankliche Verbindung des Gelesenen mit dem eigenen (wissenschaftlichen) Tätigkeitsbereich, den Vergleich des Gelesenen mit früher verarbeiteter Information usw. Die Praxis zeigt, daß sich hinsichtlich der aufgewendeten Zeit die Verarbeitung von Information ganz wesentlich vom Lesen des Textes einer Information unterscheidet. In der Mehrzahl der Fälle erfordert das Durcharbeiten drei- bis fünfmal mehr Zeit als das Lesen. Das Durcharbeiten als Mittel des Kennenlernens von Information wird vom Fachmann vorgenommen, wenn in den vorhergehenden Stadien des Kennenlernens eine Übereinstimmung der Thematik und Richtung der Information mit den eigenen Interessen festgestellt worden ist und der Inhalt der Arbeit für den Wissenschaftler prinzipiell neu ist. Das läßt die Möglichkeit vermuten, daß der Wissenschaftler die in der vorliegenden Information enthaltenen Ideen, Methoden, Schlußfolgerungen und dergleichen in der eigenen weiteren wissenschaftlichen Arbeit verwenden kann.

7. Das sorgfältige Durcharbeiten von Information im Verlauf einer längeren Zeit und die wiederholte Rückkehr zu den in der Information geäußerten Behauptungen und Ideen. Die Notwendigkeit eines derartig tiefen Eindringens ergibt sich dann, wenn es sich um grundlegende Erkenntnisse auf dem Spezialgebiet des Wissenschaftlers handelt. Ein sorgfältiges Durcharbeiten kann auch aus einer Reihe anderer Gründe erforderlich werden, zum Beispiel wenn die aufgestellten Thesen eine weitere Interpretation verlangen; wenn die Methodik der Forschung außerhalb des Fachgebietes des Wissenschaftlers liegt, dennoch aber für ihn von bestimmtem Interesse ist; wenn die in der Arbeit aufgestellten Hypothesen oder Behauptungen nach Ansicht des Wissenschaftlers unrichtig sind und zu ihrer Widerlegung die Beschäftigung mit zusätzlicher Information notwendig ist; wenn die geäußerten Ideen eine experimentelle Prüfung erfordern, die der betreffende Wissen-

schaftler vornehmen will usw. Schließlich ist ein sorgfältiges Durcharbeiten von Information notwendig, wenn es um die Erhöhung der Qualifikation des Wissenschaftlers geht. Das drückt sich vor allem im Studium neuer Forschungsmethoden aus, die in anderen Wissenschaftszweigen angewendet wurden, zum Beispiel im Studium des Apparates der Wahrscheinlichkeitstheorie, der mathematischen Logik, der Mengenlehre usw. durch Philosophen, Psychologen oder Linguisten. Wenn der Wissenschaftler in einem Wissenschaftszweig arbeitet, der mit einem oder sogar mehreren anderen Zweigen in Berührung kommt, so ergibt sich für den Wissenschaftler meistens die Notwendigkeit, sich mit den grundlegenden wissenschaftlichen Ergebnissen dieser angrenzenden Wissenschaftszweige eingehend auseinanderzusetzen.

Natürlich tragen die von uns angeführten Stadien der Beschäftigung eines Wissenschaftlers mit der zu ihm gelangenden Information teilweise bedingten Charakter. Es ist meistens schwierig, ein Stadium vom anderen formal abzuheben, weil es keine klare Grenze zwischen ihnen gibt. Manchmal erfordert nur ein Teil eines wissenschaftlichen Textes sorgfältiges Durcharbeiten, und die Beschäftigung mit dem restlichen Text erfolgt im dritten oder vierten Stadium.

Der Grad der Aneignung von Information ist in erster Linie von Faktoren bestimmt, die sich in der Beziehung des Wissenschaftlers zu der vorliegenden Information, zu ihrem Inhalt ausdrücken und weniger mit der Sprache zu tun haben.

Wir halten es für nützlich, eine Reihe praktischer Empfehlungen für die Anwendung dieser oder jener Stufe der Aneignung der verschiedenen Informationen zu geben, wodurch Zeit gespart und die „Qualität“ der Aneignung erhöht werden kann.

Moderne psychologische Forschungen haben die Fehlerhaftigkeit der Meinung bewiesen, daß langsames Lesen besser sei, da es immer „aufmerksames Lesen“ sei. Im Gegenteil: bei der Kontrolle des Textverständnisse schneller Leser erwies sich, daß diese nicht nur schnell lesen, sondern auch den Text tiefer verstehen.

Der Hauptmangel beim langsamen Lesen besteht darin, daß das Ziel des Lesens nicht immer bewußt ist, daß dem wesentlichen und der Schwierigkeitsstufe des Gelesenen nicht immer die nötige Aufmerksamkeit geschenkt wird. Ein schnell lesender Mensch dagegen liest leichte Texte flüchtig durch, schwierige aber langsam und aufmerksam. Er bestimmt die Lesegeschwindigkeit selbst, je nachdem, welche Texte er liest.

Worin besteht der Nutzen des schnellen Lesens? Der Hauptnutzen besteht in der Einsparung von Arbeitszeit. Untersuchungen haben ergeben, daß ein Wissenschaftler 30–70% seiner Zeit für das Lesen der Post, von Zeitschriften u. dgl. aufwendet. Er wendet also entsprechend jährlich 1000–2000 Stunden für das Lesen auf, und dies erfordert, ökonomisch an die Nutzung der Zeit heranzugehen. Nach Absolvierung eines Kurses zur Vervollkommnung des Lesens kann jeder Spezialist seine Effektivität steigern und seine Zeitaufwendungen um die Hälfte verringern. Das macht es ihm möglich, eine große Menge Zeit einzusparen. Ein anderer Vorteil besteht in der Auswahl der Information beim Lesen. Das erhöht die Aufmerksamkeit und entwikkelt nach einer gewiessn Weise den Sinn für Voraussicht beim Lesen. Auch die Fähigkeiten zum kritischen Lesen, zur Analyse und Wertung des Gelesenen, können verbessert werden.

Langsam Lesende zweifeln manchmal daran, daß es möglich ist, ihre Lesefertigkeiten zu verbessern, und halten die erworbenen Gewohnheiten für unabänderlich. Beobachtungen ergaben jedoch, daß bislang kein Fall bekannt ist, in dem ein normal sehender Mensch (Brillenträger eingeschlossen) nach Absolvierung eines Ausbildungskursus keine Erfolge bei der Vervollkommnung seiner Lesefertigkeiten gehabt hätte. Mehr noch, das schnelle Lesen bleibt erhalten, wenn der Lesende sechs bis acht Wochen lang täglich 15 bis 20 Minuten lang übt.

Zur Entwicklung der Fertigkeiten des schnellen Lesens kann folgende Methode vorgeschlagen werden:

1. Am ersten Tag wählt man gleichartige Artikel aus einer Tageszeitung aus. Lesen Sie und halten Sie die Zeit fest, indem Sie den Sekundenzeiger benutzen! Kontrollieren Sie, wieweit Sie den gelesenen Artikel behalten haben, indem Sie das Behaltene aufschreiben oder die wichtigsten Fragen, die dieser Artikel behandelt, notieren! Zweitrangige und unbedeutende Fakten werden ausgeschlossen.

2. Wiederholen Sie diese Übung in den folgenden 5 Tagen mit verschiedenen Artikeln (gleichen Umfangs)! Bemühen Sie sich dabei, die Geschwindigkeit des Einprägens und Verstehens des Textes zu steigern!

3. Am siebenten Tag machen Sie die gleiche Übung mit dem zuerst ausgewählten Artikel und vergleichen die Ergebnisse mit denen des ersten Tages!

Die Ergebnisse werden offensichtlich sein, und Sie können noch größere Erfolge erzielen, wenn Sie die folgenden Methoden zur Vervollkommnung des Lesens anwenden.

Eines der Haupthindernisse des schnellen Lesens ist die Regression, d. h. das Zurückkehren zu einer schlecht verstandenen Stelle. Wenn man einen langsam Lesenden fragt, weshalb er beim Lesen zurückkehrt, wird er antworten, daß die Hauptursache die Schwierigkeit des Verstehens sei. In Wahrheit kann der Grund, der einem schnellen Lesen im Wege steht, das mangelnde Vertrauen in die eigenen Möglichkeiten sein.

Die Regression ist nicht die Folge irgendwelcher angeborener Mängel. Wenn aber der Lesende bemerkt, daß er oft aus Gewohnheit zum bereits Gelesenen zurückkehrt, obwohl er das Gelesene leicht genug versteht, so muß diesem Mangel unbedingt Aufmerksamkeit geschenkt werden. Wiederholtes Lesen ist nur dann zulässig, wenn der Leser an der Wahrheit des Geschriebenen zweifelt.

Der Grund für die Regression und andere Lesemängel besteht im Fehlen einer speziellen Ausbildung im effektiven Lesen. Wer unter der Gewohnheit der Regression beim Lesen leidet, sollte sich beim Lesen streng beobachten. Im Anfang kann man ein Blatt Papier benutzen und damit die durchgelesenen Zeilen zudecken. Diese Methode kann man zwei bis drei Wochen lang anwenden; dann sollte man auch auf die Benutzung des Blattes Papier verzichten.

„Regressive" Leser müssen versuchen, drei Eigenschaften beim Lesen zu entwickeln: Zuversicht, Selbstdisziplin und Selbsttraining. Der Lesende muß davon überzeugt sein, daß seine Fähigkeiten in einer bestimmten Zeit und bei regelmäßiger Übung verbessert werden können. Die Selbstdisziplin kann als die Bereitschaft zu praktisch schnellem Lesen und einem besseren Verständnis des Textes definiert werden. Die wichtigste Eigenschaft stellt die Bereitschaft zum Selbsttraining dar; sie kann als der beständige Wunsch danach betrachtet werden, die schon erreichten Resultate in der Schnelligkeit und im Verstehen des Textes weiter zu steigern.

Ein anderes großes Hindernis für das schnelle Lesen ist die „innere Vokalisation". Manche Leser haben die Angewohnheit, wörtlich zu lesen und dabei auch beim stillen Lesen jedes Wort für sich zu „hören". Die äußerste Form der Vokalisation drückt sich darin aus, daß manche Menschen unfähig sind, still zu lesen; man spricht hier von „äußerer Vokalisation". In diesen Fällen kommt die Vokalisation durch die Bewegungen der Lippen oder durch Murmeln zum Ausdruck.

Die „innere Vokalisation" kann durch die Praxis des schnellen Lesens beseitigt werden. Das beste Mittel besteht darin, sich auf den Inhalt des Textes und nicht auf jedes einzelne Wort zu konzentrieren. Auch das Selbsttraining trägt dazu bei, die „innere Vokalisation" zu überwinden.

Das nächste Problem, das vor dem langsam Lesenden steht, ist die Erweiterung des Blickwinkels. Wenn wir lesen, bewegen sich unsere Augen nicht ruhig die Zeile entlang. Sie bewegen sich gleichsam in

Serien von Sprüngen, wobei zwischen den Sprüngen eine kurze Pause liegt, die „Fixierung". Je öfter die Fifixierung erfolgt, desto enger ist der Blickwinkel des Lesenden.

Ein qualifizierter Leser verfügt über einen weiten Blickwinkel, der es ihm gestattet, schnell zu lesen. Wenn im Ergebnis des Selbsttrainings die Lesegeschwindigkeit zunimmt, kann man sagen, daß der Blickwinkel größer wird.

Die richtige Augenbewegung entwickelt sich beim Menschen auf natürliche Art, man kann aber zum Training eine Übung vorschlagen. Bemühen Sie sich, beim Zeitunglesen die vertikalen Spalten zu lesen, und vermeiden Sie dabei die horizontale Bewegung der Augen. Sie werden erstaunt sein über den Umfang an Information, den Sie bei dieser Art zu lesen erreichen.

Noch erstaunlichere Ergebnisse kann man mit Hilfe des sogenannten Gleitens erzielen, das eine Form des sehr schnellen Lesens darstellt. Die Augen laufen dabei schnell über die Textseite, suchen die benötigte Information und verwerfen alles Zweitrangige und im gegebenen Fall Bedeutungslose.

Das „Gleiten" kommt gewöhnlich zur Anwendung, wenn man einen umfangreichen Text durchsehen oder den allgemeinen Sinn eines Auszuges oder Aufsatzes feststellen muß. Diese Methode wird auch zur Auffindung irgendwelcher spezifischer Details benutzt (so zum Beispiel bei der Arbeit mit dem Wörterbuch oder Durchsicht des Telefonbuches), wenn wir ein Schlüsselwort oder einen Ausdruck suchen, sowie auch in den Fällen, in denen man Zeitschriftenartikel durchsieht, um festzustellen, auf welchem Niveau der Autor diese oder jene Frage behandelt.

Beim „Gleiten" wird nur der schwierige und wichtige Textteil gelesen, die zweitrangigen Teile werden ausgelassen. Eine solche Arbeit setzt jedoch eine große Praxis und das Bestreben voraus, seine Lesefertigkeiten wesentlich zu erhöhen.

Die Geschwindigkeit des „Gleitens" wird durch die Anzahl der Wörter pro Minute bei einem Text mittleren Schwierigkeitsgrades gemessen. Die Geschwindigkeit des Lesens beträgt beim „Gleiten" 800 Wörter pro Minute oder durchschnittlich 240 Seiten pro Stunde.

Bei ausreichender Praxis kann die Geschwindigkeit des „Gleitens" 2000, sogar 3000 Wörter pro Minute bei gutem Verständnis des Textes erreichen (600 Seiten pro Stunde durchschnittlich).

Bei der Methode des „Gleitens" muß man die Überschriften und Teilüberschriften, die Schlüsselsätze und „Sachsätze" maximal nutzen. Sobald Sie sich mit den benötigten Angaben vertraut gemacht haben, können Sie das Lesen beschleunigen. Kontrollieren Sie die Arbeit mit der Uhr, überprüfen Sie Ihr Verständnis des Textes.

Das rationelle Auslassen von Teilen eines Vortrags oder Kapiteln eines Buches beim Lesen hängt weitgehend von der richtigen Bestimmung des Zieles ab, das sich der Leser vor Beginn der Lektüre stellen muß. Wenn Sie genau wissen, was Sie suchen, dann können Sie unbefangen alles weglassen, was nicht zum eigentlichen Ziel Ihrer Suche gehört. Man muß seine Aufmerksamkeit auf das Material lenken, das man sucht, und alles Zweitrangige weglassen.

Wenn Sie ein Buch lesen, so richten Sie ihr Augenmerk auf die Benennung der Kapitel, das hilft Ihnen zu entscheiden, welches Kapitel Sie lesen müssen. Außer den Büchern, die Sie zu Ihrem Vergnügen lesen, werden Sie kaum Bücher finden, die man ganz lesen muß. Meist wird nur der Teil des Buches gelesen, der von besonderem Interesse ist. So wird viel Zeit gespart, die man zum Lesen anderer Bücher verwenden kann. Zeitschriftenartikel haben Überschriften, die den Inhalt des Artikels charakterisieren, so daß man entscheiden kann, ob man den Artikel lesen sollte oder nicht.

Psychologische Forschungen haben ergeben, daß zwischen dem Strom der wahrgenommenen Information und dem schöpferischen Prozeß eine bestimmte Abhängigkeit existiert. Jeder Mensch nimmt Information dann am besten auf, wenn sie ihn in einer bestimmten Form, in einem bestimmten Rhythmus und in bestimmten Mengen erreicht, was jeweils von der Spezifik der ausgeführten Arbeit, den geistigen Fähigkeiten des Menschen sowie dem Niveau seiner Kenntnisse abhängt.

Von nicht geringer Bedeutung sind Art und Form der Information. Damit wissenschaftliche Dokumente ihre Hauptfunktion, als Mittel zur Weitergabe wissenschaftlicher Kenntnisse zu dienen, optimal erfüllen können, müssen wissenschaftliche Prinzipien für ihre Gestaltung erarbeitet werden. Solche Prinzipien können nur auf der Grundlage eines eingehenden Studiums der Wahrnehmung und Aneignung von schriftlicher Information durch den Menschen erarbeitet werden.

Die Informationswahrnehmung unter diesem Aspekt begann die Wissenschaftler erst spät zu interessieren, nämlich vor etwa 25 bis 30 Jahren. Durch den sprunghaften Fortschritt der Militärtechnik ergaben sich in den Jahren des zweiten Weltkrieges besondere Anforderungen an den Menschen, der diese Technik bediente. Dabei wurde ein gewaltiger Unterschied zwischen der realen Wirkung der Militärtechnik und jenem potentiellen Effekt festgestellt, der bei der Konstruktion dieser Technik projektiert worden war.

Man hatte bei der Projektierung der Technik die tatsächlichen psychologischen und physiologischen Möglichkeiten des Menschen völlig ungenügend berücksichtigt. Diese entstandenen Widersprüche führten zur Entstehung eines neuen Wissenszweiges, der die Bezeichnung „Ingenieurpsychologie" erhielt. Neben vielen anderen Fragen werden innerhalb dieser wissenschaftlichen Disziplin auch Fragen der psychologischen Wahrnehmbarkeit von Information behandelt. Um die Vorzüge und Mängel der einzelnen Darstellungsformen von Information zu bestimmen, werden in der Regel zwei Kriterien ausgewählt – die Schnelligkeit und Genauigkeit der Aufnahme der Information durch den Menschen.

Betrachten wir einige Fragen der Wahrnehmbarkeit von Information durch den Menschen als Drucktext, Graphik, Schema, Zeichnung, Diagramm und Fotographie. Derartige Darstellungsformen von Information sind im Bereich von Wissenschaft und Technik am meisten verbreitet.

Beim Studium der Wahrnehmung von Information als Drucktext gilt das Hauptaugenmerk der Unterscheidbarkeit von Buchstaben und Ziffern.

Leider liegen zur Frage der psychologischen Unterscheidbarkeit von Buchstaben, besonders des russischen Alphabets, bis heute viel zu wenig Forschungen vor. Festgestellt wurde jedoch, daß sich die Anfangsbuchstaben gegenüber den kleinen Buchstaben zuwenig unterscheiden.

Offensichtlich muß man bei der Schaffung neuer Schriften die unterscheidenden Besonderheiten von Buchstaben maximal hervorheben, vielleicht sogar durch eine Veränderung der Form. Das betrifft im Russischen vor allem solche Buchstaben wie И, Н, К, Б, В, С, Д, Ш, Щ.

Was die geometrischen Proportionen angeht, so ist nicht außer acht zu lassen, daß das optimale Verhältnis zwischen der Breite der Buchstaben und ihrer Länge offenbar 2 : 3 beträgt. Das optimale Verhältnis für die Stärke der Buchstaben zu ihrer Höhe beträgt, vom Standpunkt der Wahrnehmung aus gesehen, für schwarze Buchstaben auf weißem Hintergrund 1 : 6 und 1 : 10 für weiße Buchstaben auf schwarzem Hintergrund [96]. Eine übermäßige Stärke der Buchstaben verschlechtert die Lesbarkeit des Textes. Es ist zum Beispiel bekannt, wie schlecht sich Maschinenschrift liest, wenn ein neues, feuchtes Farbband benutzt wird.

Bei ausreichender Beleuchtung kann eine geringere Stärke empfohlen werden – entsprechend 1 : 8 und 1 : 12.

Experimente haben bestätigt, daß bei sonst gleichen Bedingungen sowohl Buchstaben als auch Ziffern, die schwarz auf weiß dargestellt sind, leichter zu lesen sind als bei umgekehrter Darstellung.

Die Wahrnehmung von Buchstaben erfolgt in der Regel in Verbindungen, d. h., ein Wort wird ganz oder in einigen Teilabschnitten wahrgenommen. Die Ähnlichkeit einzelner Buchstaben verlangsamt das Lesen eines Textes gewöhnlich nicht, da die große Redundanz der Textinformation die Informationsaufnahme und die Wahrnehmung des Sinngehaltes der Wörter und Sätze begünstigt. Das trifft allerdings nicht auf das Lesen von Daten und Ziffern zu.

Speziell durchgeführte Forschungen zeigen, daß Fehler bei der Wahrnehmung von Ziffern weitaus häufiger sind, als angenommen wurde, wenn das Lesen unter Zeitdruck, bei Beobachtung des Lesenden oder bei unzureichender Beleuchtung erfolgt. Das ist offensichtlich durch die Ähnlichkeit einiger Ziffern zu erklären, denn häufig werden 5 und 9 sowie 6 und 8 verwechselt.

Es wurde festgestellt, daß sich Ziffern, die aus geraden Linien gebildet sind, hinsichtlich der Schnelligkeit und Genauigkeit des Erkennens vorteilhaft von den Ziffern der üblichen Art unterscheiden. Auf Grund dieser Tatsache führte Berger [97] eine Reihe von Experimenten durch, auf deren Grundlage er seinen Typ von Ziffern vorschlug, die aus Elementen gerader Linien bestehen (Zeichnung 15,a).

Aufbauend auf der Erkenntnis, daß die Wahrnehmung von Ziffern durch das Vorhandensein von ähnlichen Elementen in ihnen erschwert

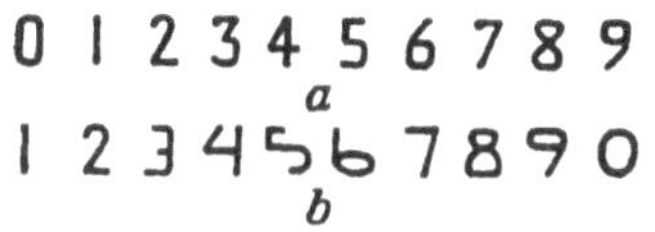

Abb. 15 Die Formen von Ziffern, die von Berger (a) und Slight (b) vorgeschlagen wurden.

wird, stellte der amerikanische Psychologe Slight einige interessante Versuche an, um Ziffern zu projektieren, in denen ihre Unterschiede maximal betont werden [98]. Im Ergebnis schlug er einen entsprechenden Formtyp von Ziffern vor (Zeichnung 15,b).

Kontrollexperimente mit den Ziffern von Berger und Slight haben die Vorzüge dieser Ziffern hinsichtlich der Schnelligkeit und Genauigkeit ihres Erkennens gegennüber Ziffern üblicher Form bestätigt.

Bei der Niederschrift von Wörtern und Zahlen soll nach den Angaben der Mehrheit der Forscher der Abstand zwischen den Buchstaben und Ziffern 0,2–0,3 ihrer Breite betragen.

Der Abstand zwischen den Textzeilen wird nach der Höhe der Buchstaben gewählt. In der Praxis des Buchdrucks wird eine Relation zwischen Höhe der Buchstaben und Zeilenabstand von 1 : 1 und 1 : 1,2 beachtet.

Allerdings muß dieses Verhältnis vom Gesichtspunkt der Wahrnehmung die Stärke der Schrift, die Bestimmung des Textes und die Zeilenlänge berücksichtigen. Je länger die Zeilen sind, desto größer muß der Abstand zwischen ihnen sein. So ist ein Text in Maschinenschrift, bei dem die Zeilen über das ganze Blatt gehen und der Intervall nur eine Zeile beträgt, wesentlich schlechter zu lesen als ein gleicher Text, in dem der Abstand zwei Zeilen beträgt. Dagegen lesen sich kurze Zeilen in Maschinenschrift (zum Beispiel ein Gedichttext) leichter, wenn der Intervall nur eine Zeile beträgt. Zu bemerken ist noch, daß unter sonst gleichen Bedingungen kurze Zeilen immer besser wahrgenommen werden als lange.

Erschwert wird das Lesen durch den im Buchdruck weitgehend üblichen Unterschied zwischen der Schriftgröße des eigentlichen Textes und der der Fußnoten. Von großer Bedeutung für das Ablesen von Textinformation ist das allgemeine Aussehen der Informationsquelle (des Blattes). Dunkle Kontrastzeichnungen oder Fotografien innerhalb des Textes sowie ein zu geringer Abstand zwischen Zeilenrand und Blattrand verschlechtern die Lesbarkeit. Oft wird in einer gedruckten Information der Abstand zwischen den Druckspalten ohne genügende Überlegung gewählt, was den Text überladen oder verstreut erscheinen läßt und wodurch seine Lesbarkeit beeinträchtigt wird.

Mit besonderer Aufmerksamkeit müssen die einzelnen Sinnelemente des Textes durch unterschiedliche Gestaltung der Schrift oder Unterstreichung hervorgehoben werden. Man muß sich hierbei die psychologischen Momente der Arbeit desjenigen, der Information aufnimmt, ganz besonders deutlich vorstellen. Ist der Text für ein schnelles, auswählendes Lesen vorgesehen, so kann die Hervorhebung von Sinnelementen (Wörtern oder Wortgruppen) durch Fettdruck erfolgen (schlechter ist der gesperrte Druck). Ist der Text für eine vollständige, aufmerksame Lektüre vorgesehen, sollte man die Sinnelemente besser durch Kursivschritt hervorheben. Dadurch gewinnt das Gesamtbild des Textes, und folglich werden auch die Schnelligkeit und Genauigkeit des Lesens erhöht.

Meistens verschlechtert die Hervorhebung von Sinnelementen die Lesbarkeit eines Textes, obwohl dadurch die logische Erfassung des Inhalts erleichtert wird.

Die graphische Darstellung von Information bildet eine der ökonomischsten Formen zur Weitergabe von Information. Einer der Hauptvorzüge der graphischen Information besteht in psychologischer Sicht darin, daß sie es ermöglicht, die verschiedenartigsten Objekte und Meßgrößen in visuell wahrnehmbarer Form darzustellen, darunter auch solche Größen und die zwischen ihnen bestehenden Abhängigkeiten, die einer direkten visuellen Wahrnehmung nicht zugänglich sind.

Als Darstellungsformen von Information besitzen Graphiken eine ganze Reihe von Vorzügen gegenüber anderen Darstellungsformen. Erstens machen Graphiken die visuelle Wahrnehmung von Abhängigkeiten verschiedenartiger Erscheinungen und der mit ihnen verbundenen Prozesse möglich. Zweitens ermöglichen sie es, den weiteren Verlauf von Prozessen und Erscheinungen (durch Extrapolieren) hinreichend genau vorauszubestimmen.

Anhand der Richtung und des Neigungswinkels der Kurve (oder von Geraden) läßt sich die Veränderung der indizierten Größe leicht voraussehen. Das ist in vielen Fällen eine außerordentlich wichtige Aufgabe, besonders, wenn es in einem kontrollierten Prozeß irgendwelche kritischen Punkte gibt, die eine erhöhte Aufmersamkeit erfordern. Die übrigen Arten visuell aufnehmbarer Information bleiben hinsichtlich der Möglichkeiten, die Dynamik beobachteter Größen zu prognostizieren, deutlich hinter den Graphiken zurück.

Die Vielfalt der graphischen Darstellung von Abhängigkeiten sich verändernder Größen machte es notwendig, die Schnelligkeit und Genauigkeit von Informationswahrnehmungen bei Graphiken verschiedener Darstellungsformen speziell zu erforschen.

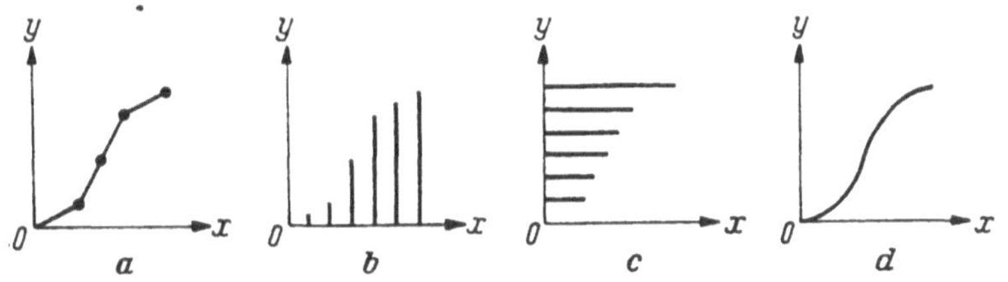

Abb. 16 Arten der Zeichnung von Graphiken.

H. G. Schutz [99] hat eine Reihe interessanter Untersuchungen hinsichtlich der Effektivität der drei am häufigsten verwendeten Typen von Graphiken durchgeführt. In diesen Graphiken wird die Meßgröße angezeigt:

1. durch eine Reihe von Punkten, die durch Strecken zu einer gebrochenen Linie verbunden werden (Zeichnung 16,a);

2. durch eine Reihe vertikaler Strecken, deren Höhe den Punkten der Meßgröße entspricht (Zeichnung 16, b);

3. durch eine Spalte horizontaler Strecken, die die Punkte der Meß größe widerspiegeln (Zeichnung 16, c).

Wenn man die Experimente von Schutz analysiert, gelangt man zu der Schlußfolgerung, daß hinsichtlich der Schnelligkeit und Genauigkeit der Informationsvermittlung die Verwendung der beiden ersten Typen von Graphiken psychologisch günstiger ist. Dabei ist der erste Typ wiederum der vorteilhaftere.

Eine Reihe von Untersuchungen zeigt, daß sich eine Graphik, in der die Parameterpunkte zu einer geschlossenen Kurve vereinigt sind (Zeichnung 16, d), hinsichtlich der Wahrnehmung der indizierten Größen nicht von einer Graphik unterscheidet, in der die Punkte durch eine gebrochene Linie verbunden sind.

Diagramme als Form der Informationsdarstellung sind dann effektiv, wenn bei der Ablesung nicht die Genauigkeit der Information das Wichtigste ist, sondern die Tendenz einer Erscheinung gegenüber anderen festgestellt werden soll.

Die charakterisierten Größen werden auf Diagrammen in der Regel als gradlinige Strecken oder bestimmte geometrische Figuren dargestellt (Dreieck, Kreis und anderes).

Untersuchungen haben gezeigt, daß die Lesegeschwindigkeit von Diagrammen erheblich über der von Graphiken liegt.

Nomogramme finden wegen einiger Vorzüge in der letzten Zeit immer breitere Verwendung im Bereich von Wissenschaft und Technik. Der wesentlichste Vorzug der Nomogramme im Vergleich zu anderen graphischen Darstellungsformen liegt darin, daß es mit ihrer Hilfe möglich ist, ohne spezielle Berechnungen und mit ausreichender Genauigkeit die Lösung von Gleichungen und die Größe irgendeines Parameters zu bestimmen. Die Lesegeschwindigkeit ist bei Nomogrammen bedeutend geringer als bei Diagrammen und Graphiken; die Genauigkeit des Ablesens der entsprechenden Daten wird jedoch erhöht.

Auf den Achsen von Graphiken, Diagrammen, Nomogrammen sowie auf Navigations- und geographischen Karten werden in den meisten Fällen Maßstabs-Skalen eingetragen. Für die Genauigkeit und Schnelligkeit der Wahrnehmung dargestellter Größen sind unter psychologischen Gesichtspunkten solche Besonderheiten der Skalen wie Modulation, Zahl und Verteilung der Markierungen auf der Skala, Verhältnis der Höhen kleiner, mittlerer und großer Markierungsstriche der Skala usw. durchaus nicht gleichgültig.

Modul der Skala heißt die Zahl, die der Skaleneinteilung zugrunde liegt. So hat eine Skala den Modul 1, wenn ihre Teilung der Folge 0, 1, 2, 3 . . . entspricht und den Modul 5, wenn ihr die Folge 0, 5, 10, 15. . .

zugrunde liegt. Zu empfehlen sind Skalen mit dem Modul 10^n (wobei n eine ganze [negative oder positive] Zahl ist) und $2 \cdot 10^n$; etwas schlechter ist der Modul $5 \cdot 10^n$.

Es scheint nicht ratsam, bei der Konstruktion von Skalen den Modul 25 zu verwenden, die Module 3, 4, 6, 8 usw. sollten jedoch überhaupt nicht benutzt werden [100].

Ferner muß daran erinnert werden, daß das Lesen von Dezimalbrüchen und besonders von einfachen Brüchen eine weitaus schwierigere Aufgabe als das Lesen ganzer Zahlen darstellt. Deshalb ist die Verwendung von Markierungen in Form einfacher Brüche auf Skalen äußerst unerwünscht, und Dezimalbrüche sollten in Produkte der entsprechenden Zahl mit der Potenz 10^n umgewandelt werden. So ist die Skala auf Zeichnung 17, a rationell in Form der Skala auf Zeichnung 17, b darzustellen.

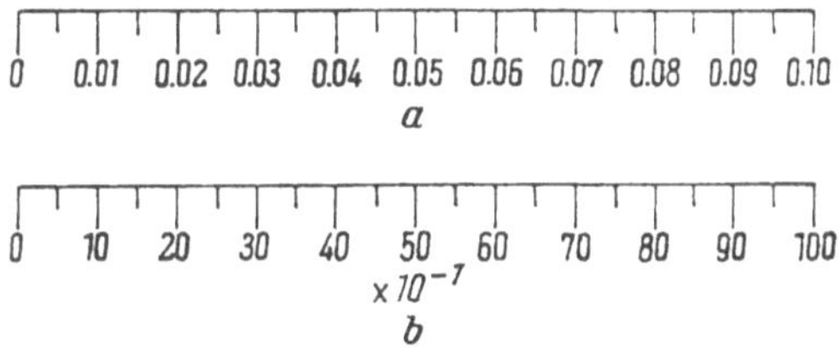

Abb. 17 Die materielle [a) und rationelle (b) Form von Maßstabs-Skalen.

Es ist darauf hinzuweisen, daß Skalen am leichtesten abgelesen werden können, wenn die Zahlen auf ihnen von links nach rechts und von unten nach oben zunehmen (im zweiten Fall etwas schlechter) [97].

Bei Darstellungen mit mehreren Skalen (zum Beispiel auf bestimmten Graphiken und Nomogrammen) muß die Richtung der Zunahme von Zahlenwerten einheitlich sein.

Nicht selten wird die Meinung geäußert, daß die Genauigkeit des Ablesens um so größer ist, je größer die Anzahl der Markierungen auf der Skala ist. Die Analyse von Versuchsergebnissen läßt Zweifel an der Richtigkeit dieser Meinungen aufkommen [101–104]. Oft ist der Mensch nicht imstande, die ganze Information zu nutzen, die durch die Vielzahl der Markierungen wiedergegeben wird. Mehr noch: er verwechselt diese Markierungen oft. Folglich ist eine übermäßig große Anzahl von Markierungen psychologisch nicht gerechtfertigt. Obwohl eine geringere Anzahl von Markierungen den Wahrnehmenden zwingt, eine visuelle Interpolation vorzunehmen, löst er diese Aufgabe in der

Regel leicht, und die erforderliche Zeit zum Ablesen ist insgesamt geringer. Gleichzeitg verringert sich auch die durchschnittliche Anzahl der Fehler.

Außerdem stellte man fest, daß die Interpolationsfehler von minimaler Bedeutung sind, wenn der Abstand zwischen den Markierungen auf der Skala 12–25 mm beträgt [105]. Die minimale Fehlerzahl ist dann zu beobachten, wenn der Wahrnehmende jede Strecke in Gedanken in 2, 3, 4 und – etwas schlechter – in 5 Teile gliedert.

Sehr oft wird zur leichteren Nutzung von Graphiken, Diagrammen und Nomogrammen eine ganze Serie von Kennlinien, manchmal mehrere Serien von Linien, aufgetragen (zum Beispiel in Nomogrammen), die die Veränderungen der verschiedenen Größen und Prozesse charakterisieren.

Dabei ist zu beachten, daß eine Überfüllung mit Linien das Ablesen von Information psychologisch erschwert. Wenn eine große Dichte der Kennlinien nicht zu umgehen ist, müssen die Linien unterschiedlich gestaltet werden, muß eine Linienserie sich von der anderen unterscheiden. Das kann zum Beispiel durch ein verschieden starkes Ausziehen der Linien geschehen. Das Koordinatensystem ist immer wesentlich feiner zu halten als die Kennlinien. Dabei dürfen sich die Linien des Koordinatensystems auch dann nicht verändern, wenn es in drei oder vier Richtungen ausgeführt ist (wie das in Nomogrammen vorkommt).

Wenn eine Quelle (Blatt, Artikel) mehrere graphische Darstellungen enthält, müssen (inhaltlich übereinstimmende) Linien einheitlich sein.

Schemata, Zeichnungen und Karten als Informationsquellen sind wegen der Vielfalt ihrer Typen noch völlig unzureichend erforscht, und die hinsichtlich ihrer psychologischen Wahrnehmung in der wissenschaftlichen Literatur angegebenen Empfehlungen sind zufällig und oberflächlich. Die Analyse vorhandener Angaben ermöglicht jedoch einige Bemerkungen dazu:

Die Symbole sind so zu wählen, daß sie möglichst weitgehend mit dem realen Objekt assoziieren.

Die Verwendung farbiger Symbole führt zu einer wesentlichen Verringerung der Auffindungszeit des Objekts. Einer der Vorzüge farbiger Kodierung besteht weiter darin, daß bei seiner Anwendung der Zahlenkode für die quantitative Charakteristik der kodierten Objekte verwendet werden kann. Ein Vorteil von Zeichnungen, Schemata und Karten liegt darin begründet, daß es möglich ist, charakteristische Details eines Objekts hervorzuheben und damit die volle Aufmerksamkeit darauf zu lenken.

Um die Genauigkeit des Lesens von Karten, Zeichnungen und Schemata zu erhöhen, können wichtige und zweitrangige Details unterschiedlich stark gezeichnet werden. Wenn mehrere Schemata (Zeichnungen, Karten) angeführt werden, so müssen die Linien auf allen einander entsprechenden Schemata einheitlich sein.

Tabellen werden dort rationell eingesetzt, wo zwischen zwei oder mehr regulierenden Kenngrößen eine eindeutige funktionale Verbindung hergestellt worden ist, die mathematisch beschrieben werden kann. Um den Informationssuchenden vor komplizierten und langwierigen mathematischen Berechnungen zu bewahren, greift man in diesen Fällen zur Aufstellung von Tabellen. Das heißt, man bringt die unabhängigen Variablen in eine (vertikale oder horizontale) Reihe und in die andere Reihe der Tabelle die abhängigen Variablen.

Ein Mangel der Tabellen im Vergleich zu Graphiken und Diagrammen besteht in der fehlenden Anschaulichkeit der Dynamik von Prozessen. Infolgedessen ist die Verwendung von Tabellen nur dort rationell, wo diese Anschaulichkeit keine wesentliche Rolle spielt.

Bei der graphischen Gestaltung von Tabellen ist darauf zu achten, daß die vertikalen und horizontalen Linien die Lesbarkeit der Zahlenangaben nicht beeinträchtigen.

Die Zeichnung als Form der Informationsdarstellung ist von der Ingenieurpsychologie sehr wenig erforscht. Es ist nur bekannt, daß die Zeichnung im Vergleich zu anderen Formen (technische Zeichnung, Schema und anderes) hinsichtlich der Schnelligkeit und Genauigkeit der Informationsablesung weniger effektiv ist. Die Hauptforderung, die an eine Zeichnung gestellt wird, ist die ausreichende wissenschaftliche und technische Richtigkeit der Darstellung des Objekts, welche Genauigkeit, Deutlichkeit und Klarheit erfordert. Manchmal ergibt sich die Notwendigkeit, auf einer Zeichnung nicht nur Form und Umfang des Gegenstandes, sondern auch die Art des Materials, aus dem er angefertigt wurde, wiederzugeben. Die verminderte Geschwindigkeit und Genauigkeit der Informationswahrnehmung bei der Verwendung einer Zeichnung wird zum Teil durch die größere Ausdruckskraft kompensiert, die durch verschiedene Formen der Schraffierung auf der Zeichnung erreicht wird. Jeder Strich der Schraffierung auf der Zeichnung muß zur Erhöhung der Ausdruckskraft und zur besseren Wahrnehmung des Gegenstandes beitragen.

Psychologisch am günstigsten für die Wahrnehmung ist nicht die isometrische oder axonometrische, sondern die perspektivische Darstellung des Gegenstandes. Sie gibt nicht nur die Lage des Gegenstandes im Raum, sondern auch seine Tiefe sowie seine Entfernung zum Wahrnehmenden wieder.

In Fällen, in denen es erforderlich ist, auf der Zeichnung die wechselseitige Verbindung von wesentlichen und zweitrangigen Details zu zeigen, ist eine sorgfältige Schraffierung wesentlicher Details psychologisch angebracht. Dabei können die zweitrangigen Teile, die lediglich die gegenseitige Verbindung oder die gegenseitige Lage wiedergeben, nur mit durchgehenden Linien oder minimaler Schraffierung deutlich gemacht werden [106]. Unter gleichen Bedingungen werden farbige Zeichnungen schlechter wahrgenommen als Schwarz-Weiß-Zeichnungen.

Die Fotografie, die eine bessere wissenschaftlich-technische Wiedergabemöglichkeit erlaubt, wird gewöhnlich schlechter wahrgenommen als eine Zeichnung. Daher durchlaufen die von einem Verlag angenommenen Originalfotografien, selbst wenn sie von hoher Qualität sind, auf jeden Fall ein Stadium künstlerischer Bearbeitung – die Retusche. Bei der Retusche werden wichtige Details verstärkt, zweitrangige abgeschwächt und unnötige Details beseitigt.

Nur Fotografien von Makro- und Mikrostrukturen werden keiner zusätzlichen Bearbeitung unterzogen. Das ist dadurch begründet, daß selbst bei der sorgfältigsten und gewissenhaftesten Retusche eine Verzerrung des Originalfotos nicht zu vermeiden ist und die Reproduktion also keine wissenschaftlich-technische Echtheit besitzen würde.

Die Darstellung auf einer fotografischen Aufnahme weist in der Regel einen allmählichen, weichen Übergang von Hell zu Dunkel auf und enthält die ganze Skala von Halbtönen, vom vollen Schwarz bis zum reinen Weiß. Es ist zu beachten, daß eine Darstellung, die alle Helligkeitsübergänge enthält, schlechter wahrgenommen wird als eine kontrastreiche fotografische Aufnahme.

Fotografische Illustrationen in wissenschaftlich-technischen gedruckten Quellen erfordern meist nicht die Erhaltung der fotografischen Originalität; sie müssen jedoch mit wissenschaftlicher Genauigkeit und ausdrucksstark reproduziert sein. Oft kann es gerechtfertigt sein, bei der Retusche die Belichtung des Gegenstandes zu verändern, d. h. die Verteilung beleuchteter Stellen und Schatten zu verändern oder den Hintergrund zu ändern, um die Formen und Abmessungen des illustrierten Gegenstandes besser hervorzuheben.

Zusammenfassend unterstreichen wir einige Mängel, die bei der Darstellung von Information in graphischer Form (als Publikationen) am häufigsten anzutreffen sind, und geben einige allgemeine Empfehlungen.

Nicht immer werden auf Illustrationen (Graphiken, Zeichnungen, Diagrammen usw.) die Bezeichnungen richtig verteilt. Oft verliert eine gut ausgeführte technische Zeichnung viel durch die flüchtige und unrationelle Anordnung der Schlüsselnummern. Besondere Aufmerksamkeit ist der richtigen Abkürzung von Wörtern bei Beschriftungen und Bezeichnungen zu widmen. Es ist von wesentlicher Bedeutung, daß die Beschriftungen und Bezeichnungen einheitlich erfolgen.

Die Schrifthöhe der Beschriftungen muß in einem bestimmten Verhältnis zur Schrift des Drucktextes der jeweiligen Publikation stehen. Am günstigsten ist es, wenn die von Hand ausgeführten Beschriftungen eine etwas größere Schrifthöhe aufweisen als die Druckschrift des Haupttextes. Das beste Verhältnis zwischen der Höhe der Druckschrift und der Höhe der handgeschriebenen Beschriftungen liegt zwischen 1 : 2,2 und 1 : 1,6. Beschriftungen oder Bezeichnungen, die vertikal oder gar im Winkel zur Achse des eigentlichen Textes angebracht sind, sollten vermieden werden. Beschriftungen in Druckschrift werden besser wahrgenommen als handschriftlich vorgenommene.

In jedem Fall ist die Anzahl der Beschriftungen und Benennungen minimal zu halten. Diese führen zu einer Überladung der Illustrationen (Graphiken, Zeichnungen, technischen Zeichnungen) und vermindern die Lesbarkeit.

Nicht immer sind die Details zweckmäßig angeordnet. Die Abmessung der technischen Zeichnung (Zeichnung, Graphik usw.) entspricht oft nicht dem Format des Buches oder der Zeitschrift. Graphsche Darstellungen befinden sich manchmal nicht in Übereinstimmung mit dem gedruckten Text. So werden Graphiken (Zeichnungen u. a.) sehr deutlich, fett und kontrastreich dargestellt, während der Drucktext mittelstark oder sogar nur schwach ist. Die Adaption des Sehens führt in diesem Fall zur schnellen Ermüdung und zum Absinken der Aufmerksamkeit beim Lesen des eigentlichen Textes.

Psychologisch falsch und erschwerend für die Informationswahrnehmung ist es, die textliche Erläuterung einer graphischen Darstellung auf der anderen Seite oder der Rückseite anzuordnen.

Eine wichtige Form der Fixierung von Ergebnissen wissenschaftlicher Forschungsarbeiten sowie Versuchs- und Konstruktionsarbeiten insgesamt, ihrer Etappen und einzelnen technischen Lösungen ist die technische Berichtsdokumentation (in der DDR als F/E-Berichte bezeichnet – der Verlag). Sie bildet die effektivste Quelle zur Information über laufende und abgeschlossene Forschungs- und Entwicklungsarbeiten.

Das bestehende System zur Weitergabe von Information über die Ergebnisse von Forschungsarbeiten und ingenieurtechnischen Entwicklungen ist aus verschiedenen Gründen unvollkommen. Einer dieser Gründe ist die Unzulänglichkiet bei der Herstellung der technischen

Berichtsdokumentation: Bis heute gibt es keine einheitliche Ordnung über die Form der Berichtsdokumentation, und manchmal sind auch die Vorlagefristen nicht festgelegt.

Verschiedenartig in der Struktur sowie ohne den notwendigen wissenschaftlichen Apparat, ohne Verweise und Quellennachweise, ist die Berichtsdokumentation nur schwer den üblichen bibliographischen Methoden zugänglich, was natürlich ihre rechtzeitige Heranführung an den interessierten Nutzer erschwert. Außerdem wird die Primärinformation (Berichte) meistens in kleiner Auflage verbreitet, und die Periodizität ihrer Abfassung (nicht mehr als einmal im Jahr) führt zu einer unzureichenden Informierung und zur Parallelität bei Forschungs- und Entwicklungsarbeiten. Wenn man zum Beispiel die mittlere „Lebensdauer" eines Berichts mit 5 Jahren veranschlagt und die Information über die durchgeführte Arbeit verspätet sich um ein halbes Jahr oder ein Jahr, so wird die „Lebensdauer" des Berichts dadurch um etwa 10 bis 20 Prozent verkürzt. Wenn die Berichte zweimal jährlich erscheinen, erhöht sich die Effektivität ihrer Nutzung um etwa 12%.

Eine Beseitigung dieser Hauptmängel bei der Herstellung technischer Berichtsinformation wird deren Informationswert erhöhen und die notwendigen Bedingungen für die Herstellung operativer Sekundärinformation schaffen, worunter Annotationen, Referate, Informationskarten, Artikel für Periodika u. a. zu verstehen sind. Es ist angebracht, daran zu erinnern, daß solche Berichte bisher nicht in den Referatezeitschriften von VINITI[7] aufgeführt werden, da sie als nicht publiziert gelten. Damit erhöhen sich die Rolle und Bedeutung der Informationsmittel und folglich auch die Notwendigkeit, die Herstellung und Verbreitung technischer Berichtsdokumente einheitlich zu ordnen. So werden zum Beispiel in den Einrichtungen des Ministeriums für Radioindustrie der UdSSR neue Entwicklungen, ihre Etappen oder einzelnen technischen Lösungen erst dann als abgeschlossen betrachtet, wenn die entsprechenden Berichtsdokumente den Informationseinrichtungen des Leitinstituts übergeben worden sind. Die an das Informationszentrum des Industriezweigs gesandten Informationsmaterialien werden als persönlicher Beitrag der Mitarbeiter zu den wissenschaftlich-technischen Erfahrungen gewertet und bei der Beförderung sowie der Prämienverteilung berücksichtigt. Das trägt in hohem Maße dazu bei, die in der Forschung tätigen Mitarbeiter an der Schaffung und Verbreitung von Information über die Ergebnisse von Forschungsarbeiten zu inter-

[7] Institut für wissenschaftliche und technische Information der UdSSR (Anmerkung des Verlages).

essieren. Eine einheitliche Ordnung für die Anfertigung sowie Verbreitung der Berichtsdokumente dient dazu, die Information aller Betriebe und Einrichtungen des Industriezweigs zu regeln.

Die methodische Anleitung und Kontrolle zur Herstellung von Information über die Ergebnisse wissenschaftlicher Forschungs- und Entwicklungsarbeiten muß Sache der Informationseinrichtungen der Forschungs- und Projektierungsorganisationen sein, die ja auch zugleich aktiv in allen Stadien der Forschung beteiligt sind. Die Teilnahme der Informationseinrichtungen sowohl an den unmittelbaren Forschungen als auch an der Herstellung neuer Information ist in den einzelnen Etappen der Arbeit jedoch unterschiedlich.

Es muß nochmal unterstrichen werden, daß die Information über wissenschaftliche Ergebnisse eine wichtige Information über die praktische Tätigkeit der wissenschaftlichen Forschungs- und Projektierungsinstitute darstellt und höchsten ökonomischen Effekt garantiert. Im Zusammenhang damit gewinnt die Schaffung eines genau organisierten Systems der Information über Teillösungen besondere Bedeutung, was zugleich die Rolle der Informationseinrichtungen als unmittelbarer Teilnehmer an der Schaffung neuer Information über wissenschaftliche Forschungen bedeutend erhöht.

Um die Publikationsfristen zu verkürzen und die Überführung der neuesten Forschungsergebnisse in die Produktion zu beschleunigen, müssen die Mitarbeiter von Informationseinrichtungen die qualifizierte wissenschaftliche Redaktion sowie Rezension der Artikel sichern. Der wissenschaftliche Artikel stellt eine verbreitete Informationsquelle dar und ist Ausgangspunkt und Endergebnis wissenschaftlicher Forschungsarbeiten. Zugleich ist er, besonders im Vergleich zur Monographie, eine äußerst operative Informationsquelle. Natürlich kann der Wert einer wissenschaftlichen Monographie für den Forscher nicht bestritten werden; die Praxis zeigt aber, daß die in einer solchen Monographie enthaltene Information manchmal veraltet, bevor sie den Nutzer erreicht. Folgende Angaben zeugen von der Vergrößerung der Nachfrage nach aktueller Information: Wurden am Ende des 19. Jahrhunderts Bücher und Zeitschriften als gleichwertige Quellen der wissenschaftlichen Information benutzt, so beträgt heute der Anteil der wissenschaftlichen Publikationen in Form von Artikeln an der Gesamtzahl der gedruckten Quellen mehr als 85%.

Die rasche Zunahme wissenschaftlicher Erkenntnisse bestimmte das Herangehen an die Abfassung wissenschaftlicher Artikel vom Standpunkt der Information. Da es gegenwärtig noch keine Mittel gibt, die wissenschaftliche Publikation als Informationsquelle abzulösen, wächst in dem Maße die Bedeutung der Publikationen, wie die an sie gestellten Forderungen (gemeint ist die Möglichkeit ihrer weiteren analytisch-synthetischen Bearbeitung) steigen.

Es ist ganz offensichtlich, daß sich die Forscher und die mit Entwicklungsarbeiten befaßten Wissenschaftler, die ihre wissenschaftlichen Ergebnisse publizieren, gegenüber der Informationsarbeit genauso gewissenhaft und verantwortungsbewußt verhalten müssen, wie sie das gegenüber ihrer Forschung tun. Andererseits müssen die Mitarbeiter der Informationseinrichtungen, die die wissenschaftliche Information bearbeiten, eng mit den Wissenschaftlern zusammenarbeiten. Die Vertrautheit der Forscher mit den modernen Methoden wissenschaftlicher Information sowie die Berücksichtigung dieser Methoden bei der Vorbereitung der Forschungsresultate zur Veröffentlichung sind die wichtigsten Voraussetzungen für die Regulierung und rationelle Organisation des Stroms wissenschaftlicher Information.

Kapitel VI

Die Mechanisierung und Automatisierung von Informationsprozessen im Forscherkollektiv

Möglichkeiten und natürliche Grenzen

Ein modernes Forschungsinstitut oder ein Projektierungsbüro kann als ein Betrieb oder eine Produktionsvereinigung bezeichnet werden, deren Ziel die Gewinnung von Kenntnissen ist, die für die weitere Nutzung geeignet sind. Das Endprodukt – die neuen Kenntnisse – wird zur weiteren Nutzung in Form wissenschaftlicher Publikationen materiell fixiert. Die Kenntnisse schlagen sich entweder gegenständlich in neuen Arten von Erzeugnissen der materiellen Produktion nieder, oder sie dienen im Bereich der Bildung und berufstechnischen Ausbildung in großem Umfang zur Erhöhung des allgemeinen Niveaus der Kenntnisse und der Berufsausbildung der Werktätigen. Schließlich können sie als eine besondere Art von Halbfabrikat bei der Produktion von Wissen in der wissenschaftlichen Tätigkeit betrachtet werden.

Die schöpferische Verarbeitung der der Gesellschaft zur Verfügung stehenden wissenschaftlichen Information bildet den eigentlichen Forschungsprozeß. Daher sind die Qualität der dem Forscher zugänglichen Information sowie eine gut organisierte Informationsvermittlung neben den schöpferischen Fähigkeiten des Wissenschaftlers und der Organisation des Forschungsprozesses die wichtigsten Komponenten der Forschung, die deren erfolgreichen Ablauf und Abschluß bestimmen. Wenn die Organisation der Informationsvermittlung ungenügend beachtet wird, führt das zu einem spürbaren Absinken der Effektivität des gesamten Forschungsprozesses. Nach Meinung amerikanischer Fachleute werden auf Grund der ungenügend effektiven Ausnutzung der Information in den USA bis zu 45 Prozent der für Forschung und Entwicklung aufgewendeten Mittel unproduktiv ausgegeben [107, S. 114].

Die Industrialisierung des Forschungsprozesses sowie die dadurch hervorgerufene „Informationsexplosion“ der letzten Jahrzehnte haben neben anderen Ursachen, von denen in den vorigen Kapiteln die Rede war, dazu geführt, daß sich im Bereich der schöpferischen wissenschaftlichen Arbeit eine spezielle Art der menschlichen Tätigkeit herausgebildet hat, die in der Vermittlung von Information besteht. Wie jede andere Art der gesellschaftlichen Tätigkeit hat dieser Arbeitsbereich infolge innerer und äußerer Faktoren in seiner Entwicklung ein Stadium weitgehender Spezialisierung und Kooperation erreicht. Die Technologie der Informationsvermittlung im Bereich der wissenschaftlichen Foıschung ist heute sogar komplizierter als die Technologie vieler Prozesse der materiellen Produktion. Die Gesamtheit von Operationen allein bei der Informationsbearbeitung und Informationsvermittlung kann in sieben Hauptgruppen eingeteilt werden: Eingabe der Information, ihre Klassifizierung, Speicherung, Recherche, Analyse, Synthese sowie Ausgabe [108, S. 35], wobei jede Gruppe wieder in detailliertere Operationen aufgegliedert werden kann. Die Gesamtzahl der beschriebenen und untersuchten Operationen der Informationsvermittlung, deren technologische Unterschiede deutlich sichtbar sind, liegt bedeutend höher. Man rechnet, daß die Anzahl der Grundoperationen der Informationsvermittlung 100 erreicht.

Zugleich wiederholt sich eine Reihe von Operationen unverändert in verschiedenen Etappen des Informationsprozesses. So gibt es bei der Recherche, Eingabe und Analyse der dokumentellen Information eine Reihe übereinstimmender Operationen. Dasselbe kann bei der Eingabe und Ausgabe, der Analyse und Synthese usw. gesagt werden.

Der hohe Grad der Spezialisierung in der Informationsvermittlung und bei den Informationseinrichtungen ermöglicht es, eine Reihe von Informationsprozessen zu mechanisieren und automatisieren. In einzelnen Fällen, je nach der Art der Informationsergebnisse, die in der Forschung in Anspruch genommen werden, sind auch die komplexe Mechanisierung und Automatisierung des Informationsprozesses möglich. Ein zusätzlicher Faktor, der die Möglichkeit der Anwendung technischer Mittel und maschineller Ausrüstung in den Informationsprozessen erleichtert, besteht darin, daß im Unterschied zur eigentlichen Forschungsarbeit viele Operationen der Recherche, der Klassifizierung, Speicherung sowie Vervielfältigung der wissenschaftlich-technischen Information relativ leicht zu algorithmieren sind. Im Bereich der schöpferischen wissenschaftlichen Arbeit läßt sich nur das Experimentieren ähnlich der Informationsvermittlung leicht algorithmieren.

Das stürmische Wachstum verschiedenartiger Ausrüstungen für Informationsprozesse ist in den letzten Jahren nicht zufällig. Nach Angaben des amerikanischen Ökonomen Machlup wurden schon 1958 von der Industrie der USA Informationsverarbeitungsmaschinen, einschließlich Rechenmaschinen, Lochkartenmaschinen und Kopier- und Vervielfältigungsmaschinen, im Wert von 1735 Mill. Dollar hergestellt

(1954 für 1063 Mill. Dollar). Im gleichen Jahr wurden für nur 946 Mill. Dollar wissenschaftliche Geräte und Spezialgeräte verkauft [109]. Die Ausgaben für die Mechanisierung und Automatisierung von Informationsprozessen wachsen mit hohem Tempo. In den USA wird alle zwei bis drei Jahre eine Verdoppelung der Ausgaben für die Anschaffung spezialisierter Informations-Recherche-Systeme verzeichnet [110].

Ein mächtiges Stimulans für die Anwendung von Mechanisierungs- und Automatisierungsmitteln in Informationsprozessen stellen die Schwierigkeiten dar, die die Recherche und Bearbeitung der Information von Hand bereiten, die sich durch den exponentiellen Zuwachs an veröffentlichter und unveröffentlichter wissenschaftlicher Literatur noch verstärken und die die natürliche Grenze menschlicher Möglichkeiten bei der Informationsverarbeitung überschreiten. Selbst bei konzentrierter Arbeit an der Recherche und Bearbeitung wissenschaftlicher Information innerhalb einer spezialisierten Gruppe von Mitarbeitern, die eine entsprechende Ausbildung erhalten haben, ist eine wesentliche Verbesserung der Informationsvermittlung ohne Anwendung technischer Mittel nicht zu erreichen, da dem die natürlichen Beschränkungen entgegenstehen, denen der Mensch unterliegt. Die Schaffung spezialisierter Informationsgruppen, die lediglich mit notwendigen Kenntnissen und Enthusiasmus „ausgerüstet" sind, erweist sich angesichts des wachsenden Informationsstroms als wenig effektives Mittel zur Überwindung des „Informationshungers".

Nach wie vor ist der Wissenschaftler gezwungen, zwischen 15 und 60 Prozent seiner Arbeitszeit für das Ermitteln vorhandener wissenschaftlicher Ergebnisse aufzuwenden [111], und kein noch so rationelles System der Arbeitsorganisation kann die Arbeitsproduktivität der Wissenschaftler und der Informationsmitarbeiter wesentlich erhöhen. Alle Versuche, die Effektivität der Informationsarbeit zu erhöhen, stoßen auf die unüberwindliche Barriere der menschlichen Möglichkeiten. Die Mechanisierung und Automatisierung der Informationsprozesse erlangt entscheidende Bedeutung im Kampf um die Erhöhung der Qualität und Effektivität der wissenschaftlichen Forschungen.

Die Mechanisierung der Informationsarbeit muß zweifellos alle Prozesse umfassen: die Recherche, Reproduktion und Festlegung der Auflagenhöhe der Dokumente, ihre Sortierung, Aufbewahrung, die Aufzeichnung auf Mikrofilm, die analytisch-synthetische Bearbeitung, die Ausführung der Teiloperationen bei der Eingabe und Ausgabe der Information, die Übersetzung der Information von einer natürlichen Sprache in die Maschinensprache sowie die Übermittlung der Information durch Nachrichtenkanäle.

Gegenwärtig ist das Niveau der Mechanisierung und Automatisierung der Informationsprozesse unzureichend, und viele Gebiete der Informationsarbeit sind überhaupt nicht berührt. Eine Erhöhung dieses Niveaus wird es vor allem möglich machen, die Fristen der analytisch-synthetischen Bearbeitung von Information sowie der Informations-Recherche zu verkürzen und die Bedingungen für die Klassifizierung und Speicherung der Quellen in Informations-Recherche-Systemen (IRS) zu verbessern.

Es ist festzustellen, daß in dem relativ kurzen Zeitraum seit den ersten serienmäßigen mechanischen und halbautomatischen Informations-Recherche-Vorrichtungen (vor nicht mehr als 10 bis 15 Jahren) Optimismus und Pessimismus einander ablösten. Der stürmische Optimismus Ende der fünfziger Jahre, als die ersten Versuche der Anwendung von Computern bei der Informationsvermittlung die Schaffung von vollautomatisierten Systemen für die Bearbeitung und Ausgabe von Information bis hin zu ihrer logischen Verarbeitung und Übersetzung von Fremdsprachen (ohne jede Mitwirkung des Menschen) für das nächste Jahrzehnt verhießen, wurde Anfang der sechziger Jahre von einem deprimierenden Pessimismus abgelöst. Die „Informationsexplosion" machte einem „Informationshunger bei Informationsüberfluß" Platz.

Heute ist eine nüchterne Einschätzung der Möglichkeiten und Perspektiven für die Mechanisierung und Automatisierung der Informationsprozesse an diese Stelle getreten. Es ist offensichtlich, daß die pessimistische Einstellung zu den Perspektiven automatisierter IRS ebensowenig begründet ist wie der übertriebene Optimismus Ende der fünfziger Jahre. Fachleute aus dem Gebiet der Informatik, die an der Schaffung mechanisierter und automatisierter IRS arbeiten, stellen auf Grund von Erfahrungen bereits arbeitender Systeme und von Ergebnissen der technischen und biologischen Wissenschaften sowie der Gesellschaftswissenschaften die möglichen Perspektiven automatisierter IRS und die noch vorhandenen Schwierigkeiten klar. Nicht zufällig wurden deshalb in den letzten Jahren vernünftigere Proportionen bei der Verteilung der Kräfte und Mittel auf die theoretische und angewandte Forschung hergestellt. Das betrifft die Forschungen auf dem Gebiet der Informationsströme und der Möglichkeiten zu ihrer Optimierung, das Studium der psycho-physiologischen Besonderheiten bei der Informationswahrnehmung durch den Menschen, die Möglichkeiten zur Schaffung von Informations-Recherche-Sprachen (IRSpr), die Besonderheiten des Zusammenwirkens von Mensch und Maschine im System der Informationsvermittlung und das Studium von Fragen, deren Problematik durch die technischen Mittel zur Verwirklichung von Recherchesystemen gegeben ist. Die Jahre relativer Mißerfolge haben erkennen lassen, daß die Schwierigkeiten bei der Schaffung mehr oder weniger einfacher und in der Anwendung zuverlässiger IRS nicht nur und nicht so sehr technischer als vielmehr allgemein menschlicher Art sind. Ihnen liegt die Unkenntnis wesentlicher Gesetzmäßigkeiten des Zusammenwirkens von Menschen beim Austausch wissenschaftlicher Information zugrunde.

Zu dieser Schlußfolgerung gelangten auch die Wissenschaftler der USA, die zuerst auf dem Gebiet der Anwendung technischer Mittel zur Schaffung von IRS zu arbeiten begannen. B. Brookes schreibt, daß die vom Technologischen Institut Massachusetts gemeinsam mit anderen Organisationen betriebene Entwicklung eines komplizierten Systems zum Informationsaustausch zwischen Wissenschaftlern der „Information Transfer Experiments" (Intrex), das mit Hilfe mächtiger Computer verwirklicht werden soll, auf ernste Schwierigkeiten stößt, da eine allgemeine Theorie der Verarbeitung von Information und ihres Austausches zwischen Wissenschaftlern fehlt [112].

Informations-Recherche – Semantische Mittel zur Verwirklichung eines IRS – Arten von Informationsträgern

Den Knotenpunkt in der Organisation der Informationsvermittlung stellt die Recherche der wissenschaftlich-technischen Information dar. Eine schon klassisch gewordene Definition der Informations-Recherche wird in der Monographie von A. I. Michajlov, A. I. Černyj und R. S. Giljarevskij, „Informatik", gegeben. Die Autoren definieren die Informations-Recherche als „eine bestimmte Folge von Operationen mit dem Ziel, alle Dokumente (Artikel, wissenschaftlich-technische Berichte, Patentschriften, Bücher usw.) aufzufinden, die eine bestimmte Information enthalten (mit darauffolgender Ausgabe der Dokumente selbst oder deren Kopien), oder mit dem Ziel, Fakten und Sachverhalte zu erhalten, die gestellte Frage unmittelbar zu beantworten" [110, S. 224].

Da die Informations-Recherche sowohl hinsichtlich ihrer Bedeutung als auch hinsichtlich ihrer Schwierigkeit den Angelpunkt des Prozesses der Informationsarbeit bildet, wird den Problemen ihrer Mechanisierung und Automatisierung mehr Aufmerksamkeit gewidmet als den Fragen der technischen Ausrüstung anderer Arten von Informationsarbeit. Oft wird das ganze System der Informationsvermittlung Informations-Recherche-System genannt, und in ihm werden drei Ebenen unterschieden: die Eingabe von Information in das System, die Recherche selbst und die Ausgabe mit Vervielfältigung.

Im IRS werden zwei Zyklen unterschieden: Zyklus I – der Vergleich des Inhalts der Anforderung mit dem Inhalt der Quelle und die Feststellung der Adresse der entsprechenden Quelle; Zyklus II – die Recherche und Ausgabe der Daten oder der gesuchten Quellen. Oft verfügen die funktionierenden IRS nur über den ersten Zyklus, d. h., sie teilen den Nutzern die Adresse der Quelle und kurz den Inhalt mit, ohne die Quelle auszugeben. Die einfachste Form einzyklischer IRS sind Autoren- und Sachregister zur persönlichen Benutzung und die Neuerwerbungslisten, die von den Bibliotheken herausgegeben werden. Als Beispiel eines zweizyklischen IRS, das freilich nur eine kurze Inhaltsbeschreibung der Quelle mitteilt, können die von VINITI für die wichtigsten Zweige der Wissenschaft und Technik herausgegebenen Referatezeitschriften gelten, die über einen Auskunftsapparat in Form eines Namenregisters verfügen.

Die genannten IRS sind deshalb die einfachsten[8], weil ihr Funktionieren voraussetzt, daß sich der Nutzer unmittelbar zum Recherchefonds hinwendet. Es existiert keinerlei Mittler zwischen dem Feld und dem Nutzer. So kann die Informations-Recherche im Referatejournal mit Hilfe des Namenregisters vom Spezialisten selbständig, unabhängig von der Informationseinrichtung vorgenommen werden. Eine Referatezeitschrift kann eine Art „häusliches" Recherchesystem darstellen.

Zugleich verlieren die Neuerwerbungslisten und Referatezeitschriften, sobald sie sich in der Sammlung der Quellen und des Auskunftsfonds einer Informationseinrichtung beliebiger Kapazität befinden, ihre Eigenschaft, selbständige IRS zu sein, und werden zu Elementen eines komplizierteren Recherchesystems.

Betrachtet man die Informations-Recherche als komplexe Operation zur Befriedigung der Bedürfnisse der Forscher an benötigter Informa-

[8] Wenn wir von Referatezeitschriften als einfachster Form eines IRS sprechen, so meinen wir die Verwirklichung der Recherche im Referatejournal, nicht aber den Prozeß der Herstellung einer Referatezeitschrift als IRS. Dieser Prozeß ist außerordentlich kompliziert sowohl im Sinne der Sicherstellung einer semantischen Übereinstimmung zwischen dem Register und dem Inhalt des Referats einerseits und zwischen dem Inhalt des Referats und dem vollen Text der referierten Quelle andererseits als auch von der rein technischen Seite her. Die Herstellung einer Referatezeitschrift ist sehr arbeitsaufwendig und erfordert den komplexen Einsatz von hochproduktiver Ausrüstung.

tion, so wird offensichtlich, daß ein großer Teil der Einrichtungen zur wissenschaftlich-technischen Information von Forschungsorganisationen als Recherchesysteme funktionieren. Dabei erscheint der Prozeß der Recherche als Komplex von Operationen, die gemeinsam zur Erreichung des Endergebnisses führen: der Ausgabe von Information an den Nutzer, die semantisch, in der geforderten Form und Menge und innerhalb annehmbarer Fristen seinen Bedürfnissen entspricht.

Um die Recherche erfolgreich zu gestalten, müssen folgende Operationen durchgeführt werden: Operationen zur Bearbeitung der Anforderungen und der Sichtung und Aufbereitung von Informationsquellen; Operationen zur Befragung der Speicher, um die Information auszuwählen, die sinngemäß der Anforderung entspricht; Operationen zur schnellen Ausgabe der gefundenen Information an den Nutzer. A. I. Michajlov, A. I. Černyj und R. S. Giljarevskij teilen den Prozeß der Informations-Recherche in folgende, über jeweils einen eigenen Zyklus verfügende Gruppen von Operationen ein: „1. das Aufzeichnen des Recherchebildes des Dokuments zusammen mit dem Dokument (oder seiner Kopie) oder zusammen mit anderen Angaben, die für seine schnelle Identifizierung und sein schnelles Auffinden benötigt werden, 2. das Aufzeichnen der Recherchevorschrift, 3. das Lesen der Recherchebilder der Dokumente, 4. die Kontrolle der semantischen Übereinstimmung und die Entscheidung über die Ausgabe oder die Nichtausgabe des Dokuments, 5. die Ausgabe der Dokumente, die der Informationsanfrage entsprechen, oder die Ausgabe der sie beteffenden bibliographischen oder sonstigen Angaben.“ [110, S. 473 f.]

Die Qualität und die Schnelligkeit der aufgezählten Operationen bestimmen die Effektivität des gesamten Recherchesystems.

Die Hauptkriterien für die Effektivität eines Informations-Recherche-Systems bestehen in der Vollständigkeit und Genauigkeit der Ausgabe von Information auf eine eingegangene Anforderung. Die Effektivitätskriterien können quantitativ durch die Koeffizienten der Vollständigkeit, Genauigkeit und Übereinstimmung der Informations-Recherche mit Hilfe folgender Formeln beschrieben werden:

$$F_n = \frac{R}{C} 100;$$

$$F_R = \frac{R}{L} 100;$$

$$F_g = \frac{C}{N} 100.$$

Dabei ist F_n – der Koeffizient der Vollständigkeit (in Prozent), F_R – der Koeffizient der Genauigkeit (in Prozent), F_g – der Koeffizient der

Übereinstimmung (in Prozent); R – die Anzahl der im Fonds gefundenen relevanten Quellen; L – die Gesamtzahl der gefundenen Quellen; C – die Gesamtzahl der relevanten Quellen im Fonds; N – die Gesamtzahl aller Quellen im Fonds.

Bei der praktischen Anwendung dieser Koeffizienten sind einige Besonderheiten der Informations-Recherche zu berücksichtigen. Erstens: In einer Reihe von IRS führt die Vergrößerung der Gesamtzahl der relevanten Quellen nicht immer zur Erhöhung der Gesamtzahl der ausgegebenen Quellen, einschließlich derer, die ohne Beziehung zum Thema der Anforderung sind, also der irrelevanten. Zweitens: Die Praxis der Arbeit von IRS zeigt, daß die vorhandenen Mittel zur Aufnahme und Klassifizierung von Informationsquellen nicht immer alle Varianten der eintreffenden Anforderungen berücksichtigen.

Schließlich ist die Anzahl der gefundenen Quellen, die vom Gesichtspunkt ders IRS aus relevant sind, nicht immer auch für die Nutzer relevant. Mit anderen Worten, in der Praxis wählt der Nutzer oft aus der Anzahl der Quellen, die ihm vom IRS als relevant herausgegeben wurden, nur diejenigen aus, die tatsächlich für ihn von Nutzen sein könnten.

Das erklärt sich daraus, daß die Auswahl der Quellen im IRS nach Adressen und nach der verwendeten Klassifikation erfolgt, während der Nutzer die Auswahl nach dem Inhalt (der logischen Analyse) vornimmt. Darin liegt nach unserer Meinung die Hauptursache dafür, daß ein Teil der vom IRS ausgegebenen Quellen für den Nutzer irrelevant ist.

In Übereinstimmung hiermit wurden einige veränderte Formeln für die Berechnung der Effektivität eines IRS vorgeschlagen. Es wird vorgeschlagen, den Koeffizienten der Vollständigkeit nach der Formel

$$F_n = \frac{R - R'}{C} 100,$$

und die Koeffizienten der Genauigkeit und Übereinstimmung entsprechend den Formeln

$$F_R = \frac{R - R'}{L} 100$$

und $$F_g = \frac{R}{C} 100$$

zu berechnen, wobei R′ die Anzahl der für das IRS relevanten, den Interessen des Nutzers jedoch nicht entsprechenden Quellen bezeichnet. Die übrigen Benennungen sind die gleichen wie vorher [113, S. 117].

Zwischen den Koeffizienten der Effektivität eines IRS besteht eine inverse Abhängigkeit. Eine Erhöhung der Genauigkeit der Informations-Recherche um 1 Prozent führt in der Regel unabhängig vom Niveau der technischen Mittel der Systeme und des Rechercheverfahrens und bei normalem Arbeitsregime zu einer Verminderung ihrer Vollständigkeit um 3 Prozent. Diese Abhängigkeit verändert sich in verschiedenen IRS nur unbedeutend [114]. Darum muß bei der Auswahl der Parameter und Arbeitsweisen der IRS von den Forderungen ausgegangen werden, die hinsichtlich des zulässigen Rauschens und der zulässigen Verluste gestellt wurden.

Zu den genannten Koeffizienten, die die Effektivität der Informations-Recherche, von den Bedürfnissen des Wissenschaftlers ausgehend, charakterisieren, müssen auch zeitliche Kennziffern hinzutreten, die außerordentlich bedeutsam sind. Genauigkeit, Vollständigkeit, Übereinstimmung mit der Anforderung und Schnelligkeit sind die wichtigsten Charakteristika eines Systems. Nach diesen Kennziffern beurteilt der Nutzer die Zweckmäßigkeit des Funktionierens eines Systems sowie die Möglichkeit, mit ihm zu arbeiten.

Es ist leicht einzusehen, daß die Effektivität des Systems von der erfolgreichen Ausführung aller Operationszyklen beeinflußt wird, die zur Recherche gehören. Der Begriff „erfolgreiche Ausführung" führt wieder zu den vorher unterschiedenen Kennziffern der Effektivität, d. h. zur notwendigen Übereinstimmung der inhaltlichen Ergebnisse der Recherche mit den Bedürfnissen des Nutzers. Folglich hängt die Schaffung eines effektiven IRS von zwei Gruppen wechselseitig verbundener Bedingungen ab: von der semantischen Qualität des Systems, d. h. von der Möglichkeit eines inhaltlichen Vergleichs von Anforderungen und Quellen, und vom technischen Niveau des Systems. Tatsächlich zeigt eine Untersuchung einzelner Operationszyklen der Recherche, daß sie alle die Erfüllung entweder von semantischen (Aufzeichnung des Recherchebildes, der Recherchevorschrift, Überprüfung der inhaltlichen Übereinstimmung) oder technischen (Ablesung der Recherchebilder, Ausgabe der Quellen, Vervielfältigung) Aufgaben darstellen. Die Gesamtheit semantischer Verfahren zur Informationsbearbeitung und bestimmter technischer Mittel bildet das Informations-Recherche-System. Es ist unmöglich, das technische Niveau und die Möglichkeiten verschiedener IRS zu charakterisieren, wenn man dabei die semantischen Mittel außer acht läßt. Das um so mehr, als die gewählten semantischen Mittel, wie im weiteren gezeigt werden wird, eine Selektion der möglichen technischen Realisierungsmittel vornehmen und die Auswahl auf jene Modelle und Komplexe technischer

Mittel beschränken, die an das semantische Modell des Systems am besten angepaßt sind.

Innerhalb der semantischen Mittel eines IRS besitzen die Informations-Recherche-Sprachen erstrangige Bedeutung. Mit ihrer Hilfe wird die Hauptaufgabe der Recherche gelöst – der inhaltliche Vergleich der Forderungen des Nutzers mit den im Zentrum vorhandenen Informationsquellen.

In der Gegenwart herrschen in den arbeitenden und geplanten IRS vier Haupttypen von Informations-Recherche-Sprachen vor: klassifizierende und rubrizierende (Sachindex)-Sprachen; Sprachen von Sinnkodes und Deskriptoren-Sprachen.

Die am meisten verbreitete klassifizierende Informations-Recherche-Sprache stellt die Universelle Dezimalklassifikation (DK) dar.

Als Recherchesystem besteht die Dezimalklassifikation strukturell aus Gruppen von Notationen und Symbolen zur Kombination von Notationen.

Als Notation zur Benennung der klassifizierten Begriffe dienen in der Dezimalklassifikation zehn arabische Ziffern. Die Gesamtheit aller Wissensgebiete wird in zehn grundlegende Abteilungen gegliedert. Die weitere Detaillierung eıfolgt, indem der Notation der Hauptabteilung eine weitere Ziffer hinzugefügt wird. Mit Hilfe dieser Methode lassen sich eine beliebig weitgehende Aufgliederung eines Zweiges und die Kodierung ganz konkreter Begriffe durchführen. Die Fachleute messen der Dezimalklassifikation große Bedeutung bei, denn erstens stellen die arabischen Ziffern eine allgemeine, universale Sprache dar, und zweitens kann man mit Hilfe der Ziffern einen Begriff so weit aufgliedern, wie das notwendig ist.

Die Symbole zur Kombination von Notationen, die aus verschiedenen syntaktischen oder mathematischen Zeichen bestehen, werden in Untergruppen allgemeiner und spezieller Symbole eingeteilt. Bei der Kodierung werden die speziellen Symbole mit den Hauptnotationen kombiniert. Durch die Kombination von Symbolen und Notationen werden eine logische Verbindung und die Übereinstimmung zwischen den Merkmalen der Anforderungen und des Recherchebildes der Quelle erreicht.

Der synthetische Aufbau der Dezimalklassifikation gibt die Möglichkeit, komplizierte Wechselbeziehungen zwischen einzelnen Begriffen, Begriffsgruppen und Kategorien herzustellen, indem Notationen und Symbole auf verschiedene Weise kombiniert und Beziehungszeichen sowie Sachregister benutzt werden.

Das semantische Potential der Dezimalklassifikation ist jedoch durch die Möglichkeiten des Menschen und die Kompliziertheit von Anforderungen und Quellen begrenzt. Infolgedessen kommt es zu bedeutenden Informationsverlusten bei der Recherche und auch zur Redundanz der Information.

Außerdem erschwert die streng hierarchische Struktur der Dezimalklassifikation die Recherche bei speziellen und komplexen Anfragen. Diese Ursachen beschränken die Möglichkeiten zur Verwendung der Dezimalklassifikation bei maschinellen Verfahren, die in der Mehrzahl für die sachbezogene Recherche vorgesehen sind.

Es ist allgemein anerkannt, daß die Anwendung von Deskriptoren-Sprachen für die maschinelle Ausrüstung spezieller Recherchesysteme (bei erhöhten Anforderungen an die Relevanz der Anforderungen und Antworten) am effektivsten ist. Deskriptoren-Sprachen gestatten es, eine komplexe Recherche von Adressen oder Quellen bei minimalen Verlusten durchzuführen. Zu den Vorzügen dieser Sprachen sind die Eindeutigkeit und ausreichende Indizierung zu rechnen, die es ermöglichen, die notwendige Detaillierung der Sachgruppen ohne Komplizierung des Systems vorzunehmen. Nach dem Charakter semantischer Mittel, die bei der Organisation von IRS (auf der Grundlage von Deskriptoren-Sprachen) benutzt werden, kann man zwei Haupttypen solcher IRS unterscheiden: Systeme mit einer ungeordneten Kollektion semantisch selbständiger Wörter und Begriffe, die verschiedene Aspekte der Informationsquellen widerspiegeln, sowie Systeme, in denen zwischen den Schlüsselwörtern genau fixierte, analytische Beziehungen – unabhängig vom Kontext – vorgeschrieben werden (meistens Gattungs-Art-Beziehungen). Das Vorhandensein dieser Beziehungen erlaubt es, die inhaltliche Übereinstimmung zwischen den zum Informationsfonds gehörenden Quellen und den Anforderungen der Nutzer genauer festzustellen. Grundlage beider Sprachtypen ist eine Liste von Schlüsselwörtern, die aus charakteristischen Wörtern einer natürlichen Sprache bestehen. Auch in Systemen, wo zur Recherche formalisierte Deskriptoren benutzt werden (zum Beispiel im System „leer – nichtleer"), dienen Wörter einer natürlichen Sprache als Basis für die formalen Deskriptoren.

Rubrizierende Sprachen nehmen eine Zwischenstellung zwischen den klassifizierenden und den Deskriptoren-Sprachen ein. In ihrer traditionellen Form stellen die rubrizierenden Sprachen eine starre Liste von Deskriptoren innerhalb einer natürlichen Sprache dar, die nach Sachgruppen geordnet sind, mit deren Hilfe der Hauptinhalt der Quelle ausgedrückt wird. Es folgt eine weitere Untergliederung in kleinere Untergruppen oder Klassen. Diese Untergliederung nähert die rubrizierenden den Deskriptoren-Sprachen an. Zu den traditionellen rubrizierenden Sprachen gehören Sachwortregister sowie thematische bibliothekarische Register. Rubrizierende Sprachen neuen Typs, die zur maschinellen Arbeit geeignet sind, bestehen aus einer Sammlung von Schlüsselwörtern. Von den Deskriptoren-Sprachen unterscheidet sie das gänzliche Fehlen von Gattungs-Art-Beziehungen und polysemantischen Gruppen. Außerdem wird der Fonds von Schlüsselwörtern bei den rubrizierenden Sprachen durch die Titel der Quellen begrenzt. Die rubrizierenden Sprachen neuen Typs unterscheiden sich von den traditionellen dadurch, daß es keine Klassen und keine Hierarchie zwischen den Schlüsselwörtern oder Notationen gibt. In Systemen von Informations-Recherche-Sprachen treten rubrizierende Sprachen als Permutationsregister der Typen KWIC (Key-Word-In-Context-Index) und KWOC (Key-Word-Out-of-Context) auf, die unter weitgehender Verwendung maschineller Technik aufgestellt wurden. Im Register KWIC werden die Schlüsselwörter aus den Titeln der Publikationen entnommen und als Stichworte in einem Kontext benutzt, der aus anderen Schlüsselwörtern der Titel besteht. Folglich erscheint jeder Titel so oft im Register, wie er Schlüsselwörter enthält. Die Schlüsselwörter der Titel werden jedesmal in alphabetischer Reihenfolge umgestellt.

In Registern vom Typ KWOC wird jedes Schlüsselwort außerhalb des Kontextes gegeben, der in diesem Falle aus den vollständigen Titeln besteht und unter dem Schlüsselwort in Form einer Sachaufzeichnung erscheint.

Recherche-Systeme, in denen rubrizierende Sprachen verwendet werden, dienen in der Regel zur Auffindung der Adressen von Quellen sowie zur Vorabinformation.

Eine vierte Sprachengruppe bilden die Sprachen mit Sinnkodes, die ein streng formalisiertes System von Deskriptoren mit entwickelten grammatischen Beziehungen darstellen. Eine Reihe Autoren betrachten die Sprachen mit Sinnkodes als eine besondere Art der Deskriptoren-Sprachen [115]. Unserer Meinung nach bilden sie auf Grund der vollen Formalisierung und des entwickelten Systems analytischer und textlicher Beziehungen zwischen den formalisierten Termini eine selbständige Gruppe.

In der Perspektive ist an eine Realisierung der Sinnkode-Sprachen mit Hilfe von elektronischen Rechenmaschinen gedacht. Die Kompliziertheit des Systems der textlichen Beziehungen in Sinnkode-Sprachen sowie die Schwierigkeiten in der Nutzung von Recherche-Systemen, die auf diesen Sprachen basieren, vermindern gegenwärtig ihre praktische Verwendung. Die meisten der mit Hilfe dieser Sprachen verwirklichten Systeme sind experimenteller Art. In unserem Lande wurde ein solches experimentelles System von einer Gruppe wissenschaftlicher Mitarbeiter unter Leitung von E. F. Skorochod'ko im Institut für Kybernetik der Akademie der Wissenschaften der Ukrainischen SSSR entwickelt (Sprache von RX-Kodes).

Zwischen den technischen und den semantischen Mitteln zur Verwirklichung von Recherchesystemen ist eine gewisse gegenseitige Abhängigkeit festzustellen. Die Auswahl der entsprechenden Mittel wird nicht von der theoretischen Möglichkeit (prinzipiell zulässig und möglich ist die Schaffung eines IRS auf beliebigem technischem Niveau und mit Verwendung beliebiger Informations-Recherche-Sprachen), sondern von der praktischen Zweckmäßigkit diktiert. Natürlich kann eine Sprache von RX-Kodes auch bei der manuellen Recherche oder die Sprache der Dezimalklassifikation in Elektronenrechnern verwendet werden. In der Praxis würde jedoch eine derartige Verbindung der semantischen und technischen Realisierungmittel die Effektivität des IRS radikal herabsetzen, zur Vergrößerung von Informationsverlusten führen und bei einer gleichzeitigen bedeutenden Verkleinerung des Recherchefonds die Recherche zu einer überaus teuren Operation machen. Es genügt, die Kapazität der Speicher heutiger Elektronenrechner mit der Aufzeichnung einzelner Begriffe in Termini der Dezimalklassifikation (mit ihrer ganzen Kompliziertheit und Ungleichmäßigkeit) zu vergleichen, um zu verstehen, wie unpraktisch die Arbeit mit der Dezimalklassifikation auf dem Elektronenrechner wäre.

Heute vertritt ein großer Teil der Fachleute auf dem Gebiet der Informations-Recherche die Meinung, daß Deskriptoren-Sprachen sich am besten für die Verwendung in maschinellen Recherche-Systemen eignen. Dieser Standpunkt ist z. T. dadurch zu erklären, daß die Deskriptoren-Sprachen am besten für eine sachbezogene Recherche geeignet sind, die die hauptsächliche Tätigkeit der Informationseinrichtungen ausmacht.

Eine gewisse Abhängigkeit zwischen den semantischen und technischen Mitteln zur Verwirklichung von IRS illustriert die Tabelle 6. Sie wurde nach Ergebnissen einer Umfrage zusammengestellt, die das Zentrum zur Bearbeitung wissenschaftlicher Information von EURATOM unter den verschiedenen Einrichtungen von 18 (vorwiegend westeuropäischen) Ländern durchgeführt hat, die über eigene Informations-Recherche-Systeme verfügen [116].

Die in Tabelle 6 gezeigte Verteilung läßt Schlußfolgerungen hinsichtlich der praktischen Verwendung dieser oder jener Sprachtypen in Verbindung mit verschiedenen Arten von Ausrüstung zu.

Von großer Bedeutung ist die Auswahl des Informationsträgers oder des Recherchebildes für die Organisation des Informationssystems.

Die Art des Trägers bestimmt den Organisationstyp der Speichervorrichtung, die Möglichkeit zur Mechanisierung der Informationsaufzeichnung auf den Träger und, in bestimmtem Maße, den Typ der verwendeten Informations-Recherche-Sprache.

Tabelle 6 Abhängigkeit zwischen technischen und semantischen Mitteln in Informations-Recherche-Systemen

Verwendete Informations-Recherche-Sprache	Technische Realisierungsmittel elektron. Digitalrechner	Lochkartentechnik	Mittel der Kleinmechanisierung	manuelle Recherche mit Katalogkarten	Insgesamt
Deskriptoren-Sprache ohne Grammatik	12	20	7	13	52
Deskriptoren-Sprache mit Grammatik	4	8	6	–	18
Dezimalklassifikation	–	1	4	19	24
Andere klassifizierende Sprachen	–	3	6	18	27
Insgesamt	16	32	23	50	121

Es existiert eine gegenseitige Abhängigkeit zwischen der Auswahl des Trägers wissenschaftlicher Information, seiner Recherchemerkmale und der Anwendungsmöglichkeit technischer Mittel. Werden zum Beispiel zur Aufzeichnung der Recherchemerkmale bibliothekarische Karteikarten aus Pappe oder Papier verwendet, schließt das von vornherein jede Möglichkeit aus, sich irgendwelcher Mechanisierungs- und Automatisierungsmittel bei der Recherche der Quellen zu bedienen. In diesem Falle können lediglich spezielle Vorrichtungen für die Speicherung der Quellen und ihrer Recherchebilder benutzt werden. Zweireihige Randlochkarten als Träger lassen schon neben der manuellen Recherche die Benutzung von Mitteln der Kleinmechanisierung zu. Schlitzlochkarten kommen ebenfalls für halbmechanisierte IRS in Frage. Die Benutzung von maschinellen Lochkarten, Mikrokarten und Mikrofilmen zur Aufzeichnung von Information eröffnet weite Möglichkeiten für eine komplexe Mechanisierung und Teilautomatisierung der Recherche- und Ausgabeprozesse nicht nur von Adressen, sondern auch der vollständigen Texte von Quellen. Die Aufzeichnung von Information auf Magnetbändern und Magnettrommeln schließlich gibt den Weg zur Automatisierung auf der Basis schnell arbeitender Analog- und Digitalrechner frei. Die Auswahl dieses oder jenes Komplexes technischer Mittel zur Verwirklichung eines IRS bestimmt seinerseits auch die Wahl der Informationsträger.

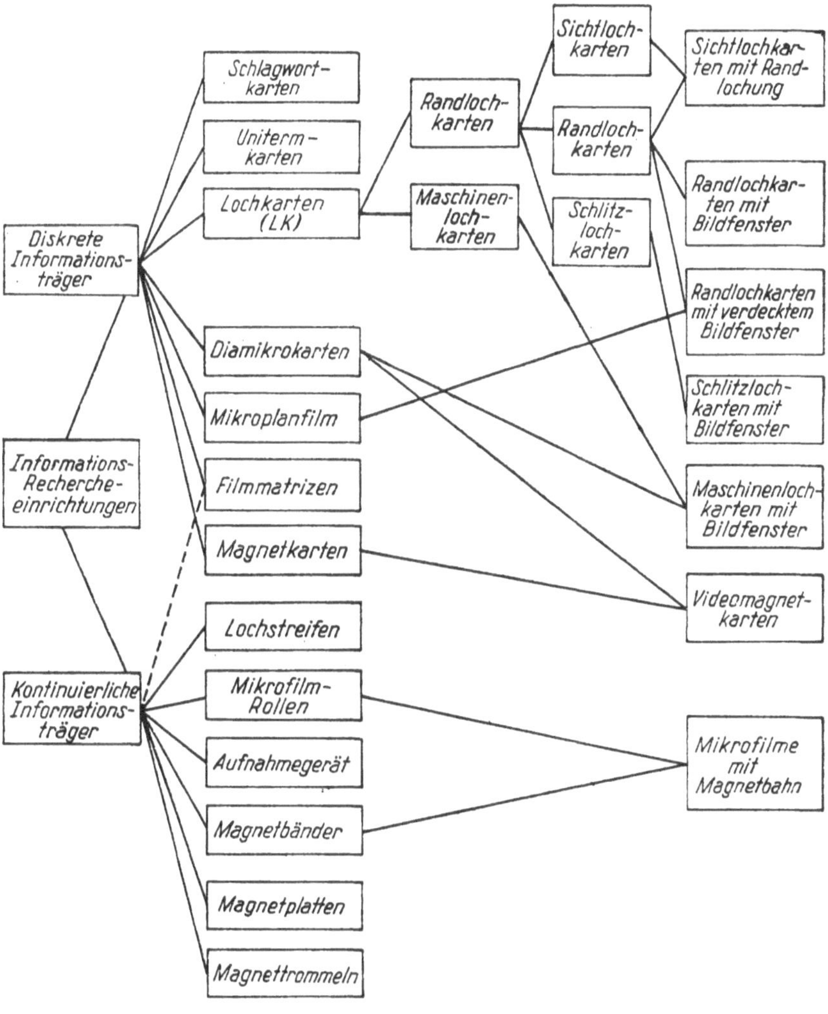

Abb. 18 Klassifizierungsschema von Informations-Recherche-Systemen nach dem Charakter der Informationsträger.

Tabelle 7 Charakteristik der Möglichkeiten zur Schaffung von Recherche-

Art des Trägers	Mechanisierungsgrad der Recherche	Typ des Recherchesystems
Katalogkarten	von Hand	Adreßsystem
Uniterm-Karten	von Hand, Kleinmechanisierung (Selektor)	Adreßsystem
Sichtlochkarten	von Hand, Kleinmechanisierung (Selektor)	Adreßsystem
Lochkarten mit Randlochung	von Hand, Kleinmechanisierung (Selektor)	Adreß- und Quellensystem
Schlitzlochkarten	Kleinmechanisierung	Adreß- und Quellensystem
verbesserte Randlochkarten	geringer bis mittlerer Mechanisierungsgrad	Quellensystem
Maschinenlochkarten	mittlerer Mechanisierungsgrad	Adreß- und Quellensystem
Lochstreifen	mittlerer und hoher Mechanisierungsgrad	Adreßsystem
Magnetbänder, Magnetscheiben und -trommeln	hoher Mechanisierungsgrad	Adreß- und Quellensystem
Mikrokarten, Mikrofishes, Mikrofilmrollen	hoher Mechanisierungsgrad	Quellensystem

Die Vielfalt der Informationsträger, die in der Praxis der Informationseinrichtungen von Forschungsinstitutionen verwendet werden, ist auf Abbildung 18 dargestellt [110, S. 489]. Eine vergleichende Charakteristik der Anwendungsmöglichkeiten der am weitesten verbreiteten Informationsträger findet sich in Tabelle 7.

Die Wahl des Informationsträgers hängt auch von den Aufgaben ab, die die Informationsabteilung zu erfüllen hat. Wenn sich diese Aufgaben auf die Ausgabe der Adressen von Quellen beschränken, d. h. in der Schaffung eines einzyklischen IRS bestehen, entfällt die Notwendigkeit der Anwendung von Filmen oder Mikrokarten. Diese Träger eignen sich auf Grund ihrer großen Kapazität und Dichte sowie der Möglichkeit, den Text des Originals authentisch zu kopieren, vor allem für zweizyklische, mechanisierte IRS, deren Aufgabe die Adressenrecherche und die folgende Ausgabe von Kopien der Quelle sind.

Derartige zweizyklische Systeme mit Verwendung von Filmen werden verbreitet in vielen Ländern angewandt. Von den anerkannten und erfolgreich arbeitenden Systemen sind das französische System „Filmo-

Systemen auf der Basis der verschiedenen Informationsträger

Aufzeichnung der Rechercheform	Organisationstyp der Speichervorrichtung	Sprache des Systems
von Hand	direkter	klassifizierend
von Hand	Nein-Schaltung	Deskriptor-Sprache
von Hand, Kleinmechanisierung	Nein-Schaltung	Deskriptor-Sprache
von Hand, Kleinmechanisierung	direkter	klassifizierend, Deskriptor-Sprache
Kleinmechanisierung	direkter	klassifizierend, Deskriptor-Sprache
von Hand, Kleinmechanisierung	direkter	klassifizierend, Deskriptor-Sprache
mechanisiert	direkter, Nein-Schaltung	beliebig
mechanisiert	direkter, Nein-Schaltung	Deskriptor-Sprache, Sinnkode-Sprache
automatisiert	direkter, Nein-Schaltung	Deskriptor-Sprache, Sinnkode-Sprache
automatisiert	direkter, Nein-Schaltung	beliebig

rex", das auf der Basis von Diamikrokarten arbeitet, das amerikanische System „Magnacard", das mit Magnetkarten arbeitet, und „Walnut", das Mikrofilme benutzt, zu nennen. In der UdSSR arbeitet auf der Basis von Mikrofilmen das System „Poisk-Ok". Analoge Systeme werden in einigen Institutionen entwickelt.

Man muß feststellen, daß sich in der Regel Systeme, die auf der Basis von fotografischen Trägern arbeiten, sowohl im Zyklus I (die Recherche der Adressen erfolgt mit Hilfe elektronischer Rechenmaschinen) als auch im Zyklus II (Recherche der Quellen) durch einen hohen Mechanisierungsgrad auszeichnen. Zur Recherche und zur Ausgabe von Kopien wird folgende Spezialausrüstung benötigt: Vorrichtungen zur Herstellung und Entwicklung von Mikrofilmen, Kodiervorrichtungen, Apparate zum Lesen sowie zur Reproduktion der Kopien. Die Serienproduktion dieser Ausrüstung ist in der Sowjetunion angelaufen.

Als Informationsträger zweizyklischer IRS, die die Adressenrecherche mit anschließender Ausgabe eines Referats der Quelle vornehmen und mit Mitteln der Kleinmechanisierung arbeiten, eignen sich vor allem Randlochkarten. Auf solchen Karten werden Recherchemerkmale an den Rändern der Karte kodiert, das Referat der Quelle ist im inneren Feld der Karte enthalten. Bei einer solchen Organisation des IRS fungiert derselbe Träger gleichzeitig als Träger der Adresse der Quelle und der inhaltlichen Information.

Eine nicht geringe Bedeutung für die Wahl von Informationsträgern in Recherchesystemen, die für die Recherche der Adressen von Quellen bestimmt sind, hat die ökonomische Effektivität dieser Träger. Eine Analyse der relativen ökonomischen Effektivität verschiedener Träger zur Adressenrecherche im Gerätebau (in einem Fonds von 30000 bis 50000 Quellen) ist in der Arbeit [117, S. 149–150] beschrieben. Die Analyse ergab, daß bei der Benutzung von Katalogkarten als Träger die Kosten die Herstellung der Antwort auf eine Anforderung zwischen 1,5 und 3,0 Rubel liegen.

Im Vergleich zur Recherche mit Katalogkarten verringern sich die Kosten ganz erheblich, wenn bei der manuellen Recherche Sichtlochkarten und Karten des Typs „Uniterm" unter Verwendung von Deskriptoren-Sprachen benutzt werden. Sie betragen bei optimaler Produktivität jeweils 10,4 bis 17 Kopeken je Anforderung. Die Kosten bei der Recherche mit Maschinenlochkarten betragen bei voller Auslastung von Personal und Ausrüstung 1,0 bis 3,0 Rubel je Anforderung.

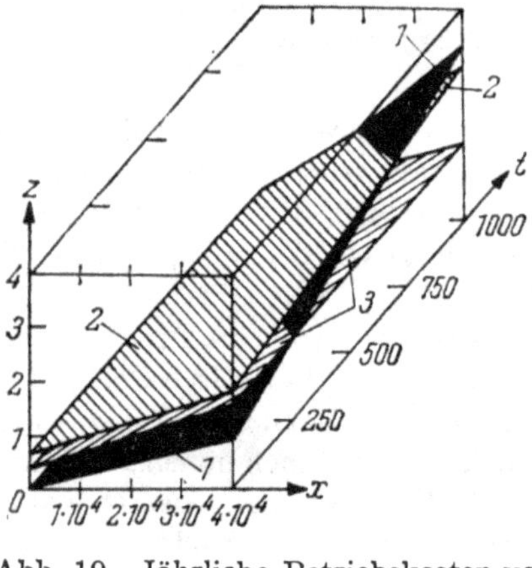

Abb. 19 Jährliche Betriebskosten von Systemen, die mit verschiedenen Informationsträgern arbeiten (x-Achse: monatlicher Zuwachs des Informationsfonds im System; y-Achse: Zahl der monatlichen Rückgriffe auf den Fonds; z-Achse: jährliche Betriebskosten in Mill. Rubel): 1– mit Randlochkarten arbeitendes System; 2– auf der Basis von Videostreifen arbeitendes System; 3– mit Maschinenlochkarten arbeitendes System.

Die Benutzung von Magnetbändern in einem Universal-Digitalrechner senkt die Kosten für die Beantwortung einer Anfrage auf einen Rubel, und bei Verwendung von Magnettrommeln und Lochstreifen in spezialisierten Digitalrechnern[9] sinken die Kosten je Antwort auf 10 Kopeken je Anforderung.

Ein interessantes Experiment zur Feststellung der Effektivität eines kleinen, mittleren und hohen Mechanisierungsgrades von IRS in Abhängigkeit von der Zahl der Quellen im Fonds und der Benutzungshäufigkeit wurde im Forschungsinstitut Stanford (USA) angestellt [118]. Die Effektivität wurde nach dem Niveau der jährlichen Betriebskosten bestimmt. Die Ergebnisse der Berechnungen sind auf Abbildung 19 dargestellt.

Es ist offensichtlich, daß diese Kennziffern in Abhängigkeit von der Größe des Recherchefonds und von der Belastung des Informationszentrums sehr unterschiedlich sein werden. Die angeführten Berechnungen charakterisieren die Wirtschaftlichkeit der Träger bei maximaler Belastung des Systems.

Technische Mittel zur Realisierung von Informationsprozessen

Der Informationsprozeß besteht aus folgenden Hauptetappen:

1. Erfassung wissenschaftlicher Dokumente
2. Analytische und synthetische Bearbeitung der dokumentalen Information
3. Speicherung und Recherche von Information;
4. Bereitstellung, Reproduktion und Verbreitung von Informationsmaterial [110, S. 46].

Alle genannten Schritte erfolgen mit Hilfe verschiedener technischer Mittel. Die Möglichkeiten zum Ersetzen der Handarbeit sind in den einzelnen Etappen des Informationsprozesses nicht einheitlich. Sie sind abhängig vom Umfang der auszuführenden Operationen, vom Vorhandensein geeigneter Ausrüstung, von der Arbeitsaufwendigkeit der Etappe und der Wirtschaftlichkeit der zur Anwendung geeigneten technischen Mittel.

Die Informationserfassung stellt das Ergebnis einer Entscheidung über die Zusammensetzung und den Umfang der Quellen und des Fonds dar und wird im wesentlichen außerhalb des Informationszentrums geschaffen. Der Entscheidungsprozeß verschließt sich wegen seiner logischen Struktur der Automatisierung und Mechanisierung.

[9] Solche Maschinen werden nicht in Serie hergestellt.

Die Etappe der analytisch-synthetischen Bearbeitung der Informationsquellen (Kodierung, Indizierung, Referierung, Übersetzung) besteht aus zwei unterschiedlichen Gruppen von Operationen: der Aufstellung des Bearbeitungsprogramms und der Bearbeitung der Quellen nach diesem Programm. Die Aufstellung des Programms ist ein heuristischer Prozeß und wird deswegen gegenwärtig nur vom Menschen ausgeführt. Die Bearbeitung der Quellen entsprechend dem Programm kann mit Hilfe technischer Mittel erfolgen, die zur Ausrüstung für die Recherche und Speicherung von Information gehören.

Die größten Anwendungsmöglichkeiten der Technik bestehen in den Etappen der Recherche und der Reproduktion der Informationsmaterialien. Die Tatsache, daß diese Etappen außerordentlich wichtige Elemente der Informationsarbeit darstellen, stimuliert die breite Mechanisierung dieser Prozesse.

Die Recherche von Adressen oder Informationsquellen kann auf verschiedenen Ebenen der Mechanisierung erfolgen: mit hohem, mittlerem oder niedrigem Mechanisierungsgrad sowie von Hand.

Die manuelle Recherche von Quellenadressen erfolgt in Speichern, die in der Regel aus traditionellen Steilkarten bestehen. Von den Mitteln der Kleinmechanisierung haben in Adressen-Recherche-Systemen Handvibrationsselektoren und stoßdynamische Selektoren, Sortierkästen, Selektiernadeln, Tastaturvorrichtungen für die gruppenweise Anbringung der Kodes auf den Informationsträgern und Locher für die Anbringung der Recherchemerkmale auf Handlochkarten weitgehende Anwendung gefunden. Alle Operationen bei der Recherche mit Mitteln der Kleinmechanisierung werden unter unmittelbarer Beteiligung des Menschen vorgenommen.

Ein qualitativ höheres Niveau der Mechanisierung von Rechercheprozessen stellt der Einsatz einer Lochkartenanlage dar – die Verwendung von alphanumerischen Kartenlochern, Lochprüfmaschinen, Tabelliermaschinen und Sortiermaschinen. Dabei wird die Recherche von einer Maschine durchgeführt, die auf Befehl und unter direkter visueller Kontrolle des Menschen arbeitet.

Ein hoher Mechanisierungsgrad schließlich zeichnet sich dadurch aus, daß elektronische Rechenmaschinen aktiv an der Recherche beteiligt sind. Sie kommen dann zur Anwendung, wenn einem Informationszentrum, das über ein bedeutendes Informationsgebiet verfügt, Aufgaben von besonderer Kompliziertheit gestellt sind (große Anzahl von Anforderungen, Recherche unter vielen Gesichtspunkten, hohe Ausgabegeschwindigkeit von Information usw.). Elektronenrechner finden ebenfalls in zweizyklischen Systemen, in denen die Quellen in

Form von Mikrofilmen aufbewahrt werden, weitgehende Anwendung. In diesen Systemen erfolgt die Recherche der Kopien der Quelle mit Hilfe einer Spezialapparatur auf Kommando des Elektronenrechners, der die Kodenummer des benötigten Bildstreifens u. ä. ausgibt.

Die Benutzung von elektronischen Digitalrechnern zur Bearbeitung verschiedenartiger ökonomischer Information (Planinformation, Berichtsinformation, statistische Information usw.) hat die große Zweckmäßigkeit der Automatisierung im System der Leitung der Industrie gezeigt. Berechnungen ausländischer Spezialisten zufolge macht es die Anwendung von Elektronenrechnern bei der Leitung von Industrieunternehmen in einzelnen Fällen möglich, das Leitungspersonal um 10 Prozent zu vermindern, die Ausgaben um 6 Prozent zu senken, die Leitungsarbeit um 33 Prozent zu erleichtern und zu vereinfachen und die Auslastung der Anlagen um 35 Prozent zu erhöhen usw. [119]. Es ist jedoch schwierig, Zahlen zu finden, die ebenso überzeugend die hohe ökonomische Effektivität der Benutzung elektronischer Digitalrechner zur Mechanisierung und Automatisierung der Bearbeitung wissenschaftlich-technischer Information nachweisen. Ein großer Teil der mit Hilfe von Elektronenrechnern arbeitenden IRS ist durch eine geringe Wirtschaftlichkeit gekennzeichnet, und ihre Verwendung wird entweder dadurch gerechtfertigt, daß der gigantische Umfang des Fonds die Benutzung von technischen Mitteln niederen Niveaus unmöglich macht, oder es sind nichtökonomische Gründe maßgebend (Forderungen nach hoher Arbeitsgeschwindigkeit usw.).

Diese mangelnde ökonomische Effektivität bei der Anwendung von Elektronenrechnern in den Systemen zur Bearbeitung ökonomischer und wissenschaftlich-technischer Information ist vor allem in den semantischen Unterschieden zwischen den Arten der Information begründet. Die Elektronenrechner, die an die Bearbeitung von Zahleninformation mit einer relativ kleinen Menge logischer Verbindungen angepaßt sind, versagen angesichts der Logik und Vielfalt natürlicher Sprachen. Andererseits sind die inneren Mechanismen der Informationsverarbeitung beim Menschen unzureichend erforscht, was die Ausarbeitung optimaler Algorithmen und Programme für die maschinelle Bearbeitung erschwert. Wegen der großen Zahl logischer Operationen bei der Informationsbearbeitung garantieren die Maschinen nur ungenügend die Einhaltung der vorgegebenen Algorithmen. In einzelnen Fällen machen die Kommandos 90 Prozent des Programms bei der Informationsrecherche aus. In den Beschlüssen der III. Allunionskonferenz über Informations-Recherche-Systeme und die automatisierte Bearbeitung wissenschaftlich-technischer Information wurde darauf hingewiesen, daß es für eine effektive automatisierte Bearbeitung der wissenschaftlich-technischen Information erforderlich ist, die Parameter der elektronischen Digitalrechner bedeutend zu verbessern. Zu den zweifellos notwendigen Anforderungen an die Parameter von elektronischen Digitalrechnern gehört die Forderung nach einer Arbeitsgeschwindigkeit von nicht weniger als hunderttausend Operationen pro Sekunde. Die Kapazität der Operativspeicher muß mindestens 36000 Wörter (bei assoziativer Organisation der Recherche) betragen. Der Außenspeicher muß einige Milliarden bit fixieren. Materielle Träger der Information müssen Magnettrommeln oder Magnetscheiben sein. Das Funktionieren eines effektiven IRS setzt unbedingt automatische Eingabe- und Ausgabevorrichtungen voraus: Lesegeräte und schnellarbeitende mehralphabetische fotografische Setzmaschinen. Eine wichtige Forderung an maschinelle IRS sind die Unabhängigkeit und das parallele Funktionieren der wichtigsten Einrichtungen des Elektronenrechners.

Schließlich erreicht ein auf der Basis eines Elektronenrechners arbeitendes System die maximale Effektivität dann, wenn es bei allen drei Verfahren der Informationsbereitstellung funktioniert und gleichzeitig einen Fonds für Recherchesysteme niederen Niveaus schafft.

Die gegenwärtig für die Lösung von Aufgaben auf dem Gebiet der Information eingesetzten elektronischen Digitalrechner der Typen „Ural“ und „Minsk“ werden den an Informationsmaschinen gestellten Anforderungen nicht völlig gerecht.

Sie verfügen über eine unzureichende Kapazität der Operativspeicher, eine geringe Geschwindigkeit des Austauschs von Zahlen zwischen Operativspeicher und äußerem Speicher, eine geringe Zuverlässigkeit des äußeren Speichers sowie der Eingabe- und Ausgabevorrichtungen. Parallellaufende Arbeiten sind in den genannten Rechnern nicht möglich. Beim Austausch von Information zwischen Operativspeicher und äußerem Speicher muß das Rechnen gestoppt werden. Zu den genannten Mängeln sind auch die schlechte Qualität der Arbeit der Ausgabevorrichtungen zu rechnen, die Unmöglichkeit, chemische und mathematische Formeln zu drucken, und die Einförmigkeit der Schrift. Die Eingabevorrichtungen sind vor allem nicht für eine große Zahl von Anforderungen und damit nicht für die Recherche wissenschaftlich-technischer Information geeignet. Die Eingabe der Daten in die Maschinen erfolgt nur über Lochkarten und Lochstreifen bei relativ geringer Geschwindigkeit.

Deshalb muß für die vorbereitenden Operationen und die Eingabe viel mehr Zeit aufgewendet werden als für die Informationsrecherche selbst.

Alle genannten Mängel behindern ernsthaft die Anwendung von Elektronenrechnern bei der Recherche wissenschaftlich-technischer Information in Fonds von mittlerer Größe. Die Effektivität von Elektronenrechnern kann bedeutend erhöht werden, wenn sie in Systemen eingesetzt werden, die den vollen Zyklus der Informationsarbeit umfassen, das heißt alle Grundverfahren vornehmen. Dadurch wird die Maschinenzeit besser genutzt, der Stillstand der Maschine wird ausgeschlossen, und als Folge davon sinken die Selbstkosten für eine Dienstleistungseinheit. Als Beispiel für die erfolgreiche Nutzung von Computerserien kann das hochmechanisierte System zur Recherche von Information über Elektrotechnik bezeichnet werden, das im VINITI aur der Basis der Maschine „Minsk 22" geschaffen wurde [120]. Das System ermöglicht es, auf einem Fonds von hunderttausend Quellen täglich bis zu hundert Recherchen durchzuführen, wobei die mittlere Dauer einer Recherche 1–2 Minuten beträgt. Gleichzeitig ist das System geeignet, einen Recherchefonds mit Adressen von Quellen auf Positionskarten herzustellen, die in Recherchesystemen niederen Niveaus genutzt werden können. Außerdem kann das System neben wissenschaftlich-technischen auch planwirtschaftliche Aufgaben lösen. Die allseitige Nutzung von Elektronenrechnern in der Informationsarbeit findet immer mehr Anhänger.

Es wurde weiter oben festgestellt, daß die Reproduktion der Informationsmittel eine der wichtigsten Aufgaben ist. Die Informationsanforderung kann nicht erfüllt werden, wenn der Nutzer nicht den Inhalt der Quelle, die seiner Anforderung entspricht, oder eine Adressenliste der ihn interessierenden Informationsmittel erhält. Alle modernen Rechercherysteme erfordern das ständige Vorhandensein der Informationsquellen im Depot und des entsprechenden Recherchebildes in der Speichervorrichtung des Systems. Deshalb ist eine Ausgabe der Quelle an den Nutzer analog der Ausgabe von Büchern an den Leser einer Bibliothek in modernen IRS, selbst für kurze Zeit, unzulässig. Dieser scheinbar unversöhnliche Widerspruch zwischen der Aufgabe des Systems – der Ausgabe der benötigten Information an den Nutzer – und der Existenzform des Systems – ständiges Vorhandensein aller Quellen – wird durch die Vervielfältigung der gespeicherten Quellen entsprechend den Anforderungen aufgehoben. Zur Vervielfältigung der Informationsquellen existiert heute eine große Zahl verschiedener Ausrüstungstypen. Die Vielfalt der Vervielfältigungsapparaturen erklärt sich aus der Verschiedenartigkeit der Anforderungen an die Qualität und Auflagenhöhe von Quellen. Die Unterschiede in der Auflagenhöhe haben die beiden Hauptrichtungen in der Entwicklung der

Tabelle 8 Die wichtigsten qualitativen Charakteristika der von Informations-

Art des Kopierprozesses	Auflagenhöhe	Bezeichnung der Apparatur	Original
Schreibmaschine	5 Kopien	„Ukraina", PEK-45	Manuskript, nur Textmaterial
Kontakt-Fotokopie	–	ORK, „Dokufo", KP-10	beliebiges Negativ
Diazographie	–	SKA, SKN-2	durchsichtiges Original (Pause, Kunststoff-Folie)
Elektrographie	3 Kopien in 8 min. 3 Kop. in 4 min. 6 Kop. in 10 min. 6 Kop. in 1 min.	„ERA", „VEGA", „Elektrofot", „EFKA-1M", „REM-600K", „REM-400KL", „REM-400M", „Elektrofilm"	beliebiges broschiertes Original, Mikrofilm
Elektronographie	1 Kopie	„EKA-2"	beliebig
Thermographie	–	„Molnija", „Thermokopir"	Schwarz-Weiß-Bogen

Vervielfältigungstechnik bestimmt: die Faksimile-Kopierung von Informationsmitteln (Reprographie) für Auflagen von höchstens einigen Dutzend Exemplaren und die Vervielfältigung mit Methoden und Mitteln der Polygraphie bei höheren Auflagen.

Die Hauptmethoden der Reprographie sind:

1. Lichtpause auf Diazomaterialien (Diazographie);
2. fototechnische Kopierung (Fotografie);
3. elektrographische Kopierung (Elektrographie);
4. thermographische Kopierung (Thermographie).

organen verwendeten reproduktionstechnischen Ausrüstung

Kopie (Abzug)	Vorzüge	Mängel
Kopie auf gewöhnlichem Papier; Form für Schablonen-Druckmaschinen; Form für Hektographen	geringer Aufwand von Anlagen und Material	geringe Produktivität (Handarbeit); Notwendigkeit der Kontrolle der Kopien
Kopie auf Spezialpapier; Form für Lichtpausapparatur	fotografische Genauigkeit der Wiedergabe; Geschwindigkeit 60 Kop./min.	hohe Kosten der Fotomaterialien; einseitiger Abzug
Kopie auf speziellem Diazopapier	geringer Aufwand und leichte Zugänglichkeit der Materialien	nicht sehr hohe Qualität; einseitiger Abdruck
Kopie auf gewöhnlichem Papier, Pause, Folie; Offsetformen	hohe Qualität und Doppelseitigkeit der Darstellung; Möglichkeit der Maßstabsveränderung	hohe Kosten der Apparatur und der Kopien; Größe der Apparatur
Kopie auf Spezialpapier oder -folie; Form für Schablonen-Druckmaschinen; Form für Offsetmaschinen	fotografische Genauigkeit der Wiedergabe des Originals	lange Herstellungszeit der Kopien; hohe Materialkosten
Kopie auf speziellem Thermokopierpapier oder auf gewöhnlichem Papier, aber unter Verwendung von Thermokopierpapier; Form für Hektographen	große Geschwindigkeit der Herstellung von Kopien und Formen (1-3 sek.); geringer Aufwand und Kompaktheit der Apparatur; Einfachheit der Bedienung	geringe Qualität der Kopien

Die größte Verbreitung von den Methoden der Polygraphie haben der Offsetdruck, das Umdruckverfahren (Rotaprint) und die Hektographie gefunden [121].

Die Anwendung der Polygraphie ist mit der Herstellung spezieller Vorlagen verbunden. Darum müssen große Informationszentren neben den polygraphischen Maschinen auch die entsprechende Ausrüstung zur Herstellung der Vorlagen besitzen.

Das technisch vollkommenste Gerät zur Reproduktion, das in der Sowjetunion hergestellt wird, ist der elektrographische Rota-

Tabelle 9 Die wichtigsten qualitativen Charakteristika der in Informations-

Typ des Vervielfältigungsprozesses	Auflage	Bezeichnung der Apparatur	Vorzüge
Hektographie (Spiritumdruck)	bis 350	„Gramaprint“	einfache Bedienung; geringe Kosten von Apparatur und Materialien; einfache Bedienung
Umdruckverfahren (Rotaprint)	bis 10000	„Ziklos“	und Wartung
Offsetdruck	bis 50000	„Rex-rotari M-4“ „Romaior“ „Rominor“	Mehrfarbendruck; hohe Qualität des Drucks Druckgeschwindigkeit bis 5000 Abdrucke pro Std.

tionsapparat vom Typ „REM“ in seinen verschiedenen Modifikationen.

Der Apparat „REM-400M“ ist für die Arbeit in Informationseinrichtungen von Forschungsinstituten vorgesehen, die Informationsquellen in Form von Mikrofilmen aufbewahren. Der Apparat „REM-400 KL“ ermöglicht Kopien von broschierten und nichtbroschierten Originalen. Der Apparat „REM-600K“ eignet sich vor allem für die maßstablose Kopierung von technischen Zeichnungen. Das technische Niveau der Maschine „REM“ garantiert eine schnelle Kopierung und Vervielfältigung von Information, die vom elektronischen Digitalrechner direkt erfaßt worden ist.

Arten der Informationsbereitstellung

Das technische Niveau von Systemen,
die die verschiedenen Arten von Information liefern.

Die Informationssysteme werden in 3 Gruppen eingeteilt. Die erste Gruppe ist diejenige, die die Nutzer regelmäßig über die Vervollständigung des Informationsfonds infolge Neuzugängen unterrichtet. Diese zentre n benutzten Mittel der operativen Polygraphie

Mängel	Verfahren zur Herstellung der Formen (Matrizen)	Charakteristik des Herstellungsverfahrens der Formen (Matrizen)
geringe Qualität der Abzüge	von Hand; Schreibmaschine; Thermokopieren	geringe Produktivität (Handarbeit); schnelles Verfahren; nur von Schwarzweißbogen der Originale
nicht sehr hohe Qualität der Abdrucke;	v. Hand; Schreibmaschine Elektronographie	geringe Produktivität (Handarbeit); Herstellungszeit der Form 7–80 min.
Einfarbendruck		
hohe Kosten der Apparatur; Kompliziertheit der Bedienung	Elektronographie; von Hand; Schreibmaschinen und Schreibsetzmaschinen	garantiert bis zu 1500 Abdrucke; hohe Qualität der Form; Herstellungszeit der Form 8 – 80 min.

Informationsbereitstellung erfolgt in Form traditioneller bibliographischer Register der Neuzugänge sowie in Form von Permutationsregistern des Typs KWIC und KWOC, die unter weitgehender Verwendung technischer Mittel hergestellt werden.

Register vom Typ KWIC werden mit Hilfe von Lochkartenmaschinen in den USA seit 1953 angefertigt. Die ersten Register, bei deren Zusammenstellung elektronische Digitalrechner mitwirkten, wurden 1958 von den Firmen International Business Machines Corporation (IBM) und System Development Corporation (SD) hergestellt [110, S. 108].

Die zweite Gruppe, die die weiteste Verbreitung gefunden hat, ist die individuelle Informationsvermittlung, die nach dem Prinzip „Anforderung – Antwort" erfolgt. Diese Informationsbereitstellung arbeitet auf der Basis ununterbrochener Anhäufung von Angaben im System und der Erledigung einmaliger Rechercheaufträge durch den Nutzer, auf die das System antwortet, indem es (nach Auswahl) aus dem angehäuften Fonds die Antwortinfoımation ausgibt [123, S. 138].

Derartige Informationssysteme können mit einem breiten Spektrum technischer Mittel und Informationsträger verwirklicht werden, von traditionellen Steilkarteien und Randlochkarten bis zu Magnetbändern und Mikrofilmen, von Selektiernadeln und Handselektoren bis zu schnellarbeitenden elektronischen Digitalrechnern.

Die meisten der auf der Basis von Datenverarbeitungsanlagen (EDVA) arbeitenden Systeme können beiden Arten von Informationsergebnissen erbringen. In einzelnen Fällen werden beide Arten der Informationsarbeit durch dieselben Träger verwirklicht. So stellt das Register „Index Medicus" gleichzeitig ein Register und eine volle bibliographische Beschreibung der Publikation dar, die unter durchschnittlich 8 bis 10 Sachwörtern gegeben wird. Die Aufzeichnung kann sowohl zur schnellen Verbreitung bibliographischer Information als auch zur Informations-Recherche benutzt werden [110, S. 114].

Die dritte Gruppe der Informationsbereitstellung ist durch signalisierende, differenzierte Informationsmittel gekennzeichnet[10]. Diese Art der Informationsarbeit besteht darin, daß auf der Grundlage der vorher erkannten Nutzerbedürfnisse eine ständige Selektion der neu eingetroffenen Information vorgenommen wird und daß die den Bedürfnissen der interessierten Wissenschaftler entsprechenden Informationen diesen sofort übermittelt werden. Man ist heute in der UdSSR sehr bemüht, derartige Systeme zu schaffen. Dort, wo solche Systeme schon angewendet werden, liegt ihnen in der Regel ein manuelles Verfahren mit geringem Auflösungsvermögen zugrunde [124]. Systeme, die nach dem Verfahren der selektiven Informationsverbreitung arbeiten, können gleichzeitig auch zur regulären Unterrichtung über Neueingänge dienen. Viele von ihnen führen alle drei Arten der Informationsbereitstellung aus.[11]

Die Unterrichtung über Neueingänge erfolgt in der UdSSR dem Wesen nach durch alle Informationszentren und Bibliotheken, die über dynamische Fonds verfügen, darunter auch durch die Informations-

[10] In kapitalistischen Ländern werden diese Systeme oft SDI (Selective dissemination of information) genannt, das heißt selektive (gezielte) Informationsverbreitung. Das System SDI ist das jüngste aller existierenden Verfahren der Informationsbereitstellung. Die ersten Versuche, Systeme der Arbeitsweise SDI zu schaffen, fallen in das Jahr 1958.

[11] Die Informationsarbeit im Zentralbüro für wissenschaftlich-technische Information über Atomwissenschaft und -technik erfolgt mit Hilfe des IRS „SARI-1", dem der elektonische Digitalrechner „Minsk-22" zugrunde liegt. Das System arbeitet mit zwei Verfahren: der laufenden und der gezielten Informationsvermittlung. Die laufende Information erfolgt mit Hilfe von deskriptorischen Registern, die von Registern des Typs KWOC abgeleitet sind. Die gezielte Informationsvermittlung erfolgt unter Verwendung von Informationskarten, die entsprechend den Nummern der Quellen ausgewählt wurden, deren Deskriptoren mit den Deskriptoren der Anforderung übereinstimmen.

einrichtungen der Forschungs- und Projektierungsinstitute. Die Mehrzahl von ihnen benutzt jedoch traditionelle Formen von Verzeichnissen und Registern der neu in den Fonds aufgenommenen Informationsquellen. Die Aufstellung traditioneller Verzeichnisse ist außerordentlich arbeitsaufwendig, besonders in schnell wachsenden Fonds mit einer großen Anzahl von Neueingängen.

Einzelne Informationseinrichtungen von Forschungsinstituten sind in letzter Zeit dazu übergegangen, vor allem Register des Typs KWOC mit Hilfe von Rechenmaschinen und Lochkartentechnik aufzustellen, Die Wahl des Registers KWOC als Muster erklärt sich dadurch, daß Register dieses Typs in der Arbeit bedeutend bequemer sind als KWIC. Durch das Auswerfen der Sachwörter außerhalb des Kontextes werden die Durchsicht und die Recherche der Informationsquellen wesentlich erleichtert.

Der Übergang zur maschinellen Anfertigung der Register hat ihr Erscheinen wesentlich beschleunigt. In einem Forschungsinstitut, in dem mit einem elektronischen Digitalrechner „Ural-4" gearbeitet wird, dauert die Vorbereitung eines Registers im Umfang von 100 Titeln zwei Stunden und der ganze Bearbeitungszyklus der Materialien vier Arbeitstage [125].

Außer dem elektronischen Digitalrechner werden in dem Forschungsinstitut zur Aufstellung des Registers Lochkartenmaschinen und Sortiermaschinen, Lochprüfer und Tabelliermaschinen hinzugezogen. Die Ausgangsmaterialien für das Register werden auf folgende Weise vorbereitet: Für die Artikel, die in das Register aufgenommen werden sollen, werden mit der Schreibmaschine bibliographische Karteikarten angefertigt. Die Übersetzung der Titel ausländischer Publikationen wird von einem qualifizierten Spezialisten vorgenommen. Auf die fertige bibliographische Karteikarte wird die Reihennummer des Titels gesetzt, dann werden die Autorenliste und die Literaturliste zusammengestellt. Die erhaltenen Verzeichnisse der Autoren und der Literatur sowie die vorher angefertigte Liste der Nicht-Deskriptoren, die aus den in den Titeln vorkommenden Hilfswörtern (Pronomen, Präpositionen usw.) und Wörtern allgemeinen Charakters (System, Block, Maschine, Problem etc.) besteht, werden auf eine Form gelocht, die zur maschinellen Bearbeitung geeignet ist. Die Lochkartenfelder mit den Texten der Titel, den Namen der Verfasser und den Nicht-Deskriptoren werden in den elektronischen Digitalrechner eingegeben. Die erhaltenen Register werden xerographisch vervielfältigt und an die Bibliotheken versandt. Genauere Angaben über die Technologie der maschinellen Herstellung von Registern finden sich in den Arbeiten [110, 126].

Ein angenähertes technologisches Schema der Herstellung des Bulletins „Chemical Titles", das ein System zur regulären Unterrichtung über Neuerscheinungen darstellt, wird in Abbildung 20 gegeben [110, S. 109].

Ein Beispiel für ein IRS, das in der Arbeitsweise „Anfrage – Antwort" arbeitet, ist das halbmechanisierte, auf der Basis von Handlochkarten mit zweireihiger Randlochung realisierte System, das im Ukrainischen Forschungsinstitut für wissenschaftlich-technische Information und

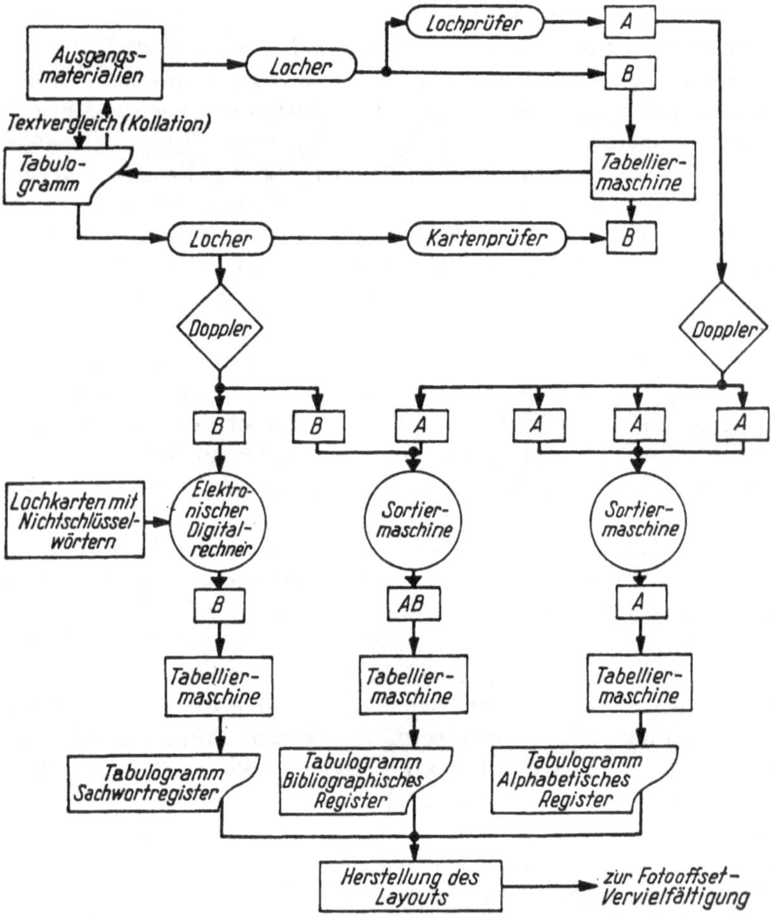

Abb. 20 Angenähertes technologisches Schema der Vorbereitung des Bulletins „Chemical Titles".

technisch-ökonomische Forschungen der Staatlichen Plankommission der Ukrainischen SSR (UkrNIINTI) entwickelt wurde.[12] Dieses System, das für die Recherche von Information über die neuesten produktionstechnischen Erfahrungen im Bauwesen vorgesehen ist, wird in einer Reihe von Forschungs- und Projektierungsinstituten der Ukrainischen SSR erfolgreich angewendet.

Das System wird mit einer sehr einfachen Ausrüstung realisiert – Selektor (Sortierkasten), Handlocher und Selektiernadeln – und ermöglicht die Recherche nach sechs voneinander unabhängigen Gesichtspunkten innerhalb einer Kartei. Die Benutzung von Randlochkarten als Informationsträger gestattet es, im Recherchefonds die Referate der gesuchten Quellen zu plazieren, was die Möglichkeiten der Recherche vergrößert und die Adressenrecherche zu einer Recherche von Sachverhalten erweitert. Als Sprache wird im System eine Deskriptorenliste mit Gattungs-Art-Beziehungen verwendet. Die Gattungsdeskriptoren werden durch zwei Zahlen des Dezimalsystems und das Zeichen X kodiert, die Artdeskriptoren durch drei Zahlen. So lautet der Kode des Gattungsdeskriptors Asphaltbeton zum Beispiel 13X. Die Artdeskriptoren des Asphaltbetons besitzen folgende Kodes: heißer Typ – 130; auf der Basis von Polymerisat – 131; Gemisch – 132; warmer Typ – 133; kalter Typ – 134; übrige Arten – 135. Die Deskriptorenliste besteht aus 6 Abteilungen: Baumaterialien; Arten der Bauarbeiten; Baumaschinen, Mechanismen und Vorrichtungen; Konstruktionselemente von Gebäuden; Industrie- und Zivilbauten, ihre Errichtung; Wörterbuch der gemeinsamen Termini.

Die Kodierung der Deskriptoren, die zu einer besonderen Abteilung der Deskriptorenliste gehören, werden in bestimmten Feldergruppen der Karte mit dem Schlüssel 1–2–4–7 kodiert. Drei Felder der Karte werden zur Kodierung spezieller Deskriptoren abgeteilt – besondere Symbole zur Bestimmung der Richtung der Anfrage (Methode, Zusammensetzung, Rezept usw.). Ein Teil der Felder ist der Kodierung von Merkmalen vorbehalten, die nicht zur inhaltlichen Charakteristik der Quelle gehören (geographische und territoriale Merkmale). Die letzteren werden mit einem Buchstaben-Kode chiffriert. Die bei der Kodierung von Recherchemerkmalen auf Randlochkarten gebräuchlichsten Schlüssel werden in der Arbeit [127] behandelt.

[12] Das System wurde im Laboratorium zur Entwicklung und Einführung von Systemen zur Mechanisierung und Automatisierung von Informationsprozessen durch die Spezialisten S. M. Barbaš, V. G. Tiščenko, N. V. Dvoreckaja und L. N. Zagid'ko erarbeitet.

Die Recherche erfolgt im System UkrNIINTI auf folgende Weise:

1. Die Recherchevorschrift wird verfaßt, d. h., der Sinngehalt der Anforderung wird entsprechend der Deskriptorenliste in Termini der Informationssprache formuliert.

2. Der Recherchefonds wird in den Selektor eingegeben.

3. Mit Hilfe des Wörterbuches werden die formalisierten Deskriptoren aufgesucht, die den in die Recherchevorschrift eingegangenen Sachwörtern entsprechen, und die Selektiernadeln werden in die Löcher des Selektors eingeführt, die den Kodebezeichnungen dieser Wörter entsprechen. Um den Auswurf der benötigten Karten zu erleichtern, erfolgt die Einführung der Selektiernadel der Reihe nach an allen für die Recherche nötigen Kartenrändern.

4. Die ausgeworfenen Karten werden von qualifizierten Spezialisten daraufhin durchgesehen, ob die in ihnen enthaltenen Angaben der Anfrage entsprechen.

5. Auf der Basis dieser Durchsicht wird die Antwort auf die Anfrage formuliert.

Das einfache und in der Nutzung wirtschaftliche System UkrNIINTI garantiert eine repräsentative Auswahl, geringen Informationsballast und eine ausreichende Ausgabegeschwindigkeit der Antwort, wenn mit relativ kleinen Informationsfonds gearbeitet wird.

In den USA ist das Projekt eines vollautomatisierten Informationszentrums mit einem eingeschränkten, vorher bestimmten Nutzerkreis entwickelt worden, das auf dem Prinzip „Anfrage – Antwort" beruht. Das zweizyklische Recherchesystem arbeitet auf der Basis von schnellarbeitenden elektronischen Digitalrechnern vom Typ IBM 360/67 mit einem Speicher von großer Kapazität des Typs IBM 2321 und einer Deskriptoren-Sprache. Eingabe und Ausgabe der Information erfolgen automatisch, die Eingabe der Anfragen auf Distanz. Das System führt sowohl die Adressenrecherche als auch die Recherche nach Sachverhalten aus.

Das Betriebsschema des Systems ist etwa folgendes: Der Nutzer, der sich im Lesesaal oder in der Bibliothek befindet, von wo aus Fernschreibverbindung mit dem Zentrum besteht, wählt auf dem Pult „Anfrage – Antwort" seine Kodenummer. Nach Übermittlung der Nummer an das Informationszentrum und der Identifizierung der Person des Nutzers erhält dieser Zugang zu den Programmen des Zentrums. Diese Operation erfordert einige Sekunden. Danach schreibt der Nutzer unter Berücksichtigung der einschränkenden Bedingungen, die die Klarheit und Kürze der Anfrage garantieren, in der natürlichen Sprache den Text seiner Anfrage. Im Speicher des Systems wird die

Anfrage mit den Kode-Termini sowie mit dem Wörterbuch der Gattungs-Art-Beziehungen der Termini verglichen, und die Recherchemerkmale werden formuliert. Stimmen diese mit dem Recherchebild der Quellen überein, so erfolgt das Kommando zur Ausgabe der Quellen oder ihrer Beschreibungen, die für die Anfrage relevant sind, an den Nutzer. Auf Anforderung des Nutzers können der Text der Quelle, ihre Inventarnummer, eine bibliographische Beschreibung, ein Referat sowie die Nummer der Rolle oder des Mikrofilms ausgegeben werden. Auch die visuelle Demonstration der Quelle auf einer Leinwand ist möglich.

Die Projektanten des Systems widmen einer festen Rückkopplung „Nutzer – System" besondere Aufmerksamkeit. Die Einschätzung der erhaltenen Antworten durch den Nutzer ist obligatorische Bedingung. Vorgesehen ist, daß im elektronischen Digitalrechner Mittel zur Feststellung von Fehlern in der Formulierung der Anfragen und von fehlenden oder zu umfassenden Termini enthalten sind. Das System kann eine Ausgabe der Antworten innerhalb von 10 Sekunden garantieren. Es wird erwartet, daß das System effektiv ist bei einer Anzahl von 50000 bis 250000 Quellen im Fonds und einer Nutzerzahl von mindestens 100. Die Kosten für die Schaffung des automatisierten Zentrums belaufen sich auf 500000 Dollar innerhalb von zwei bis drei Jahren. Die jährlichen Betriebskosten werden etwa 70000 Dollar betragen. Das Zentrum wird voraussichtlich an der Corneille- oder Harvard-Universität geschaffen werden, wo die benötigten elektronischen Digitalrechner von Typ IBM 360/67 aufgestellt werden [128].

Automatisierte Systeme der Vorinformation, die auf der Basis von elektronischen Rechenmaschinen und mit Deskriptoren-Sprachen verwirklicht worden sind, arbeiten in einer Reihe großer amerikanischer Firmen, besonders in den Zentren für technische Information der Firmen IBM, Douglas Aircraft Corporation, General Electric und anderer [129]. Das sind Dokumentationssysteme, die ständig eine Anzahl von Nutzern versorgen, wobei diese Nutzer dem Informationszentrum vorher mitgeteilt haben, aus welchen Fragenkreisen Informationen für sie von Interesse sind. Bei der Eingabe einer neuen Quelle in den Informationsfonds wird der Inhalt der Quelle mit den Recherchemerkmalen der Nutzer verglichen. Bei Übereinstimmung des Inhalts der Quelle mit den Anfragen gibt das System ein Recherchebild aus, das ein Referat der Quelle enthält. Diese wird unverzüglich dem Nutzer übersandt. Das System der Vorinformation, das im Laboratorium der Firma IBM in den USA arbeitet, hat jährlich 900 Nutzer bedient, denen monatliche Referatekarten von 450 Quellen übersandt wurden.

Allein im ersten Jahr der Arbeit des Systems wurden den Nutzern insgesamt fast 100000 Referatekarten übermittelt. Ein großer Teil von ihnen erwies sich als nützlich für die Nutzer, die daraufhin 80000 Kopien von Primärdokumenten anforderten. Die Kosten für einen Nutzer betrugen monatlich etwa 8 Dollar. In den folgenden Jahren erhöhte sich die Anzahl der ständig betreuten Nutzer auf 2500 und die Anzahl der Quellen, die monatlich bearbeitet wurden, auf 800 Einheiten.

Insgesamt laufen im Ausland zur Zeit etwa 45 solcher Systeme, die 30000 Nutzer bedienen. 58 Prozent von ihnen arbeiten mit voller Auslastung, 13 Prozent befinden sich im Stadium der Inbetriebnahme, und 29 Prozent sind experimentelle Systeme. Die mittlere Arbeitsdauer der voll arbeitenden Systeme liegt bei über drei Jahren. Bezeichnend ist die breite Streuung in der Kapazität dieser Systeme. Die Kapazität liegt zwischen 150 und 30000 monatlich bearbeiteter Quellen.

Die Systeme stellen in erster Linie diese Information für individuelle Nutzer zur Verfügung, hauptsächlich an Wissenschaftler. Es ist bezeichnend, daß 96 Prozent der Nutzer diese Systeme als nützlich oder sehr nützlich einschätzen, weil diese eine Informationsvermittlung entsprechend dem neuesten Stand garantieren.

Die Wissenschaftler schätzen auch die Wirtschaftlichkeit dieser Systeme. Die mittleren Betriebskosten eines auf der Basis eines Elektronenrechners arbeitenden Systems betragen etwa 100 Dollar jährlich pro Person. Das System bringt den Wissenschaftlern einen Zeitgewinn von mindestens 1 Prozent, das bedeutet eine Einsparung von mindestens 150 Dollar, allein auf das jährliche Gehalt eines Wissenschaftlers berechnet [130].

Ein System der Vorabinformation unter Einsatz von Mitteln der mittleren Mechanisierungsstufe wurde in einem Forschungsinstitut der UdSSR geschaffen [131]. Das System versorgt 200 Forscher, die bis zu 7000 Fragen formuliert haben. Bis zu 100 Quellen werden täglich bearbeitet. In den sechs Monaten des Funktionierens des Systems gingen mehr als 3300 Informationsquellen ein und wurden bearbeitet. Die Nutzer erhielten 7303 Informationskarten, von denen 944 zurückgesandt wurden, die den Bedürfnissen der Forscher überhaupt nicht entsprachen. Der größte Teil der den Nutzern übermittelten Informationskarten wurde von diesen hinsichtlich der Thematik und der Qualität der Referate als vollauf zufriedenstellend anerkannt. Die durchschnittlichen Kosten für die Betreuung eines Wissenschaftlers betragen 2,85–3 Rubel im Monat. Eine Abweichung dieses Systems gegenüber den ausländischen Systemen bilden das semantische Verfahren sowie die verwendeten technischen Mittel. Als Recherchesprache des Systems wurde die Dezimalklassifikation mit einer beschränkten Länge des Index (nicht mehr als 20 Zeichen) gewählt.

Das System arbeitet mit 80spaltigen Lochkarten und den technischen Mitteln, die in der maschinellen Rechenstation des Instituts vorhanden sind. Die Lochkarten mit der Vorabinformation werden mit Hilfe von Schreibmaschinen, den Apparaten „ERA“ oder „ERA-F“ und Rotaprint vervielfältigt. Die Benutzung dieser oder jener Vervielfältigungsapparatur hängt von der Auflage ab.

Die Arbeit des Systems beruht auf dem Vergleich des Recherchebildes der im System eintreffenden Quellen mit den Recherchemerkmalen der Forscher, die in DK-Zahlen ausgedrückt sind. Die technologische Abfolge der Arbeiten besteht aus folgenden Etappen:

1. Schaffung eines Fonds von Lochkarten, die die Interessen der Informationsnutzer wiedergeben. Der Fonds wird aus Lochkarten gebildet, auf denen jeweils zwei Merkmale kodiert sind: die DK-Zahl, die der Anfrage des Nutzers entspricht, und die Adreß-Chiffre des Nutzers. Danach wird der Fonds nach einem formalen Merkmal – der Länge der DK-Zahl – in Teilfelder aufgegliedert.
2. Herstellung einer bibliographischen Beschreibung mit Annotation des eintreffenden Materials. Kodierung des Recherchebildes der Quelle und Aufzeichnung der erforderlichen Angaben auf Lochkarten.
3. Zusammenfassung von Lochkarten, die die Anforderungen der Nutzer und das Recherchebild der Quellen wiedergeben. Vergleich von Lochkarten, die über gleiche Längen der DK-Zahlen verfügen.
4. Sortierung mit dem Ziel, Lochkarten mit gleicher DK-Zahl zu finden.
5. Aufstellung von Tabellen, die die Ergebnisse der Verteilung der Information nach dem thematischen Merkmal und nach den Adressen der Nutzer zeigen.
6. Herstellung von Kurzinformation nach Themen und Absendung dieser Information an die interessierten Nutzer.
7. Aufrechterhaltung einer stabilen Rückverbindung zwischen dem Nutzer und dem System. (Diese Verbindung bleibt dadurch bestehen, daß die Nutzer dem System Einschätzungen der erhaltenen Information auf der Basis einer 5-Punkte-Wertung mitteilen.)
8. Recherche der Adresse des vollständigen Textes, der für den Nutzer von Interesse ist.

Das System hat in der kurzen Zeit, in der es funktioniert, bereits seine Lebensfähigkeit bewiesen. Das System ist jedoch nicht frei von einer Reihe von Unzulänglichkeiten, die in der Hauptsache darin bestehen, daß eine große Zahl von Operationen manuell ausgeführt werden müssen. Das bedingt einen erheblichen Zeitaufwand. In der Gesamtbilanz der Arbeitszeit erscheinen Operationen, die ohne Verwendung technischer Mittel vorgenommen werden, mit 83 Prozent. Dabei ist die Zeit noch nicht eingerechnet, die die Forscher selbst für die Übertragung ihrer Anforderung in DK-Zahlen aufbringen müssen. Maschinell ausgeführte Operationen, die nur von Menschen kontrolliert werden, machen nur wenig mehr als 2 Prozent aus. Ein ernster organisatorischer Mangel ist darin zu sehen, daß die Nutzer ihre Anfragen selbst aus der natürlichen Sprache in die System-Sprache übertragen müssen. Da die System-Sprache in der Dezimalklassifikation besteht, die Subjektivismus in der Auslegung der Termini zuläßt, führt die Heranziehung der Nutzer, die keine Spezialausbildung auf dem Gebiet der Klassifikation besitzen, unausweichlich zu verschiedenartiger Auslegung einzelner Termini, zur Vergrößerung des Informationsrauschens und zu Informationsverlusten.

Im Verlauf des Betriebs des Systems haben seine Schöpfer Versuche unternommen, das System zu vervollkommnen, indem die Handarbeit eingeschränkt und die Technik der Eingabe und Ausgabe der Information vereinfacht wurde. So wurde die Bearbeitung eines Recherchebildes der Quelle von der Bearbeitung ausgeschlossen, die Handlochung der DK-Zahl durch automatische Lochung ersetzt und die Abschrift der Lochkarten mit Schreibmaschinen abgeschafft. Die Handarbeit beim Schreiben der Nutzeradressen soll entfallen.

In der Zukunft ist die Anwendung der hochproduktiven elektronischen Sortiermaschine SE-80-3 für die Sortierung des Quellenfonds vorgesehen, ferner der Einsatz des Dopplers PR-80 zur Übertragung der Angaben über die notwendige Auflagenhöhe auf die Lochkarte, die das Recherchebild der Quelle enthält, sowie der Einsatz des Lochschriftübersetzers RM-80. Das beschriebene System der differenzierten Vorabinformation kann auch die allgemeine Unterrichtung über Neueingänge besorgen sowie nach dem Prinzip „Anfrage – Antwort“ arbeiten.

Bei der allgemeinen Unterrichtung gibt das System ein Bulletin der neu eingetroffenen Informationsquellen heraus, das auch ein Titelverzeichnis der Materialien enthält, die im System der Vorabinformation bearbeitet wurden und die eine positive Bewertung durch die interessierten Nutzer erfahren haben.

Technische Mittel finden auch bei der Organisation spezieller Formen der Informationsbereitstellung Verwendung, die sich von den anderen Formen durch die Art der Zielstellung unterscheiden: Patentinformation und bibliothekarische Informationsarbeit.

Das Ziel der Informationsarbeit auf dem Gebiet des Patentwesens besteht neben der Information der Nutzer über das erreichte technische Niveau in dem jeweiligen Zweig darin, die Patentfähigkeit und die Patentreinheit der projektierten Erzeugnisse zu prüfen. Daraus folgt die spezifische Forderung an das System der Patentrecherche nach einer hundertprozentigen Vollständigkeit der Ausgabe von Quellen zu dem entsprechenden Thema. Diese Forderung begrenzt die Wahl der Informations-Recherche-Sprachen in bestimmter Weise und vergrößert die Anzahl der zu kodierenden Recherchemerkmale. So kann in einem System der Patentrecherche das Recherchebild der Quelle folgende Merkmale enthalten: Kode des Landes, das das Patent oder den Urheberschein erteilt hat, die Dotation der internationalen und nationalen Patentklassifikationen, Chiffren zusätzlicher Unterscheidungsmerkmale (Deskriptoren), die die Sachgruppe der nationalen Klassifikation bis auf die Ebene des Sachbegriffes vertiefen, das Datum des Beginns der Patentwirkung, die Chiffre des Patentinhabers. Es kann angenommen werden, daß hinsichtlich der technisch-ökonomischen Kennziffern in Patentinformations-Recherche-Systemen mit einem Fundus von weniger als 1,5 Millionen Beschreibungen die Anwendung von Mitteln der Kleinmechanisierung am günstigsten ist (Selektoren, Selektiernadeln, Vibratoren). Bei einem Fundus von 1,5 Millionen Beschreibungen ist die Verwendung einer Lochkarten-Anlage (Sortiermaschinen, Lochprüfer, Tabelliermaschinen) ökonomisch zweckmäßig. Die Benutzung einer Lochkarten-Ausrüstung wird besonders dann als effektiv betrachtet, wenn die Zeichnung, die vollständige oder gekürzte Formel der Erfindung und eine kurze Annotation zentralisiert auf 80spaltige Lochkarten aufgetragen werden. Die optimale Struktur der Anfragen für ein mechanisiertes System ist in Tabelle 10[132] dargestellt.

Die Anwendung von Elektronenrechnern zur Verwirklichung eines vielseitigen Patentinformations-Recherche-Systems halten die Autoren des beschriebenen Systems für ökonomisch nicht gerechtfertigt.

Es ist offensichtlich, daß die Informationsarbeit im Patentwesen, unbeschadet einer gewissen Spezifik, die sie von der eigentlichen Informationsarbeit unterscheidet, eine Mechanisierung ohne besondere Schwierigkeiten erlaubt.

Weitaus komplizierter ist es um die Mechanisierung der Bibliotheksarbeiten bestellt. Eine Bibliothek, die ein besonderes IRS mit zeitweiliger Ausgabe der Originalquellen aus dem Fundus darstellt, ist ein System mit Absagen und Verlusten. Der erste Zyklus des Systems ist so organisiert, daß der Nutzer die Recherche selbst vornehmen kann

Tabelle 10 Die optimale Struktur der Anfragen

Typ der Anfrage	Anzahl der Anfragen, in %
Recherche der Quelle nach einer dem Forscher bekannten Adresse	20
Recherche der Adressen von Patenten eines Landes zu einer einzelnen technischen Frage	20
Recherche der Adressen von Patenten führender Länder in einer Richtung der technischen Entwicklung	10
Prüfung der Patentfähigkeit eines Erzeugnisses und Auswahl des Prototyps	30
Überprüfung der Patentreinheit in einem Land	10
Überprüfung der Patentreinheit in mehreren Ländern	10

(alphabetischer Katalog, Sachkatalog, systematischer Katalog). Die verwendeten Recherchesprachen sind in der Hauptsache für die Handsuche eingerichtet. Das alles erschwert den Einsatz von Mechanisierungs- und Automatisierungsmitteln. Gegenwärtig geht selbst in großen Bibliotheken die Mechanisierung meistens nicht über die Verwendung von Reproduktionsapparaten zur Kopierung einzelner Quellen, die Anwendung von Lochkartentechnik und die Benutzung von Vervielfältigungsapparaten zur Herstellung von Katalogen und Listen der Neueingänge sowie über die Verwendung von Apparaten zur visuellen Durchsicht der Mikrokopien von Quellen durch die Benutzer hinaus.

Die Hauptschritte der täglichen Arbeit in der Bibliothek – Bearbeitung, Systematisierung, Speicherung, Ausgabe und Registrierung der Literatur, Registrierung und Abfertigung der Leser – werden fast ausschließlich in Handarbeit erledigt. Nicht zufällig machen deshalb in den Haushaltsplänen der Bibliotheken von Forschungsinstituten, Konstruktionsbüros und Betrieben die Lohnkosten für die Mitarbeiter oft den Hauptanteil der Ausgaben aus.

In vielen Ländern werden Versuche unternommen, die laufende Arbeit der Bibliotheken zu mechanisieren. Sie betreffen aber vor allem die großen Bibliotheken mit einem umfangreichen Bestand und breiten Leserkreis. Interessant sind die Erfahrungen, die in der Bibliothek der Universität von Missouri/USA mit dem Einsatz eines Elektronenrechners zur Erfassung der Literatur und Registrierung der Ausleihe gemacht wurden. Der Bestand der Bibliothek beträgt 1,3 Millionen Bände. In der Bibliothek wurde ein Elektronenrechner vom Typ IBM-1440 mit einem Magnetscheiben-Speicher aufgestellt. Die Eingabe der Information über die Ausleihe von Büchern erfolgt über Speicherblocks, die sich an den Arbeitsplätzen der Bibliothekare befinden. Der Bibliothekar führt in den Block drei Karten ein. Auf der ersten befindet sich eine in Text und Spezialkode ausgedrückte bibliographische Beschreibung des ausgegebenen Buches, eine zweite Kunststoff-Lochkarte enthält Angaben über den Leser und die dritte das kodierte Rückgabedatum der Literatur. In den Blocks wird die Information abgelesen und auf Lochkarten reproduziert, von denen die Daten auf die Magnetspeicher des Elektronenrechners übertragen werden. Die Maschine druckt Listen der ausgegebenen Literatur, die auch den Namen des Lesers, das Ausgabedatum und die Rückgabefrist enthalten. Es werden auch Benachrichtigungen über Terminüberschreitungen und Mahnungen an die Leser gedruckt. Bei der Ausgabe der Bücher erfolgen keinerlei schriftliche Aufzeichnungen. Das Ergebnis dieser Arbeitsweise sind eine wesentlich schnellere Bedienung und eine erheblich höherere Arbeitsproduktivität der Bibliotheksmitarbeiter. Auf je einen Mitarbeiter thek entfallen im Durchschnitt 1400 bearbeitete Bücher jährlich, bei durchschnittlich 1000 Büchern in anderen Bibliotheken der USA. Die geplante Benutzung derselben Maschine sowohl zum Druck der Verzeichnisse der Neueingänge als auch für verschiedene Buchhaltungsarbeiten wird es ermöglichen, die schon jetzt gute Finanzlage der Bibliothek noch günstiger zu gestalten [133].[13]

Die erzielten Resultate lassen auf eine erfolgreiche Überwindung der Schwierigkeiten hoffen, die mit der Mechanisierung und Automatisierung der Arbeiten in Bibliotheken verbunden sind.

[13] Die einzelnen Ausgaben der wissenschaftlich-technischen Bibliotheken in den USA verteilen sich im Durchschnitt wie folgt: Neueingänge und Buchbindearbeiten – 30 Prozent; Lohnkosten – 65 Prozent; übrige Ausgaben – 5 Prozent. In der Universität von Missouri verteilen sich diese Ausgaben folgendermaßen: 43 Prozent, 48 Prozent und 9 Prozent, einschließlich der Amortisation der elektronischen Ausrüstung [133].

Kapitel VII

Die Wahl und Berechnung einer rationellen Arbeitsweise für Informationssysteme

In der Literatur kann der Begriff „Informationssysteme" auf einen Elektronenrechner, ein Gehirn, ein Unternehmen, ein wissenschaftliches Forschungsinstitut, eine Institution, das heißt auf ein bebliebiges Organisationssystem, angewendet werden, in dem in gewissem Grade geordnete Informationsströme zirkulieren. Eine so weite Auslegung dieses Terminus ist möglicherweise in bestimmten Fällen gerechtfertigt, in der Information und Dokumentation jedoch ist es zweckmäßig, als Informationssystem eine Menge geographisch zerstreuter Informationsnetze zu bezeichnen, die verschiedene Typen von Organisationen zur Erfassung, Speicherung, Bearbeitung und Verbreitung von Information und verschiedene Kategorien von Nutzern vereinigen. Grundlage eines solchen Systems sind die Informationsfonds (spezialisierte Magazine von Literatur, Dissertationen, Standards, Patenten, wissenschaftlichen Berichten und dergleichen mehr), die untereinander durch technische Nachrichtenkanäle verbunden sind und die über eine bestimmte innere Struktur unter Berücksichtigung der Nutzerkategorien, die versorgt werden, verfügen.

Eine der Hauptaufgaben von Information und Dokumentation besteht darin, die Effektivität der Informations- und Dokumentationssysteme zu erhöhen. Diese Aufgabe wird in der Hauptsache auf zweierlei Weise gelöst: durch die Verbesserung der inneren Struktur des Systems und durch die Intensivierung der Prozesse innerhalb des Systems.

In der Literatur sind interessante Arten des Herangehens an die Lösung dieser Probleme beschrieben. Insbesondere sind in dieser Richtung die Arbeiten von L. Dougat (Ungarn), B. S. Kesevan (Indien), D. U. King, A. I. Lebowitz (USA), M. G. Menz (Frankreich) und anderen bekannt. Zur Erhöhung der Effektivität vom Informationssystemen wird immer stärker der Apparat der Mathematik herangezogen. Besonders geeignet erscheint die Anwendung von Methoden der Operationsforschung.

Das Wesen der Operationsforschung kann auf die Aufstellung eines mathematischen Modells zurückgeführt werden, wobei das Effektivitätskriterium mit gesteuerten und ungesteuerten Variablen verbunden ist. Bei allen Problemen, mit denen die Operationsforschung zu tun hat, greift man auf folgende Gleichung zurück:

$$E = f(x_1, x_2 - x_m, y_1, y_2 - y_n).$$

Im linken Teil der Gleichung bezeichnet E den effektivsten Weg, ein Ziel zu erreichen. Im rechten Teil der Gleichung werden mit x die kontrollierten Variablen und mit y die unkontrollierten Variablen bezeichnet. Die Funktion drückt die Wechselwirkung der verschiedenen variablen Größen zur Erreichung eines bestimmten Zieles aus [134, 135]. Mit Hilfe des mathematischen Modells wird die Lösung gesucht, wozu ein analytischer Apparat oder die Modellierung auf einem Elektronenrechner benutzt wird.

Das Ziel der Operationsforschung besteht darin, eine wissenschaftliche Leitung bei der Entscheidungsfindung zu garantieren, die das Zusammenwirken der verschiedenen Abteilungen einer Organisation im Interesse der Gesamtorganisation zum Gegenstand hat. Eine Lösung, die für die Gesamtorganisation am günstigsten ist, gilt als optimal. Eine Lösung, die für einen oder mehrere Teile der Organisation am günstigsten ist, wird als suboptimal bezeichnet. Bei der Durchführung von Operationsforschungen ist man bemüht, die besten Lösungen für einen möglichst großen Teil des Gesamtsystems zu finden.

In Operationsforschungen geht das Bestreben dahin, alle Wechselwirkungen oder Kausalzusammenhänge soweit zu berücksichtigen, wie das von Bedeutung ist. Allerdings ist der Umfang der Forschungen in jedem konkreten Fall praktisch begrenzt, entweder dadurch, daß der Zugang zur höheren Organisationsebenen meistens versperrt ist, oder durch Begrenzung hinsichtlich der Zeit, der Geldmittel und der Ressourcen.

Charakteristisch für die Operationsforschung ist die Tatsache, daß bei der Lösung jedes Problems ständig neue Aufgaben entstehen. Es ist daher klar, daß die Anwendung von Methoden der Operationsforschung nicht effektiv ist, wenn es um die Lösung spezieller, begrenzter Aufgaben geht. Der größte Nutzen kann bei einer kontinuierlichen Forschung, d. h. beim folgerichtigen Übergang von einer Aufgabe zur anderen, erzielt werden.

Man kann sagen, daß Operationsforschung im allgemeinsten Sinn als die Anwendung wissenschaftlicher Prinzipien, Methoden und Mittel für Aufgaben bezeichnet werden kann, die mit dem Funktionieren von

Organisationssystemen, insbesondere von Informationssystemen, zusammenhängen.

Die angewandte Richtung der Operationsforschung wird als Erforschung von Aufwand und Ertrag definiert und ist durch das Fällen verschiedener Entscheidungen in unsicheren oder komplizierten Situationen bedingt. Das Ziel dieser Forschungen ist die Ausarbeitung systematischer Verfahren, die die Bedarfsbefriedigung des Leitungs- und Verwaltungspersonals, der Wissenschaftler und anderer Informationsnutzer mit solchen Informationen gewährleisten, die zur Fällung operativer Entscheidungen notwendig sind.

Die Mitarbeiter von Operationsgruppen, die an der Verbesserung eines Informationssystems arbeiten, müssen „Methodologen" sein, das heißt Forscher, die vor allem untersuchen, auf welche Weise eine Forschung durchgeführt wird, nicht daber, worin der spezifische Inhalt der Forschung besteht. Meistens wird empfohlen, sechs Spezialisten in solche Forschungsgruppen aufzunehmen: einen Mitarbeiter der Informationseinrichtung, einen Vertreter der Naturwissenschaften, einen Ingenieur, einen Mathematiker oder Statistiker, einen Informator und einen Logiker oder Spezialisten für wissenschaftliche Methodologie.

Neben den Methoden der Operationsforschung finden auch andere Verfahren bei der Verbesserung der Tätigkeit der Informationssysteme Anwendung. Im folgenden werden die methodischen Prinzipien beschrieben, die im UkrNIINTI entwickelt und bei der Erhöhung der Effektivität der Informationsvermittlung in der Ukrainischen SSR zugrunde gelegt wurden. Im Ergebnis der praktischen Anwendung dieser Prinzipien wurden in den Jahren 1967 und 1968 in der Ukrainischen SSR Maßnahmen verwirklicht, die die Schaffung eines einheitlichen Systems der wissenschaftlich-technischen Information als eines Bestandteiles des gesamtstaatlichen Systems der wissenschaftlich-technischen Information zum Ziel hatten.

Die Grundelemente jedes Informationssystems sind die Informationseinrichtungen und die Bibliotheken.

In vielen Ländern der Erde wird in der letzten Zeit der Entwicklung wissenschaftlicher Methoden zur Projektierung und zum Bau neuer Informationszentren und Bibliotheken sowie der Vervollkommnung der existierenden Systeme der Informationsvermittlung große Aufmerksamkeit geschenkt.

Im Juni 1965 fand in Moskau das erste Symposium der Wissenschaftler aus den Ländern des Rates für Gegenseitige Wirtschaftshilfe (RGW) statt, das Fragen der Mechanisierung und Automatisierung der Bearbeitung und der Recherche von wissenschaftlich-technischer Information gewidmet war. In vielen Vorträgen und Reden wurde auch die Notwendigkeit festgestellt, wissenschaftliche Methoden für die Organisation optimaler Informations- und Dokumentationssysteme im Maßstab einzelner Länder zu entwickeln, und einige Redner schlugen vor, ein einheitliches System eines derartigen Dienstes für die Mitgliedsländer des RGW zu projektieren.

Das bedeutet, daß die Projektierung, der Aufbau und die Vervollkommnung eines Netzes von Bibliotheken und Informationszentren gegenwärtig äußerst aktuell sind.

Hinsichtlich der Zahl der Bibliotheken nimmt die UdSSR in der Welt den ersten Platz ein. Im Unterschied zu den USA, England, Frankreich und anderen entwickelten kapitalistischen Ländern, wo die Bibliotheken hauptsächlich in den großen Städten konzentriert sind, erfaßt die Versorgung durch Bibliotheken in der Sowjetunion sowohl die Stadt- als auch die Landbevölkerung. Bekanntlich ist jedoch das Netz der Bibliotheken im Verlauf vieler Jahrzehnte – und dazu oft spontan, ohne ausreichende wissenschaftliche Begründung – entstanden. Der Prozeß der Gründung von Informationseinrichtungen und die Entwicklung von Informationsmitteln verliefen ebenfalls oft ohne wissenschaftliche Begründung.

Die existierenden Informationszentren und Bibliotheken bergen bedeutende ungenutzte Reserven, die zur Geltung gebracht werden können, wenn bestimmte organisatorische Maßnahmen ergriffen werden.

Außerdem müssen die bestehenden und entstehenden Informationszentren sowie die Bibliotheken unserer Meinung nach unbedingt Berechnungen über den Aufwand und Nutzen durchführen, die ausweisen, daß die gewählte Variante wissenschaftlich begründet ist.

Welches sind die methodischen Prinzipien einer derartigen wissenschaftlichen Begründung?

1. Das Studium der sozialen, demographischen und anderer Bedingungen des entsprechenden Gebietes mit den Methoden der empirischen Sozialforschung, um die wahrscheinlichen Anforderungen an das projektierte System der Informationsleistung festzustellen.

2. Die Bearbeitung der Ergebnisse dieser Untersuchungen mit Hilfe der Bedienungstheorie, um die wahrscheinliche „Kapazität" der projektierten Informations-Recherchefonds und Bibliotheken festzustellen.

3. Die Durchführung einer experimentellen Untersuchung an einer Reihe von mathematischen Modellen, um die optimale Variante der Informations-Recherchefonds oder Bibliotheken zu finden, die den wahrscheinlichen Anforderungen vollständig gerecht wird.

Erst nach einer solchen Untersuchung kann man die folgenden Fragen beantworten: Ist es notwendig, am betreffenden Ort einen selbständigen Informations-Recherchefonds zu schaffen?

Über welche Kapazität muß er verfügen? Wie effektiv wird seine Arbeit vom ökonomischen Standpunkt aus sein? Muß er mit maschineller Ausrüstung ausgestattet werden? Welcher Grad der Mechanisierung der Informationsrecherche ist erforderlich? Wieviel etatmäßige Mitarbeiter sind zu seiner Bedienung notwendig, und über welche Qualifikation müssen sie verfügen? Welche notwendigen Informationskanäle, welche Arten von Verbindungen und welche finanziellen Mittel sind für einen effektiven Betrieb der projektierten Einrichtung vorzusehen?

Betrachten wir der Reihe nach die Etappen der zu lösenden Aufgabe, der Feststellung der optimalen Variante eines Systems von Informationszentren und Bibliotheken.

Die empirische Sozialforschung muß die wahrscheinlichen Anfragen an das projektierte System der Informationseinrichtungen oder der Bibliotheken feststellen. Sie muß auf die Frage antworten, wie der Informationsrecherchefonds qualitativ zusammengesetzt sein muß. Das wird natürlich von den Nutzerinteressen abhängig sein. Von diesem Gesichtspunkt aus muß sich der Bestand einer Spezialbibliothek selbstverständlich von dem einer Massenbibliothek unterscheiden. Die empirische Sozialforschung muß auch die Differenzierung der Interessen und das Sozialisierungsniveau der Bibliotheksbestände ermitteln, d. h. die wahrscheinlichen Informationsnutzer in Gruppen einteilen und eine „Hierarchie" der Interessen dieser Gruppen festlegen.

Die Methodik derartiger Forschungen ist ausreichend entwickelt. Die Aufgabe besteht in der Festlegung der Bedingungen ihrer Anwendung.

Die Genauigkeit und Vollständigkeit der erhaltenen Resultate hängen wesentlich von der Ausgangsbasis, den zugrunde gelegten „Interessengruppen", ab. Die Interessen der Nutzer können nach den Gebieten der menschlichen Tätigkeit eingeteilt werden. Diese bestehen aus einer endlichen Zahl bestimmter Zweige (die wahrscheinliche Anzahl dieser Zweige geht nicht über tausend hinaus), aber die Forschung selbst wird außerordentlich umfangreich und ohne die Benutzung der EDV praktisch unmöglich. Darum werden die Informationsnutzer gewöhnlich eingeteilt in solche, die an wissenschaftlicher und technischer Information, und in solche, die an vermischter Information interessiert sind.

Die wissenschaftliche und technische Information wird ihrerseits in solche Arten wie theoretische Kybernetik und ihre angewandten Zweige, Chemie und chemische Industrie, Landwirtschaft, Medizin,

Bergbautechnik usw. eingeteilt. Die Einteilung der Information nach Nutzer-Arten erfolgt auf der Basis einer qualitativen Analyse der Haupttätigkeitsarten der Bevölkerung: In einem Gebiet, in dem Betriebe der metallurgischen Industrie konzentriert sind, ist das Vorhandensein von Nutzergruppen, die an Information über Biologie oder Ozeanographie interessiert sind, wenig wahrscheinlich. Im Ergebnis der qualitativen Analyse, die auf der Grundlage statistischen Materials und anderer Unterlagen erfolgt, wird die Gruppe der wahrscheinlichsten Interessen festgestellt. Diese werden in Fragebogen eingetragen (wenn vorgesehen ist, die empirische soziologische Untersuchung mit der Fragebogenmethode oder der Interviewmethode durchzuführen). Die Gesamtbevölkerung des Gebietes wird in zwei ungleiche Gruppen eingeteilt: erstens, in eine ausgewählte Anzahl von Arbeitern und Angestellten, deren Gesamtinteressen offensichtlich mit ihrer Hauptbeschäftigung in Beziehung stehen (zum Beispiel Arbeiter an Hochöfen, Stahlwerker, Bergarbeiter usw.), und zweitens, in den übrigen, größeren Teil der Bevölkerung, aus dem willkürlich einige Gruppen zum Studium ihrer Interessen ausgewählt werden.

Die Angaben, die durch die Fragebogenmethode, die direkte Befragung und andere Methoden der empirischen Sozialforschung gewonnen wurden, ergeben bestimmte Felder, auf deren Grundlage man Verallgemeinerungen über die Anzahl der Interessengruppen, die Wechselbeziehungen dieser Gruppen, ihre zahlenmäßige Stärke usw. treffen kann. Das wird durch die Ordnung der Angaben mittels Tabellen erreicht (Tabelle 11).

Wenn man in Tabelle 11 mit den Spalten die Interessen der wahrscheinlichen Informationsnutzer bezeichnet (zum Beispiel Interesse am

Tabelle 11 Tabelle ersten Ranges der Verteilung von m Gruppen wahrscheinlicher Informationsnutzer nach ihren n Interessen an Informationsquellen

Nutzergruppen	Informationsquellen nach thematischen Gruppen							
	A	*B*	*C*	*D*	*E*	*F*	*G*	*N*
1	0	0	1	0	1	1	1	1
2	0	1	1	1	1	0	0	0
3	0	0	1	0	0	0	1	1
4	0	0	1	1	1	1	1	0
.	.	.	.	.	.	.	.	.
.	.	.	.	.	.	.	.	.
.	.	.	.	.	.	.	.	.
m	0	0	1	0	0	0	1	1

Hochofenbetrieb) und mit den Zeilen die laufende Nummer der untersuchten Gruppe, so wird am Kreuzungspunkt von Spalte und Zeile entweder eine Übereinstimmung der Interessen (gekennzeichnet durch eine Eins) oder das Fehlen dieser Übereinstimmung (gekennzeichnet durch eine Null) wiedergegeben.

Auf der Basis dieser Tabelle wird eine Rangordnung geschaffen – eine Rangordnung der Interessen der Gruppen, und die erhaltenen Ergebnisse gehen in eine Tabelle zweiten Ranges ein.

So ergibt sich zum Beispiel aus der Tabelle ersten Ranges (Tabelle 11), daß die Interessen für Fragen der Philosophie und der laufenden Politik am stärksten vertreten sind. Entsprechend der Anzahl der Gruppen wahrscheinlicher Informationsnutzer erhalten diese Interessen (*C*) den höchsten Rang, die Zahl 8. Nach der Anzahl der wahrscheinlichen Anforderungen folgen Informationsquellen zu wissenschaftlich-technischen Problemen (*G*), sie erhalten die Zahl 7, weiter folgt die Gruppe von Interessen *K*, wir bezeichnen sie mit 6, *D*, *E*, *F* werden mit 5, *B* wird mit 4 und *A* mit 3 ausgezeichnet. Die erhaltenen Ergebnisse werden im Tabellenmodell zweiten Ranges zusammengefaßt (Tabelle 12).

Tabelle 12 Tabelle zweiten Ranges der Verteilung der Gruppen wahrscheinlicher Informationsnutzer nach ihren Interessen an Informationsquellen

A	*B*	*C*	*D*	*E*	*F*	*G*	*N*
3	4	8	5	5	5	7	6

Auf der Grundlage der Tabelle zweiten Ranges wird eine Matrize für *m* Gruppen wahrscheinlicher Informationsnutzer und *n* Gruppen ihrer Interessen an Informationsquellen aufgestellt (Tabelle 13).

So mögen zum Beispiel in der Tabelle zweiten Ranges folgende Angaben gewonnen worden sein (Tabelle 14).

Nach dieser Methodik können Angaben über die Informationsströme in wissenschaftlichen Bibliotheken und Spezialbibliotheken gewonnen werden. Es ist selbstverständlich, daß die Ausgangsinformation in jedem einzelnen Fall unterschiedlich sein wird. So wurde zum Beispiel eine Untersuchung des Charakters und der Menge der Anforderungen vorgenommen, die die Leser im Verlauf einer Woche an die Staatliche Wissenschaftlich-technische Bibliothek in Kiew richteten. Im Ergebnis wurden Angaben über die Arten der Anfragen und die Nutzerkategorien gewonnen.

Mit Hilfe dieser Angaben kann man sich nach der beschriebenen Methodik eine Vorstellung von der Dynamik der Informationsanforde-

Tabelle 13 Matrize für *m* Gruppen wahrscheinlicher Informationsnutzer und *n* Gruppen ihrer Interessen an Informationsquellen

Nutzergruppen	Thematische Richtung der Information in den Gruppen			
	A_1	A_2	...	A_n
Hochofenarbeiter	a_{11}	a_{21}	...	a_{n1}
Arbeiter der Möbelbranche	a_{12}	a_{22}	...	a_{n2}
Hausfrauen	...	...	...	...
.	.	.	.	.
.	.	.	.	.
.	.	.	.	.
m-te Gruppe	a_{1m}	a_{2m}	...	a_{nm}
Summen	$\sum_{j=1}^{m} a_{1j}$	$\sum_{j=1}^{m} a_{2j}$		$\sum_{j=1}^{m} a_{nj}$

Tabelle 14 Ergebnisse einer Tabelle zweiten Ranges

Nutzergruppen	*A*	*B*	*C*	*D*	*E*	*F*	*G*	*N*
Hochofenarbeiter	3	4	8	5	5	5	7	6
Arbeiter der Möbelbranche	1	8	7	0	0	0	6	5
Hausfrauen	0	0	4	0	0	0	5	8
Summe $\sum_{j=1}^{3} a_{ij}$	4	12	19	5	5	5	18	19

rungen machen, die an die Bestände der Bibliothek gestellt werden. Analysiert man die gewonnenen Daten, so kann man folgendes erklären:

1. Man kann die „Nähe" der Interessen verschiedener Gruppen von Informationsnutzern zu den Informationsquellen berechnen.

2. Auch die wahrscheinliche Stärke der Ströme der Nachfrage nach einer bestimmten Gruppe von Informationsquellen kann man bestimmen und folglich auch annähernd die adäquate ökonomische Form der Aufbewahrung präzisieren, die für diese oder jene Art der Informationsquellen zweckmäßig ist. Je nach der Anzahl der wahrscheinlichen Nachfragen nach diesen oder jenen Quellen können diese durch den vollen Text oder in „gekürzter" Form vertreten sein – durch Referate, Annotationen usw. Der Grad der Kürzung der Information muß offensichtlich unmittelbar von der „Stärke" des Stroms der Nachfrage nach ihr bestimmt werden: Je mehr Anforderungen erfolgen, desto vollständiger müssen die Informationsmittel sein.

3. Auf der Basis einer Analyse der Tabellen zweiten Ranges kann man die Struktur der Verbindungen des Informationszentrums mit den Informationsnutzern festlegen, kann man jenes System direkter, indirekter und rückgekoppelter Verbindungen beschreiben, das die Spezifik jedes einzelnen Informationsprozesses ausmacht. Zu diesem Zweck werden die gewonnenen Tabellen zweiten Ranges (je nach der Anzahl der unterschiedlichen Gruppen können es mehrere sein) zu Systemen übereinstimmender Interessen der wahrscheinlichen Informationsnutzer zusammengefaßt. Eine solche Zusammenfassung erfolgt durch Aufstellung von Matrizen.

Ein Vergleich der erhaltenen Resultate macht es möglich, Strukturen von Informationssystemen erkennbar zu machen. Beispiele für Strukturen derartiger Systeme, die durch Tabellen gewonnen wurden, sind in Abbildung 21 gezeigt.

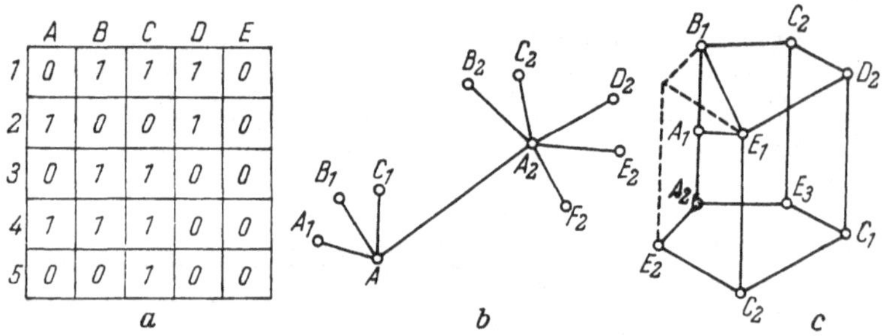

Abb. 21 Systeme zur Verteilung von Information in Abhängigkeit von den Nutzerinteressen

Man kann sie in zwei Hauptklassen unterteilen:

1. Offene Systeme (Abbildung 21, a). Durch sie werden Interessen mit Sackgassen-Charakter beschrieben, d. h. diejenigen, die unmittelbare „Adressenverbindungen" haben – zum Beispiel wird die Informationsstelle eines Werkes wahrscheinlich der einzige Nutzer von Information über Legierungen auf der Basis bestimmeter Metalle sein.

2. Geschlossene oder isolierte Systeme (Abbildung 21, b, c). Durch sie werden verschiedene Interessen beschrieben, die zu einer gewissen endlichen Gruppe von Arten der menschlichen Tätigkeit gehören, die für die Informationsnutzer gemeinsam ist.

Innerhalb dieser Systeme zirkuliert ständig Information, die durch äußere Quellen vervollständigt wird. Diese Information, die den Interessen einer breiten Nutzergruppe entspricht, ist ökonomisch effektiv, da sie bewußt auf die Befriedigung eines Massenstroms von Anforderungen ausgerichtet ist.

Daraus ist zu schließen, daß in Fällen, in denen die Interessen der wahrscheinlichen Informationsnutzer ein offenes System bilden, die Schaffung von spezialisierten Informationseinrichtungen mit geringer Kapazität ökonomisch angebracht ist. Ergeben dagegen die Nutzerinteressen die Struktur eines geschlossenen Systems der Informationsbereitstellung, so wird sich als ökonomisch effektiv eine moderne, maschinell ausgerüstete Informationseinrichtung erweisen, die für eine endliche Zahl, durch gemeinsame Interessen verbundener Informationsnutzer die Information sammelt, bearbeitet und ausgibt.

Eine Kompromißlösung würde darin bestehen, innerhalb einer solchen einheitlichen Informationseinrichtung einen spezialisierten Teil eines Informations-Recherchefonds zu schaffen, der weiteren spezialisierten Fonds Information entnimmt und sie einer begrenzten Zahl von Nutzern zur Verfügung stellt – oder aber eine Adressenkartothek derart spezialisierter Fonds einzurichten.

Die Ergebnisse der empirischen Sozialforschung über wahrscheinliche Ströme von Information können offensichtlich auch dazu dienen, noch andere Charakteristika von Informations-Recherchefonds und Bibliotheken festzustellen. Auf der Basis der Analyse dieser Daten kann man zum Beispiel im voraus die Effektivität der Arbeit eines Informations-Recherchefonds einschätzen, der in einem für die automatisierte Quellenrecherche ausgerüsteten IRS benutzt wird, wenn die stetige Gruppe von Quellen und die wahrscheinlichen Nachfragen nach ihnen bekannt sind.

Als Grundlage der Bewertung der Arbeit eines IRS und insbesondere der Effektivität des Informations-Recherchefonds erweist sich der wahrscheinliche Umfang der Befriedigung der mittleren Anfragefrequenz eines Nutzers. Dieser Umfang wird als Durchschnittsergebnis aus einer Gruppe von Anfragen an den Informations-Recherchefonds hinsichtlich seiner Thematik und der Anzahl von Nachfragen der wahrscheinlichen Informationsnutzer abgeleitet. Diese Daten werden durch die empirische Sozialforschung erbracht.

Nehmen wir an, daß die Gesamtzahl der Quellen, die auf die Anfrage i antworten, gleich n_i ist, und die Anzahl der zur Anfrage gehörenden und im Informations-Auskunftsfonds vorhandenen Quellen gleich r_i ist. Die Art der Anfrage, die an den Informations-Recherchefonds gerichtet wurde, benennen wir mit l. Dann kann die Effektivität des Informations-Recherchefonds als der Koeffizient (K) der Befriedigung der Anfrage des Nutzers durch die im Fonds vorhandene relevante Menge der Quellen bewertet werden. Dieser Koeffizient ist gleich der Anzahl der Quellen des Informations-Recherchefonds, die auf die Anfrage i antworten, geteilt durch die Gesamtzahl der auf die Anfrage i antwortenden Quellen, die im Fonds und in anderen Informationszentren vorhanden sind:

$$K = \frac{\Sigma r_i}{N_{\Sigma r_i} + l_{n_i}},$$

wobei N der volle Bestand des Informations-Recherchefonds ist.

Eine solche vorherige Einschätzung der Effektivität der Arbeit des Informations-Recherchefonds ist offensichtlich von Bedeutung bei der Bestimmung der „Kapazität" eines entstehenden Informationszentrums oder einer Bibliothek.

Beim Studium der Informations-Recherchefonds geschlossener Systeme (Abbildung 21, b) kann man zur Bearbeitung der Ergebnisse der empirischen Sozialforschung auch das bekannte Zipfsche Gesetz über die Häufigkeitsverteilung von Buchstaben oder Wörtern im Text heranziehen. Das Gesetz von Zipf besagt, daß die Häufigkeit des Auftretens von Buchstaben oder Wörtern porportional der Häufigkeit des Erscheinens des r-ten Wortes (oder Buchstabens), ist also

$$\frac{1}{r^a}\ (a \approx 1).$$

In Analogie dazu nehmen wir eine bestimmte Periode der Informationsbereitstellung, während derer die Ausgabe von Informationsquellen auf eine „gewöhnliche" Anforderung hin erfolgt. Mit n_e bezeichnen wir die Anzahl der Ausgaben der e-ten Informationsquelle (eines Buches zum Beispiel). Wir schreiben diese Zahlen in der Reihenfolge ihrer Abgabe: $n_1, n_2 \ldots, n_k, \ldots, n_e$. Dann tritt offenbar die folgende Gleichgewichtsverteilung auf:

$$n_k = \text{const} + \frac{1}{k^\gamma}, \text{ wo } \gamma = 1; \quad \text{const} = \frac{n_e}{\xi},$$

wo $\quad \xi(a) = \sum_{r=1}^{\infty} \frac{1}{r^a}.$

Entsprechend dieser Schlußfolgerung kann ein arbeitender Informations-Recherchefonds in thematische Gruppen aufgegliedert werden, die sich hinsichtlich der Zahl ihrer Inanspruchnahme nach dem Zipfschen Gesetz verteilen. Eine derartige Abhängigkeit tritt in einem solchen Falle auch im Nutzeranteil auf. Wenn dies wirklich so ist und wenn im Falle geschlossener Systeme die dem Gesetz von Zipf analoge

Beziehung annähernd zutrifft, dann ist die Anzahl derjenigen Informationsnutzer, die sich am häufigsten an den Informations-Recherchefonds wenden, relativ klein. Folglich muß man den Informations-Recherchefonds den Interessen eben dieser zahlenmäßig geringen Leserkategorie entsprechend aufbauen. Diese Schlußfolgerung erscheint etwas paradox, wenn man von der üblichen Praxis der Zusammensetzung der Quellen von Informations-Recherchefonds ausgeht. Es ist bekannt, daß der Informationsbestand von Bibliotheken – besonders von kleineren (wie Kreisbibliotheken) – in der Regel im Blick auf den „Massenleser" gestaltet wird, einen Leser, dessen Interessen außerordentlich vielfältig und ganz zufällig sind. Berücksichtigt man aber, daß die überwiegende Mehrzahl der Nachfragen nach Literatur wahrscheinlich von einer relativ kleinen Zahl besonders aktiver Leser ausgeht, und richtet man sich bei der Zusammenstellung des Informationsbestandes nur nach deren Interessen, so kann sich zeigen, daß dies die Ausgaben für die Anschaffung überflüssiger Quellen wesentlich verringert. Die wahrscheinliche Absage auf die Anforderung eines zufälligen Nutzers wird vollauf durch die Vollständigkeit der Information für die Anforperungen gerechtfertigt, die am häufigsten an den vorliegenden Informations-Recherchefonds gerichtet werden.

Wie zu ersehen ist, geben die verallgemeinerten Ergebnisse der empirischen Sozialforschung keine genaue Antwort auf die Frage nach der notwendigen „Kapazität" des Informationszentrums oder der Bibliothek, nach der erforderlichen maschinellen Ausstattung, dem notwendigen Mitarbeiterbestand, den vermutlichen Kosten für den Betrieb dieses Zentrums usw. Auf der Basis der Analyse dieser Ergebnisse kann man entscheiden, was für ein Fonds (hinsichtlich seiner qualitativen Eigenschaften) in dem entsprechenden Gebiet vorhanden sein muß. Aber welche Ausmaße er besitzen muß und ob er überhaupt notwendig ist (oder ob der Bezirk besser durch die Herstellung zusätzlicher Verbindungen zu existierenden Informationszentren versorgt werden kann) – diese Frage erfordert eine zusätzliche Untersuchung. Dabei wird auf der Basis einer soziologischen Untersuchung die wahrscheinliche Anzahl von Nutzern dieser oder jener Informationen festgestellt (durch die Ausdehnung der Schlußfolgerungen über die Gruppen von Interessen, die durch die Erforschung einzelner Bevölkerungsgruppen gewonnen wurden, auf die Gesamtzahl der Einwohner des Gebietes).

Die Beantwortung der Frage nach der „Kapazität" eines Informationszentrums erfordert die Anwendung einiger Ergebnisse der Bedienungstheorie oder der Wahrscheinlichkeitstheorie. Die Informationsbereitstellung umfaßt solche Bestandteile wie die Anfrage (Anfragenstrom), ein System, das zur Informationsbereitstellung bestimmte materielle Mittel und Arbeitszeit aufwendet, und das Ergebnis, das die Form einer Auskunft, einer Adresse, eines Mikrofilms, eines Buches, der Kopie einer Quelle, eines Informationsbulletins, eines Reterats, einer Annotation usw. haben kann.

Die Informationsbereitstellung ist der Tätigkeit einer Bibliothek verwandt, besitzt jedoch ihre Spezifik. Es geht nicht nur darum, daß ein Infoımationszentrum in der Regel Kopien von Quellen ausgibt, während eine Bibliothek meistens die Originale zur Verfügung stellt. Die Ströme der Anfragen an ein Informationszentrum und an eine Bibliothek unterscheiden sich durch ihre Charakteristika: Das Informationszentrum muß die Information zu einem bestimmten Thema unabhängig davon ausgeben, ob die Nutzer das Wesen der im Bestand vorhandenen Informationen kennen. In einer Bibliothek dagegen muß der Leser in der Regel selbst bestimmen, was er braucht. Außerdem ist in einem Informationszentrum die Zeit, die für eine negative Antwort aufgewendet wird, meistens gleich der Zeit, die für die Ausgabe einer positiven Antwort benötigt wird. In einer Bibliothek dagegen ist die Zeit, die für die Erteilung einer negativen Antwort (bei vorhergegangener Ausgabe des Buches an einen anderen Nutzer, beim Fehlen des Buches im Ausleihbestand usw.) erforderlich ist, weitaus geringer als der Zeitaufwand für die Befriedigung des Leserwunsches. Und schließlich erfordert die Ausgabe in einer Bibliothek keine zusätzlichen Ausgaben, während im Informationszentrum eine Kopie der Quelle hergestellt werden muß, eine Auskunft zu schreiben ist, ein Referat angefertigt werden muß usw.

Die Tätigkeit einer Bibliothek schließt auch Absagen ein (Nichtvorhandensein von Büchern im Bestand), der Strom der Nachfrage ist nicht stetig und ist von der Zeit abhängig (so verringert sich zum Beispiel die Leserzahl deutlich im Sommer und an Sonntagen und erhöht sich wesentlich im Winter und an den Werktagen). Die an die Bibliothek gerichteten Anforderungen verlangen in der Regel eine größere Menge von Arbeitszeit und größere Fonds. Es bildet sich daher in der Bibliothek eine Wartereihe (zumindest hinsichtlich bestimmter Literatur, eines bestimmten Autors, einer bestimmten Richtung).

Schließlich wird gewöhnlich in den Bibliotheken, besonders in spezialisierten Bibliotheken, das Auswahlprinzip „Wer als letzter gekommen ist, wird als erster bedient" eingeführt. In einer wissenschaftlichen Bibliothek ist der Wissenschaftler im Vergleich zu den übrigen Lesern privilegiert. Ist die benötigte Literatur in den Beständen der

Bibliothek nicht vorhanden, so wird der Leser nicht bedient, d. h., in diesem System gibt es Verluste. Eine Bibliothek stellt folglich ein Informationssystem mit Absagen, mit einem Warten auf die Bedienung und einem komplizierten Strom von Nachfragen dar, dessen Verteilungsgesetz in aufeinanderfolgenden Zeitabschnitten nicht gleichbleibt.

Verglichen mit einer Bibliothek, stellt eine Informationseinrichtung ein vereinfachtes System dar. Der Anfragestrom ist hier stetig, Absagen und Verluste werden ausgeschlossen (im Falle des Fehlens der Quellen in einem Informations-Recherchefonds wird der Nutzer mit einer Adressenkarte an einen anderen Recherchefonds verwiesen). Wartereihen gibt es bei der Informationseinrichtung praktisch nicht. Obwohl die Anzahl der Anfragen gewöhnlich die Zahl der bedienenden Apparate übertrifft, schließen die Mechanisierung und Automatisierung der Bearbeitung, Recherche und Ausgabe der Information praktisch aus, daß es zur Bildung von Wartereihen kommt. Diese letztere Eigenschaft eines Informationssystems ist besonders wichtig. Wenn sich in einem Informations-Recherchefonds eine Wartereihe bildet, so verliert das Informationssystem seinen Hauptwert – die Schnelligkeit.

Die Informationseinrichtungen entstanden neben den Bibliotheken deshalb, weil die letzteren in der Regel mit Wartezeiten verbunden sind, was zu ungerechtfertigten Verlusten an Zeit und Mitteln führt. Daher wird die Arbeit eines Informationszentrums entwertet, wenn es zu Wartefristen kommt, und die ökonomische Effektivität der Arbeit des Zentrums sinkt. Tatsächlich hängt die ökonomische Effektivität der Arbeit eines Informationszentrums von der Korrelation zwischen der Anzahl der Anfragen und der Zeit ab, die für die Recherche und die Ausgabe der Information benötigt wird. Gegenwärtig wird ein großer Teil der Informations-Recherchefonds nicht effektiv genutzt, und die Informationsmittel sind infolge der geringen Anzahl der Anfragen überaus kostspielig. Nicht unbegründet wird von vielen die Meinung vertreten, die einzige Möglichkeit, die ökonomische Effektivität der Arbeit der Informationszentren zu erhöhen, bestünde darin, eine breite obligatorische Unterrichtung über die im Informations-Recherchefonds eingegangenen Quellen einzuführen. Dadurch soll eine Zunahme der Nachfragen nach diesen Informationsquellen erzielt werden. Diese obligatorische Unterrichtung soll nicht nur die Wissenschaftler und Ingenieure, sondern auch die entsprechenden Institute erfassen und dazu führen, die Ausgaben für eine unqualifizierte Sammlung von Literatur, für Nachfragen und die Auswahl von Angaben zu vermindern. In den USA wird ein solches Verfahren vom Dokumentationszentrum für wissenschaftliche und technische Information praktiziert. Es wird zum Beispiel etwa die Hälfte von 750000 Berichtstiteln, die zum Bestand gehören, obligatorisch an einen bestimmten Firmenkreis übermittelt.

Eine solche obligartoische Informierung bedeutet dem Wesen nach den Übergang der Informationseinrichtung von der Arbeitsweise „Anfrage – Antwort" zu einer Arbeitsweise, die durch die zielgerichtete, auswählende, planmäßige und differenzierte Verbreitung von Information gekennzeichnet ist. Die zielgerichtete Information verbessert die ökonomischen Kennziffern des Informationssystems auf Kosten des Stroms der zufälligen, nicht voraussehbaren Anfragen.

Gegenwärtig sind die meisten Informations-Recherchefonds durch die Anfragen nicht ausgelastet, d. h., es gehen bei ihnen weniger Anfragen ein, als sie befriedigen könnten. Zum Beispiel beträgt die Kapazität des Informations-Recherchefonds des Informationszentrums in Charkow 5935 Anfragen im Jahr. Tatsächlich gehen jährlich aber nur etwa 4000 Anfragen ein. Analog ist die Lage auch in den Informations-Recherchefonds der anderen Gebiete der Republik. Darum ist die Informationseinrichtung natürlich ein System ohne Wartezeiten. Folglich kann man abschließend sagen, daß der Informations-Recherchefonds eines Informationszentrums ein System darstellt, in dem der Anfragestrom die Eigenschaften der Stetigkeit hat und in dem es keine Verluste, Absagen und Wartefristen gibt. Die quantitativen Parameter von solchen Systemen werden mittels der Bedienungstheorie untersucht. Unserer Meinung nach stellen viele ihrer Begriffe und Methoden jenen mathematischen Apparat dar, mit dessen Hilfe die optimalen ökonomischen Kenngrößen der Arbeit von Informationszentren und Bibliotheken genau bestimmt werden können.

Zeigen wir das an einem Beispiel. Wir führen dazu einige Begriffe der Bedienungstheorie ein.

Die Kennziffer der Anfragen, die über die Eigenschaften der Stetigkeit, des Fehlens von Nachwirkungen, Warteschlangen, Absagen und Verluste verfügt, wird als einfachster Wert oder Poisson-Wert bezeichnet. Die Anzahl der Anfragen in einem Zeitraum t in diesem Strom verteilt sich nach dem sogenannten Poissonschen Gesetz mit dem Parameter λt. Der Poisson-Strom wird durch die Funktion

$$v_x(t) = \frac{(\lambda\,\mathrm{t})^k}{\mathrm{k}!} e^{-\lambda t} \; (k = 0,1, 2, \ldots)$$

beschrieben, wobei $v_k(t)$ die Wahrscheinlichkeit des Eintreffens von k Anfragen in der Zeit $(0, t)$ bezeichnet und λ die mathematische Erwartung der Zahl von Anfragen, die in einer Zeiteinheit eingetroffen sind.

Das Informationssystem erreicht gleichzeitig nicht mehr als eine Anfrage. Das System selbst besteht aus dem Strom der Anfragen, dem Strom der Antworten und den Bedienungsapparaten. Im vorliegenden Fall wird unter „Bedienungsapparat" die Gesamtheit der maschinellen Ausrüstung und des Bedienungspersonals verstanden, das imstande ist, mit Hilfe der Technik im Verlauf einer gewissen mittleren Bedienungszeit Information auf die Anfrage auszugeben. Die Wahrscheinlichkeit des Eintreffens einer Anforderung in einem unendlich kleinen Zeitabschnitt $(t, t + h)$ ist für jedes t gleich ah, wobei a eine gewisse Konstante ist und die Zeiträume zwischen den Ankunftsmomenten der Anforderungen $(t^1 + 1, i = 1, 2, \ldots)$ wechselseitige Zufallsgrößen sind, von denen jede die gleiche exponentielle Verteilung besitzt. Das System der Informationsbereitstellung selbst, ohne Verluste und ohne Warten, stellt ein multilineares System dar, das sich im Moment der Zeit $t + h$ (wobei h ein kleiner Zeitabschnitt ist) in folgenden Zuständen (n) befinden kann: In ihm trifft eine Anforderung (Anfrage) in der Zeit h ein, die Bedienung einer Anfrage wird abgeschlossen, oder in diesem Zeitmoment ist weder eine Anforderung eingetroffen, noch hat in diesem Moment eine Antwort auf eine vorher gestellte Anfrage das System verlassen. Der Zustand des Systems in einem willkürlichen Moment der Zeit t wird mit Hilfe einer positiven Zufallsgröße dargestellt, die die zeitliche mittlere Intensität des Eingangsstroms charakterisiert. Sie ist eine statistische Zufallsgröße. Der Zustand des Systems wird dann durch ein unendliches System rekursiver Differentialbeziehungen beschrieben. Die Lösung der Gleichungen erhält man in Form einer abgeleiteten Funktion. Wenn die Informationsbereitstellung auf eine begrenzte Anzahl von Personen bezogen ist, deren Anzahl aus einer Liste bekannt ist, so wird die Informationsbereitstellung zu einem System mit einer endlichen Zahl von Quellen und einer Bedienungszeit, die graphisch die Form einer Exponentialkurve hat.

Bei einem solchen Herangehen ist es, ausgehend von einer empirischen Anzahl wahrscheinlicher Anfragen an das in der Entwicklung befindliche Informationssystem, offensichtlich möglich, die erforderliche „Kapazität" des projektierten Zentrums zu berechnen. Wenn man die Charakteristika der existierenden technischen Mittel zur Mechanisierung der Recherche und Ausgabe von Information kennt, so kann man Umfang und Typ der Ausrüstung festlegen, die in der Lage ist, eine operative Arbeit des Informationszentrums zu gewährleisten. Auf dieser Basis können dann leicht der Personalbestand des zu schaffenden Informationszentrums (-organs) sowie die finanziellen

Aufwendungen für den Betrieb der Ausrüstung und des Informations-Recherchefonds bestimmt werden.

Illustrieren wir das an einem Zahlenbeispiel. Nehmen wir an, daß im Informationszentrum im Durchschnitt täglich zwei Anfragen eingehen. (Das entspricht der Wirklichkeit. An den Informations-Recherchefonds des Informations-Zentrums in Lugansk wurden 1968 595 Fragen gerichtet, d. h. täglich durchschnittlich weniger als zwei Anfragen.) Gehen wir davon aus, daß λ die Durchschnittszahl der in einer Zeiteinheit eintreffenden Anfragen ist, l – die mittlere Bedienungszeit einer Anfrage, daß der Strom ein einfacher Input mit einer mittleren Anzahl der täglichen Anfragen $\lambda = 2$ ist und daß die Dauer der Bedienung (je nach dem Charakter der Anfrage) eine Zufallsgröße ist. Die Wahrscheinlichkeit, daß die Bedienungszeit nicht größer als t ist, sei gleich $F(t) = 1 - l^{-2\lambda}$, das heißt, wir nehmen an, daß die Informationsbereitstellung sich dem Exponentialgesetz der Verteilung der Bedienungszeit mit der Größe $v = 2$ unterordnet. Gefordert ist die Bestimmung des notwendigen Umfangs der maschinellen Ausrüstung und des sie bedienenden Personals, das heißt in der Terminologie der Bedienungstheorie der „Bedienungsapparate", die imstande sind, eine optimale Befriedigung der Anforderungen zu garantieren. Mit anderen Worten: Man muß die Zahl pn so wählen, daß die Wahrscheinlichkeit einer Inanspruchnahme des gesamten Personals ε nicht überschreitet, d. h. $pn \leqq \varepsilon$. Wir berechnen die Wahrscheinlichkeit einer Bedienungsabsage nach der Formel:

$$pn = \frac{\left(\frac{\lambda}{v}\right)^n \frac{1}{n!}}{\sum_{m=0}^{n} \frac{1}{m!}\left(\frac{\lambda}{v}\right)^m}$$

Setzen wir in diese Formel die Bedeutungen $\lambda = 2$ und $v = 2$ ein. Dann erhalten wir

$$\frac{1}{n! \sum_{m=0}^{n} \frac{1}{m!}} \leqq 0{,}01.$$

Bei $n = 4$ haben wir $pn = 0{,}015$, bei $n = 5$ beträgt der Wert $pn = 0{,}003$. Es ergibt sich also, daß, wenn das Informationszentrum gleichzeitig die Antworten auf durchschnittlich 5 Anfragen herstellen kann, die Wahrscheinlichkeit einer Absage etwa dreimal geringer ist als notwendig. Wie werden unter dieser Bedingung die maschinelle Ausrüstung und das Personal des Zentrums ausgelastet sein? Die Antwort kann man erhalten, wenn man die Anzahl der besetzten „Bedienungsapparate" berechnet.

Die Wahrscheinlichkeit, daß alle bedienenden Apparate frei sind, berechnen wir nach der Formel

$$p_0 = \frac{1}{\sum\limits_{m=0}^{n} \frac{1}{m!} \left(\frac{\lambda}{v}\right)^n},$$

wobei n die Anzahl der bedienenden Apparate des Informationszentrums angibt.

Die Wahrscheinlichkeit, daß das Zentrum Antworten auf k Anfragen liefert, berechnen wir unter Berücksichtigung der Tatsache, daß

$$p_k = \frac{p_0}{k!} \left(\frac{\lambda}{v}\right) k^y \quad (k = 1, 2, \ldots, n).$$

Die Größe $\frac{p_k}{p_0}$ wird nach der Formel $\frac{p_k}{p_0} = \frac{1}{k!} \left(\frac{\lambda}{v}\right)^k$ gefunden.

Also ist die mathematische Erwartung $M = \sum\limits_{k=1}^{n} kp_k$.

Wir setzen in die Formel Werte ein und berechnen die Größen $\frac{p_k}{p_0}$ und kp_k für $n = 5$. In diesem Falle gilt

$$\sum_{k=0}^{5} \frac{p_k}{p_0} = \frac{1}{p_0} = 2{,}72, \text{ d. h. } p_0 = 0{,}368.$$

Berechnen wir nun die Abhängigkeit der „Kapazität" des Informationszentrums von der Anzahl der eingehenden Anfragen (Tabelle 15).

Tabelle 15 Die Abhängigkeit der „Kapazität" des Informationszentrums vom Anfragestrom

Anzahl der „Bedienungsapparate" des Informationszentrums	$\frac{p_k}{p_0}$	p_k	k_{pk}
0	1,000	0,368	0,000
1	1,000	0,368	0,368
2	0,500	0,184	0,368
3	0,167	0,161	0,183
4	0,141	0,015	0,060
5	0,009	0,003	0,015
Summe	2,817	1,099	0,994

Die mathematische Erwartung M der Anzahl der besetzten Apparate ist folglich gleich 0,994, das heißt, jeder Apparat ist im Durchschnitt 0,2 der Arbeitszeit besetzt. In 0,368 der Arbeitszeit ist das Informationszentrum überhaupt frei von Anfragen, und in 0,368 der Zeit ist nur ein Apparat besetzt. Deshalb ist die „Kapazität" des Zentrums, in dem täglich zwei Antworten „hergestellt" werden (unter der Bedingung, daß es mit modernen technischen Mitteln ausgestattet ist, die eine Ausgabe von gedruckten Informationsauskünften innerhalb von durchschnittlich 2 Stunden erlauben), offensichtlich nicht ausgelastet.

Bei weitem komplizierter ist es, die erforderliche „Kapazität" einer Bibliothek zu berechenen. Die Kompliziertheit besteht darin, daß sich der Eingangstrom der Anfragen unter dem Einfluß verschiedener Faktoren formiert und deshalb kein Poisson-Strom ist. Im Falle der Bibliothek verlaufen reguläre (in Abhängigkeit von der Saison) und willkürliche Ströme. Die Arbeitsweise ändert sich also, es gibt keine gegenseitige Unabhängigkeit der Zeiträume zwischen den Ankunftsmomenten der Anforderungen, und die Intensität des Stroms ändert sich in der Zeit. Für praktische Zwecke kann jedoch, mit zulässigen kleinen Fehlern, offensichtlich auch der Strom der Anforderungen an eine Bibliothek als Poisson-Strom angesehen werden. Die Bibliothek stellt ein System gemischten Typs dar, d. h. ein System mit Warten und Verlusten und einer eingeschränkten Aufnahmefähigkeit. Die Informationsbereitstellung erfolgt entweder in der Reihenfolge des Eintreffens – „Wer zuerst kam, wird zuerst bedient" (in Massenbibliotheken) – oder durch zufällige Auswahl bei der Bedienung oder nach dem Prinzip „Wer zuletzt kam, wird zuerst bedient" (in spezialisierten Bibliotheken). Durch die Aufstellung entsprechender Systeme von Differentialgleichungen kann man die erforderliche „Kapazität" auch für Bibliotheken berechnen.

Die Informationsbereitstellung durch Informationszentren und Bibliotheken bildet ein kompliziertes dynamisches System, das aus vielen abhängigen Variablen besteht. Theoretische Berechnungen der „Kapazität" eines Informationszentrums oder einer Bibliothek können durch die Wirklichkeit wesentlich korrigiert werden. Darum entsteht bei der Festlegung der optimalen Variante eines Systems von Informationszentren und Bibliotheken die Notwendigkeit, auch eine experimentelle Untersuchung anzustellen. Im Verlauf der experimentellen Untersuchung werden die theoretischen Berechnungen überprüft und korrigiert und werden die Art und die Anzahl der Verbindungslinien mit anderen Zentren bestimmt. Als Objekt des Experiments kann eine Bibliothek oder eine Informationseinrichtung dienen oder deren mathematisches Modell, in das als Ausgangswerte die Kennziffern einer Bibliothek oder einer Informationseinrichtung eingesetzt werden. Ausgangsprämisse ist dabei der Umstand, daß der Informations-Recherchefonds jedes beliebigen Informationszentrums und jeder Bibliothek ein System mit bestimmten Begrenzungen ist. In diesem Zusammenhang erscheint es möglich, die Informationsbereitstellung als Extremalaufgabe und die Bestimmung eines befriedigenden Netzes von Informationszentren und Bibliothekcn als eine experimentelle Aufgabe mit vielen Variablen anzusehen.

Die Wahl des Optimalitätskriteriums ist in hohem Grade beliebig, wird durch verschiedene Faktoren bestimmt und erfolgt deshalb empirisch, im Prozeß der konkreten Analyse der vorliegenden Anforderungen an die Informationsbereitstellung.

Optimalitätskriterien können sein: 1. Die Sicherung eines praktisch unverzüglichen Informationsaustauschs auf einem bestimmten Gebiet der menschlichen Tätigkeit zwischen allen interessierten Personen und Instituten entsprechend dem Eintreffen von Anfragen im Informationszentrum oder in der Bibliothek; 2. die Feststellung, Erfassung, Systematisierung, Analyse und Auswertung von Information sowie ihre folgende Vermittlung entsprechend einer Liste von Personen und Instituten; 3. Erneute Anforderungen als Folge befriedigter Anforderungen an die gleichen Informationsmittel (d. h., wenn auf eine befriedigte Anfrage hin zur gleichen Frage neue Anforderungen eingehen); 4. Absolute Vollständigkeit des Informations-Recherchefonds, die sich im Fehlen von negativen Antworten auf Fragen zeigt (dieses Kriterium ist besonders wichtig bei der Schaffung von Patenfonds); 5. Erschöpfende und unverzügliche Befriedigung der Anforderungen, unabhängig von der Reihenfolge ihres Eintreffens und der Vielfalt der Interessen (das letzte Kriterium ist das optimale für einen idealen Informations-Recherchefonds. Alle Anfragen werden effektiv befriedigt obwohl sie beliebig und zufällig im Fonds eintreffen. Ihre Umadressierung wegen fehlender Vollständigkeit des Fonds entfällt).

Der Anfragestrom, der in einem Informationszentrum oder einer Bibliothek eintrifft, stellt einen ungesteuerten, selbständig sich verändernden Prozeß dar, der sich häufig in einem stationären Gleichgewichtszustand befindet. Wegen des Wahrscheinlichkeitscharakters und der Kompliziertheit des Stroms ist es unmöglich, seine Eigenschaften voll zu erkennen. Daher wird eine experimentelle Untersuchung ohne vollständige Kenntnisse über die Eigenschaften des Anforderungsstroms und den Mechanismus des Informationsprozesses selbst vorgenommen. Die Ergebnisse einer Beobachtungsreihe stellen unabhängige, normal verteilte zufällige Bedarfsmomente der Anfragen im Informationssystem dar; die Stichprobenwerte sind homogen, das heißt, die Varianzen sind untereinander gleich und hängen nicht von Wiederholungen der Beobachtung ab. In diesem Fall kann zur Analyse der Ergebnisse der Beobachtung des Anfragestroms die Regressionsanalyse angewendet werden, die auf wahrscheinlichkeitstheoretischen Vorstellungen beruht. Zur Bestimmung der Regressionskoeffizienten wird die Methode der kleinsten Quadrate angewendet.

Im Unterschied zu physikalischen, chemischen und anderen Erscheinungen, die man erforschen kann, indem man ihre Parameter in einem breiten Intervall verändert, ist die Informationsbereitstellung ein vom Forscher unabhängiger Prozeß. Der Forscher kann den wahrscheinlichen Anfragestrom nicht willkürlich verstärken oder verringern. Die einzige Bedingung, die der Forscher bei der Projektierung setzt, ist die Veränderung der Leistungsgeschwindigkeit durch die Vergrößerung des Umfangs der maschinellen Ausrüstung und des Mitarbeiterstabs. Berücksichtigt man den Umstand, daß der Informationsprozeß stetig und im Gleichgewicht befindlich ist, so wird seine Beobachtung um so genauer sein, je länger die Zeit ist, über die hinweg die Veränderungen des Anfragenstroms sowie die für die Herstellung der Antwort aufgewendete Zeit (Druck, Mikrofilme) aufgezeichnet werden. Aber die experimentelle Erforschung der Informationsbereitstellung ist kein gewöhnliches „passives" Experiment. Der Forscher hat die Möglichkeit, die Bedienungszeit sowie die Zeit für die Ausgabe der Information zu variieren (durch einen mehr oder weniger hohen Mechanisierungsgrad des Prozesses der Informationsbereitstellung). Deshalb ist ein Experiment am Informationsprozeß deutlich von einem gewöhnlichen „passiven" Experiment abzugrenzen. Die im Ergebnis eines solchen Experiments gewonnenen Schlußfolgerungen bilden die Basis für den praktischen Aufbau und die Projektierung eines optimalen Systems von Informationszentren und Bibliotheken. Sie können auch die reale Grundlage für die Vervollkommnung eines existierenden Netzes von Einrichtungen der wissenschaftlichen und technischen Information und von Bibliotheken bilden.

Die beschriebenen Prinzipien für die Ausarbeitung eines optimalen Neztes von Informationszentren und Bibliotheken sind natürlich nicht die einzig möglichen. Sie können jedoch eine bestimmte konstruktive Rolle bei der Lösung dieser Aufgabe spielen, zumindest bei der Optimierung der Arbeit der existierenden Informationseinrichtungen und Bibliotheken.

Das in der Sowjetunion existierende zentrale und weitverzweigte, auf Industriezweigbasis und zwischenzweiglich organisierte Netz der Informationseinrichtungen stellt nach Meinung vieler ausländischer Fachleute ein außerordentlich zweckmäßiges Schema für den Aufbau eines staatlichen Netzes von Informationszentren dar.

Eine Vervollkommnung der Organisation der Informationssysteme wird lebensnotwendig, da sich die Informationstätigkeit im Prozeß der gesellschaftlichen Entwicklung immer komplizierter gestaltet. Nachdem die Informationstätigkeit sich zu einer selbständigen Art der menschlichen Tätigkeit entwickelt hat, dient sie als wichtiges Mittel zur Festigung der Verbindungen zwischen den verschiedenen Seiten des gesellschaftlichen Lebens. Im Verlauf der weiteren Entwicklung der Gesellschaft wird das Informationssystem in zunehmendem Maße die Informationsverbindungen zwischen den Menschen und den verschiedenen Seiten der gesellschaftlichen Produktion regulieren.

Die spontane Entwicklung des Informationsystems wird von der bewußten Lenkung der Informationströme und ihrer Verteilung abgelöst. Eine solche bewußte Lenkung kann nur auf wissenschaftlicher Grundlage erfolgen.

Im Zusammenhang damit muß der Aufbau des Systems der wissenschaftlich-technischen Information begleitet sein von wissenschaftlich begründeten Methoden für die Komplettierung der Informationszentren mit Informationsquellen, von der Entwicklung von analytisch-synthetischen Verfahren zur inhaltlichen Aufbereitung von Informationsquellen, von der Auswahl optimaler Systeme der Mechanisierung und Automatisierung und von der Einführung von Informations-Recherche-Systemen und informationslogischen Systemen sowie technischen Mitteln für eine schnelle und möglichst ökonomische Weitergabe der Information durch Nachrichtenkanäle.

Die ständige Vergrößerung der Maßstäbe der Informationsarbeit, die durch das allgemeine Wachstum der Zahl der in der Gesellschaft wissenschaftlich tätigen Menschen und die Anwendung der Wissenschaft in der Produktion hervorgerufen wird, erforderte dringend die Ausarbeitung von Methoden zur wissenschaftlichen Begründung eines Netzes von Informationszentren und Bibliotheken. Der Beschluß des Ministerrates der UdSSR (Nr. 916, vom 29. November 1966) sah die Schaffung eines einheitlichen gesamtstaatlichen Systems der wissenschaftlich-technischen Information vor. In diesem Beschluß wurde festgestellt, daß das im Lande existierende System der wissenschaftlich-technischen Information den neuen Bedingungen der Leitung der Volkswirtschaft und den gewachsenen Anforderungen der Wissenschaftler, Spezialisten, Neuerer der Produktion und Mitarbeiter der Staatsorgane nicht gerecht wurde. Bis dahin war die Information über die im Lande laufenden wissenschaftlichen Forschungsarbeiten, Versuchs- und Konstruktionsarbeiten und über die in ihrem Verlauf erzielten einzelnen technischen Lösungen sowie über neue technologische Prozesse, Erzeugnisse und Materialien schlecht organisiert, wurde die erschöpfende Information über in- und ausländische Literaturquellen, besonders auf den Gebieten des Bauwesens, der Architektur, Medizin und Landwirtschaft, nicht gewährleistet. Es gab ungerechtfertigte Dopplungen in der Arbeit der Informationseinrichtungen und der wissenschaftlich-technischen Bibliotheken. Die Publikationszeiten von Informationsmitteln waren noch unzulässig hoch. Die Informationseinrichtungen waren ungenügend mit den Mitteln der modernen Technik zur Mechanisierung und Automatisierung der Prozesse der Aufbereitung, Recherche und Ausgabe von Information ausgerüstet.

Um die festgestellten Mängel im Informationssystem zu beseitigen, war die Verwirklichung einer Reihe von Maßnahmen vorgesehen.

Im Verlauf der Jahre 1967–1970 wurde in der UdSSR ein einheitliches gesamtstaatliches System der wissenschaftlich-technischen Information geschaffen.

Die Hauptaufgaben des Systems bestehen darin,

1. allseitig zur Beschleunigung des Tempos des wissenschaftlich-technischen Fortschritts und zu einer schnelleren Anwendung der wissenschaftlich-technischen Ergebnisse in der Praxis beizutragen;

2. die notwendigen Voraussetzungen für eine Erhöhung der Effektivität der schöpferischen Arbeit der Wissenschaftler und des ingenieurtechnischen Personals in den Betrieben, wissenschaftlichen Forschungsinstitutionen und den Projektierungs- und Konstruktionsbüros zu schaffen.

Zu diesem Zweck sichert das gesamtstaatliche System der wissenschaftlich-technischen Information:

1. die Sammlung, Systematisierung und Speicherung der wissenschaftlich-technischen Literatur und der Dokumentationsmaterialien über die wissenschaftlich-technischen Leistungen und die Produktionsleistungen in der UdSSR und im Ausland;

2. die Herstellung von Informationsmitteln (Referate- und Literaturstudien) über die wissenschaftlich-technische Literatur und die Quellen aus der ganzen Welt und die Bereitstellung dieser Materialien an Betriebe, Institute, Wissenschaftler, Spezialisten und Neuerer der Produktion;

3. die Herausgabe aller Arten von signalisierender Information über die wichtigsten Fragen, die den wissenschaftlich-technischen Fortschritt in dem entsprechenden Zweig bestimmen;

4. die Informationsbereitstellung an Betriebe, Institute und Einzelpersonen;

5. die auswählende (differenzierte) Bereitstellung von Information zwischen Betrieben, Forschungs- und Projektierungsinstituten sowie

zwischen den Leitern, führenden Wissenschaftlern und Spezialisten;

6. die Analyse und Verallgemeinerung der Angaben über die Ergebnisse der Wissenschaft, der Technik und der modernsten Produktionserfahrungen, Durchführung technisch-ökonomischer Forschungen auf der Basis der Materialien, die in den Informations-Recherchefonds gespeichert und systematisiert werden, Herstellung von Übersichten, die das in der UdSSR und im Ausland erreichte Niveau sowie die Entwicklungstendenzen des jeweiligen Zweiges und seiner einzelnen Produktionen, die Steigerung der Arbeitsproduktivität und das technische Niveau der Produkte charakterisieren;

7. die wissenschaftlich-technische Propaganda und die Organisation des Austauschs der fortschrittlichsten produktionstechnischen Erfahrungen;

8. die Weitergabe der wissenschaftlich-technischen Erfahrungen und der Produktionserfahrungen des jeweiligen Zweiges an Betriebe und Organisationen anderer Zweige der Volkswirtschaft.

Die Basis des gesamtstaatlichen Systems bilden die untereinander verbundenen Industriezweig-Systeme der wissenschaftlich-technischen Information, die von den Ministerien und Verwaltungen auf der Grundlage einheitlicher Prinzipien geschaffen wurden. Das System der wissenschaftlich-technischen Information des Industriezweigs verbindet das zentrale Informationsorgan des Industriezweigs und die Informationsabteilungen der Betriebe, wissenschaftlichen Forschungsinstitute und Projektierungs- und Konstruktionsbüros (Abbildung 22 und 23). Bestandteile des gesamtstaatlichen Systems sind auch die Unionsorgane für wissenschaftlich-technische Information und das Netz der zwischenzweiglichen territorialen Informationszentren in den Republiken, Regionen und Gebieten (Abbildung 24).

Die Industriezweig-Systeme und das Netz der territorialen Organe der wissenschaftlich-technischen Information, einschließlich der wissenschaftlichen und technischen Bibliotheken, die Abteilungen (Büros) für wissenschaftlich-technische Information in den anleitenden Forschungs- und Projektierungsinstituten und in den Betrieben – das alles macht das gesamtstaatliche System aus. Es wurde mit modernen technischen Mitteln zur Mechanisierung und Automatisierung der Aufbereitung, Recherche und Ausgabe von Information ausgestattet.

Bestandteil des gesamtstaatlichen Informationssystems der Sowjetunion ist auch das einheitliche Teilsystem der Information, das in der Ukrainischen SSR aufgebaut wurde. Es besteht aus einer Vielzahl von Informationsorganen der Industriezweige und Bibliotheken der Mini-

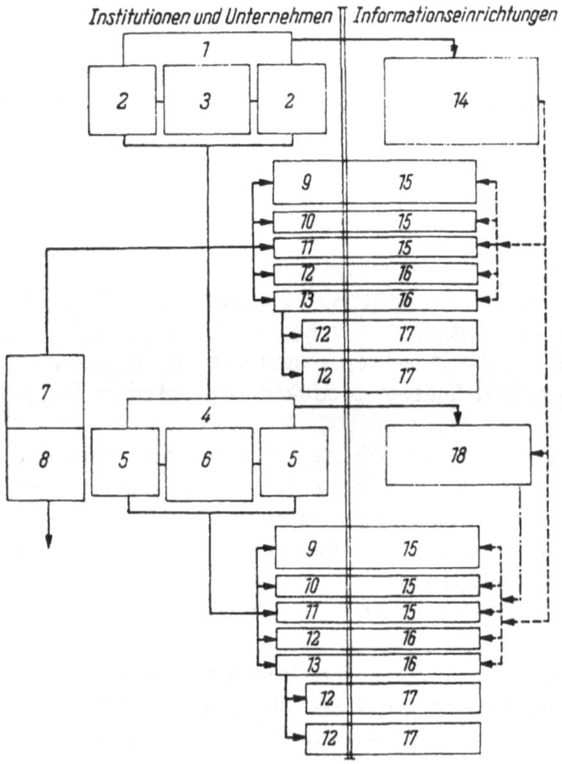

Abb. 22 Schema des Aufbaus der wissenschaftlich-technischen Berichtsinformation im Ministerium für Unions- und Republikenangelegenheiten.

Zeichenerklärung: Ausgezogene Linie – Unterstellung; gestrichelte Linie – methodische Leitung; Strich-Punkt-Linie – methodische Hilfe.

1 – Ministerium für Unions- und Republikenangelegenheiten der UdSSR
2 – Industriezweig-Leitung
3 – Abteilung zur Leitung der Informationsarbeit
4 – Ministerium für Unions- und Republikenangelegenheiten einer Unionsrepublik
5 – Industriezweig-Leitung
6 – Abteilung (Gruppe) zur Leitung der Informationsarbeit
7 – Leitung im Rahmen einer Unionsrepublik oder territoriale Leitung
8 – Abteilung (Gruppe) zur Leitung der Informationsarbeit
9 – Forschungs-Leitinstitut
10 – wissenschaftliches Forschungsinstitut
11 – Konstruktionsbüro

12 – Werk
13 – Firma
14 – Zentrales Forschungsinstitut des Industriezweigs für Information und technisch-ökonomische Forschungen (ZNIITE)
15 – ONTI (Organ für wissenschaftlich-technische Information) – spezialisiertes Informationszentrum
16 – ONTI oder Büro für technische Information
17 – Ingenieur für technische Information
18 – Abteilung des Zentralen Forschungsinstituts des Industriezweigs für Information und technisch-ökonomische Forschungen (ZNIITE) oder des Zentralen Büros für technische Information

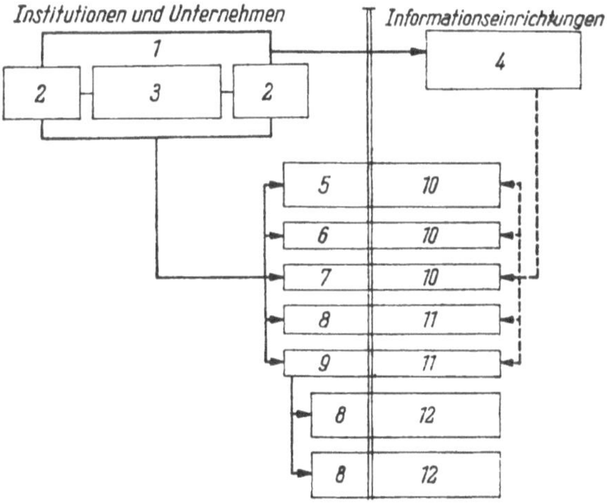

Abb. 23 Schema des Aufbaus der Organe der wissenschaftlich-technischen Information im Ministerium einer Unionsrepublik.

Zeichenerklärung:
1 – Ministerium einer Unionsrepublik
2 – Industriezweig-Leitung
3 – Abteilung (Gruppe) zur Leitung der Informationsarbeit
4 – Institut für wissenschaftlich-technische Information oder Zentrales Büro für technische Information
5 – Forschungs-Leitinstitut
6 – wissenschaftliches Forschungsinstitut
7 – Konstruktionsbüro
8 – Werk
9 – Firma
10 – ONTI
11 – ONTI oder Büro für technische Information
12 – Ingenieur für technische Information

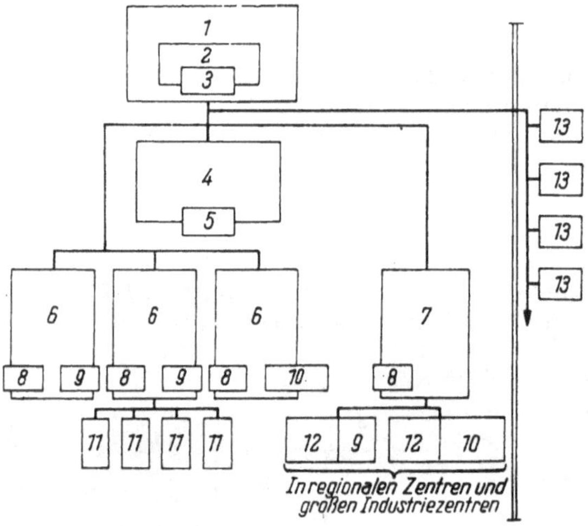

Abb. 24 Schema des Aufbaus zwischenzweiglicher Informationseinrichtungen in einer Unionsrepublik mit einer großen Zahl von Regionen und Gebieten.

Zeichenerklärung:
1 – Ministerrat einer Unionsrepublik
2 – Staatliche Plankommission
3 – ONTI
4 – Institut für wissenschaftlich-technische Information der Unionsrepublik
5 – Wissenschaftlich-technisches Büro der Unionsrepublik
6 – Zwischenzweigliches Zentrum für Information und Propaganda einer Autonomen Republik (einer Region, eines Gebiets)
7 – Zwischenzweigliches Informationszentrum (überregional)
8 – Zentrales Büro für wissenschaftlich-technische Information
9 – Haus der wissenschaftlich-technischen Information und Propaganda
10 – Technisches Kabinett
11 – technische Kabinette in den Kreisen
12 – Filiale des Zentralen Büros für wissenschaftlich-technische Information
13 – Ministerien und Verwaltungen der Unionsrepublik

sterien und Verwaltungen, dem UkrNIINTI, der Staatlichen Plankommission der Ukrainischen SSR, den fünf zwischenzweiglichen Zentren für wissenschaftlich-technische Information und Propaganda (in Lwow, Odessa, Saporoshje, Charkow und Lugansk) und vielen tausend Büros (Abteilungen) für wissenschaftlich-technische Information in den

Betrieben, Instituten und Institutionen. Eine besondere Rolle kommt den 1967 geschaffenen zwischenzweiglichen Informationszentren zu, die dem UkrNIINTI (Abbildung 25) unterstellt sind [136].

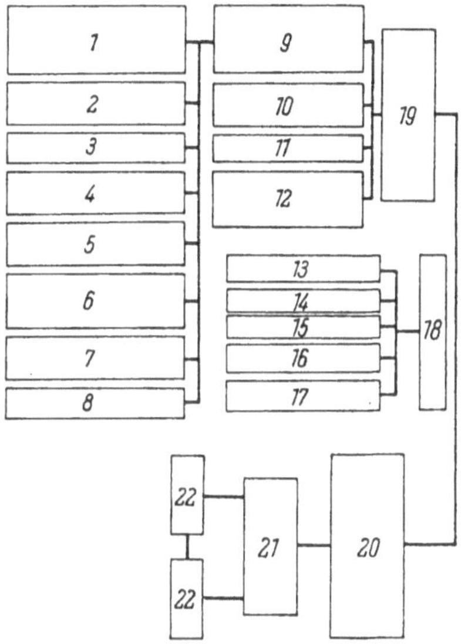

Abb. 25 Schema des zwischenzweiglichen Zentrums der wissenschaftlich-technischen Information und Propaganda.

Zeichenerklärung:

1 – Abteilung für Mechanisierung und Automatisierung, der Leitung der industriellen Produktion und Anwendung der Rechentechnik

2 – Abteilung für Technologie, wissenschaftliche Arbeitsorganisation und industrielle Formgestaltung

3 – Abteilung für Zuverlässigkeit und Langlebigkeit von Produkten und Materialien

4 – Abteilung für Wirtschaftsinformation und Planung der Volkswirtschaft

5 – Abteilung für den Einsatz neuer Materialien und Chemieprodukte in der Volkswirtschaft

6 – Abteilung für neue Technik, wissenschaftliche Forschungs- und Entwicklungsarbeiten und ausländische Erfahrungen

7 – Abteilung für Mechanisierung und Automatisierung der landwirtschaftlichen Produktion

8 – Abteilung für normative Dokumentation, Standards und GOSTs

9 – Abteilungen (Gruppen) für zwischenzweigliche differenzierte Informationsvermittlung

10 – Zentrale wissenschaftlich-technische Bibliothek
11 – Verlagsabteilung
12 – Laboratorium zur Kopierung und Vervielfältigung der Informationsmaterialien und der technischen Dokumentation
13 – Ingenieur für Kader und Sonderaufgaben
14 – Buchhaltung
15 – Planungsgruppe
16 – Organisations-methodische Abteilung
17 – Verwaltungs- und Wirtschaftsabteilung
18 – Leiter des Zentrums
19 – Stellvertreter für Informations-Recherche-Tätigkeit
20 – Stellvertreter für wissenschaftlich-technische Propaganda (Direktor des Hauses der Technik)
21 – Abteilung für wissenschaftlich-technische Propaganda (Haus der Technik)
22 – Filiale für wissenschaftlich-technische Propaganda, des Hauses der Technik
23 – Technische Kabinette

Das Hauptziel des einheitlichen automatisierten Teilsystems zur Erfassung, Speicherung, Bearbeitung und Ausgabe wissenschaftlich-technischer Information, das in der Ukrainischen SSR als untrennbarer Teil des gesamtstaatlichen Systems geschaffen wurde, besteht darin, die Wissenschaftler und Ingenieure an jeder Stelle der Republik mit Hilfe moderner technischer Mittel mit jenen operativen Informationsmaterialien zu versorgen, die in der Sowjetunion und – in absehbarer Zukunft – in den Fonds der ganzen Welt vorhanden sind.

Kapitel VIII

Methoden zur Bewertung wissenschaftlicher Information

Die wissenschaftliche Forschung ist ein Prozeß der Informationsnutzung. Im Verlauf der Forschung und ihrer informationellen Vorbereitung ergibt sich ständig die Aufgabe, die eintreffenden Informationen qualitativ zu bewerten und festzustellen, wie weit sie den Zielen und dem Charakter der Forschung entsprechen. Das heißt also, sich im Informationsstrom zu orientieren und aus diesem Strom diejenigen Informationen auszuwählen, deren charakteristische Merkmale mit den Bedürfnissen übereinstimmen oder ihnen genügend nahekommen, die im Prozeß der Forschungsarbeit formuliert werden.

Die Bedürfnisse der Forscher an Informationen bestimmter Qualität und in einem Umfang, der die physiologischen Möglichkeiten zu ihrer Verarbeitung nicht überschreitet, stellen die Systeme, die mit der Informationsvermittlung an die Forscher befaßt sind, vor zwei schwer zu lösende Probleme. Diese Probleme hängen mit der Bewertung der Information zusammen. Qualität und Umfang der Information müssen in Einheiten angegeben werden, die den festgelegten qualitativen Besonderheiten eindeutig entsprechen.

Es sind eine große Anzahl von Versuchen bekannt, die quantitativen Charakteristika der Information zu bestimmen. Einige dieser Versuche wurden als Hypothesen formuliert, andere wurden in Form eines exakten Apparats als praktisch anwendbare Theorie ausgearbeitet (statistische Informationstheorie). Ausgangspunkt aller Hypothesen und Theorien ist diese oder jene qualitative Charakteristik der Information, die in der Ausgangsdefinition eindeutig festgelegt wird. Die qualitative Bestimmtheit des Ausgangsmerkmals kann auch gut verfolgt werden an Hand der am weitesten ausgearbeiteten Theorie der quantitativen Analyse von Information, der statistischen Informationstheorie, die 1948 mit der Arbeit von Claude Shannon „The Mathematical Theory of Communication" begründet wurde.

Die statistische Informationstheorie entstand als Antwort auf die Erfordernisse der Praxis bei der Übertragung von Signalen durch technische Informationssysteme, besonders durch Nachrichtensysteme, in denen der Umfang der Mitteilung die Hauptrolle spielt. Fragen des Wertes, der Bedeutsamkeit und der Wahrheit der übermittelten Nachrichten sind für die Nachrichtentechnik bedeutungslos und werden demgemäß im Rahmen der klassischen Theorie nicht behandelt.

Diese „Zielgerichtetheit" der statistischen Informationstheorie gestattete es dem amerikanischen Gelehrten J. R. Pierce, folgendes zu erklären: „Die Welt, die wir dank der Informationstheorie verstehen ... das ist die Welt der elektrischen Nachrichtensysteme, hauptsächlich die Welt eines tiefer verstandenen und begründeten Baus und der Berechnung solcher Systeme" [137].

Als Nachrichtenquelle wird in der statistischen Informationstheorie ein stochastischer Prozeß mit einer a-priori-Wahrscheinlichkeit eines Ereignisses und folglich mit der Unbestimmtheit seines Eintreffens angenommen. Analog zur thermodynamischen Entropie erhielt diese Unbestimmtheit die Bezeichnung Entropie. Die Informationsmenge in einer Nachricht über das tatsächliche Eintreffen eines Ereignisses ist gleich

$$I = \sum_{i=1}^{N} p(x_i) \log_2 p(x_i).$$

Dabei ist p die Verteilung der Wahrscheinlichkeiten des Eintreffens der Ereignisse; x_i — die Anzahl der Möglichkeiten. Für gleich wahrscheinliche Möglichkeiten hat die Formel zur Bestimmung der Informationsmenge die Form $I = \log_2 N$, wobei N die Anzahl der Möglichkeiten eines Eintreffens von Ereignissen angibt.

Die Informationsmenge, die die Wahrscheinlichkeit des Eintreffens verändert, wird in einer universalen Einheit gemessen, in bit. Ein bit stellt die Verwirklichung eines von zwei möglichen Eintreffen dar.

Es wäre falsch, die statistische Informationstheorie nur als quantitative Theorie darzustellen, die die Information ohne Beziehung zu ihren qualitativen Besonderheiten interpretiert. In der statistischen Theorie wird der Begriff „Information" als eine ganz bestimmte Eigenschaft betrachtet. Information ist beseitigte Ungewißheit. Quantitatives Maß dieser Eigenschaft ist der Grad der Verringerung der Unbestimmtheit von Ereignissen, die eine a-priori-Wahrscheinlichkeit besitzen.

Folglich wird in der statistischen Informationstheorie die Wahrscheinlichkeit des Eintreffens eines Ereignisses betrachtet oder, in der Terminologie von L. Brillouin, seine „Seltenheit".

Je unerwarteter ein Ereignis ist, je seltener die Möglichkeit seines Eintreffens, desto größer ist die Informationsmenge, die in diesem Ereignis eingeschlossen ist.

Es ist jedoch offensichtlich, daß hinsichtlich der wissenschaftlichen Information der Begriff der Seltenheit für eine qualitative Wertung nicht ausreicht. Daher ist die quantitative Wertung der wissenschaftlichen Information in bit dem qualitativen Zustand wissenschaftlicher Nachrichten nicht adäquat. Folglich ist die Wertung von Information durch bit nur für eine streng begrenzte Klasse von Erscheinungen zulässig, von denen man sagen kann, daß ihr einziges qualitatives Kriterium ihre Seltenheit ist.

Zugleich ist die Bewertung der wissenschaftlichen Information mittels der von der statistischen Informationstheorie gegebenen Interpretation in einer Reihe von Situationen, die mit der Durchführung einer wissenschaftlichen Forschung in Verbindung stehen, zulässig.

Bedingung für die Berechnung der Informationsmenge im Falle von Unbestimmtheit eines Ereignisses ist die Ermittlung seiner a-priori-Wahrscheinlichkeit. Über diese Wahrscheinlichkeit wird eine Verbindung zwischen der Information über die Ergebnisse früher erfolgter Experimente und der erwarteten Information des neuen Versuchs hergestellt. Das allein zeigt schon, daß die Behandlung der Information als beseitigte Unbestimmtheit und die damit verbundene Anwendung des statistischen Maßes der Informationsmenge in bestimmten Situationen der wissenschaftlichen Forschung, insbesondere bei der Durchführung eines Experiments, erfolgen kann, und es charakterisiert die „Informationskapazität" des Experiments. Der Vergleich der mathematischen Erwartung von Ereignissen des laufenden Experiments, die auf der Basis theoretischer Voraussetzungen oder der Ergebnisse vorausgegangener Versuche errechnet wurde, mit den tatsächlichen Versuchsergebnissen, führt im Falle großer Differenzen zur Notwendigkeit, die Ausgangsvoraussetzungen sorgfältig zu analysieren, und in einzelnen Fällen zur Ausarbeitung neuer Hypothesen.

Insgesamt jedoch stellt die wissenschaftliche Information, die das Niveau der Kenntnisse der Menschen über die Gesetzmäßigkeit der Entwicklung von Natur und Gesellschaft und den Grad der möglichen Anwendung der erkannten Gesetzmäßigkeiten sowie ihrer Folgen widerspiegelt, in der Praxis eine höhere Qualität der Information dar als etwa nur eine einfache Beseitigung von Unbestimmtheit unserer Kenntnisse über Objekte der belebten und unbelebten Natur. Die Benutzung von Information im Erkenntnisprozeß ist unter folgenden Bedingungen möglich: Die Information muß in Form von Zeichen, Symbolen und Signalen ausgedrückt werden, deren Struktur jener a-priori-Information entspricht, die bei den Wissenschaftlern, den Informationsempfängern, vorhanden ist; die Verbindung der empfangenen Zeichen, Symbole und Signale muß im Hinblick auf die Bedeutung logisch geordnet sein, d. h., die Information, die der Forscher erhält, muß über eine bestimmte Bedeutung, über Inhalt verfügen; die von den Wissenschaftlern aufgenommenen Informationen müssen inhaltlich mehr oder weniger mit den Zielstellungen übereinstimmen, die diesen Wissenschaftlern in klarer oder allgemeiner Form gestellt sind, d. h., sie müssen einen bestimmten Wert für die Wissenschaftler besitzen. So verfügt also die wissenschaftlich-technische Information über neue Eigenschaften, die für die meisten anderen Informationsarten nicht zutreffen: über eine semiotische (Zeichen-)Struktur, über einen semantischen (inhaltlichen) Aspekt und über eine pragmatische (wertbestimmende) Bedeutung. Es ist offensichtlich, daß eine statistisch bestimmte Informationsmenge nicht imstande ist, diese höheren Qualitäten zu erfassen, die die wissenschaftlich-technische Information als ein Element des Erkenntnisprozesses besitzt.

Auf die qualitativen Grenzen der statistischen Informationstheorie haben mehrfach Wissenschaftler hingewiesen, denen diese Theorie vieles verdankt. So sagte Brillouin, daß die statistische Definition des Terminus Information und die darauf beruhende quantitative Theorie bei aller Nützlichkeit für die Erörterung einer Reihe von technischen Problemen dazu zwingen, viele der üblichen Bedeutungen des Wortes Information auszuschließen und zu ignorieren. „Wir betrachten nicht die Information als Basis für Voraussagen und als Resultat, das benutzt werden kann, um eine andere Wahl zu treffen: Wir ignorieren völlig die Bewertung der Information durch den Menschen. Einer Folge von 100 Buchstaben wird ein bestimmter Informationswert beigemessen, und wir erforschen nicht, ob diese Folge irgendeinen Sinn hat, und wenn ja, ob dieser Sinn irgendeine praktische Bedeutung hat. Entsprechend unserer Definition hat ein Redeteil von 100 Buchstaben, ob er nun aus einer Zeitung, einem Drama von Shakespeare oder einem Theorem von Einstein stammt, immer genau die gleiche Informationsmenge. ... Wir machen keinen Unterschied zwischen nützlicher und nutzloser Information und ziehen es vor, den Wert der Information überhaupt zu ignorieren“ [5].

Nach Ansicht von G. Klaus kann man, wenn man die Shannonsche Definition der Information auf die natürlichen Sprachen, einschließlich die speziellen Wissenschaftssprachen, anwendet, nur deren syntaktische Seite mathematisch beschreiben [138, S. 18]. Für die statistische Informationstheorie ist ein streng bestimmtes Vorgehen charakteristisch: Sprachen, darunter auch wissenschaftliche, werden als statistische Gruppen von Zeichen angesehen.

Jetzt wird schon klar, daß die quantitative Definition der Information (als statistische Gruppen von Zeichen) die qualitative Spezifik der wissenschaftlichen Information nicht wiedergibt und daß es ohne Analyse der semantischen und pragmatischen Aspekte unmöglich ist, befriedigende Normen für die Menge der wissenschaftlichen Information vorzuschlagen.

Eine quantitative Analyse der wissenschaftlichen Information in Einheiten, die ihre qualitativen Besonderheiten berücksichtigen, ist erforderlich, um eine zutiefst wissenschaftliche, wissenschaftswissenschaftliche Analyse durchführen zu können, deren Ziel in der Festlegung begründeter Proportionen bei der Verteilung der Ressourcen der Gesellschaft zwischen der materiellen Produktion und der Sphäre der wissenschaftlichen Arbeit besteht. Das Vorhandensein von objektiven quantitativen Kennziffern der wissenschaftlichen Information wird es ermöglichen, die Produktivität der Wissenschaftler unmittelbar zu messen und wirklich wertvolle wissenschaftliche Information von pseudowissenschaftlicher zu trennen. Mit dem Erscheinen direkter Kennziffern wird sich das gesamte System der Informationsvermittlung der Forscher radikal verändern. Die zufällige Heranziehung von Informationsquellen die häufig für den Forscher nutzlos sind, wird einer zielgerichteten Vermittlung von Informationsquellen Platz machen, die einen wirklichen wissenschaftlichen Wert verkörpern.

Gegenwärtig ist eine konkrete Erforschung der Spezifik und qualitativen Eigenart der verschiedenen Arten wissenschaftlicher Information erforderlich. Akademiemitglied A. N. Kolmogorov weist darauf hin, daß „sich die Informationstheorie noch im Anfangsstadium ihrer Entwicklung befindet. Es ist sehr wahrscheinlich, daß die heute herrschende Neigung, alle Fragen auf die Berechnung der Informationsmenge zurückzuführen, in der weiteren Entwicklung durch die Suche nach Wegen zu einer vollständigen mathematischen Beschreibung der verschiedenen Arten der Information abgelöst wird, die deren qualitative Eigenarten nicht völlig ignoriert“ [139, S. 98].

Immer dringlicher wird heute die Aufgabe gestellt, eine Informationstheorie zu schaffen, die die wissenschaftliche Information hinsichtlich ihrer qualitativen Spezifik hervorhebt. I. B. Novik zeigt zwei mögliche Wege auf, die qualitative Spezifik der wissenschaftlichen Information zu betonen. Erstens – die Ausarbeitung von formalisierten Methoden zur Berücksichtigung und Bewertung der inhaltlichen Seite der Information und zweitens die Aufdeckung des Inhalts der Informationsprozesse selbst durch eine Erforschung der Widerspiegelungseigenschaften [14].

Die Versuche zur Formalisierung von Methoden für die Kennzeichnung der Gattungs-Art-Unterschiede wissenschaftlicher Information entwickeln sich in zwei Hauptrichtungen. Einerseits ist das Bestreben offenbar, den mathematischen Apparat der statistischen Informationstheorie im Hinblick auf die inhaltliche Seite von Information zu benutzen und im Rahmen der Informationstheorie das Phänomen der individuellen Werturteile zu formalisieren. Die andere Richtung wird durch das Abgehen von der üblichen Methode der statistischen Formalisierung der Informationsströme gekennzeichnet. Es wird versucht, zum Studium der Information den Apparat der Theorie der Maße und der Topologie heranzuziehen. Außerordentlich aussichtsreich sind nach Meinung der Fachleute das kombinatorische und besonders das algorithmische Vorgehen, deren Ausgangsbedingung die Bestimmung der Informationsmenge nach der Kompliziertheit des Satzes der Algorithmen $l(p)$ ist, mit deren Hilfe man vom vorliegenden Objekt y zu einem Objekt x gelangen kann [36].

Das Bemühen, den mathematischen Apparat der statistischen Informationstheorie auf wissenschaftliche Information anzuwenden, ist für viele Forscher charakteristisch. Einige Forscher abstrahieren von den inhaltlichen und pragmatischen Seiten der wissenschaftlichen Information und bestimmen die möglichen Grenzen ihrer quantitativen Beschreibung durch Wahrscheinlichkeitsmodelle. Andere benutzen den formalen Apparat der Theorie bei Beachtung des Inhalts und der Zweckbestimmung der wissenschaftlichen Information. Eine originelle Behandlung der wissenschaftlichen Information hat Brillouin vorgeschlagen. Nach seiner Konzeption sollte die wissenschaftliche Information mittels der energetischen Charakteristika des Systems bewertet werden, über das der Forscher Information erhält. Den Prozeß der Gewinnung von zusätzlicher Information über das System betrachtet Brillouin als einen anti-entropischen Prozeß. Folglich kann die gewonnene Information als negative Entropie, oder Negentropie, betrachtet werden. Zusätzliche Information vergrößert die Negentropie des Systems. Darum ist das Maß der Information dem Zuwachs an Negentropie äquivalent. Bei Vergrößerung der Negentropie nimmt die Information über das System zu. Auch der umgekehrte Schluß ist zulässig: Die Verringerung der Negentropie führt zu Informationsverlust.

Brillouin untersucht das System „physikalisches Objekt – Beobachter“ und sagt, daß die Gewinnung irgendwelcher Angaben über das System mit dem Übergang von Energie auf ein niedrigeres Niveau verbunden ist. Die Verminderung an Energie der Quelle und die Vergrößerung der Entropie im System „Quelle – physikalisches Objekt" führen nach dem Gesetz der Erhaltung der Energie zu einem Zuwachs an Negentropie im System „physikalisches Objekt – Beobachter", die jener Informationsmenge äquivalent ist, die der Forscher beim Studium des Objekts gewonnen hat. Die Speicherung von Information beim Beobachter stellt eine potentielle Möglichkeit dar, Systeme mit großer Negentropie zu schaffen. Die von der Quelle verlorene Energie wird durch die Information kompensiert, die der Forscher erhalten hat.

Brillouin schlägt vor, die Entropie der Systeme mit statistischen Methoden über die wahrscheinlichen Zustände des Systems zu bewerten.

In dem erwähnten Modell wird die Informationsmenge bestimmt, die im Ergebnis der Durchführung von wissenschaftlichen Experimenten erzielt wurde. Das negentropische Maß der aus einem Experiment gewonnenen Information wird ohne besondere Mühe mit den Methoden der statistischen Informationstheorie bewertet. Denn Information dieser Art ist, nach den Worten Brillouins, nur eine Registrierung der Ergebnisse. Das negentropische Maß in der allgemeinsten Form wird nach folgender Formel bestimmt:

$$I_1 = k \log y\, p_0 - k \log y\, p_1 .$$

Dabei ist I_1 – eine bestimmte Anzahl zusätzlicher Angaben über das beobachtete Objekt;

p_0 – die Gesamtzahl der gleich wahrscheinlichen Zustände, wenn nichts Konkretes über das beobachtete Objekt bekannt ist;

p_1 – die Anzahl der gleich wahrscheinlichen Zustände nach der Gewinnung zusätzlicher Angaben;

k – die Boltzmannsche Konstante, $1{,}38 \cdot 10^{-16}$.

Mit der Einführung von k drückt Brillouin sowohl die Information als auch die Entropie in gleichen Einheiten (im CGS-System mit einer hundertteiligen Skala) aus und unterstreicht so in weit höherem Maße, daß Information und negative Entropie äquivalent sind.

Von der Information, die bei einem Experiment mit physikalischen Objekten gewonnen wird, geht Brillouin zu wissenschaftlicher Information höherer Ordnung über, die das Ergebnis menschlichen Denkens ist und sich in wissenschaftlichen Gesetzen und Theorien verkörpert. Auch diese Information kann man in Entropie-Einheiten berechnen, da ein wissenschaftliches Gesetz oder eine Theorie eine Voraussagemethode darstellt, die es ermöglicht, wenig wahrscheinliche Konstruktionen und Systeme mit einer großen Negentropie zu schaffen. Daher sind wissenschaftliche Gesetze potentielle Quellen der Negentropie. Da es unmöglich ist, die potentielle Negentropie eines wissenschaftlichen Gesetzes unmittelbar quantitativ zu messen, stellt Brillouin eine kühne These auf: Die Negentropie von Gesetzen und die auf deren Grundlage geschaffenen künstlichen Objekte erfahren indirekt ökonomische Anerkennung, nämlich durch die Preise der neu geschaffenen Objekte.

In der letzten Arbeit [140] unternimmt Brillouin wieder den Versuch einer direkten Messung von Information, die in wissenschaftlichen Gesetzen und Theorien enthalten ist, und beschränkt sich dabei auf eine Klasse physikalischer Theorien. Eine physikalische Theorie wird als Form der Korrelation experimentell festgestellter Gesetzmäßigkeiten betrachtet. Die in einer empirisch gewonnenen Gesetzmäßigkeit enthaltene Informationsmenge wird definiert als die Differenz der Logarithmen der Wahrscheinlichkeiten der anfänglichen Bedeutungsverteilung der Ereignisse im gesamten Feld der Beobachtung und der Endverteilung der restlichen Felder der Beobachtung. Die Menge der in n enthaltenen Information, die nicht durch eine gemeinsame Theorie verbundene empirische Gesetzmäßigkeiten enthält, wird durch eine einfache Summierung der Information aller Gesetzmäßigkeiten bestimmt:

$$I_{allgem} = \sum^{n} I_n .$$

Es ist offensichtlich, daß es mit der Aufstellung einer Gesamttheorie möglich wird, die wechselseitigen Abhängigkeiten zwischen empirisch gewonnenen Gesetzmäßigkeiten zu erkennen. Im Ergebnis verringert sich das Gesamtfeld der Beobachtung, und die Informationsmenge, die beim Studium der konkreten Situation I'_n gewonnen wird, wird kleiner. Da aber die Gesamtmenge der Information, die in den aufgestellten Gesetzmäßigkeiten enthalten ist, konstant bleibt, so ist es logisch zu erwarten, daß

$$I_{allgem} = \sum^{n} I_n = \sum^{n} I'_n + R .$$

Der positive Rest R entspricht der „Redundanz“, wie sie Shannon versteht. R erscheint als die Informationsmenge, die in der Korrelation enthalten ist. So wird also das Maß des Informationsinhalts einer Theorie bestimmt, die n empirische Theorien in Beziehung setzt. Auf analoge Weise wird die Menge der wissenschaftlichen Information festgestellt.

Es ist Brillouin klar, daß es die statistische Interpretation der Information nicht ermöglicht, eine direkte qualitative Wertung von Information vorzunehmen, die eine Wertbestimmung durch den Menschen einschließt. Das einzige Kriterium zur Beurteilung des Wertes einer Information ist in der Konzeption Brillouins die Seltenheit des Ereignisses. Die Seltenheit ist jedoch eine absolute Größe, die für jeden Beobachter dieselbe Zahlenbedeutung hat, während der pragmatische Wert eine relative Größe ist. Daß in der vorgelegten Konzeption keinerlei Element enthalten ist, das die Bewertung der Information durch den Nutzer einschließt, vermerkt Brillouin selbst als eine sehr ernste Einschränkung.

Ein interessantes Vorgehen bei der quantitativen Interpretation von Informationsströmen findet sich bei A. J. Chinčin [141].

Chinčin untersucht die Unbestimmtheit endlicher Schemata (d. h. ein vollständiges System von Ereignissen und ihrer Wahrscheinlichkeiten). So besitzen zum Beispiel verschiedene Schemata, die ein Endliches bilden, verschiedene Unbestimmtheiten:

$$\mathrm{I}\begin{pmatrix} A_1; & A_2 \\ 0{,}5; & 0{,}5 \end{pmatrix}, \quad \mathrm{II}\begin{pmatrix} A_1; & A_2 \\ 0{,}99; & 0{,}01 \end{pmatrix}, \quad \mathrm{III}\begin{pmatrix} A_1; & A_2 \\ 0{,}3; & 0{,}7 \end{pmatrix},$$

wobei A_1 und A_2 bestimmte Ereignisse und die darunter stehenden Zahlen ihre Wahrscheinlichkeiten bezeichnen. Das heißt zum Beispiel, daß es in einem endlichen Schema die Ereignisse A_1 und A_2 gibt, deren Wahrscheinlichkeit entsprechend im ersten Schema 0,5 und 0,5, im zweiten 0,99 und 0,01 und im dritten 0,3 und 0,7 beträgt.

Die Wahrscheinlichkeit oder Unbestimmtheit eines endlichen Schemas nennt A. J. Chinčin die Entropie des endlichen Schemas und benennt sie mit $H(A)$. Die Information wird als eine ansteigende Funktion der Größe $H(A)$ betrachtet. „Die Auswahl dieser Funktion", schreibt Chinčin, „bedeutet die Wahl dieser oder jener Skala für die Informationsmenge und kann deshalb vom prinzipiellen Standpunkt aus als gleichgültig angesehen werden "[141, S. 7]. Aus Gründen der Bequemlichkeit wird angenommen, daß es hier eine einfache Proportionalität gibt, und als Koeffizient dieser Proportionalität wird 1 angenommen. Dann ist die Informationsmenge, die die Realisierung des endlichen Schemas ergibt, gleich der Entropie des gesamten Systems.

Das dargelegte Vorgehen stellt einen Versuch dar, die Möglichkeit einer quantitativen Bewertung von Strömen wissenschaftlicher Information auf der Basis der statistischen Theorie ohne Bezugnahme auf die semantischen und pragmatischen Aspekte der wissenschaftlichen Information theoretisch zu begründen. Auch die Versuche, eine semantische Theorie der Information und eine quantitative Messung des Inhalts von Information auf der Basis von Wahrscheinlichkeitsmaßen zu entwickeln, haben die Grenzen vereinfachter Abstraktionen nicht überschritten. Die Pioniere dieser Richtung sind R. Carnap und Y. Bar-Hillel [142, 143].

Indem sie Methoden der symbolischen Logik verwenden, gehen Carnap und Bar-Hillel davon aus, daß man Mitteilungen über ein Objekt im Rahmen eines gegebenen Kenntnissystems durch eine endliche Zahl von Urteilen ausdrücken kann. Als Basis für das Urteil wird eine äußerst einfache Sprache gewählt, die aus einer endlichen Zahl von Substantiven und Adjektiven und dem einzigen Verb „sein" besteht. Dabei wird angenommen, daß die Information nur solche Sätze enthält, obgleich auch ein Teil von ihnen nicht durch die Struktur der Sprache bestimmt wird.

Carnap und Bar-Hillel schließen Fragen der Bewertung und Interpretation der Information durch den Nutzer aus.

Die Information eines einzelnen Satzes wird als Funktion aller derjenigen Sätze definiert, die durch den genannten einzelnen Satz bedingt sind. Dabei ist man sich darüber im klaren, daß die Sätze in dieser künstlich geschaffenen Sprache logisch widersprüchlich, logisch unbestimmt und tautologisch sein können [142]. Die zahlenmäßige Größe der Information, die in einem Satz i enthalten ist, bestimmten Carnap und Bar-Hillel auf Grund folgender Prämissen [143]:

1. Für jede Zustandsbeschreibung Z existiert eine apriorische Wahrscheinlichkeit $m\,(Z)$, die das Maß genannt wird.

2. Die Summe der apriorischen Wahrscheinlichkeiten aller Z ist gleich 1.

3. Für jeden wahren Satz i wird die a-priori-Wahrscheinlichkeit $m(i)$ des Satzes als Summe $m\,(Z)$ aus allen Z definiert, die im Bereich $R(i)$ enthalten sind. $R(i)$ stellt die Gesamtheit der Zustandsbeschreibungen dar, in denen i gilt.

Ausgehend von diesen Voraussetzungen, wird das Maß des i-ten Satzes auf folgende Weise bestimmt:

$$m(i) + 1 - m\,(\sim i),$$

wobei $(\sim i)$ die Sätze sind, die i verneinen.

Die einfachste Bestimmung der Information durch die Funktion des Maßes wird das Maß des Inhalts genannt. Das Maß des Inhalts (cont) wird ausgedrückt als $\mathrm{cont}\,(i) = 1 - m(i)$, das heißt, $\mathrm{cont}(i)$ wird als eine bestimmte Funktion von Sätzen definiert, die durch den Satz i bedingt werden.

Über das Maß des Inhalts des Satzes i wird der Begriff des Maßes der Information (inf) gewonnen, der durch die Formel

$$\inf(i) = -\log m(i) = \log \frac{1}{1 - \mathrm{cont}\,(i)}$$

ausgedrückt wird. L. Brillouin unterstreicht, daß cont(i) und inf(i) in den Methoden ihrer Feststellung den Methoden sehr ähnlich sind, die in der statistischen Informationstheorie angewendet werden [5]. Nach Ansicht Brillouins stellt cont(i) nichts anderes dar als das Maß der Seltenheit der Information, da $m(i)$ die Wahrscheinlichkeit der Beschreibung des Zustands durch Sätze wiedergibt, die durch den Satz i bedingt sind.

Das Vorgehen von Carnap und Bar-Hillel zeigt den am weitesten ausgearbeiteten Versuch, die Probleme einer Bewertung des inhaltlichen Aspekts der wissenschaftlichen Information theoretisch zu durchdenken.

Was die Versuche einer Bewertung der wissenschaftlichen Information vom Standpunkt des Nutzers angeht, so liegt hier eine große Anzahl von Arbeiten vor, deren Autoren vielfältige Methoden benutzen, um die Interessen der Informationsnutzer zu berücksichtigen, und sich bemühen, einen harmonisch formalisierten Apparat für die Bewertung der Qualität der wissenschaftlichen Information zu schaffen.

Nach Ansicht von A. A. Charkevič [144] kann die Frage nach dem Wert der Information im Rahmen der statistischen Informationstheorie für jene Klasse von Aufgaben befriedigend gelöst werden, zu deren Lösung Information gesammelt wird.

Als Beispiel für die Sammlung wissenschaftlicher Information für ein genau bestimmtes Ziel mit Hilfe der Experimentiermethode führt A. A. Charkevič die Entwicklung von Arzneimitteln an. Die Information wird in diesem Falle als Ergebnis einer langen Serie von Experimenten gewonnen. Der Wert der Information wird danach bemessen, wie sie die Erreichung des Ziels beschleunigt. Wenn diese Wahrscheinlichkeit vor Erhalt der Information gleich p_0 und nach Eingehen der Information gleich p_1 geworden ist, dann wird der Wert der Information bestimmt als

$$I = \log p_1 - \log p_0 = \log \frac{p_1}{p_0} .$$

Das heißt, daß im Unterschied zur allgemeinen Formel für die Bestimmung der Informationsmenge der Ausgangspunkt nicht die Verteilung der gleich wahrscheinlichen Möglichkeiten der Ereignisse ist, sondern die Veränderung der Wahrscheinlichkeit eines positiven Ausgangs der Forschung. Entsprechend der Definition des Wertes als Zunahme der Wahrscheinlichkeit der Erreichung des Zieles ist die Schlußfolgerung logisch, daß es eine Situation geben kann, in der die erhaltene Information einen negativen Wert besitzt. Das geschieht in den Fällen, in denen die Wahrscheinlichkeit der Erreichung des Zieles sich durch den Zustrom zusätzlicher Information verringert. Eine solche Situation ist immer mit der Vergrößerung der Zahl der gleich wahrscheinlichen Möglichkeiten nach dem Erhalt der Information verbunden, das heißt mit einer Vergrößerung der Unbestimmtheit. Information, die die Unbestimmtheit eines positiven Ausgangs vergrößert, nennt A. A. Charkevič desinformierend in bezug auf das konkret gesteckte Ziel.

Es muß festgestellt werden, daß ein solches indirektes Verfahren zur Berechnung des Wertes der Information in bestimmten Fällen zweifellos angebracht ist und einen gewissen Schritt vorwärts bedeutet, der die Begrenztheit der klassischen Theorie überwindet. Jedoch ist eine solche Fragestellung längst nicht für alle Situationen geeignet. Sie gründet sich auf die Annahme, daß die in einer Nachricht enthaltene Information im Interesse einer eindeutig bestimmten Operation benutzt wird. In der Praxis ist es häufig so, daß die Information durchaus nicht für irgendeine bestimmte Operation gedacht ist, sondern einfach den Umfang unserer Kenntnisse über eine bestimmte Klasse von Erscheinungen erweitert.

Ein ähnliches Herangehen an die Bewertung der Information finden wir bei M. M. Bongard [145]. Auch Bongard legt in seiner Bewertung den Wert zugrunde, den eine konkrete Information besitzt, die von einem am Ende des Nachrichtenkanals befindlichen Mechanismus verarbeitet wird. Seine Überlegungen gründen sich auf den Begriff der Nützlichkeit der Information. Nehmen wir an, daß bis zur Ankunft der Nachricht die Aufgabe für den gegebenen Lösungsalgorithmus die Unbestimmtheit N_0 besessen hat, daß diese Unbestimmtheit nach Eintreffen der Nachricht N_1 beträgt. So kann man sagen, daß durch den Kanal die nützliche Information

$$I_n = N_0 - N_1$$

übertragen wurde.

Aus der Definition folgt, daß es keinen Sinn hat, von nützlicher Information zu sprechen, die in einem Signal enthalten ist, wenn nicht die zu lösende Aufgabe, der Anfangszustand des Lösungsalgorithmus und die Eigenschaft des dekodierenden Algorithmus bekannt sind. Bongard untersucht den Informationsvorrat im dekodierenden Algorithmus und führt den Begriff „verborgene Information“ ein, der als der bereits vorhandene Kenntnisvorrat des Informationsempfängers angesehen werden kann.

Der Wert einer Information wird nach Bongard durch die Veränderung der Schwierigkeit der gestellten Aufgabe als Ergebnis des Eintreffens der Information charakterisiert. Unter der Schwierigkeit wird eine gewisse Anzahl Tests verstanden, die zur Auffindung der Lösung nötig sind.

Als Maß der Schwierigkeit dient der Logarithmus der durchschnittlichen Anzahl von Tests.

Die Menge der nützlichen Information im Lösungsalgorithmus nach Eintreffen der Nachricht setzt sich aus der verborgenen Information und der Durchlaßfähigkeit des Nachrichtenkanals für eine Nachricht zusammen. So unterscheidet sich das Vorgehen Bongards von der klassischen Interpretation der Informationsmenge, die Shannon gegeben hat, dadurch, daß an die Stelle der Wechselbeziehung „Signal – Kanal" die Beziehungen des Systems „Signal – Informationsempfänger" treten. Die Proportion zwischen der über den Nachrichtenkanal eingetroffenen Information und der dem dekodierenden Mechanismus entnommenen Information (d. h. dem apriorischen Kenntnisvorrat), aus der die nützliche Information besteht, hängt von der Ausgangshypothese über die Wahrscheinlichkeiten der Signale ab. Die Veränderung der Unbestimmtheit der Aufgabe aber unter dem Einfluß der Information (d. h. der Nützlichkeit der Information) ist von dieser Hypothese unabhängig und wird ganz vom Inhalt der jeweiligen Einzelnachricht bestimmt. Daraus wird klar, daß die quantitativen Charakteristika der Durchlaßfähigkeit des Nachrichtenkanals und die quantitativen Charakteristika der Nützlichkeit der erhaltenen Information nicht identisch sind, obwohl sie eine authentische Maßeinheit besitzen.

Ein solches Vorgehen bringt ein ganz neues Element in die statistische Informationstheorie. Die wichtigste Eigenschaft der Informationsmenge nach C. Shannon, ihre Symmetrie (derzufolge die Informationsmenge im gesendeten Signal gleich der Informationsmenge im empfangenen Signal ist) erweist sich als nicht zutreffend für die wissenschaftliche Information.

Die Fachleute sind der Meinung daß die Ideen von Bongard zur Bestimmung der nützlichen Information in Systemen benutzt werden können, in denen experimentell neue Erkenntnisse gewonnen werden. Die Anziehungskraft der Ideen Bongards liegt darin, daß sie die Begriffe des Wertes oder der Nützlichkeit ausführlicher behandeln als die reinen Zielfunktionen. Für Bongard ist die Nützlichkeit einer Information nicht nur vom Ziel, sondern auch von den bereits vorhandenen Kenntnissen abhängig.

Eine interessante Konzeption der Informationswertung, die auch auf die wissenschaftliche Information anwendbar ist, legt R. L. Ackoff vor [146]. Sein Vorschlag ist auf dem zweckgerichteten (funktionalen)

Behaviorismus von Skinner und Tolman aufgebaut. Auf der Grundlage der von ihm vorgeschlagenen Methode kann wissenschaftliche Information, zum Beispiel Aufsätze und Bücher, mit ausreichender Wahrscheinlichkeit nach den Funktionen der Informierung, Instruierung und Motivierung unterschieden werden.

Die Konzeption berücksichtigt die Zielgerichtetheit der Handlungen des Informationsnutzers. Als Ausgangsposition benutzt Ackoff das Vorhandensein einiger möglicher Folgen von Handlungen, die mit verschiedener Effektivität zu dem mit angenommener Wahrscheinlichkeit gegebenen Ziel führen. Der Konzeption liegt ein wahrscheinlichkeitstheoretisches Vorgehen zugrunde. Der Autor unterscheidet drei Arten von Information: informierende, die die Wahrscheinlichkeit der Wahl der Handlungsfolge beeinflußt; instruierende, die die Wahrscheinlichkeit der Erreichung des Zieles durch diese oder jene Folge von Handlungen verändert, und motivierende, die die Bedeutsamkeit der Elemente einer bestimmten Folge von Handlungen verändert. In die Entwicklung dieser Konzeption für Information, die die Wahrscheinlichkeit der Wahl einer Folge von Handlungen verändert, führt W. M. Miles [147] ein quantitatives Maß ein, das er „inbit" nennt. Die inbits drücken eine Proportion aus, die in der realen Situation einer Forschung entsteht, nämlich das Verhältnis zwischen der real vorhandenen Informationsmenge über mögliche Reihenfolgen von Handlungen und der maximalen Informationsmenge, die als die Differenz zwischen dem völlig bestimmten und dem völlig unbestimmten Zustand der Auswahl definiert wird. Die Einheit der Information wird als diejenige Informationsmenge definiert, die in einer bestimmten Entscheidung zwischen zwei Alternativen enthalten ist.

Die Menge der übermittelten Information entspricht dem Unterschied an Information beim Nutzer im Moment nach Erhalt der Nachricht (Endzustand) und im Moment vor Eintreffen der Nachricht (Anfangszustand). Benennen wir die Informationsmenge im Anfangszustand mit $A(S_1)$ und die Informationsmenge im Endzustand mit $A(S_2)$, so erhalten wir als Menge der übermittelten Information:

$$A_c = A(S_2) - A(S_1).$$

Der erhaltene Wert trifft nur auf einen ganz bestimmten Nutzer zu, der sich in einem ganz bestimmten Zustand befindet. Um die in einer Nachricht enthaltene Informationsmenge festzustellen, müssen der Informationsnutzer und seine entsprechende Information genau bestimmt werden.

Instruktion ist mit der Veränderung der Wahrscheinlichkeiten des Erfolgs verbunden, das heißt mit Effektivität. Der Zustand des Nutzers hinsichtlich seiner Instruiertheit besagt, wie stark er das Eintreffen einer Möglichkeit beeinflussen kann. Instruierung ist die Vermittlung der Fähigkeit an den Nutzer, das Eintreffen von Möglichkeiten zu steuern, wenn diese Fähigkeit fehlt oder unzureichend vorhanden ist.

Als Maßeinheit der instruktiven Information dient das „habit". Die Maßeinheit der Veränderung der relativen Bedeutung von Elementen in einer Folge von Handlungen nennt Miles „mobit".

Der gesamte pragmatische Wert der Information, die im Forschungsprozeß verarbeitet wird, wird als die summarische Menge der Information bestimmt, die von Einfluß auf die Auswahl der Handlungen und ihrer Reihenfolge sowie auf die Formulierung der Endziele ist, also als die Differenz zwischen der apriorischen und der endlichen Wahrscheinlichkeit der Erreichung des Zieles. In den Konstruktionen von Ackoff und Miles erhält der pragmatische Wert der Information ein quantitatives Maß und wird bestimmt nach der Formel:

$$\begin{aligned} U_c &= U(S_2) - U(S_1) \\ &= \sum_{i=1}^{m} \sum_{J=1}^{n} (p_i + \Delta p_i)(\varepsilon_{iJ} + \Delta\varepsilon_{iJ})(U_J + U_J) \\ &\quad - \sum_{i}^{m} \sum_{J}^{n} p_i\, \varepsilon_{iJ}\, U_J \,. \end{aligned}$$

Dabei ist U die Bedeutsamkeit der Information; S_1 und S_2 sind die Zustände des Systems vor und nach Erhalt der Information; p_i ist die Wahrscheinlichkeit der Wahl des Weges i; ε_{iJ} – die Wahrscheinlichkeit, daß der Weg i zum Resultat J führt; U_J – die relative Bedeutsamkeit des Resultates J für die Erreichung des Zieles; Δ_{pi}; $\Delta\varepsilon_{iJ}$; U_J sind die Veränderungen der Wahrscheinlichkeit von Ereignissen als Resultat des Erhalts der Information; m ist die Anzahl der möglichen Wege; n – die Anzahl der möglichen Resultate.

Der Hauptmangel der Konzeption von Ackoff und Miles besteht in ihrer Begrenztheit. Das Modell beschreibt eine enge Klasse von Situationen, die in der Forschungsarbeit fast nie eintreten. Außerdem ermöglicht das Modell die quantitative Bewertung der Information in jenen Fällen, in denen der Forscher sich schon mit der Information bekannt gemacht hat und auf Grund ihres Inhalts und seiner Kenntnisse ihren Wert bereits auf irgendeine Weise eingeschätzt hat. Mit anderen Worten, für den Forscher entsteht die Aufgabe, eine bereits verarbeitete Information noch zusätzlich zu bewerten, was ganz offensichtlich in der wissenschaftlichen Arbeit ohne jeden Sinn ist.

Die Bewertung wissenschaftlicher Information setzt das Vorhandensein irgendeines Systems (eines einzelnen Forschers, einer wissenschaftlichen Vereinigung usw.) voraus, das bestimmte Funktionen erfüllt und die Information vom Gesichtspunkt der optimalen Erfüllung dieser Funktionen beurteilt. Ihre Qualität wird dadurch bestimmt, wie sie den funktionalen Erfordernissen des Systems gerecht wird.

Bei der Auswahl von Bewertungskriterien muß offensichtlich vor allem die Frage beantwortet werden, für welches System und für welche Funktion des Systems die Information benutzt wird. Mehr noch, Kriterien, die für das System als Ganzes durchaus berechtigt sind, können den Optimalitätsanforderungen einzelner Systemelemente nicht entsprechen, und Kriterien, die für einzelne Elemente anwendbar sind, können für andere Elemente ungeeignet sein usw.

Die Informationsmenge, die ein Subjekt einer Information, einer Nachricht entnimmt, ist keine in jedem Fall konstante Größe. Sie ist weitgehend von der Menge und Qualität bereits vorhandener Information abhängig, das heißt von der Information, die das Subjekt früher gesammelt und verarbeitet hat.

Je höher das Niveau der bereits vorhandenen Kenntnisse des Nutzers ist, desto größer ist die Wahrscheinlichkeit, daß irgendeine Gesamtheit bereits vorhandener Information ausreichend bewußt wird (Erinnerung) und in Beziehung zu der Information tritt, die das Subjekt verarbeitet und bewertet. Bei der Wahrnehmung entnimmt der Forscher einen bedeutenden Teil an Information seinen eigenen vorangegangenen Erfahrungen, wenn er sich in hinreichendem Maße des gesamten Kontextes der Situation bewußt wird. Die Informationsmenge, die einem Wissenschaftler aus einer Information bei ihrer Verarbeitung vermittelt wird, ist eine dynamische Größe und hängt in erster Linie von den Fähigkeiten des Wahrnehmenden und den sich verändernden Eigenschaften der Begleitumstände ab.

Der Wert irgendeiner Nachricht, wenn wir darunter die Informationsmenge verstehen, die das Subjekt der Nachricht entnimmt, entspricht nicht dem Wert, den diese Information für das Subjekt darstellen kann, obwohl zwischen diesen Größen eine gewisse Korrelation besteht. Der Zugang zum vollen Wert der Information vom Standpunkt des Nutzers, sei es nun ein einzelner Forscher, eine wissenschaftliche Gruppe oder dergleichen, wird durch eine Analyse der Eigenschaft der Information unter verschiedenen Aspekten erschlossen.

Alle obengenannten Versuche zur Formalisierung von Werturteilen über wissenschaftliche Information basieren auf wahrscheinlichkeitstheoretischen Methoden. Die quantitativen Charakteristika der syntaktischen, semantischen und pragmatischen Qualität der wissenschaftlich-technischen Information werden durch das Maß der Unbestimmtheit der erwarteten Ereignisse (Anordnung der Zeichen im Text, logische Beziehung der Sätze im Text, Grad der Interessiertheit der Nutzer an der vorliegenden Gruppe von Sätzen usw.) gekennzeichnet. Dabei wird die a-priori-Wahrscheinlichkeit der syntaktischen Struktur oder der logischen Beziehungen in der Informationsmitteilung als vorgegeben betrachtet. Mit Hilfe von wahrscheinlichkeitstheoretischen Beziehungen kann jedoch nur ein beschränkter Kreis von Aufgaben beschrieben werden, die mit der Bewertung der wissenschaftlichen Information verbunden sind. J. A. Šrejder weist zu Recht darauf hin, daß eine bedeutende Anzahl der Informationssituationen, die sich im Prozeß einer wissenschaftlichen Forschung ergeben, keine wahrscheinliche, sondern eine determinierte Struktur besitzen. Außerdem bleibt in vielen Fällen die a-priori-Wahrscheinlichkeit eines Ereignisses unbekannt, und es existiert kein konkretes Verfahren zu ihrer Berechnung. Und schließlich – in einer Reihe von Fällen – entspricht die statistisch berechnete Informationsmenge absolut nicht der wirklich in einer Nachricht enthaltenen und vom Forscher aufgenommenen Informationsmenge. So bringen die Ergebnisse eines Experiments zum Beispiel einem hochqualifizierten Fachmann in der Regel mehr Information als einem Fachmann, der noch nicht lange im Fach ist. Aus den genannten Gründen sind jene Versuche besonders interessant, bei denen es um die Entwicklung einer solchen Methode zur Bewertung der Menge der wissenschaftlichen Information geht, die sowohl die wahrscheinlichkeitsbestimmten als auch die zufälligen Situationen, denen keine a-priori-Wahrscheinlichkeit zugrunde liegt, als auch die streng determinierten Situationen, die sich im Prozeß einer wissenschaftlichen Forschung ergeben, berücksichtigt, und zwar vom Gesichtspunkt des Informationsnutzers. Aus den Untersuchungen, die zur Erarbeitung universeller und formalisierter Methoden für die qualitative Wertung von Information vorliegen, verdienen die Forschungen von E. K. Vojšvillo, J. A. Šrejder und R. L. Stratonovič [148–154] besonderes Interesse.

Nach der Konzeption von E. K. Vojšvillo hängt die Informationsmenge eines Urteils in erster Linie von der Zahl der durch dieses Urteil wesentlich bedingten Folgen ab. „Die Information der Folgen stellt einen Teil jener Information dar, die in der Gesamtheit der Voraussetzungen vorhanden ist" [148]. So wird also bei Vojšvillo die Informationsmenge aus dem Verhältnis des Empfängers der Information zur inhaltlichen Seite dieser Mitteilungen abgeleitet.

Der Berechnung des Informationswertes sind einige Arbeiten von R. L. Stratonovič gewidmet. In der Arbeit [152] wird der Begriff des Informationswertes in einer Weise eingeführt, die die Shannonsche Informationstheorie mit der Theorie der optimalen Entscheidungen verbindet. Es werden eine Reihe von Ergebnissen angeführt, die die Effektivität dieses Begriffes illustrieren. Außerdem wird auch gezeigt, daß man zur Realisierung des Informationswertes, d. h. zur Erzielung des maximalen Nutzens, in der Theorie der Entscheidungen Methoden der optimalen Kodierung und Dekodierung anwenden muß.

In der Arbeit [153] wird der Wert einer Information bei einer begrenzten Anzahl möglicher Bedeutungen der Größe berechnet, die durch einen Nachrichtenkanal übertragen werden. Es wird der Fall untersucht, daß die zu bewertende Größe am Eingang des Nachrichtenkanals selbst beobachtet wird, sowie der Fall der indirekten Beobachtung, wenn die beobachtete Größe mit der zu bewertenden auf zufällige Weise verbunden ist. In der Arbeit [154] wird die in früheren Arbeiten von Stratonovič entwickelte Theorie des Informationswertes auf den Fall angewendet, daß am Eingang des Empfängersystems, das die Wertung des Prozesses a bearbeitet, ein zufälliger Prozeß b eintrifft. Es wird angenommen, daß zum System als unveränderliches Glied ein Endautomat gehört, der a Eingangsgrößen, b Zustände und c Ausgangsgrößen hat. Die Durchlaßfähigkeit des Automaten wird berechnet, wonach es die Theorie des Informationswertes ermöglicht, die prinzipiellen Grenzen für das Niveau der Verluste festzustellen, d. h. die Qualität der Arbeit des Systems insgesamt einzuschätzen.

Ein originelles und, wie wir meinen, sich von den vorhergehenden positiv unterscheidendes Herangehen an die Bewertung der Information finden wir bei J. A. Šrejder [150]. Die Grundthese seiner Konzeption ist folgende: Wenn man davon ausgeht, daß eine Nachricht immer an einen Empfänger gerichtet ist, der über einen bekannten Thesaurus[14] verfügt, so kann man als Merkmal der Informationsbewertung die Veränderung des Thesaurus[15] des Empfängers betrachten, die unter dem Einfluß dieser Mitteilung erfolgt.

Tatsächlich ist von zwei Nachrichten, von denen die eine den Thesaurus des Empfängers nicht ändert, die andere aber wesentliche Ver-

[14] Als Thesaurus werden die Kenntnisse eines bestimmten Empfängers über die Umwelt und die Fähigkeit des Empfängers bezeichnet, diese oder jene Nachrichten aufzunehmen.

[15] Der Thesaurus des Empfängers kann sich auf verschiedene Weise verändern: Neue Begriffe werden eingeführt, neue Verbindungen hergestellt, alte Begriffe und Verbindungen liquidiert usw.

änderungen des Thesaurus hervorruft, die zweite natürlich als inhaltsreicher anzusehen. Dabei wird auch der pragmatische Aspekt berücksichtigt, denn es ist offensichtlich, daß der Einfluß einer Nachricht auf den Thesaurus weitgehend (außer von der Nachricht) auch vom Thesaurus abhängt. Wenn – zum Beispiel – ein dreijähriges Kind ein Lehrbuch für höhere Mathematik anschaut, so vermittelt ihm das natürlich keinerlei Information; sein Thesaurus ist nicht genügend entwickelt, um sich unter dem Einfluß dieser Nachricht irgendwie verändern zu können. Nicht vom Thesaurus allgemein ist die Rede, sondern von einem solchen Thesaurus, für der die aufgenommene Nachricht relevant ist.

Entsprechend der Konzeption Šrejders dient als Maß der Informationsmenge der Grad der Veränderung des Thesaurus unter der Einwirkung einer gegebenen Nachricht. Wenn der in der Nachricht enthaltene Tatbestand durch eine kleine Zahl von Elementarschritten anderweitig gewonnen werden kann, so hat die Nachricht für den entsprechenden Informationsnutzer ihren Wert verloren.

Leider hat die Konzeption Šrejders gegenwärtig keine praktische Bedeutung, da ihr ein entsprechender Formalisierungsapparat fehlt.

Die Analyse der Methoden zur qualitativen Bewertung der wissenschaftlichen Information hat deutlich gemacht, wie groß die Kluft zwischen den praktischen Ergebnissen der Versuche, die Information als Produkt der wissenschaftlichen Arbeit quantitativ zu interpretieren, und den Bedürfnissen der Forscher nach solchen Bewertungen ist. Ohne den Wert der theoretischen Forschungen zu diesem Problem schmälern zu wollen, muß dennoch festgestellt werden, daß nicht eine einzige der vorgeschlagenen Konzeptionen bis zur praktischen Anwendbarkeit entwickelt wurde. Die Wissenschaftler und Spezialisten, die mit der Informationsvermittlung befaßt sind, verfügen gegenwärtig nicht über Methoden, die eine unmittelbare quantitative Bewertung der wissenschaftlichen Information unter Berücksichtigung ihrer qualitativen Unterschiede von anderen Arten der Information erlauben. Mit vollem Recht stellt S. G. Strumilin fest: „Die Wissenschaft, die dort beginnt, wo wir es mit Maß, Gewicht und Berechnung zu tun haben, hat noch nicht einmal Zeit gefunden, die Aufgabe der Messung des objektiven Wertes ihrer eigenen Resultate zu lösen“ [155]. Deshalb sind die Forscher gezwungen, zu mittelbaren Methoden für die Bewertung der wissenschaftlichen Information Zuflucht zu nehmen.

Eine immer größere Verbreitung hat in letzter Zeit die Methode der wissenschaftswissenschaftlichen Analyse gefunden, zu deren Hauptaufgaben auch die mittelbare Bewertung der wissenschaftlichen Information gehört. Wir denken dabei an den „Science Citation Index", der auch „Verzeichnis der zitierten Literatur" oder „Index wissenschaftlicher Zitate" genannt wird.

Die Praxis, Arbeiten seiner Vorgänger zu zitieren, entstand vor mehr als einem Jahrhundert und ist seit etwa fünfzig Jahren zur Norm geworden. Man ist sogar der Ansicht, daß der Hinweis auf benutzte Arbeiten ein Kriterium für die Gewissenhaftigkeit einer wissenschaftlichen Publikation ist.

Bekannt ist, daß in jeder wissenschaftlichen Arbeit die Ideen und Fakten vorhergehender Arbeiten auf diesem Gebiet benutzt werden. Unter wissenschaftlicher Benutzung können eine neue Auslegung bereits bekannter Fakten, die Stützung neuer Ideen durch sie, die Weiterentwicklung früher geäußerter Gedanken oder die Widerlegung dieser Gedanken oder die Untermauerung der angeführten Fakten verstanden werden. In jedem der aufgezählten Fälle berufen sich die Wissenschaftler fast immer auf die Arbeiten ihrer Vorgänger, die analoge oder angrenzende Fragen erforscht haben. Das Studium der bibliographischen Hinweise in einer großen Zahl von Publikationen hat gezeigt, daß diese Hinweise ein dichtes Netz von Verbindungen zwischen den wissenschaftlichen Quellen bilden.

Die objektive Bewertung der Bedeutung wissenschaftlicher Publikationen mit Hilfe des „SCI" stellt ein sehr aktuelles Problem dar. Solla Price schrieb über den verschiedenen Wert wissenschaftlicher Arbeiten: „Tatsächlich, wer würde sich erkühnen, den Artikel Einsteins über die Relativitätstheorie, und sei es mit hundert Artikeln eines Bakkalaureus John Daw über die Konstanten der Elastizität der Holzarten im Unteren Basutoland, entsprechend nur einer Konstante pro Aufsatz gleichzusetzen?" [156].

Durchgeführte Experimente bestätigten die ursprüngliche Annahme, daß eine wissenschaftliche Publikation eine um so größere wissenschaftliche Bedeutung besitzt, je mehr sie die Aufmerksamkeit der Forscher erregt und je häufiger sich diese folglich auf diese Arbeit berufen. Auf dieser Grundlage wird seit 1964 in den USA das „Citation indexes for science" (auf der Basis des SCI) herausgegeben, in dem jene Aufsätze abgedruckt werden, die häufig in anderen Arbeiten zitiert werden.

Als sehr ergiebig erweist sich für die Bewertung wissenschaftlicher Arbeiten eine Analyse der Bezugnahmen in zeitlicher Hinsicht. Sofort nach der Publikation der zu bewertenden Arbeit sind gedruckte Äußerungen (Bezugnahmen) noch unmöglich. Sie erscheinen später, mit verschiedenem Häufigkeitsgrad, erreichen einen gewissen Höchstwert, wonach die Häufigkeit der Bezugnahme zu sinken beginnt. Die zeitliche Veränderung der Parameter, die das Echo widerspiegeln, kann zu außerordentlich bemerkenswerten Einschätzungen der Bedeutung der veröffentlichten Arbeit führen. Wenn man die Anzahl der Zitierungen n für eine konstante Zeitspanne $Z(t)$ bei einer laufenden Zeit t graphisch darstellt, so ergeben sich als statistische Mittelwerte bestimmte Kurven.

Diese Methode macht es möglich, genauer an die Bewertung wissenschaftlicher Arbeiten heranzugehen. In der Tat besagt die Gesamtzahl der Bezugnahmen noch wenig, ihre Verteilung jedoch ermöglicht es, die untersuchte Arbeit detaillierter zu klassifizieren. Die Aufstellung von Zeitkurven gestattete es, fünf Arten des „wissenschaftlichen Lebens" von Arbeiten zu erkennen, auf die Bezug genommen wurde.

B. Noltingk [157] führt empirische Kurven der zeitlichen Häufigkeit der Bezugnahmen auf einzelne wissenschaftliche Arbeiten an (Abbildung 26). Kurve 1 gibt das durchschnittliche normale Aussehen des graphisch dargestellten Echos auf eine wissenschaftliche Veröffentlichung wieder, wenn das Echo durch die Anzahl der Bezugnahmen ausgedrückt wird (eine normale Arbeit, zu der Stellungnahmen vorliegen). Kurve 2 zeigt das Echo auf eine Arbeit, die allmählich die Aufmerksamkeit anzog und sich danach eine feste Autorität erwarb (eine Arbeit, deren Bedeutung allmählich anerkannt wurde). Kurve 3 stellt das Echo auf eine Arbeit dar, die ein wesentliches neues Element in das entsprechende Gebiet eingebracht hat, jedoch zuerst nicht verstanden wurde (eine

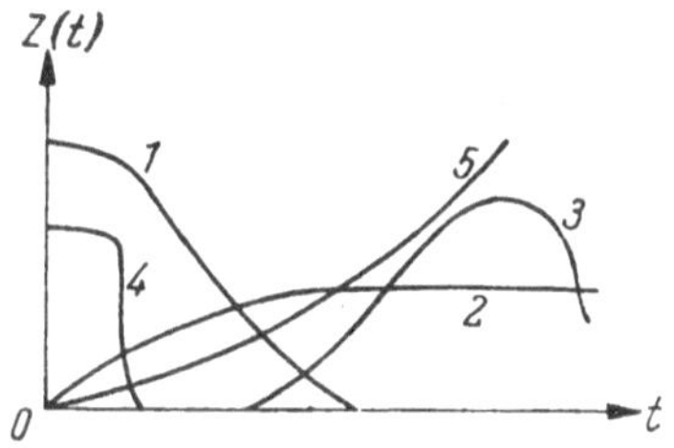

Abb. 26. Typische Zeitverläufe der Zitierungshäufigkeit einzelner wissenschaftlicher Arbeiten (nach Noltingk).

bahnbrechende Arbeit, die ihrer Zeit voraus ist). Kurve 4 erläutert das Echo auf eine Arbeit, die nach einem anfänglichen Erfolg verworfen wurde. Kurve 5 charakterisiert das Echo auf geniale Leistungen, auf die im Verlauf der Zeit immer mehr Bezug genommen wird.

Die angeführte empirische Typisierung war der Ausgangspunkt für eine weitere Analyse durch Avramescu [158]. Er hebt in der Zahl der zeitlich dargestellten Bezugnahmen zwei Prozesse hervor: erstens das Anwachsen der Zahl der Zitierungen und Stellungnahmen, wobei der jeweilige Stand die nächste Entwicklungsstufe bestimmt, und zweitens deren Abnahme durch Altern, in dessen Verlauf der Informationswert der Arbeit erschöpft wird. Avramescu meint, daß beide Prozesse der Berechnung zugänglich sind und als Exponentialfunktionen dargestellt werden können.

Zur Analyse wird als Ausgangsfunktion eine in der Elektronik bekannte Gleichung herangezogen:

$$Z(t) = Z_0 (e^{-\alpha t} - e^{-m\alpha t}),$$

wobei Z_0 der Amplitudenmaßstab ist, α – das Dämpfungsmaß des Veraltens und $m\alpha$ – das Anstiegsmaß der Verbreitung.

Die verschiedenen Verteilungen können treffend durch verschiedene Werte dieser Größen nachgebildet werden. Bei $m > 1$ verschwindet das zweite Glied, d. h. die Anstiegsperiode. Bei $t = 0$ wird die Anzahl der Bezugnahmen (die zugleich mit der Arbeit erscheinen) durch die Größe Z_0 gemessen, jedoch sind solche Fälle für periodische Veröffentlichungen sehr selten. Man kann jedoch annehmen, daß in den Fällen der Kurven 1 und 4 der Abbildung 26 die Bezugnahmen schon kurze Zeit nach Erscheinen der Arbeit beginnen, was die Bedingung $m > 1$ erfüllen würde.

Die von Avramescu berechneten Kurven sind auf Abbildung 27 dargestellt. Kurve 4 ist für solche Arbeiten kennzeichnend, die einer kritischen Beurteilung unterzogen wurden, die den geringen wissenschaftlichen Wert der Arbeit offenbart hat. Die Anzahl der Bezugnahmen auf eine solche Arbeit geht radikal zurück. Dafür muß der Rückgang im Moment t_1 beginnen, das heißt, die erste exponentielle Linie muß $\alpha (t - t_1)$ sein, außerdem muß α groß im Vergleich zu $m\alpha$ sein, d. h. $0 < m < 1$. Die Kurve 3 bei Noltingk wird gut reproduziert durch die Einführung der zeitlich variablen Größen $t - t_0$ anstelle von t in beiden Exponenten. Nach Noltingk verläuft die Kurve 2 nach dem Anstieg parallel zur Zeitachse. Nach den durch die Erfahrung bestätigten Berechnungen von Avramescu muß sie einen Abstieg zeigen, weil die Zahl der Bezugnahmen nicht über eine lange Zeit konstant bleiben kann. Wenn in der Ausgangsgleichung $\alpha = 0$ und gleichzeitig $m \to \infty$ ist, sodaß $m\alpha$ eine endliche Zahl ist, dann kann die Kurve 2 durch die Funktion

$$Z(t) = Z_0 (1 - e^{-m\alpha t})$$ dargestellt werden.

Für geniale Arbeiten (Kurve 5) gilt eine Formel solcher Art:

$$Z(t) = Z_0 (e^{-\alpha t} - 1),$$

wobei also in der Ausgangsgleichung $\alpha > 0$ und $m > 0$ ist.

Die Kurven 1 und 2 bei Avramescu stellen eine Verteilung mit unterschiedlichen Parametern Z_0, α und m dar. Die Kurve 1 hat eine größere Bedeutung (Z_0), Kurve 2 eine kleinere Bedeutung (α). Kurve 1 entspricht einer schnell verlaufenden Welle von Äußerungen zu einer wissenschaftlichen Arbeit. Im Vergleich dazu verläuft das Anwachsen

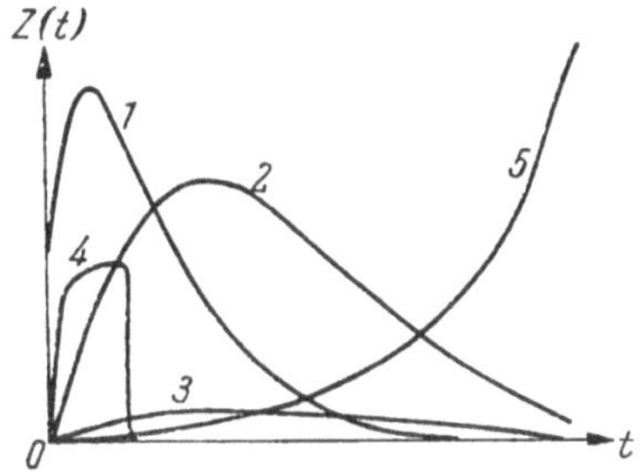

Abb. 27 Durch die Zielfunktion nachgebildete typische Zeitkurven der Zitierungsfähigkeit einzelner wissenschaftlicher Arbeiten (nach Avramescu).

in dem durch Kurve 2 dargestellten Fall langsamer, es erfolgt aber auch das Altern allmählicher. Bei Kurve 1 ist die Amplitude Z_m größer, bei Kurve 2 der umschlossene Raum.

Die Amplitude kann nach der Gleichung

$$Z_m = Z_0 (e^{-r} - e^{-mn}),\ r = \alpha t_m = \frac{mn}{m-1}$$ berechnet werden.

Die Fläche, die der Gesamtzahl der Bezugnahmen gleich ist, wird nach folgender Formel errechnet:

$$N_z = Z_0 \int^{\infty} (e^{-\alpha t} - e^{-m\alpha t})\, dt = Z_0 \frac{m-1}{m\alpha} = Z_0 T \frac{m-1}{m}.$$

Für die Bestimmung des Wertes einer wissenschaftlichen Arbeit ist die Gesamtzahl der Bezugnahmen wichtiger als die maximale Zahl der Bezugnahmen in einem bestimmten Moment oder einem bestimmten Zeitraum. Als Kennziffer muß deshalb die Gesamtgröße der Bezugnahmen und nicht die Amplitude dienen. Die Bedeutung einer Arbeit hängt von der Dauer und der Intensität der Bezugnahmen ab. Bei gleicher Fläche (Menge) der Bezugnahmen ist die Arbeit wertvoller, die länger ein Echo findet.

Hinsichtlich der statistischen Analyse der Bezugnahmen muß festgestellt werden, daß die gewonnenen Ergebnisse manchmal gewisse Korrekturkoeffizienten erfordern, da die Zitierungshäufigkeit den Wert einer Publikation nicht immer richtig charakterisiert. Die Bezugnahmen erfolgen oft aus den unterschiedlichsten Erwägungen: um die eigenen Werke und die Arbeiten von Mitstreitern zu popularisieren, aus Achtung vor dem Autor, aus Tradition, wenn es um fundamentale Monographien geht. Außerdem werden die zitierten Aufsätze oft wegen des Registers oder als Nachweis angeführt. Trotz des relativen Charakters erweist sich sie statistische Analyse der Zitierungshäufigkeit dokumenteller Quellen jedoch als eine überaus wichtige Kennziffer für den Wert einer wissenschaftlichen Arbeit.

Außerordentlich nützlich ist die Berücksichtigung der Zitierungshäufigkeit bei der Organisation der Informationsvermittlung von wissenschaftlichen Forschungen. Die Aufstellung eines Netz-Schemas der Benutzung von Quellen in nachfolgenden Publikationen macht es möglich, Originalarbeiten und Mitteilungen, die Überblickscharakter tragen, zu bestimmen und den Forschern je nach der Art der erforderlichen Information diese oder jene Arbeiten zu empfehlen.

Durch die Analyse der Zitierungshäufigkeit verschiedener Quellen kann man die relative Veränderung des Wertes einer wissenschaftlichen Information in der Zeit bestimmen, jene Veränderung, die durch das Altern gekennzeichnet ist. Der Begriff „Altern" gehört zu den wichtigsten Charakteristika der dokumentellen Information, die eine Verbindung zwischen dem Inhalt der Quelle, ihrem aktuellen Wert für den Forscher und der Organisation der Informationsvermittlung an Forscher herstellen und die Form der Ausgabe der Nachricht sowie die Art und die Kategorie des materiellen Informationsträgers betreffen. Die genaue Bestimmung des Veraltens von Informationsquellen ist von außerordentlicher Bedeutung für die Organisation des Systems der Informationsvermittlung. Der Umfang des operativen Fonds, die Parameter der Informationsströme und die Qualität der Informationsbereitstellung hängen davon ab, wie begründet die Einschätzung von Informationsquellen als veraltet und für die konkrete Forschungssituation als wertlos erfolgt. Die subjektive Einschätzung des Alterns von Information geschieht meistens empirisch auf Grund einer Analyse der Anforderungen des Nutzers. Dabei zeigt sich, daß sich die Benutzungskurve von Information nicht so sehr unter dem Einfluß neuer Ideen ändert, die einen „moralischen Verschleiß" früher erlangter Information hervorrufen, als vielmehr in Abhängigkeit von der Art der Informationsquelle. So verliert in Zeitschriftenartikeln enthaltene Information bedeutend schneller an Aktualität (die Anforderungen solcher Information nehmen ab) als in Monographien enthaltene Information, obwohl es nicht wenige Fälle gibt, daß Artikel, die aus Zeitschriften von vor zwanzig bis dreißig Jahren entnommen wurden, überaus wertvolle Information enthielten, die zur praktischen Nutzung geeignet war [159]. Eine solche Situation wird gut durch die von G. M. Dobrov [160] gezeichnete Kurve zur Beschreibung von Doppelerfindungen charakterisiert, die durch Unkenntnis vorhandener Information zustande kamen.

Obwohl die Kurve auf Grund der Analyse einer konkreten Situation in einem Wissenszweig aufgestellt wurde, ist ihre Krümmung charakteristisch für viele Zweige der Wissenschaft und Technik. Doppelentdeckungen sind die Folge von „Informationslöchern"; sie sind darauf zurückzuführen, daß die Forscher keine Kenntnis von früher erschienenen Arbeiten hatten, obwohl diese Kenntnisse seinerzeit veröffentlicht wurden.

Man bestimmt das Veralten der Information durch die Analyse des Anfragestroms und kommt dabei zu der grundsätzlich falschen Schlußfolgerung, daß Information deshalb ihren aktuellen Wert verliert, weil sie nicht gefragt ist. Man sondert auf Grund dieser Schlußfolgerungen Zeitschriftenartikel, die 2–3 Jahre alt sind, aus den Magazinen aus. Tatsächlich aber sinkt die Nachfrage nicht wegen des wirklichen Wertverlustes einzelner Nachrichten, sondern wegen der geringen Zugänglichkeit des Bestandes und wegen des Fehlens objektiver Kriterien, die es ermöglichen würden, die Lebensdauer einer einzelnen Information (Nachricht) zu bestimmen. Da sie keine objektiven Kriterien für die Bewertung der Information besitzen, verringern die Informationseinrichtungen und Bibliotheken die sich am schnellsten anhäufenden wissenschaftlichen Informationsquellen; zu denen auch die Zeitschriften gehören.

Man kann versuchen, die Methoden für die Bestimmung des Alterns der wissenschaftlichen Information zu objektivieren, indem man bei der Analyse der Veraltensfristen nicht von der Analyse der Nachfragen, sondern von der Zitierungshäufigkeit der verschiedenen Informationsquellen ausgeht. Bei der Analyse der Verteilung der Bezugnahmen in Arbeiten zur Elektrotechnik innerhalb eines Jahrhunderts (1857–1959) sowie in einer Gruppe von Publikationen auf den Gebieten der Gesellschaftswissenschaften, der Mathematik, Physik, Metallurgie, des Maschinenbaus und der Chemie wurde eine Gleichung entwickelt, die die Kurve der Abnahme der Zitierungshäufigkeit in Abhängigkeit vom Publikationszeitpunkt beschreibt: Diese Kurve ist möglicherweise eine objektive Kenngröße für das Altern von Informationsquellen. Bei idealen Bedingungen wird die Kurve durch die Gleichung

$y = 1 - \left(\frac{a}{e^x} + \frac{b}{e^{2x}}\right)$ beschrieben, wobei a und b konstante Größen sind, deren Summe 1 ergibt; *x* ist die Zeit, *e* die Basis der natürlichen Logarithmen. Die Koeffizienten *a* und *b* stimmen bei den verschiedenen Wissenszweigen überein.

Die Idealkurve für das Altern von Information auf dem Gebiet der Elektrotechnik zeigt Abbildung 28. Infolge der geringen Zugänglichkeit neuer Publikationen wird die Idealkurve des aktuellen Wertes zu einer

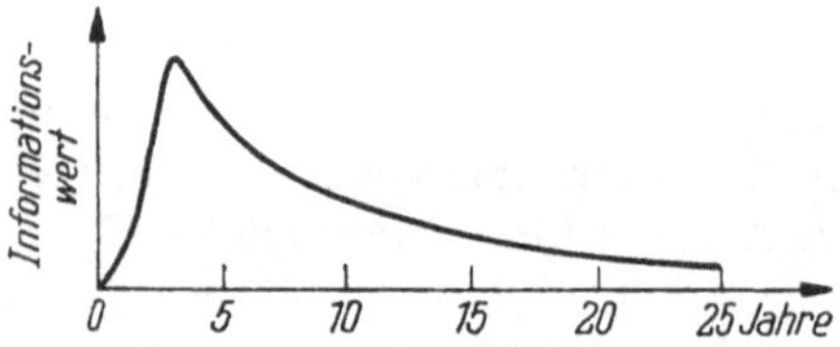

Abb. 28 Idealkurve der Veränderung des Informationswertes in der Zeit (relative Veränderung der Zitierungshäufigkeit).

Kurve transformiert, wie sie auf Abbildung 29 dargestellt ist. Die Fläche zwischen der Zeitachse und der Kurve drückt die relative Vollständigkeit der Nutzung der gesammelten Information in einem bestimmten Zeitabschnitt aus.

Eine höchst originelle Behandlung der Veraltensfristen von Information haben E. G. Kirienko und M. P. Kuznecova [161] vorgeschlagen. Nach ihrer Ansicht wird die Alterungszeit von Information aus For-

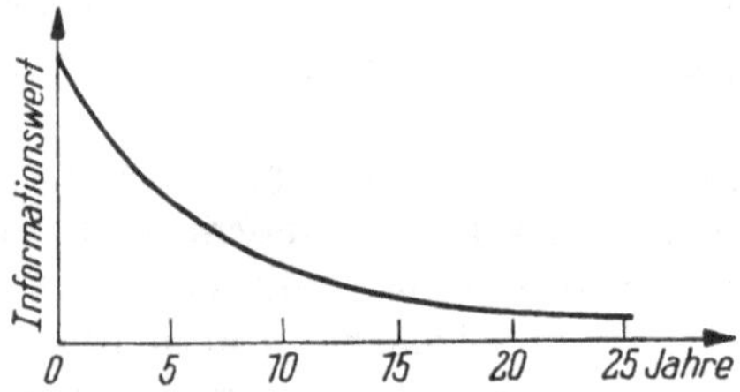

Abb. 29 Reale Kurve der Veränderung des Informationswertes in der Zeit (Reale Veränderung der Zitierungshäufigkeit).

schungen, die zur Verwirklichung in der materiellen Produktion bestimmt sind, auf Grund der normativen Fristen für den Rückfluß von Kapitalinvestitionen festgestellt, die in den einzelnen Zweigen der materiellen Produktion gelten.

Eine Annahme dieses Standpunktes bedeutet die Anerkennung der Behauptung, daß Informationsquellen unabhängig von der Art der Publikation und dem Wert der durchgeführten Forschung nach Industriezweigen differenziert altern. Entsprechend den normativen Fristen für den Kapitalrückfluß, die in den Industriezweigen gelten, würden für die Anwendung in der Lebensmittelindustrie bestimmte Entwicklungen demnach im Verlauf von 3–5 Jahren veralten, im Maschinenbau innerhalb von 7–10 Jahren. Die vorgelegte Betrachtungsweise enthält die bemerkenswerte Idee, daß die ingenieurtechnische Bedeutung der wissenschaftlich-technischen Information von Entwicklungen auf verschiedenem technischem Niveau unentwegt und gleichmäßig sinkt. Jedes Projekt, daß in zurückliegenden Jahren dokumentell entwickelt wurde, eignet sich zur praktischen Anwendung weniger als eine beliebige Entwicklung zur gleichen Thematik, die in unseren Tagen erfolgt ist. Uns scheint, daß eine solche Annahme zu Recht besteht, wenn unterstellt wird, daß die Projektanten vollständig über die letzten Ergebnisse von Wissenschaft und Technik informiert sind und die erhaltene Information möglichst vollständig bei den Entwicklungsarbeiten benutzen. Leider entspricht diese Annahme bei weitem nicht der Wirklichkeit. Wenig begründet erscheint auch die Behauptung der Autoren, daß die Veraltensfristen und die Fristen des Kapitalrückflusses identisch seien. Hier handelt es sich um zwei verschiedene Kategorien, deren Gemeinsamkeit höchst zweifelhaft ist. Bezeichnet die Frist des Kapitalrückflusses einen Zeitraum, innerhalb dessen der auf Grund zusätzlicher Kapitalinvestitionen erzielte Gewinn diese Investitionen vollständig aufwiegen muß, so bezeichnet die Veraltensfrist, die überhaupt nichts mit Kapitalinvestitionen zu tun hat, den Verlust der Information an aktuellem Wert in einer gewissen Zeit. Eine Analyse der Informationsquellen zeigt außerdem, daß sich in einer Reihe von Industriezweigen eine den Schlußfolgerungen von Kirienko und Kuznecova entgegengesetzte Tendenz entwickelt.

So sind in der Elektrotechnik die Fristen des Kapitalrückflusses dem Zeitraum der Verdoppelung des Volumens der Informationsquellen umgekehrt proportional, folglich also auch dem Zeitraum der Erneuerung und Nutzung der angehäuften Information.

Einen besonderen Platz unter den Methoden zur mittelbaren Bewertung der wissenschaftlichen Information nehmen die ökonomischen, insbesondere die von den Kosten ausgehenden Methoden ein. Mit Hilfe der finanziellen Bewertung kann man sowohl objektive Charakteristika materieller und geistiger Güter aufstellen als auch subjektive Merkmale, die den individuellen und gesellschaftlichen Nutzen von Arbeitsprodukten bezeichnen.

Nicht zufällig stellte L. Brillouin fest, daß ökonomische Parameter den Wert von Gegenständen, die das Produkt menschlicher Arbeit sind, genauer feststellen als physikalische Charakteristika, da mit Hilfe der ökonomischen Kennziffern Wertungen möglich sind, die die Nützlichkeit des Gegenstandes für den Nutzer widerspiegeln [5]. Eine der Methoden zur mittelbaren Bewertung wissenschaftlicher Information ist die Bestimmung des Informationswerts entsprechend dem ökonomischen Ergebnis der Nutzung der Information in der materiellen Produktion.[16] Das Wesen der Methode besteht in der Bestimmung des zu erwartenden jährlichen ökonomischen Nutzens bei der Verwirklichung der Resultate der wissenschaftlich-technischen Ausarbeitungen.

Man geht davon aus, daß die gesellschaftliche Bedeutung der produzierten Information um so größer ist, je bedeutender der ökonomische Effekt ist. Einzelne Forscher schlagen vor, die ökonomische Bewertung wissenschaftlicher Information als universelles Wertkriterium anzusehen. Das Maß des Wertes von Information kann durch die Größe der bei ihrer Anwendung gesparten (wenn die Information positiven Wert besitzt) oder ausgegebenen (wenn sie einen negativen Wert besitzt) materiellen Mittel, energetischer Ressourcen, Aufwendungen an Arbeitskraft oder Geld charakterisiert werden. Geld ist durch seine Universalität der zuverlässigste Maßstab für die Bewertung der Information [162]. Ein derartiges Herangehen an die Bewertung der wissenschaftlichen Information über das ökonomische Ergebnis ihrer Verwirklichung in der materiellen Produktion ist nach unserer Meinung ungerechtfertigt optimistisch.

Wegen einer ganzen Reihe von Beschränkungen, denen der Umfang des ökonomischen Effekts bei der Verwirklichung wissenschaftlicher Ideen unterliegt, kann dieser Effekt nicht als universelles Kriterium der Bewertung von Information gelten.

G. A. Lachtin [163] nennt folgende Ursachen, die eine breite Anwendung dieses Wertkriteriums erschweren:

[16] Es wird die Ansicht vertreten, daß die ökonomische Effektivität wissenschaftlicher Information bestimmt werden kann, d. h. die Möglichkeit einer direkten ökonomischen Bewertung der Information. Diese Konzeption gründet sich auf die Gleichsetzung der Information mit ihrer Verwirklichung in der materiellen Produktion, was ein offenkundiger Irrtum ist.
Wenn man die wissenschaftliche Information als eine Art Akkumulator der allgemeinen Arbeit ansieht, so kann man nur vom ökonomischen Potential der Information sprechen. Unter dem ökonomischen Potential ist jener Effekt zu verstehen, der im Ergebnis einer maximalen Nutzung der in den Informationsquellen enthaltenen Angaben unmittelbar in der materiellen Produktion erreicht werden kann.

1. Begrenztheit des Anwendungsbereichs. In der materiellen Produktion wird nur ein Teil der wissenschaftlichen Information realisiert.

Information, die das Ergebnis theoretischer Forschungen ist, sowie ein großer Teil von Ergebnissen der angewandten Forschung wird nur in der Sphäre der wissenschaftlichen Tätigkeit genutzt, wo die Berechnung des Effekts erschwert oder prinzipiell unmöglich ist.

2. Nichtübereinstimmung von Entstehen der Information und ihrer Anwendung. Zwischen der Entstehung der wissenschaftlichen Information und ihrer Anwendung liegt ein bedeutender zeitlicher Abstand. Außerdem geht der Prozeß der Ausnutzung wissenschaftlicher Ideen weit über die Grenzen eines Jahres hinaus. Die Realisierung wissenschaftlicher Information und folglich auch der Umfang des Effekts stellen eine Funktion der Zeit mit einer für die verschiedenen konkreten Fälle nicht übereinstimmenden Charakteristik dar.

3. Unterschiede der Gebiete und Maßstäbe der Anwendung konkreter Informationsquellen. Die Nutzung der original gleichen Informationsquellen kann eine durchaus nicht gleiche Wirkung erzielen, wenn die Maßstäbe der Anwendung nicht übereinstimmen. Zu den festgestellten Unzulänglichkeiten sind auch noch äußere Faktoren hinzuzurechnen, die den Umfang des Effekts beeinflussen, aber von der Qualität der wissenschaftlichen Information unabhängig sind.

Zum Beispiel macht das Fehlen von Mitteln, die für die Anwendung der Information notwendig sind, die Nutzung der Information selbst und damit auch die Erzielung eines ökonomischen Effekts unmöglich.

Allgemein wird vom Standpunkt der ökonomischen Effektivität die Nützlichkeit einer Information für ein einzelnes System (einen Betrieb, Industriezweig, eine wissenschaftliche Disziplin, die Volkswirtschaft insgesamt) durch folgende Voraussetzungen bestimmt:

1. das Vorhandensein der entsprechenden Information beim potentiellen Nutzer;

2. die Relevanz der Information für die wichtigsten wissenschaftlich-technischen Bedürfnisse;

3. die technisch-ökonomische Möglichkeit zur Realisierung der entsprechenden Information in der materiellen Produktion;

4. das Wissen der Nutzer des Systems von der Relevanz und Verwirklichungsmöglichkeit der entsprechenden Information in der materiellen Produktion;

5. der inhaltliche Abschluß der Information für ihre Verwirklichung in der materiellen Produktion;

6. die ökonomische Effektivität der materiellen Produktion (nach der Verwirklichung der Information) nicht nur für einzelne Elemente des Systems, sondern auch für das Gesamtsystem.

Als aussichtsreich kann die ökonomische Bewertung der Information unmittelbar nach dem Aufwand für die Informationsarbeit selbst angesehen werden. Einer solchen Bewertung liegt die Tatsache zugrunde, daß die wissenschaftliche Information das Produkt der auf der gesellschaftlichen Arbeitsteilung beruhenden Tätigkeit von Wissenschaftlern ist und nicht in erster Linie zur persönlichen Nutzung durch den Forscher dient. Information wird vielmehr zur produktiven Benutzung für andere Teilnehmer der gesellschaftlichen Produktion hervorgebracht.

Unter den Bedingungen der Ware-Geld-Beziehungen erwerben alle Arbeitsprodukte unausweichlich alle wesentlichen Züge und Eigenschaften von Waren, unabhängig davon, ob das Produkt aus geistiger oder physischer Arbeit herrührt.

Wir stellen jedoch fest, daß die wissenschaftliche Information als Ware eine Reihe spezifischer Eigenschaften besitzt, die sie von den Waren, die Produkte des Bereichs der materiellen Produktion sind, und den Dienstleistungen unterscheiden. Der wichtigste Unterschied besteht darin, daß die Haupteigenschaften der „Ware" Information – Gebrauchswert, Tauschwert und die Veräußerung in Form des Kaufs und Verkaufs – in verschiedener Weise in Erscheinung treten, je nach den Besonderheiten der Information und einiger äußerer Faktoren. Auf den ersten Blick hin gibt es keinen korrelativen Zusammenhang zu der Menge und Qualität der geistigen Arbeit, die zur Herstellung der Information benötigt wurde. Daher ändert sich das Maß des Auftretens dieser Eigenschaften auf den verschiedenen Ebenen der Nutzung der vorliegenden Information erheblich.

Diese Unterschiede der Ware Information zu anderen materiellen Produkten, die Warenform annehmen, erschweren gegenwärtig eine unmittelbare ökonomische Bewertung des Aufwandes für einzelne Informationsergebnisse. Zu den objektiven Schwierigkeiten, die sich aus der Besonderheit des Auftretens der Wareneigenschaften bei der Information ergeben, kommen noch subjektive hinzu. Das Wesen der subjektiven Schwierigkeiten erblicken wir darin, daß die Preise für Informationsergebnisse, die der geldliche Ausdruck des Wertes sind, auf der Basis der Aufwendungen festgesetzt werden, die mit der Herausgabe und Verbreitung der Informationsmittel verbunden sind, also unabhängig vom Wert der wissenschaftlichen Ideen und ohne Berücksichtigung der inhaltlichen Erschließung der wissenschaftlichen Arbeit.

Die aufgeführten Methoden zur indirekten Bewertung der wissenschaftlichen Information sind effektiv in bestimmten Situationen, die im Prozeß der Informationsnutzung auftreten. Nach unserer Meinung ist auch eine Nichtübereinstimmung der Kategorien der Nützlichkeit und des Wertes von Information zu beachten. Die Nützlichkeit der Information stellt nur eine Funktion ihres Wertes dar. Sie wird durch das utilitaristische Ziel jenes Prozesses bestimmt, in dem die jeweilige Information benutzt wird. Betrachtet man die Nützlichkeit der Information im wissenschaftlich-technischen Prozeß, so besteht das utilitarische Ziel in diesem Falle in der Erzielung einer maximalen ökonomischen Effektivität.

Für eine wissenschaftliche Forschung wird die Nützlichkeit einer Information vor allem durch das Forschungsziel diktiert. Eine Information kann in wissenschaftlicher Hinsicht wertlos oder von geringem Wert, jedoch in einer konkreten Informationssituation außerordentlich nützlich sein. Der Wert einer wissenschaftlichen Information wird nach unserer Meinung dadurch bestimmt, in welchem Grade sie an der Erkenntnis der Umwelt durch den Menschen beteiligt ist oder, was dasselbe ist, in welchem Grade sie an der Schaffung und Entwicklung neuer Informationsfonds beteiligt ist.

Information, ob sie im Bewußtsein eines Menschen oder in einem einzelnen Wissensgebiet angehäuft ist, stellt nicht einfach eine Anhäufung einzelner Wissenseinheiten dar. Sie verbindet sich zu bestimmten Informationskomplexen eines Systems, in dem eine Information immer logisch unmittelbar oder mittelbar mit einer anderen verbunden ist. Die Vereinigung der Gesamtmenge der Information zu irgendeinem sich organisch entwickelnden System setzt voraus, daß diese Information durch ein gemeinsames Sachgebiet untereinander in Beziehung steht. Je nach den Besonderheiten des gemeinsamen Sachgebietes können die Informationskomplexe ein verschiedengradig entwickeltes Kenntnissystem darstellen. So kann man zum Beispiel eine unterschiedliche Ordnung von Informationskomplexen unterscheiden, wie etwa: wissenschaftliches Thema, Problem, Wissenschaftszweig usw. Ein Informationskomplex, der ein System von Kenntnissen über irgendetwas darstellt, wird über eine bestimmte logische Struktur der Verbindungen zwischen den Informationen verfügen, die zu dem Komplex gehören. In jedem Komplex von Informationen, die durch ein gemeinsames Sachgebiet untereinander verbunden sind, läßt sich eine Information unterscheiden, die über eine größere Informationskapazität als eine andere verfügt. Diese Information, die die anderen Informationen verbindet und verallgemeinert, bestimmt die hierarchische Struktur der

Informationsverbindungen des Komplexes. Je organisierter und entwickelter unser Wissen ist, desto deutlicher erscheint die hierarchische Struktur der Verbindungen des Informationskomplexes, und desto mehr lassen sich in ihm hierarchische Ebenen unterscheiden.

Unsere Erkenntnis der Erscheinungen der Umwelt ist immer vom Aufbau von Informationskomplexen verschiedener Ordnung begleitet, beginnend mit dem Thema einer wissenschaftlichen Forschung und endend mit der ausgeprägten hierarchischen Struktur des Informationskomplexes einer einzelnen Wissenschaft, die die Informationskomplexe niederer Ordnung einschließt.

Ein Informationskomplex, der die schöpferische Tätigkeit einer bestimmten Anzahl von Forschern widerspiegelt, stellt ein dynamisches Informationsfeld dar, in dem ständig eine unendliche Zahl von Veränderungen erfolgen. Neue Verbindungen zwischen einzelnen Informationen entstehen, und alte brechen zusammen. In diesen Verbindungen spiegeln sich die Gesetzmäßigkeiten der äußeren Welt wider. Eine Information für sich, losgelöst von anderen, besitzt praktisch keinerlei Wert. Am wichtigsten in einem Informationskomplex ist nicht so sehr das Entstehen einer neuen Information oder die Veränderung irgendeines Abschnitts des Informationsfeldes als vielmehr die Veränderung und das Entstehen neuer Verbindungen zwischen den Informationen und den Teilen des Informatiosnfeldes. Die Verbindungen zwischen den Informationen, nicht aber die einzelne Information, begünstigen und schaffen sogar die Möglichkeit, die Erscheinungen der Umwelt zu erkennen. Wenn dem Wissen der Menschen über eine bestimmte Erscheinung durch die vorhandene Information und die bestehenden wechselseitigen Verbindungen von Informationen Ausdruck verliehen wird, so offenbart sich die weitere Erkenntnis dieser Erscheinung durch die Dynamik des Informationsfeldes und die in der Zukunft möglichen, potentiellen Informationsverbindungen.

Der Wert jeder einzelnen Information kann bestimmt werden, wenn man vom Informationskomplex der jeweiligen Ordnung ausgeht. Je mehr Erscheinungen der Umwelt erkannt worden sind, desto deutlicher tritt die hierarchische Struktur des Informationskomplexes zutage, zu dem die jeweilige Erscheinung gehört, desto größer wird die Anzahl der Informationsverbindungen innerhalb des gegebenen Komplexes. Um so leichter wird auch jede neue Information, die zum Sachgebiet des entsprechenden Komplexes gehört, mit diesem Komplex Informationsverbindungen bilden, ohne in Widerspruch zu diesem Komplex zu geraten, und um so leichter wird der betreffende Informationskomplex zum Bestandteil eines Komplexes höherer Ordnung werden.

Das Maß des Wertes einer Information wird durch ihren Einfluß auf die Entwicklung des Informationskomplexes bestimmt, der – sich verändernd – die Entstehung eines Komplexes höherer Ordnung zur Folge hat und im Endeffekt unsere Kenntnis der uns umgebenden Welt verändert und vertieft.

Kapitel IX

Ökonomische Probleme der Effektivitätssteigerung bei der Nutzung wissenschaftlicher Information in der materiellen Produktion

Die ökonomischen Beziehungen, die sich zwischen den Menschen im Prozeß der wissenschaftlichen Tätigkeit ergeben, ordnen sich ebenso wie die Beziehungen, die sich beim Austausch der Ergebnisse dieser Tätigkeit sowie beim Austausch der Ergebnisse der materiellen Produktion herausbilden, dem Wirken bestimmter ökonomischer Gesetze unter.

Die Klärung der Frage, ob im Rahmen der gesellschaftlichen Produktion zwischen dem Bereich der wissenschaftlichen Tätigkeit und der Sphäre der materiellen Produktion gleichwertige Beziehungen bestehen oder nicht (was einige Forscher bezweifeln), ist von prinzipieller Bedeutung für die Stellung der Wissenschaft im System der Produktionsbeziehungen.

Ausgangsbedingung für die Stellung der Wissenschaft im System der Produktionsbeziehungen ist die Feststellung des Charakters der wissenschaftlichen Tätigkeit.

Wenn in der Wissenschaft ein notwendiges Produkt und ein Mehrprodukt hervorgebracht werden, so sind die mit dieser Tätigkeit befaßten Menschen an der Produktion des Nationaleinkommens und des gesellschaftlichen Gesamtprodukts beteiligt, sind die wissenschaftlichen Fonds ein Teil der gesellschaftlichen Fonds, erfolgt zwischen der Wissenschaft und der materiellen Produktion ein ständiger Austausch von Arbeitstätigkeiten. Dann ist die Arbeit der im wissenschaftlichen Bereich Tätigen produktive Arbeit.

Unter diesen Voraussetzungen ist die Wissenschaft ein Teil des Systems der gesellschaftlichen Produktion, und sie unterliegt der Optimierung sowohl hinsichtlich ihrer Ergebnisse als auch hinsichtlich des Umfangs der Ressourcen an Arbeitskraft und materiellen Aufwendungen der Gesellschaft für die wissenschaftliche Tätigkeit.

Eine Veränderung der Proportionen in der Produktion wissenschaftlicher Information führt zu einer Veränderung der Proportionen in der materiellen Produktion.

Wenn aber im Bereich der Wissenschaft weder ein notwendiges Produkt noch ein Mehrprodukt erzeugt werden und die Ergebnisse der wissenschaftlichen Arbeit ohne jeden Einfluß auf die Höhe des Nationaleinkommens sind, während gleichzeitig ein Teil des Nationaleinkommens (das nach diesem Standpunkt ausschließlich in der Sphäre der materiellen Produktion geschaffen wird) zum unproduktiven Verbrauch in der Wissenschaft ausgegeben wird, dann eben ist die Arbeit auf dem Gebiet der wissenschaftlichen Tätigkeit unproduktiv.

Eine Anerkennung dieses Standpunktes würde unausweichlich zur Verneinung jeder positiven Einwirkung wissenschaftlicher Tätigkeit auf den Charakter und die Ergebnisse der gesellschaftlichen Produktion führen. Die Arbeit des Wissenschaftlers ist zwar gesellschaftlich nützlich, aber diese Nützlichkeit existiert außerhalb der Produktion, wie zum Beispiel die Tätigkeit eines Militärangehörigen. Wenn man diesen Gedanken fortführt, so gelangt man zu der Schlußfolgerung, daß es bei einer Veränderung gewisser äußerer Bedingungen für die Gesellschaft ökonomisch zweckmäßig wäre, die Ausgaben für die Wissenschaft zu kürzen, ähnlich wie sich bei einer Entspannung der internationalen Lage die Möglichkeit ergibt, die Ausgaben für die Streitkräfte zu kürzen.

In diesem Falle wäre die Wissenschaft ein System außerhalb der gesellschaftlichen Produktion.

Die Forscher, die die Arbeit in der Sphäre der nichtmateriellen Produktion als unproduktiv behandeln, berufen sich dabei auf die ökonomische Theorie von Karl Marx, die angeblich die produktive Arbeit streng auf den Bereich der materiellen Produktion beschränkt. So schreibt M. A. Usyk: „Wir gehen von jenem Marxschen Satz aus, daß in der Warenwirtschaft nur Arbeit, die in der materiellen Produktion verausgabt wird, produktiv ist, d. h. Arbeit ist, welche Wert schafft, überträgt und erhält, das notwendige Produkt und das Mehrprodukt erzeugt sowie sich selbst und die Aufwendungen für die Produktionsfonds bezahlt macht. Die gesamte unproduktive Sphäre (nichtmaterielle Produktion) wird auf Kosten des Fonds unterhalten, der in der materiellen Produktion geschaffen wird, folglich ist in diesem Bereich geleistete Arbeit zwar nützlich, aber doch unproduktiv, das heißt sie schafft weder einen Wert, noch ein Produkt oder ein Mehrprodukt" [164, S. 5].

Dieser Versuch, unter Berufung auf die Autorität von Marx die nichtmaterielle Produktion bei der Formierung der ökonomischen Verhältnisse der Gesellschaft zu leugnen und die Arbeitstätigkeiten in der nichtmateriellen Produktion, darunter auch der Wissenschaft, ihres ökonomischen Wesens zu berauben, zwingt uns, die marxistischen

Kategorien der produktiven und unproduktiven Arbeit genauer zu betrachten.

Bei der Einteilung der gesellschaftlichen Arbeit in produktive und unproduktive Arbeit gehen die Klassiker des Marxismus von folgenden grundlegenden Thesen aus:

Erstens, die Kategorien der produktiven und unproduktiven Arbeit sind historische Kategorien, und ihr konkreter Inhalt verändert sich mit der Änderung der Produktionsverhältnisse, in deren Rahmen die Arbeitstätigkeit erfolgt.

Zweitens, die genannten Kategorien widerspiegeln ganz bestimmte Produktionsverhältnisse. Produktiv ist Arbeit, die diese Produktionsverhältnisse reproduziert.

Ausgehend davon, daß nur die konkreten gesellschaftlichen ökonomischen Beziehungen und die Bedingungen der Reproduktion die Unterscheidung in produktive und unproduktive Arbeit bestimmen, spricht Marx von qualitativen Unterschieden zwischen produktiver und unproduktiver Arbeit in den verschiedenen Produktionsweisen. Nach Marx ist in nichtkapitalistischen Produktionsweisen jede Arbeit produktiv, wenn Aufwendungen in einer Form in einer anderen Form wieder voll reproduziert werden.

Im Unterschied zum Kapitalismus, wo nur die Arbeit produktiv ist, die sich in Kapital verwandelt und zur Selbstverwertung des Kapitals beiträgt, erweist sich im Sozialismus Arbeit dann als produktiv, wenn sie einen Wert schafft, der als ökonomische Beziehung aufgefaßt wird und der durch die Bewertung der Aufwendungen an gesellschaftlich-notwendiger Arbeit entsteht [165, S. 123].

Aus diesen beiden Prämissen ergibt sich organisch eine dritte, derzufolge die konkrete Form einer Arbeitstätigkeit nicht als Ausgangspunkt für ihre Bewertung als produktiv oder unproduktiv dienen kann.

Wir haben es hier mit einem Charakteristikum der Arbeit zu tun, das nicht aus ihrem Inhalt (als konkreter Art der Tätigkeit) oder ihrem Ergebnis hervorgeht, sondern aus ihrer bestimmten gesellschaftlichen Form. Marx weist direkt darauf hin, daß „die stoffliche Bestimmtheit der Arbeit, und daher ihres Produkts an und für sich nichts mit dieser Unterscheidung zwischen produktiver und unproduktiver Arbeit zu tun“ hat [165, S. 129]. Aus diesem Grunde kritisiert Marx die Physiokraten, die nur die landwirtschaftliche Arbeit als produktiv anerkannten.

Das Bestreben, die produktive Arbeit auf die materielle Produktion zu beschränken, ohne die übrigen Bereiche der gesellschaftlichen

Produktion zu berücksichtigenen, stellt eine Wiederholung der Fehler der Physiokraten dar. Die gesellschaftlichen Produktionsbeziehungen und die Bedingungen der Arbeit werden mit dem materiellen Inhalt der Arbeit und ihren Resultaten verwechselt.

Wir können daher feststellen, daß entgegen der bei einer Reihe sowjetischer und ausländischer Ökonomen verbreiteten Auffassung bei den Klassikern des Marxismus-Leninismus niemals die konkrete materielle Form des hergestellten Produktes das bestimmende Merkmal für die Bestimmung einer Tätigkeitsart als produktiv oder unproduktiv gewesen ist. Das einzige Kriterium zur Bestimmung des Charakters der Arbeit als produktiv oder unproduktiv ist die gesellschaftliche Form der Arbeit, ihre Einbeziehung in die Reproduktion bestimmter gesellschaftlicher Produktionsverhältnisse. Aus diesem Grunde können konkrete Arbeitsarten und die stoffliche Form ihrer Ergebnisse nicht die Grundlagen für die Beurteilung des Charakters der Arbeit bilden.

Kann nun die Tätigkeit im Bereich der Wissenschaft als produktiv betrachtet werden?

Um diese Frage zu klären, werden wir untersuchen, inwieweit die genannten Bedingungen zur Abgrenzung der Kategorien produktive und unproduktive Arbeit auf die Bewertung der wissenschaftlichen Arbeit anwendbar sind.

Karl Marx und Friedrich Engels wiesen darauf hin, daß die wissenschaftliche Tätigkeit eine spezifische Form der Produktion – geistige Produktion – darstellt, die einen Bestandteil der gesellschaftlichen Produktion bildet [166, S. 509]. Als Teil der gesellschaftlichen Produktion steht die geistige Produktion in untrennbarer Verbindung zur materiellen Produktion. Bestimmte historische Formen und folglich auch ökonomische Beziehungen, die sich auf Grund der gleichen Arten gesellschaftlicher Produktion herausgebildet haben, sind von der Basis her adäquat.[17] Es gilt deshalb, daß, wenn die Beziehungen in der materiellen Produktion Wertbeziehungen sind, auch die Beziehungen zwischen der materiellen und der geistigen und folglich auch innerhalb

[17] „Um den Zusammenhang zwischen der geistigen Produktion und der materiellen zu betrachten, (ist) vor allem nötig, die letztre selbst nicht als allgemeine Kategorie, sondern in *bestimmter historischer* Form zu fassen. Also zum Beispiel der kapitalistischen Produktionsweise entspricht eine andre Art der geistigen Produktion als der mittelaltrigen Produktionsweise. Wird die materielle Produktion selbst nicht in ihrer *spezifischen historischen* Form gefaßt, so ist es unmöglich, das Bestimmte an der ihr entsprechenden geistigen Produktion und die Wechselwirkung beider aufzufassen" [165, S. 256–257] (Forts. d. Fußnote S. 272).

der geistigen Produktion selbst Wertbeziehungen sind. Genau das war auch die Einstellung der Begründer des Marxismus zur geistigen Produktion. Sie betrachteten die geistige Produktion als einen Prozeß der Konsumtion und Reproduktion von Wert: „Das Produkt der geistigen Arbeit – die Wissenschaft – steht immer tief unter ihrem Wert. Weil die Arbeitszeit, die nötig ist, um sie zu reproduzieren, in gar keinem Verhältnis steht zu der Arbeitszeit, die zu ihrer Originalproduktion erforderlich ist" [165, S. 320]. Karl Marx hat also die wissenschaftliche Tätigkeit nicht nur als Prozeß der Konsumtion, sondern auch als einen Prozeß der Produktion von Wert angesehen. Nach Marx ist die Wissenschaft ein spezifischer Produktionsprozeß, dessen Ergebnisse von anderen Bereichen der gesellschaftlichen Produktion über den Austausch (im Rahmen der herrschenden Eigentumsverhältnisse) genutzt werden. Die Anwendung von Ergebnissen der Wissenschaft trägt zum Wachstum des gesellschaftlichen Reichtums bei.

Die angeführten charakteristischen Besonderheiten der Wissenschaft erlauben es, wissenschaftliche Arbeit als produktiv zu betrachten.

Über den Umfang des im Bereich der geistigen Produktion hervorgebrachten notwendigen Produkts und Mehrprodukts liegen Berechnungen des amerikanischen Ökonomen E. Denisson vor. Nach diesen Berechnungen wurden 40 Prozent des Zuswaches an Nationaleinkommen der USA im Zeitraum von 1929 bis 1957 durch die praktische Nutzung wissenschaftlicher Ergebnisse und durch die Erhöhung der Qualifikation der Arbeiter und des ingenieurtechnischen Personals erzielt [167]. Das Nationaleinkommen ist der geldliche Ausdruck neu geschaffenen Wertes.

Ein Beweis für die im Bereich der wissenschaftlichen Tätigkeit erfolgende Reproduktion ökonomischer Beziehungen sind die großen Gewinne, die Forschungsgesellschaften in den kapitalistischen Ländern erzielen, die Umwandlung wissenschaftlicher Ideen und technischer Lösungen in Waren, die auf dem Weltmarkt gefragt sind, sowie die große Verbreitung patentrechtlich geschützter Erfindungen und Entdeckungen.

In der ersten Phase der kommunistischen Produktionsweise herrschen bei der Einschätzung der Arbeitsaufwendungen in der materiellen Produktion Wertbeziehungen vor. In der zweiten Phase der kommunistischen Produktionsweise machen die Wertbeziehungen bei der Bewertung der Arbeitsaufwendungen einer direkten Berücksichtigung der Menge der gesellschaftlich notwendigen Arbeit Platz.

Entsprechend verändern sich die ökonomischen Beziehungen in beiden Sphären der gesellschaftlichen Produktion. Auch die Kategorie der produktiven Arbeit erfährt qualitative Veränderungen.

Die wissenschaftliche Tätigkeit als Produkt der gesellschaftlichen Arbeitsteilung stellt sowohl ein Verfahren zur Erkenntnis der objektiven Entwicklungsgesetze von Natur und Gesellschaft als auch eine Form der Produktion von Wissen dar.

Folglich ist die wissenschaftliche Tätigkeit in den Zyklus der gesellschaftlichen Produktion eingeschlossen, wobei mittels Arbeit die angesammelten Erkenntnisse in Wechselwirkung mit der Natur treten und so materialisiert werden und eine stoffliche Form annehmen. Die materialisierten Erkenntnisse erscheinen in Form von Produktionsmitteln, von Gegenständen zur individuellen Konsumtion usw.

Dem Prozeß der Materialisierung der Erkenntnisse geht der Prozeß des Austauschs von Erkenntnissen unter den Beteiligten der gesellschaftlichen Produktion voraus.

Erkenntnisse, die mit dem Ziel produziert werden, ausgetauscht zu werden, stellen wissenschaftlich-technische Information dar. Es ist klar, daß die Einbeziehung von Erkenntnissen in den Austauschprozeß voraussetzt, daß die produzierten Erkenntnisse auf irgendeinem materiellen Träger fixiert werden. Dazu können Papier, Magnetbänder, verschiedenartige Erzeugnisse der Chemotechnik usw. dienen. Die Fixierung von Erkenntnissen auf einem materiellen Träger mit dem Ziel ihrer Weitergabe an andere Teilnehmer der gesellschaftlichen Produktion ist keineswegs mit der Materialisierung der Erkenntnisse identisch. Die Materialisierung von Erkenntnissen erfolgt unmittelbar in der materiellen Produktion, während ihre Fixierung auf materiellen Trägern und die Umwandlung in wissenschaftlich-technische Information das ausschließliche Ergebnis der Tätigkeit von Werktätigen der nichtmateriellen Produktion (der Wissenschaft einschließlich der wissenschaftlichen Information) ist.

Nach den Aufgaben, die dem Forscher gestellt sind, und nach den im Verlauf der Forschung angewendeten Methoden kann man drei Haupttypen von Forschungen unterscheiden: Grundlagenforschungen, angewandte Forschungen und Entwicklung. Zur Grundlagenforschung gehören solche Forschungen, deren Ziel die Erkenntnis bislang verborgener Gesetzmäßigkeiten der Entwicklung von Natur und Gesellschaft ist, „unabhängig von dieser oder jener konkreten Anwendung" [168, S. 239]. Das Ziel angewandter Forschungen, das in der Anfangsetappe der Forschung jeweils unmittelbar formuliert wird, besteht in der Gewinnung eines praktischen Endergebnisses, das zur Anwendung oder Benutzung in irgendeiner Sphäre der menschlichen Tätigkeit bestimmt ist. Zur Entwicklung schließlich gehören wissenschaftliche Arbeiten, die bereits erkannte Gesetzmäßigkeiten praktisch nutzen und die auf die Schaffung effektiver Materialien, Vorrichtungen, Systeme, Methoden und Prozesse ausgerichtet sind, einschließlich der Konstruktion und Entwicklung von Prototypen und der Erprobung der Versuchsmuster oder Mechanismen. Nach Meinung von F. Machlup kann der Unterschied in der Zielrichtung zwischen Grundlagenforschung und angewandter Forschung knapp – wenn auch etwas übertrieben – folgendermaßen ausgedrückt werden: „Das Ziel einer theoretischen Forschung ist das tiefere Verständnis der physikalischen oder organischen Welt, das Ziel der angewandten Forschung sind die besten Produkte oder das beste Verfahren, sie herzustellen" [109]. Im Unterschied zu Forschungen besteht das Ziel der Entwicklung in der Einführung „der besten Produkte oder der besten Verfahren" bis zum Stadium ihrer industriellen Produktion.

Die Produktion von Erkenntnissen in der Form wissenschaftlicher Information, d. h. einer für den Austausch vorgesehenen Form, setzt das Funktionieren der geistigen Produktion als eines einheitlichen Systems voraus, zwischen dessen einzelnen Teilen ein Austausch der wissenschaftlichen Erkenntnisse erfolgt. Das Arbeitsprodukt einer Forschergruppe oder eines ganzen Wissenschaftszweiges wird Arbeitsgegenstand für andere Forschergruppen oder Wissenschaftszweige. Diese Schlußfolgerung wird bestätigt durch den ununterbrochenen Differenzierungsprozeß der Wissenschaften, der nichts anderes darstellt als einen Prozeß der Vertiefung der gesellschaftlichen Arbeitsteilung. Daher scheint uns die Behauptung, daß erhebliche ökonomische Unterschiede zwischen der Grundlagenforschung und der angewandten Forschung sowie der Entwicklung bestünden [169], nicht gerechtfertigt: „Ausnahmslos alle Formen wissenschaftlicher Forschungen und Zweige der Wissenschaft sind an der Verteilung und Konsumtion des gesellschaftlichen Produkts und des Nationaleinkommens beteiligt. Schon deshalb durchdringen die Produktionsbeziehungen alle Bereiche der Forschung. Die ökonomischen Gesetze wirken auf die Forschungen ein und drücken den Beziehungen zwischen den Menschen ihren Stempel auf. Für die gesamte Grundlagenforschung und auf einigen Gebieten auch für die angewandten Forschungen ist dies die einzige Verbindung zu den Produktionsverhältnissen. Diese Forschungen nehmen an der Schaffung des Nationaleinkommens nicht unmittelbar teil. Der Austausch ihrer Tätigkeit mit den übrigen Sphären der Gesellschaft kann nicht auf der Basis ökonomischer Gesetze erklärt werden. Ihre Produktion kann nicht unmittelbar in rationaler ökonomischer Form ausgedrückt werden. Die Reproduktion materieller Aufwendungen unterliegt in dieser Sphäre nur indirekt den ökonomischen Gesetzen" [169].

Die Unterschiede zwischen diesen Forschungen sind nicht so wesentlich, wie das auf den ersten Blick hin erscheint. Sie sind hinsichtlich des Charakters der Arbeit und der Ergebnisse überhaupt unbedeutend. Tatsächlich „konsumieren" sowohl Grundlagenforschung als auch angewandte Forschung als Arbeitsgegenstand wissenschaftlich-technische Information. Information ist wiederum auch das Produkt dieser Forschungen.

Die Effektivitätssteigerung bei der Anwendung wissenschaftlicher Information in der materiellen Produktion ist ein Teil des Schlüsselproblems Ökonomie in der Wissenschaft – nämlich Effektivitätssteigerung der wissenschaftlichen Tätigkeit überhaupt. Auf den ersten Blick hin gibt es zwischen den Begriffen „Effektivität der Anwendung neuer wissenschaftlicher Information in der materiellen Produktion" und „Effektivität der wissenschaftlichen Tätigkeit" keine wesentlichen Unterschiede. Sie könnten als identisch aufgefaßt werden, da das Endergebnis der Wissenschaft die materielle, gegenständliche Verwirklichung der wissenschaftlichen Ergebnisse in der Industrie ist. Tatsächlich aber unterscheiden sich diese Begriffe. Da die Wissenschaft und ihre Resultate in alle Bereiche der gesellschaftlichen Tätigkeit der Menschen eingehen, kann der Grad der Nutzung der wissenschaftlichen Ergebnisse in der materiellen Produktion nur eine der Kennziffern ihrer Effektivität sein [Abbildung 30]. Mehr noch, sogar die ökonomische Effektivität der wissenschaftlichen Tätigkeit kann nicht allein auf die Effektivität der Anwendung von Information in der Produktion zurückgeführt werden. Würde man das tun, so bliebe die Effektivität bei der Nutzung neuer Information als eines Elements zur erweiterten Reproduktion der Arbeitskraft (im Prozeß der Ausbildung sowie der autodidaktischen Bildung) unberücksichtigt.

Die Erforschung von Wegen und Methoden zur Effektivitätssteigerung bei der Nutzung neuer wissenschaftlicher Information in der materiellen Produktion bildet eine selbständige Aufgabe innerhalb der Wissenschaftsökonomie. Die Vielfalt der Faktoren, die die Effektivität der Nutzung von Information beeinflussen, macht es unmöglich, jeden dieser Faktoren ausführlich zu behandeln. Wir beschränken uns deshalb auf die Betrachtung einiger Faktoren, die auf die Produktivität der Arbeit in verschiedenen Gebieten der nichtmateriellen Produktion einwirken. Diese Gebiete unterscheiden sich lediglich durch ihren Platz im System der gesellschaftlichen Arbeitsteilung und im System der Produktionsverhältnisse. Werden die Ergebnisse der Grundlagenforschung vor allem innerhalb dieses Bereichs selbst genutzt, so fließen die Ergebnisse der angewandten Forschung hauptsächlich in die Sphäre der materiellen Produktion. Die Produktionsbeziehungen zwischen den genannten beiden Forschungsgebieten ähneln jenen Beziehungen, die zwischen der Produktion von Produktionsmitteln und der Produktion von Konsumtionsmitteln in der materiellen Produktion bestehen.

Die materiellen Existenzbedingungen der auf dem Gebiet der Grundlagenforschung und der angewandten Forschung Tätigen werden durch die Abteilung II der gesellschaftlichen Produktion gewährleistet. Der

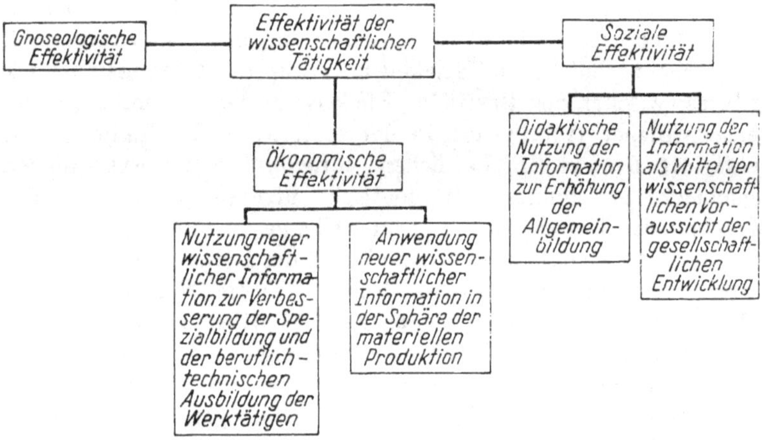

Abb. 30 Das Verhältnis ökonomischer Effektivität der wissenschaftlichen Tätigkeit zur Effektivität der Nutzung von Information.

Bedarf beider Forschungsgebiete an Ausrüstungen wird durch die Abteilung I (Produktion von Produktionsmitteln) gedeckt.

Ein Teil der geistigen Bedürfnisse der Arbeiter der materiellen Produktion (der Bedürfnisse, die durch die Notwendigkeit zur erweiterten Reproduktion der Arbeitskraft hervorgerufen werden) wird durch die Produktion der nichtmateriellen Produktion befriedigt.

Auf derartige Beziehungen zwischen der materiellen und der geistigen Produktion gründen sich die festen wechselseitigen Beziehungen zwischen den Bereichen der gesellschaftlichen Produktion. Der Ausfall eines beliebigen Produktionsbereiches aus den gesellschaftlichen Produktionsbeziehungen und die Störung der Proportionen in der Produktion oder beim Austausch wissenschaftlich-technischer Information und materieller Güter führen zur Disproportion in der Entwicklung der gesamten gesellschaftlichen Produktion, zur Verringerung ihrer Effektivität.

Das Problem Nummer eins bei der Optimierung der Informationsströme und der erfolgreichen materiellen Umsetzung dieser Ströme in der materiellen Produktion ist eine wissenschaftlich begründete Proportionalität zwischen den Anstrengungen der Gesellschaft zur Produktion von Wissen und den objektiven Möglichkeiten, dieses neue Wissen in der gesellschaftlichen Produktion zu verwerten. Das Problem der Proportionalität betrifft den gesamten Bereich der wissenschaftlichen Tätigkeit. Es lassen sich folgende Hauptproportionen nennen, deren Beachtung einen maximalen Wirkungsgrad wissenschaftlicher Forschungen gewährleistet:

Proportionen zwischen der Höhe des Nationaleinkommens und den Ausgaben für die Wissenschaft; Proportionen zwischen dem Gesamtumfang der jährlichen Kapitalinvestitionen und den Investitionen für die Produktion von Erkenntnissen; Proportionen zwischen den Ressourcen an Arbeitskraft und den materiellen Ressourcen einzelner Forschungstypen, sowie schließlich die Übereinstimmung zwischen der neuen Information, die hinsichtlich ihres wissenschaftlichen Wertes zur praktischen Realisierung geeignet ist, und den materiellen Bedingungen und Produktionsmöglichkeiten zu ihrer Verwirklichung.

Von großer Bedeutung ist auch ein vernünftiges Verhältnis bei der Verteilung der Aufwendungen für die materiell-technische Versorgung der Wissenschaft und ihrer Versorgung mit Kadern.

Bei der Produktion neuer Information muß eine bestimmte Proportionalität aufrechterhalten werden, die auf den folgenden Grundbedingungen beruht: 1. Der Strom der neuen Information, der in jedem gegebenen Moment an die materielle Produktion abgegeben wird, darf nicht geringer sein als ihre Fähigkeiten, neue Information zu verarbeiten. 2. Der Strom der neuen Information muß die Bedürfnisse der Gesellschaft nach erweiterter Reproduktion der Arbeitskraft befriedigen. 3. Der Strom der neuen Information muß der Erweiterung des wissenschaftlichen Potentials des Landes entsprechend den in der Zukunft zu erwartenden materiellen und ideellen Möglichkeiten entsprechen. Der vom Gesichtspunkt der genannten Bedingungen aus optimalen Proportionalität wird dadurch entsprochen, daß die von der Gesellschaft für wissenschaftliche Forschungen bereitgestellten Ressourcen wissenschaftlich begründet zwischen den verschiedenen Forschungsgebieten verteilt werden.

Die Verteilung der Ströme neuer wissenschaftlicher Information hinsichtlich ihrer Zweckbestimmung im System der gesellschaftlichen Produktion ist in Abbildung 31 dargestellt. Infolge ihrer verschiedenen Richtung müssen die Ströme der wissenschaftlichen Information von unterschiedlicher Intensität sein. Dieser Unterschied kann durch die verschiedenartigen gesellschaftlichen Bedürfnisse an Information erklärt werden, die im Idealfall den Grad der Vorbereitung der Gesellschaft auf den Empfang und die Verarbeitung solcher Informationsströme widerspiegeln. Die Schaffung der notwendigen materiellen Voraussetzungen für die Informationsströme muß proportional der Intensität dieser Ströme erfolgen.

Die Realisierung der wissenschaftlichen Information in der materiellen Produktion ist nicht zu trennen von der Erfüllung der Voraussetzungen, die eine Nutzung der Information ermöglichen.

Für Information, die zur Anwendung in der materiellen Produktion vorgesehen ist, sind daher folgende Voraussetzungen zu nennen: die objektive Notwendigkeit zur Nutzung der neuen Information; das Vorhandensein entsprechender Ressourcen zur praktischen Anwendung der neuen Ideen; die psychologische Bereitschaft der Leiter, die technische und ökonomische Politik eines Betriebes, einer Gruppe von Betrieben oder des Industriezweigs zur Nutzung neuer Information; die Formierung eines Stroms von Hilfsinformation, der Werturteile über die zur Nutzung vorgesehene Information erlaubt; die Organisierung einer effektiven Leitung zur Verwirklichung der neuen Information. Die Praxis beweist, daß bei Einhaltung der genannten Bedingungen der Prozeß der Nutzung neuer Information schnell und reibungslos verläuft. Die Nichtbeachtung auch nur einer dieser Bedingungen macht eine rechtzeitige Nutzung neuer Information unmöglich.

Der Widerspruch, der sich zwischen dem wissenschaftlichen Potential eines Landes und den Bedürfnissen der Produktion bilden kann, ist relativ leicht zu überwinden, wenn die notwendigen Mittel vorhanden sind, auf Grund von Lizenzvereinbarungen die neuesten wissenschaftlich-technischen Ergebnisse des Auslands zu nutzen. Ein anschauliches Beispiel dafür gibt die ökonomische Politik Japans in den fünfziger und am Anfang der sechziger Jahre. Ohne in diesem Zeitpunkt über ein wesentliches wissenschaftliches Potential zu verfügen, nahm Japan eine fast vollständige technische Umrüstung der führenden Industriezweige des Landes vor und schuf neue Industriezweige auf der Basis des modernsten Standes der Wissenschaft und Technik dank eines massenhaften Erwerbs von Lizenzen.

Allein im letzten Jahrzehnt hat Japan mehr als 1500 wichtige Lizenzen und Patente erworben. Die ökonomische Zweckmäßigkeit dieser Maßnahme ist durch die Praxis bestätigt worden. Die 400 Millionen Dollar, die für den Erwerb der neuesten wissenschaftlichen Information ausgegeben wurden, machten sich in kurzer Zeit restlos bezahlt und brachten einen Gewinn von 4–7 Milliarden Dollar. Gleichzeitig mit der Zunahme des ökonomischen Potentials wurde auf der gleichen Basis die Ausbildung qualifizierter wissenschaftlicher Kader durchgeführt, und es wurden so die Voraussetzungen für die Errichtung eines eigenen wissenschaftlichen Potentials geschaffen, das zur schnellstmöglichen praktischen Umsetzung seiner Ergebnisse vorbereitet ist. Das Beispiel Japans zeigt, daß der internationale Charakter wissen-

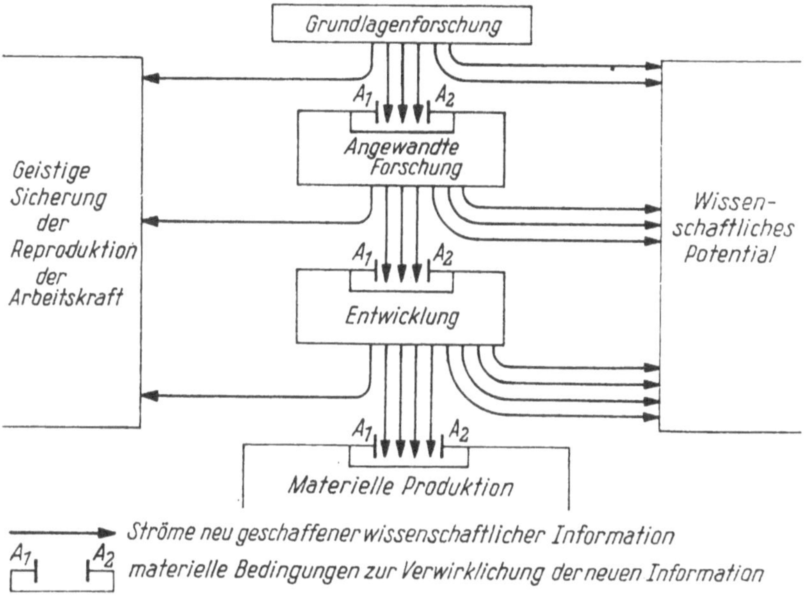

Abb. 31 Die Verteilung der Ströme neuer wissenschaftlicher Information nach ihrer Zweckbestimmung im System der gesellschaftlichen Produktion.

schaftlicher Ergebnisse es auch Ländern mit einem unzureichenden wissenschaftlichen Potential ermöglicht, das hohe Tempo des technischen Fortschritts mitzuhalten, indem sie den „Rahm" der wissenschaftlich-technischen Erfahrungen in der Welt abschöpfen.

Der Widerspruch zwischen dem wissenschaftlichen Potential und den Bedürfnissen der Produktion eines Landes ist eine der Erscheinungsformen von Disproportionen zwischen der Produktion von Information und den materiellen Bedingungen ihrer Verwirklichung. Eine andere Erscheinungsform von Disproportionen zwischen diesen Faktoren des technischen Fortschritts ist die Bildung eines „Informationsstaus". Die Schwierigkeiten bei der Verwirklichung der wissenschaftlichen Information führen zu einem schnellen Altern neuer Ideen und konstruktiver Entwicklungen, zu ihrer Verwandlung in „Ladenhüter" der Wissenschaft. Das hemmt den technischen Fortschritt und ist ein Beweis dafür, daß die gesellschaftlichen Ressourcen für die Produktion neuer Information uneffektiv verwendet wurden.

Die Anhäufung von „Ladenhütern", auch wenn es zunächst wie eine Zunahme des wissenschaftlichen Potentials erscheint, bedeutet in Wirklichkeit, daß die Arbeit vieler Wissenschaftler und Konstrukteure vergeblich und ohne Nutzen für die Gesellschaft gewesen ist.

Es kann dabei der Eindruck entstehen, daß den Schwierigkeiten zur Realisierung der Information die Begrenztheit des Akkumulationsfonds der Volkswirtschaft zugrunde liegt. Dieser Fonds ist tatsächlich nicht unbegrenzt. Seine Grenzen werden durch die Höhe des Nationaleinkommens, des Akkumulationsfonds sowie durch den notwendigen Umfang des Konsumtionsfonds bestimmt. Die Entwicklung von Wissenschaft und Produktion muß jedoch bei jeder beliebigen Größe des Akkumulationsfonds proportional sein. Diese Proportionalität muß das maximale Wachstum des Nationaleinkommens (bei einer bestimmten Höhe des gegebenen Akkumulationsfonds) garantieren. Die Begrenztheit des Akkumulationsfonds beeinflußt das Wachstumstempo des Nationaleinkommens, ist aber bei einer richtigen Verteilung des Fonds ohne jeden Einfluß auf die Bildung oder den Rückgang eines Informationsstaus in den Bereichen der Informationsnutzung. Die Hauptrolle spielen hierbei die Proportionen bei der Aufteilung der Kapitalinvestitionen. Im übrigen beweist eine durchgeführte Analyse, daß die Struktur der Kapitalinvestitionen in der Industrie der UdSSR nicht der Aufgabe gerecht wird, optimale Voraussetzungen für die Verwirklichung neuer Information in der materiellen Produktion zu schaffen. Vier Fünftel der Kapitalinvestitionen werden für das extensive Wachstum der Grundfonds verwendet, und nur ein Fünftel für den Ersatz ausgedienter Grundfonds durch neue, produktivere Ausrüstungen, die im Ergebnis wissenschaftlicher Forschungsarbeiten entstanden sind. Auf jeden Rubel, der in neue Technik investiert wird, kommen heute drei Rubel für Generalreparaturen und laufende Reparaturen. Und das angesichts der Tatsache, daß infolge des wissenschaftlich-technischen Fortschritts die Produktivität neuer Ausrüstungen im Durchschnitt eineinhalbmal höher liegt als die 10–15 Jahre alter Ausrüstungen [170]. Es ist nicht verwunderlich, daß bei einer derartigen Verteilung der Kapitalinvestitionen viele abgeschlossene und als erfolgreich anerkannte Entwicklungen wegen des Fehlens der materiellen Voraussetzungen lange Zeit keine praktische Verwendung finden.

Außer den Kostenfaktoren wirken auch organisatorische Faktoren direkt auf den Grad der Verwirklichung der wissenschaftlichen Information ein. Eine schlechte Organisation der Struktur der Forschungsarbeiten, fehlende Komplexität in den Forschungen und Mängel im Leitungssystem der Verbindung „Wissenschaft – Produktion" hemmen die Überführung der neuesten Ergebnisse der Wissenschaft in die Produktion. Durch nichts anderes als Mängel im Leitungssystem der Verbindung „Wissenschaft – Produktion" und mangelnde psychologische Bereitschaft zur Nutzung der neuen Information in der Industrie ist die Tatsache zu erklären, daß viele nützliche technische Lösungen sogar in den Fällen auf Eis gelegt wurden, in denen die materiellen Voraussetzungen für die Realisierung der neuen Information offensichtlich gegeben waren. Das Ergebnis ist, daß die Früchte des wissenschaftlichen Denkens unserer Gelehrten in anderen Ländern geerntet werden, oft dazu ohne irgendwelche Kompensation der verausgabten Mittel.

Neben den materiellen Bedingungen für die Realisierung der Informationsströme ist auch die Intensität ihres Entstehens von Einfluß auf den Grad ihrer Verwirklichung. Die Intensität des Stromes neuer Information hängt von der Höhe der Aufwendungen für die wissenschaftliche Tätigkeit, die Kaderpolitik im Bereich der Wissenschaft und von der Informationsvermittlung der Forschungen ab. Je größer die Intensität des Stroms ist, desto höher ist die potentielle Effektivität der wissenschaftlichen Tätigkeit. Die Besonderheit der Ströme wissenschaftlicher, wissenschaftlich-technischer und technischer Information, die sich aus den Unterschieden in den Methoden und der Technologie der Gewinnung sowie der verschiedenen Zielrichtung dieser Ströme ergibt, führt zu Unterschieden in den materiellen Voraussetzungen für die Bildung von Strömen vorgegebener Intensität. Es wurde errechnet, daß, wenn sich die Aufwendungen für die Wissenschaft auf einem den Möglichkeiten der Gesellschaft entsprechenden Niveau bewegen, in den Aufwendungen für Grundlagenforschungen, angewandte Forschungen und Entwicklung eine entsprechende Proportion von 2 : 3 : 50 (oder für Forschungen insgesamt und Entwicklung gleich 1 : 10) bestehen muß, um die Bedürfnisse der gesellschaftlichen Produktion an neuer Information kontinuierlich befriedigen zu können [168].

In Zusammenhang damit, daß die Resultate von Grundlagenforschungen und angewandten Forschungen nicht nur zum laufenden Verbrauch, sondern auch zur Schaffung eines „Vorlaufs" für die zukünftige Produktion benutzt werden, also als wissenschaftliches Potential gespeichert werden, müssen sich die tatsächlichen Proportionen in den Aufwendungen für die verschiedenen Forschungsbereiche zugunsten einer Vergrößerung des Anteils der Grundlagenforschung und der angewandten Forschung verschieben. Nach Ansicht von Akademiemitglied V. A. Trapeznikov sollten die Aufwendungen für Forschung und Entwicklung im Verhältnis 1 : 3 stehen. Nach unserer Feststellung wurden in den USA im Verlaufe einer Reihe von Jahren solche Proportionen eingehalten, die den optimalen Proportionen nahekommen. Im Finanzjahr 1961–1962 verteilten sich die Ausgaben in den USA für Forschung und Entwicklung im Verhältnis 4,6 : 10 [171]. In unserem Lande sind die Aufwendungen für diese Arten der wissenschaftlichen Tätigkeit annähernd gleich groß. Es ist klar, daß bei solchen Proportionen die Intensität des Stroms der wissenschaftlichen Information die Möglichkeiten zu ihrer Verwirklichung übertrifft. Ein bedeutender Teil des ökonomischen Potentials der Wissenschaft, der das Ergebnis von Grundlagenforschung und angewandter Forschung ist, bleibt für lange Zeit ungenutzt.

Die moderne Wissenschaft stellt einen mächtigen industriellen Komplex dar. Meist erfordert die Organisation von Forschungen in den wichtigsten Bereichen des technischen Fortschritts die Schaffung einer mächtigen experimentellen Grundlage, die hinsichtlich des erforderlichen Kapitalaufwands nur mit riesigen Industrieunternehmen verglichen werden kann. So verlangt zum Beispiel in den USA die Errichtung eines Beschleunigers mit der Kapazität von 200 Millionen Elektronenvolt die Summe von 375 Millionen Dollar. Mit anderen Worten, die Aufwendungen für seinen Bau übertreffen die Investitionen, die für den Bau eines sehr großen metallurgischen oder mehrerer mittlerer Maschinenbaubetriebe notwendig sind. Es ist offensichtlich, daß derartig hohe Aufwendungen nur bei der Konzentration der für die Finanzierung der wissenschaftlichen Tätigkeit notwendigen Mittel möglich sind. In den kapitalistischen Ländern erfolgt die Konzentration der Mittel dadurch, daß der Anteil der staatlichen Zuwendungen an die Monopolverbände und Firmen am Gesamtumfang der Ausgaben für die Produktion wissenschaftlicher Information erhöht wird. Besonders deutlich zeigt sich diese Tendenz im letzten Jahrzehnt. Der Staat bezahlte die mit der Entwicklung der Wissenschaft verbundenen Kosten nicht nur den wissenschaftlichen Einrichtungen der Regierung, sondern auch den Privatfirmen, Universitäten und Colleges.

In der Sowjetunion erfolgt die Verteilung der Investitionen für die Wissenschaftsentwicklung durch die Staatsorgane, und die Pläne dieser

Investitionen sind Bestandteil der Volkswirtschaftspläne. Die Konzentration der Mittel macht es möglich, die experimentelle Basis der Wissenschaft in Übereinstimmung mit den Erfordernissen der Produktion und der Wissenschaft planmäßig zu entwickeln. Dank der planmäßigen Bereitstellung von Mitteln für die Entwicklung der Wissenschaft konnten 1966 mehr als 840 Millionen Rubel für den Bau von 603 Versuchsbasen ausgegeben werden [172]. Die Industrialisierung der Produktion wissenschaftlicher Information führt zur Erhöhung der „Fondsintensität" der wissenschaftlichen Produktion. Die Analyse einer großen Anzahl von Forschungsberichten, die in den 50er Jahren in den USA vorgenommen wurde, ergab, daß sich der Wert der Resultate von Forschung und Entwicklung innerhalb eines Jahrzehntes verdoppelt hat, während ihre Gesamtkosten um das 4,5fache anstiegen.

Die Kosten der wissenschaftlichen Forschungsarbeiten in der Industrie der USA waren in den 60er Jahren dreißigmal höher als in den 30er Jahren, die Anzahl der als patentwürdig befundenen Erfindungen erhöhte sich in dieser Zeit von jährlich 45000 auf 47000. Gleichzeitig ist eine relative Verringerung der Effektivität der Arbeit der Forscher festzustellen, die durch das Verhältnis der wissenschaftlichen Produktion, ausgedrückt in naturalen Bezugsgrößen (Publikationen, wissenschaftliche Berichte, Patente und anderes), zur Zahl der in der Wissenschaft tätigen Spezialisten oder zu den Ausgaben für die Wissenschaft wiedergegeben wird. In den USA verdoppelten sich im Zeitraum von 1950 bis 1965 die Ausgaben für Forschungs- und Entwicklungsarbeiten alle 5–6 Jahre, während der Zeitraum für die Verdoppelung des Umfangs der wissenschaftlichen Information 10 bis 15 Jahre betrug.

Die zunehmende Fondsintensität der wissenschaftlichen Produktion ist ein objektiver, aber schwer zu steuernder Prozeß. Unruhe ruft nicht so sehr die Zunahme der Fondsintensität der wissenschaftlichen Produktion an und für sich hervor als vielmehr ihr extensiver Charakter. Die Extensität dieses Prozesses besteht darin, daß die Kosten der Forschungen nicht nur und nicht in erster Linie durch den zunehmenden Einsatz von Ausrüstungen, Geräten und Apparaturen wachsen (der eine gesetzmäßige Folge der Vertiefung der wissenschaftlichen Kenntnisse ist), sondern daß vielmehr die Aufwendungen für hochqualifizierte Arbeitskräfte ansteigen. Von 1959 bis 1965 hielten sich die Ausgaben für den Erwerb von Ausrüstungen für wissenschaftliche Kollektive im Durchschnitt pro Spezialisten annähernd auf dem gleichen Niveau. Schon 1965 näherte sich die Gesamtzahl der Spezialisten mit Hochschulbildung, die wissenschaftlich tätig waren, der Gesamtzahl solcher

Spezialisten in allen Industriezweigen des Landes. Eine weiteres extensives Ansteigen der Aufwendungen für die Wissenschaft kann zu einer künstlichen Bremse des technischen Fortschritts werden, teils wegen des „Durchsickerns" qualifizierter Kader aus der Industrie in die Wissenschaft, teils wegen der unzureichenden technischen und experimentellen Basis der Wissenschaft. Gegenwärtig werden entschiedene Maßnahmen getroffen, um mögliche unerwünschte Folgen des extensiven Charakters der Zunahme der Fondsintensität der wissenschaftlichen Forschungen abzuwenden. In erster Linie ist das Bestreben festzustellen, die Aufwendungen für die Wissenschaft zu intensivieren. Das Anwachsen der Ausgaben für die Anschaffung von wissenschaftlicher Apparatur betrug 1965 16 Prozent gegenüber 3,8 Prozent im Jahre 1963. In der nächsten Zeit ist eine vollständige Ablösung der veralteten Ausrüstung und veralteter Geräte in den Forschungs- und Projektierungsinstituten vorgesehen.

Eine wichtige Rolle zur Effektivitätssteigerung bei der Nutzung der Information können und müssen die Informationszentren der verschiedenen Ebenen spielen, in denen die Informationsströme, die neue wissenschaftliche Information enthalten, konzentriert und verarbeitet werden. Von besonderer Bedeutung für die Zunahme der Effektivität der wissenschaftlichen Forschungen sind die rationelle Finanzierung des wissenschaftlichen Fortschritts, die Festigung der Verbindungen zwischen der Wissenschaft und der Produktion, die Steigerung der Qualität der neuen wissenschaftlichen Information sowie die optimale Planung und Organisation der Forschungs- und Entwicklungsarbeiten. Auch die Neuartigkeit der von den Forschungs- und Projektierungsinstituten eingebrachten wissenschaftlichen und technischen Lösungen ist zu berücksichtigen.

Die Optimierung der Informationsversorgung von wissenschaftlichen Forschungen und die Erhöhung ihrer Effektivität durch die Ausnutzung der Reserven, die im Wesen der sozialistischen Gesellschaftsordnung liegen, werden es den sowjetischen Wissenschaftlern ermöglichen, die ihnen von der Kommunistischen Partei gestellte Aufgabe, die Sowjetwissenschaft in den wichtigsten Zweigen an die Weltspitze zu führen, erfolgreich zu lösen.

Literaturverzeichnis

1. LENIN, V. I.: Materialismus und Empiriokritizismus. In: Lenin, Werke, Band 14, Berlin 1962.
2. SHANNON, C. E.: Raboty po theorii informacii i kibernetike. Sammelband von Aufsätzen. Übers. aus dem Engl. Vorwort von A. N. Kolmogorov. Moskau 1963.
3. CHINČIN, A. J.: Über grundlegende Sätze der Informationstheorie (Ob osnovnych teoremach teorii informacii [dt].). In: Arbeiten zur Informationstheorie I, Berlin 1957.
4. WIENER, N., Mensch und Menschmaschine (The human use of human beings. Cybernetics and society [dt.]). Frankfurt/M., Westberlin 1952.
5. BRILLOUIN, L.: Sciene and information theory. New York 1956, 2. Ed., New York 1963.
6. NEUMANN, J. v.: Probabilistic Logics and the Synthesis of Reliable Organisms from Unreliable Components. In: Automata Studies. Hrsg. C. E. Shannon, J. McCarthy. Princeton 1956, S. 43–98.
7. Avtomatizacija proizvodstva i promyšlennaja elektronika. Enciklopedija. Band 4, Moskau 1965.
8. Bol'šaja Sovetskaja Enciklopedija. Band 18. „Informacija".
9. GLUŠKOV, V. M.: Myšlenie i kibernetika. In: Voprosy filosofii, Nr. 1, 1963, S. 36–48.
10. AMOSOV, N. M.: Myšlenie i informacija. Nekotorye problemy biokibernetiki i primenenija elektroniki v biologii i medicine. In: Materialy naučnych seminarov po teoretičeskim i praktičeskim voprosam kibernetiki. Band 1, Kiev 1962.
11. TARASENKO, F. P.: K opredeleniju ponjatija „informacija" v kibernetike. In: Voprosy filosofii, 1963, Nr. 4, S. 76–84.
12. ROVENSKIJ, Z. I.; ŬEMOV, A. I.; ŬEMOVA, E. A.: Mašina i mysl'. Moskau 1960.
13. GUŠČIN, D. A.: K voprosu o prirode informacii. In: Voprosy filosofii i psichologii. Band 1, Leningrad 1965.
14. NOVIK, I. B.: Kibernetika. Filosofskie i sociologičeskie problemy. Moskau 1963.
15. MEDVED'EV, N. V.: Teorija otraženija i ee estestvennonaučnoe obosnovanie. Moskau 1963.

16. SHANNON, C. E.: Communication in the Presence of Noise. In: Proceedings of the I.R.E. 37 (1949), H. 1, S. 10–21.
17. GEORGIEV, F. I.; CHRUSTOV, G. F.: O predposylkach i osobennostjach soznanija. In: Voprosy filosofii, 1965, Nr. 10.
18. Bol'šaja Sovetskaja Enciklopedija, Band 51. „A. N. Kolmogorov".
19. ŽUKOV, N. I.: Informacija. Filosovskij analiz. Minsk 1966.
20. IVANOV, S. G.: Nekotorye gnoseologičeskie aspekty teorii informacii. In: Filosofskie i sociologičeskie issledovanija. Leningrad 1965.
21. IVANOV, S. G.: Nekotorye filosofskie voprosy kibernetiki. Leningrad 1963.
22. BLOCH, I. I.: Osnovnye ponjatija teorii informacii. Leningrad 1959.
23. KOSOLAPOV, V. V.: Informacionno-logičeskij analiz naučnogo issledovanija. Kiev 1968.
24. BLOM, A. V.: Raum, Zeit und Elektron. Perspektiven der Kybernetik. München 1959.
25. GÜNTHER, G.: Das Bewußtsein der Maschinen. Eine Metaphysik der Kybernetik. Krefeld, Baden-Baden 1957.
26. WASMUTH, E.: Der Mensch und Denkmaschine. Köln, Olten 1955.
27. ASHBY, W. R.: An Introduction to cybernetics. London 1956.
28. BEER, ST.: Kybernetik und Management. Frankfurt/M. 1967.
29. ŠMAL'GAUZEN, I. I.: Estestvennyj otbor i informacija. In: Nachrichten der Akademie der Wiss. d. UdSSR (Serie Biologie) 1960, Nr. 1.
30. RASHEVSKY, N.: Life, Information, Theory and Technology. In: Bull. Math. Biophys., 1955, Jg. 17, Nr. 13.
31. KOPNIN, P. V.: Vvedenie v marksistskuju gnoseologiju. Kiev 1966.
32. URSUL, A. D.: Informacionnyj kriterij razvitija v prirode. In: Filosovskie nauki, 1966, Nr. 2.
33. URSUL, A. D.: O prirode informacii. In: Voprosy filosofii, 1965, Jg. 19, Nr. 3, S. 131–140.
34. MOROZOV, K. E.: Filosofskie problemy teorii informacii. In: Filosofija estestvoznanija. Band 1. Moskau 1966.
35. KOLMOGOROV, A. N.: Problemy teorii verojatnostej i matematičeskoj statistiki. In: Vestnik AN SSSR, 1965, Nr. 5.
36. KOLMOGOROV, A. N.: Tri podchoda k opredeleniju ponjatija „Količestvo informacii". In: Problemy peredači informacii, 1965, Band 2, Nr. 2, S. 3–11.
37. SINAJ, J.: O ponjatii entropii dinamičeskoj sistemy. In: Doklady AN SSSR, 1959, Band 124, Nr. 4, S. 768–771.
38. INGARDEN, R. S.; URBANIK, K.: Information without probability. In: Colloquium mathematicum, 1962, Bd. 1, Nr. 9.
39. SOBOLEV, S. I.; KITOV, A. I.; LJAPUNOV, A. A.: Osnovnye čerty kibernetiki. In: Voprosy filosofii, Nr. 4, 1955, S. 136–148.
40. WIENER, N.: Kybernetik. Regelung und Nachrichtenübertragung in Lebewesen und in der Maschine. Düsseldorf/Wien 1963.

41. BELLMAN, R.: Dynamische Programmierung und selbstanpassende Regelprozesse (Adaptive Control Processes [dt.]). München, Wien, Oldenburg 1967.
42. GLUŠKOV, V. M.: Einführung in die technische Kybernetik (Vvedenie v kibernetiku [dt.]). Berlin [1]1969, [2]1970.
43. POPOVIČ, M. V.: O filosofskom analize jazyka nauki. Kiev 1966.
44. EINSTEIN, A.: Die Evolution der Physik. Hamburg 1956.
45. GUTENMACHER, L. I.: Informations-logische Automaten (Elektronnye informacionno-logičeskie mašiny [dt.]). München/Wien 1962.
46. URQUHART, D. J.: Rising tide of paper. In: Advancement psychological Science, 1964, Jg. 21, Nr. 91, S. 279–285.
47. BROGLIE, L. DE: Untersuchungen zur Quantentheorie. Leipzig 1927.
48. BROGLIE, L. DE: Einführung in die Wellenmechanik. Leipzig 1929.
49. NEWELL, A.; SIMON, H. A.; SHAW, J. C.: Element of a theory of human problemsolving. In: Psychological review, 1958, Jg. 65, Nr. 3, S. 151–166.
50. Nad čem dumajut fiziki. Band 2 (Elementarnye častičy). Moskau 1963.
51. QUASTLER, H.: An Human Performance in Information Transmission, Control Sistems laboratory, Rep. R–62. University of Illinois, Urbana 1965.
52. KOLMOGOROV, A. N.; USPENSKIJ, V. A.: K opredeleniju algoritm. In: UMN, 1958, Jg. 13, Nr. 4 (82).
53. MILLER, G. A.: The magical number seven, plus or minus two: Some limits of our capacity for processing information. In: Psychological review, 1965, Jg. 63, Nr. 2, S. 81–97.
54. MILLER, G. A.: Information and memory. In: Scientific American, 1956, Nr. 2, S. 42–57.
55. BOČAROVA, S. P.; NEVEL'SKIJ, B. B.: Obsjag pamjati pri piznojmovirnij pojavi simvoliv odnogo alfavitu. In: Psichologija, Kiev 1966, Nr. 3.
56. POLYA, G.: How to solve it. Princeton 1942.
57. GUREV, G.: Sistemy mira. Moskau 1950.
58. Logika naučnogo issledovanija. Moskau 1965.
59. Materialy soveščanija rabotnikov archivnych učreždenij SSSR (2.–3. März). Moskau 1961.
60. BUŠOR, L.: Chranenie i otyskanie informacii. In: Elektronika, 1962, Nr. 26.
61. CECCATO, S.: Gliattuali limiti della traduzione meccanica. In: Congresso rassegna internazionale sulla documentazione e informazione scientifica-tecnica. Rom 1964.
62. RANGANATHAN, S. R.: Documentation and its problems. In: Revue internationale documentation, 1963, Jg. 30, Nr. 4.
63. RÓZSA, G.: Contradictions entre la recherche et l'information scientifique. In: Magyar könyvszemle, 1964, Jg. 80, Nr. 1, S. 33–46.

64. TOWNLEY, K. A.: Clarity in Geological writing. In: Science, 1955, Jg. 121, Nr. 146, S. 535–537.
65. HARVEY, W. D.; GRIFFITH, B. C.: Scientific Information Exchange in Psychology. In: Science, 1964, Jg. 130, Nr. 146, S. 1655–1659.
66. BALAŠEV, L. L.: Voprosy naučnoj informacii v oblasti biologii. In: NTI, Serie 2, 1967, Nr. 2.
67. GARRET, B. L.: The impact HDP on the future managerial environment. Redstone 1965.
68. CCORTECCI, A.: Analisi de documento ed elaborazione dell'informazione. In: Congresso rassegna internazionale sulla documentazione e informazione scientifica – tecnica. Rom 1964.
69. SUPER, D. E.; BACHRACH, P. B.: Scientific careers and vocational development theory. Columbia University, Teacher's College, New York 1957.
70. BERNAL, J. D.: The Transmission of Scientific Information. A User's Analysis. Proceedings of the International Conference on Scientific Information. Washington 1958.
71. BATTEN, W. E.: Information in Search of user. 33-rd Conference of the FID and International Congress on Documentation. Tokio 1967.
72. SLATER, M.: Technical Libraries. Users and their demands. A classification of users groups and user demands in technical libraries. London 1964.
73. MARTYN, J.: Report of an investigation on Literature Searching by research Scientists. London 1964.
74. TAFIPOL'SKAJA, M. J.: O probleme issledovanija informacionnych zaprosov. In: Informacionno-poiskovye sistemy i avtomatizirovannaja obrabotka naučno-techničeskoj informacii, Band 1. Moskau 1967, S. 387–406.
75. URQUHART, D. J.: Rising tide of paper. In: Advancement psychological Science, 1964, Jg. 21, Nr. 91, S. 279–285.
76. TÖRNUDD, E.: Dokumentation und Forscher als ihre Benutzer. In: Nachrichten für Dokumentation, 1964, Jg. 15, Nr. 4, S. 182–186.
77. MATE, L. J. B.; ANGEL, N. L.: Survey of technical inquiry records at Thornton Research Centre. In: Journal of documentation, 1962, Jg. 18, Nr. 1, S. 6–19.
78. GARLSON, W. M.: Engineering use of information. In: ASHRAE Journal, 1955, Jg. 7, Nr. 11.
79. (o. V.). Survey of Information Needs of Physicists and Chemists. In: Journal of documentation, 1965, Jg. 21, Nr. 2.
80. VOIGT, M. J.: Scientists' approaches to information. In: Association of College and Research Libraries (ACRL), Monograph 24. 1961.
81. HERNER, S.: Information gathering habits of workes in pure and applied science. In: Industrial and Engineering chemistry, 1964, Jg. 46, Nr. 1.

82. SCOTT, C.: The use of technical literature by industrial technologists. In: IRE Transactions on Engineering Management, 1962, Jg. EM 9, Nr. 2, S. 76–86.
83. LAWRENCE, B.; ALLAN, K.: An evaluation of the methodology of the DOD user needs study. Proceedings of the FID and International Congress on Documentation 1965. Washington, D. C., 1966.
84. KUZNECOV, O. A.; CHROMOV, L. N.: Sistema differencirovannogo raspredelenija informacii. In: NTI, 1965, Nr. 8.
85. KIRPIČEVA, I. K.: Issledovanie informacionnych zaprosov učenych i specialistov kak pervyj etap razrabotki problemy „Biblioteka i naučnaja informacija". In: NTI, 1965, Nr. 8.
86. DUBINSKAJA, S. A.: Issledovanie potrebnostej v informacii specialistov rabotajuščich v oblasti chimii. In: NTI, 1967, Serie 2, Nr. 4.
87. KANCLERIS, A. J.; PLADIS, D. I.: Osnovnye principy postroenija sistemy tekuščego differencirovannogo naučno-techničeskogo informirovanija potrebitelij Litovskoj SSR. In: Informacionno-poiskovye sistemy i avtomatizirovannaja obrabotka naučno-techničeskoj informacii. Band 1, Moskau 1967, S. 434–446.
88. JARČEV, D. S.: Naučno-informacionnaja dejatel'nost' i rol' naučno-techničeskoj informacii v issledovatel'skich rabotach. In: Problemy organizacii naučnych issledovanij i razrabotok. Moskau 1967.
89. SMIRNOV, V. A.: Urovni znanija i etapy processa poznanija. In: Problemy logiki naučnogo poznanija. Moskau 1964.
90. SOMERVILLE, J.: Čto otličaet nauku ot drugich form znanija. Sammelband. Moskau 1960.
91. KARPOV, M. M.: Osnovnye zakonomernosti razvitija estestvoznanija. Rostov a. Don, 1963.
92. CONANT, I. B.: Modern Science and Modern Man. New York, 1. Aufl. 1952, 3. Aufl. 1954.
93. KOLMOGOROV, A. N.: Nužny li naučnye školy. In: Izvestija (Moskau) vom 28. Oktober 1962.
94. PAVLOV, I. P.: Die Physiologie der höheren Nerventätigkeit. In: Pavlov, I. P., Sämtliche Werke, Bd. III/2, Berlin 1953, S. 466.
95. POLUŠKIN, V. A.: Nekotorye voprosy informacionnogo analiza dokumentov. In: NTI, 1966, Nr. 8.
96. CHAPANIS, A.: Engineering Psychology. In: Annual review of psychology, 1963, Jg. 14, S. 285–318.
97. BERGER, P.: Handbook of experimental psychology. Hrsg. S. Stevens. New York-Toronto-London 1958, S. 97.
98. SLIGHT, R. B.: The Effect of instrument dial shape legility. In: Journal of applied psychology, 1948, Nr. 32, 31–41.
99. SCHUTZ, H. G.: Evaluation offormats for graphic trends displays (Experiment II). In: Human factors, Band 3, 1961, Nr. 2, S. 38–51.
100. VERON, M. D.: Scale and dial reading. In: Great British medical research Council, Rpt. 49, Cambridge 1946, S. 78–85.

101. Murel, H.: Comparison of three forms of scales in check reading. In: Ergonomics, 1955 (Dec.), S. 9–26.
102. Křivohlavý, J.: Inženernaja psichologija i bezopasnost' truda. In: Voprosy psichologii, 1962, Nr. 4, S. 78–85.
103. Krylov, A. A.: Vlijanie veliciny melkich delenij na čitaemost' škal streločnych kontrol'no-izmeritel'nych priborov. In: Doklady APN RSFSR, 1963, Nr. 3, S. 61–69.
104. Woodson, W. E.: 100 rules for improving Man – Machine effectiveness. In: Teletechn. electronic industries, Band 14, 1955, Nr. 12, S. 86–87 u. 137–139.
105. Garner, W. R.; Gebhard, F. W.: Machine dials and scales. In: Machine design, 1949 (Aug.), S. 39–47.
106. Gromov, V. A.; Gudkov, G. A.: Illustracii v techničeskoj knige. Moskau-Leningrad 1960.
107. Svjatkin, B.: Techničeskie nauki i proizvodstvo. In: Moskovskij rabočij, Moskau 1967.
108. Leski, K.: Problematika razvitija techničeskich sredstv na etapach informacionnogo processa s momenta vyvoda informacii do momenta ee vyvoda i razmnoženija. In: Kompleksnaja mechanizacija i avtomatisacija processov obrabotki, poiska, vydači i peredači na rasstojanie naučno-techničeskoj informacii. Moskau 1966, S. 29–44.
109. Machlup, F.: The production and distribution of knowledge in the United States. Princeton N. J. 1962.
110. Michajlov, A. I.; Černyj, A. I.; Giljarevskij, R. S.: Informatik. Grundlagen. 2 Bände. Berlin 1970.
111. Halbert, M. H., Ackoff, R. L. (Hrsg.): An operations research study of the dissemination of scientific information. Cleveland 1958; Summary and supplement to the preprints of the international conference on scientific information. Washington, D. C., 1958.
112. Brookes, B. C.: Scientific information and the computer. In: Library association Record, 1967, Jg. 69, Nr. 6, S. 191–197, 202.
113. Kozenko, A. V.; Polovinčik, A. N.: Effektivnost' naučno-techničeskoj informacii. Moskau 1967.
114. Cleverdon, C. W.; Lancaster, F. W., J. Mills: Uncovering some facts of life in information retrieval. In: Special Libraries, 1964, Jg. 55, Nr. 2, S. 86–91.
115. Bernštejn, E. S.; Lachuti, D. G.; Černjavskij, V. S.: Informacionno-poiskovye sistemy. Moskau 1965.
116. Černyj, A. I.: Mechanizacija informacionnogo poiska i tezaurusy. In: Kompleksnaja mechanizacija i avtomatizacija processov obrabotki, poisla, vydači i peredači na rasstojanie naučno-techničeskoj informacii. Moskau 1966, S. 272–282.
117. Vachabov, V. K.; Kir'janov, E. P.; Mironov, A. M.; Šeremet'ev I. K.: Sistema poiska informacii po priborostroeniju. In: Trudy III Vsesojuznoj konferencii po informacionno-poiskovym sistemam i

avtomatizirovannoj obrabotke naučno-techničeskoj informacii. Band 1, Moskau 1967, S. 147–155.

118. Rozanov, A. I.: Nekotorye voprosy organizacii raboty po sozdaniju mechanizirovannych informacionnych sistem. In: NTI, 1967, Serie 1, Nr. 12, S. 39–43.

119. Referatezeitschrift „Organizacija upravlenija promyšlennost'ju", 1956, Jg. 65, Nr. 1, S. 15.

120. Katalog „Vystavka sredstv mechanizacii i avtomatizacii podgotovki i poiska naučno-techničeskoj informacii, inženernogo i upravlenčeskogo truda". „Inforga-65". Moskau o. J.

121. Levštejn, M. I.; Fokin, S. J.: Vypusk naučno-informacionnych izdanij na osnove primenenija sovremennych techničeskich sredstv. In: Trudy III Vsesojusnoj konferencii po informacionno-poiskovym sistemam i avtomatizirovannoj obrabotke naučno-techničeskoj informacii. Band 4. Moskau 1967, S. 5–24.

122. Alferov, A. V.: Naučno-techničeskaja informacija i proizvodstvo. Moskau 1967.

123. Kuznecov, O. A.; Chromov, L. N.: Sistema informacionnogo obsluživanija s differencial'nym raspredeleniem informacii. In: Prikladnaja dokumentalistika. Moskau 1968, S. 138–159.

124. Buryj-Smar'jan, S. S.: Sistema obespečenija razrabotčikov naučno-issledovatel'skogo instituta uzkotematičeskoj informacij. In: NTI, 1964, Nr. 7, S. 12–15.

125. Šnejderman, J. A.: Operativnoe informirovanie razrabotčikov v naučno-issledovatel'skom institute pri pomošči ukazatelej tipa KWOC, 1967, Serie 1. In: NTI, Nr. 7, S. 7–8.

126. Ljupnic, F.: Sostavlenie ukazatelej s pomoščju alfavitnych sčetno-perforacionnych mašin. In: Kompleksnaja mechanizacija i avtomatizacija processov obrabotki, poiska, vydači i peredači na rasstojani naučno-techničeskoj informacii. Moskau 1966, S. 308–321.

127. Roomets, S. J.: Perforkarty i ich primenenie. Tallin 1963.

128. Lesk, M. E.: Design considerations for time shared automatic documentation centers. In: Information storage and retrieval. Chaca 1966, Jg. IX, Nr. 18, S. 4.

129. Custavo, D. S. I.: Distribuzione selettiva della informazioni. In: Congresso rassegna internazionale sulla documentazione e informazione scientifica-technica. Rom 1964.

130. Hoshoresky, A. G.; Downic, C. S.: Selective designation of information in practice: A survey of operational and experimental systems. 33rd Conference of the FID and International Congress on Documentation. Tokio 1967.

131. Kuznecov, O. A.; Chromov, L. N.: Sistema informacionnogo obsluživanija s differencirovannym raspredeleniem informacii. In: Prikladnaja dokumentalistika. Moskau 1968, S. 138–159.

132. Fedenev, G. S.: Organizacija patentnogo fonda v otraslevom mnogoprofil'nom naučno-issledovatel'skom institute. In: Tematičeskij patentno-informacionnyj poisk. Moskau 1967, S. 146–162.
133. Parker, R. H.: Not a shared system. In: Library Journal, 1967, Jg. 92, Nr. 19, S. 3967–3970.
134. Melese, J.: La recherche operationelle. In: Revue de la Mecanographie, 1959, Nr. 13.
135. Rivett, P.; Ackoff, R. L.: Industrielle Unternehmensforschung (A manager's guide to operations research [dt.]). München-Wien 1966.
136. Zalogin, N. S.; Fel'tov, V. E.: Mežotraslevye territorial'nye centry naučno-techničeskoj informacii i propagandy Ukrainskoj SSR. Kiev 1968.
137. Pierce, J. R.: Phänomene der Kommunikation. Informationstheorie – Nachrichtenübertragung – Kybernetik (Symbols, signals and noise. The nature and process of communication [dt.]). Düsseldorf/Wien 1965.
138. Klaus, G.: Macht des Wortes. Ein erkenntnistheoretisch-pragmatisches Traktat. 4. Aufl. Berlin 1968, S. 18.
139. Kolmogorov, A. N.: In: Sessija AN SSSR po naučnym problemam avtomatizacii proizvodstva. Band 1. Moskau 1957.
140. Brillouin, L.: Scientific uncertainty and information. New York 1964.
141. Chinčin, A. J. Ponjatie entropii v teorii verojatnostej. In: UMN, 1953, Nr. 8, S. 3.
142. Carnap, R.: Logical foundations of Probability. Chicago 1950.
143. Carnap, R.; Bar-Hillel, Y.: An Outline of a Theory of Semantic Information. In: Technical report. Massachusetts Institute of Technology. Research laboratory of electronics, 1952, Nr. 247.
144. Charkevič, A. A.: Über den Wert einer Information. In: Probleme der Kybernetik, Band 4, Berlin 1964, S. 59–65.
145. Bongard, M. M.: Über den Begriff der „nützlichen Information". In: Probleme der Kybernetik, Band 6, Berlin 1966, S. 91–130.
146. Ackoff, R. L.: Towards a Behavioral Theory of Communication. In: Management Science, Jg. 4, Nr. 3, April 1958, S. 218–234.
147. Miles, W. M.: Measurement of value of scientific information. In: Operations Research in Research and Development; proceedings of a conference at Case Institute of Technology. Hrsg. B. V. Dean. New York – London 1963, S. 103–112.
148. Vojšvillo, E. K.: Ponjatie. Izd-vo Moskovskogo universiteta, Moskau 1966.
149. Vojšvillo, E. K.: Popytka semantičeskoj informacii statističeskich ponjatij informacii i entropii. In: Kibernetiku na službu kommunizma. Band 3. Moskau-Leningrad 1966.
150. Šrejder, J. A.: O semantičeskich aspektach teorii informacii. In: Informacija i kibernetika. Moskau 1967.

151. Šrejder, J. A.: O količestvennych charakteristikach semantičeskoj informacii. In: NTI, 1963, Nr. 10, S. 33–38.
152. Stratonovič, R. L.: O cennosti informacii. In: Techničeskaja kibernetika, 1965, Nr. 5.
153. Stratonovič, R. L.; Grišanin, B. A.: Cennost' informacii pri nevozmožnosti prjamogo nabljudenija ocenivaemoj veličiny. In: Techniceskaja kibernetika, 1966, Nr. 3.
154. Stratonovič, R. L.: Cennost'informacii pri nabljudenii slučajnogo processa v sistemach, soderžaščich konečnye avtomaty. In: Techničeskaja kibernetika, 1966, Nr. 5.
155. Strumilin. S. G.: K metodologii učeta naučnogo truda. Moskau 1932.
156. Solla Price, D. J. de: Little Science, big science. New York-London 1963.
157. Noltingk, B. E.: The Art of Research. Amsterdam-London-New York 1965.
158. Avramescu, A.: Möglichkeiten einer Wertzuordnung an wissenschaftliche Veröffentlichungen. In: Vortragsreihe des Instituts für Dokumentation, Patentwesen und -recht auf dem XI. Internationalen wissenschaftlichen Kolloquium, 17.–21. Oktober 1966. Kmenar 1967, S. 35–47.
159. Markov, M.: Nove cesty studia a vyuziti technickych informaci. In: Elektrotechnika, 1962, Nr. 6.
160. Dobrov, G. M.: Wissenschaftswissenschaft. Einführung in die Allgemeine Wissenschaftswissenschaft. 2. Aufl. Berlin 1970.
161. Kirienko, E. G.; Kuznecova, M. P.: Rasčety godovogo ekonomičeskogo effekta, polučaemogo v rezultate vnedrenija novšestv, zaimstvovannych iz informacionnych materialov. In: NTI, 1966, Nr. 12.
162. Vasilenko, V. A.: Filosofskij analiz problemy cennosti informacii. In: Informacija v organizacii i provedenii naučnych issledovanij, Band 1, Kiev 1968, S. 72–81.
163. Lachtin, G. A.: O količestvennych kriterijach effektivnosti naučnoissledovatel'skoj raboty. In: Effektivnost' naučno-techničeskogo tvorčestva. Moskau 1968, S. 29–65.
164. Usyk, M. A.: Ob okupaemosti kapital'nych vloženij v socialističeskom chozjajstve. Izd-vo Charkovskogo universiteta, Charkov 1966.
165. Marx, K.: Theorien über den Mehrwert, Teil I. In: Marx/Engels, Werke, Band 26/1, Berlin 1965.
166. Engels, F.: Umrisse zu einer Kritik der Nationalökonomie. In: Marx/Engels, Werke, Band 1, S. 509.
167. In: Fortune, 1964, Jg. 35 (Nov.).
168. Auger, P.: Sovremennye tendencii v naučnych issledovanijach. UNESCO-Verlag, hrsg. in der UdSSR Moskau 1963. (Wiederveröffentlicht in: Effektivnost' naučnych issledovanij. Moskau 1968.)

169. Nikolaev, A. B.: Nauka v sisteme obščestvennych otnošenij. In: Voprosy filosofii, 1967, Nr. 2.
170. Omarov, A.: Nekotorye social'no-ekonomičeskie problemy techničeskogo progressa. In: Ekonomičeskaja gazeta, 1966, Nr. 4.
171. Zejler, U.: Povyšenie effektivnosti issledovanij i razrabotok. Moskau 1968.
172. Grišaev, E.: Finansirovanie naučnych issledovanij. In: Ekonomičeskaja gazeta, 1966, Nr. 2.

Personenregister

Ackoff, R. L. 247, 248, 249, *290*, *292*
Alferov, A. V. *291*
Allan, K. *289*
Amosov, N. M. *285*
Angel, N. L. *288*
Arcimovič, L. A. 126
Aristarchos von Samos 56
Ashby, W. R. 11, *286*
Auger, P. *293*
Avramescu, A. 255, 256, 257, *293*

Bachrach, P. B. 110, *288*
Balašev, L. L. *288*
Barbaš, S. M. 197
Bar-Hillel, Y. 243, 244, 245, *292*
Batten, W. E. *288*
Beer, St. 11, *286*
Bellman, R. 19, *287*
Berger, P. 155, 289
Bernal, J. D. *288*
Bernštejn, E. S. *290*
Bloch, I. I. 10, *286*
Blom, A. V. 11, *286*
Bočarova, S. P. *287*
Bohr, N. 106
Boltzmann, L. 7
Bongard, M. M. 246, 247, *292*
Brillouin, L. 7, 8, 236, 238, 240, 241, 242, 243, 245, 261, *285*, *292*
Broglie, L. de 39, 40, *287*
Brookes, B. C. 171, *290*
Buryj-Šmar'jan, S. S. *291*
Bušor, L. *287*

Carnap, R. 32, 243, 244, 245, *292*
Ccortecci, A. 108, 109, *288*
Ceccato, S. 102, *287*
Černjavskij, V. S. *290*
Černyj, A. I. 171, 173, *290*
Chapanis, A. *289*
Charkevič, A. A. 245, 246, *292*
Chinčin, A. J. 7, 243, *285*, *292*
Chromov, L. N. *289*, *291*
Chrustov, G. F. 10, *285*
Cleverdon, C. W. *290*
Conant, I. B. 129, *289*
Custavo, D. S. I. *291*

Dalton, J. 106
Dayson, F. 42
Denisson, E. 272
Dobrov, G. M. 67, 259, *293*
Dougat, L. 206
Downic, C. S. *291*
Dubinskaja, S. A. *289*
Dvoreckaja, N. V. 197

Einstein, A. 31, 39, *287*
Engels, F. 271, *293*

Fedenev, G. S. *292*
Fedorov, I. 106
Fel'tov, V. E. *292*
Fermat, P. de 40
Fokin, S. J. *291*
Galilei 65
Garlson, W. M. *288*
Garner, W. R. *290*

Garret, B. L. *288*
Gebhard, F. W. *290*
Georgiev, F. I. 10, *286*
Giljarevskij, R. S. 171, 173, *290*
Gluškov, V. M. 9, 30, *285*, *287*
Griffith, B. C. 105, *288*
Grišaev, E. *294*
Grišanin, B. A. *293*
Gromov, V. A. *290*
Gudkov, G. A. *290*
Günther, G. 11, *286*
Gurev, G. *287*
Guščin, D. A. 9, *285*
Gutenmacher, L. I. *287*

Halbert, M. H. *290*
Harvey, W. D. 105, *288*
Herner, S. *288*
Hoshoresky, A. G. *291*

Ingarden, R. S. 12, *286*
Ivanov, S. G. 10, *286*

Jarčev, D. S. *289*
Jarosenko, V. 105

Kakisadze, T. 104
Kancleris, A. J. *289*
Karpov, M. M. *289*
Kedrov, B. M. 67
Kesevan, B. S. 206
King, D. U. 206
Kirienko, E. G. 260, 261, *293*
Kir'janov, E. P. *290*
Kirpičeva, I. K. *289*
Kitov, A. N. 9, 12
Klaus, G. 238, *292*
Kolman, E. 7
Kolmogorov, A. N. 10, 11, 47, 130, 239, *286*, *287*, *289*, *292*
Kopnin, P. V. 11, *286*
Kosolapov, V. V. 10, *286*
Kozenko, A. V. *290*
Krylov, A. A. *290*
Křivohlavý, J. *290*

Kuznecov, O. A. *289*, *291*
Kuznecova, M. P. 260, 261, *293*

Lachtin, G. A. 262, *293*
Lachuti, D. G. *290*
Lancaster, F. W. *290*
Lawrence, B. *289*
Lebowitz, A. I. 206
Lenin, V. I. 7, *285*
Leonardo da Vinci 105
Lesk, M. E. *291*
Leski, K. *290*
Levštejn, M. I. *291*
Ljapunov, A. A. 9, 12
Ljupnic, F. *291*
Lobačevskij 105

Machlup, F. 168, 274, *290*
Markov, M. *293*
Martyn, J. *288*
Marx, K. 269, 270, 271, 272, *293*
Mate, L. J. B. *288*
Maupertuis, P.-L. 40
Medved'ev, N. V. 9, *285*
Melese, J. *292*
Menz, M. G. 206
Michajlov, A. I. 171, 173, *290*
Mikulič, L. I. 28
Miles, W. M. 248, 249, *292*
Miller, G. A. 53, *287*
Mills, J. *290*
Mironov, A. M. *290*
Morozov, K. E. 11, *286*
Murel, H. *290*

Nalimov, V. V. 67
Neumann, J. v. 7, *285*
Nevel'skij, P. B. *287*
Newell, A. 41, *287*
Nikolaev, A. B. *294*
Noltingk, B. E. 255, 256, *293*
Novik, I. B. 9, 239, *285*

Omarov, A. *294*

Parker, R. H. 292
Pasteur, L. 65
Pavlov, I. P. 133, 289
Pierce, J. R. 236, 292
Pladis, D. I. 289
Poincaré, H. 52
Polovinčik, A. N. 290
Poluškin, V. A. 289
Polya, G. 52, 54, 287
Popovič, M. V. 139, 287
Price, D. J. s. Solla Price D. J. de
Ptolemäus 56, 57

Quastler, H. 47, 287

Ranganathan, S. R. 287
Rashevsky, N. 11, 286
Rivett, P. 292
Roomets, S. J. 291
Rovenskij, Z. I. 9, 285
Rozanov, A. I. 291
Rózsa, G. 287
Rutherford, E. 106

Schutz, H. G. 157, 158, 289
Scott, C. 289
Šeremt'ev, I. K. 290
Shannon, C. E. 7, 9, 106, 235, 242, 247, 285, 286
Shaw, J. C. 41, 287
Simon, H. A. 41, 287
Sinaj, Ja. 286
Skinner, B. F. 248
Skorochod'ko, E. F. 179
Slater, M. 288
Slight, R. B. 155, 289
Schlick, M. 32
Šmal'gauzen, I. I. 11, 286
Smirnov, V. A. 289
Šnejderman, J. A. 291
Sobolev, S. L. 9, 12, 286
Solla Price, D. J. de 102, 254, 293
Sominskij, V. S. 67
Sommerville, J. 289
Šrejder, Ju. A. 251, 252, 253, 293
Stratonovič, R. L. 251, 252, 293
Strumilin, S. G. 253, 293
Super, D. E. 110, 288
Svjatkin, E. 290
Szillard, L. 7

Tafipol'skaja, M. J. 288
Tarasenko, F. P. 9, 285
Tiščenko, V. G. 197
Törnudd, E. 288
Tolman, E. C. 248
Townley, K. A. 104, 288
Trapeznikov, V. A. 282

Urbanik, K. 12, 286
Ŭemov, A. I. 9, 285
Ŭemova, E. A. 9, 285
Urquhart, D. J. 287, 288
Ursul, A. D. 11, 286
Uspenskij, V. A. 47, 287
Usyk, M. A. 269, 293

Vachabov, V. K. 290
Vasilenko, V. A. 293
Veron, M. D. 289
Voigt, M. J. 288
Vojšvillo, E. K. 251, 292

Wasmuth, E. 11, 286
Wiener, N. 7, 13, 285, 286
Woodson, W. E. 290

Zagid'ko, L. N. 197
Zalogin, N. S. 292
Zejler, U. 294
Žukov, N. I. 10, 286
Zvorkin, A. A. 67

Sachregister

Abbild, aphabetisches (s. a. alphabetischer Operator) 48
Adressen-Recherche (s. a. Informationsrecherche; IRS) 182, 183, [186
Algorithmus 47
Alphabet 14, 15, 30
–, abstraktes 47
Analyse
–, informationslogische 28, 30, 32, 34, 38, 46
– – der Leitung eines Forschungsinstitutes 77
– – der Wissenschaftssprache 30
– der Mittel und Ziele (s. a. Problemlösung) 41
–, Regressions- 96, 225 f.
– des Übersetzungsprozesses, sprachlogische 21
–, wissenschaftswissenschaftliche 253
– der Zitierungshäufigkeit von wiss. Publikationen 254–260
Anfragestrom 225, 226
Arbeit, produktive 269
–, unproduktive 269
Arbeitshypothesen 121, 122, 127
Artikel, wissenschaftlicher 15, 165
–, sozialer Auftrag des 142
Aufgabenstellung (s. a. Leitungsaufgaben) 79
Aufsatz, wissenschaftlicher 142

Bedienungsabsage 222
Bedienungsapparat 221, 222, 223
–, Berechnung des 223
Bedienungsdauer 222
Bedienungstheorie 217, 220
Bedienungszeit 221, 222, 226
Begriff
– u. Abstraktion 140–141
– als Informationsvermittler 140 bis 141
Behaviorismus, teleologischer 247 f.
Berichtsdokumentation, technische (F/E-Berichte) 163, 164
– u. Informationseinrichtungen 164
Berichtsinformation, Lebensdauer (vgl. a. Information, Altern der) 164
Berichtsreferat 27
Bericht, periodischer 25 f.
–, Strukturschema eines 26 f.
–, wissenschaftlich-technischer 25, 26
Bewußtsein 13 f.
Bibliographie 20
Bibliothek (s. a. Informationssystem, Grundelemente des) 206, 209
–, Arbeitsweise der 202, 203–205
– –, Mechanisierung der 204–205
–, Berechnung der Kapazität einer (s. a. Bedienungstheorie) 217, 224
–, Informationsbereitstellung in einer 224

Bibliothek, Massen- 210, 224
–, Spezial- 210, 224
–, Spezialisierungsniveau 210
– als System gemischten Typs 224
Bildungssystem, Umstrukturierung des 132f.
bit (s. a. Informationsmenge) 7f. 236, 237
Boltzmannsche Konstante 14, 241
brainstorming 126
Buchstaben 47–49
–, Unterscheidbarkeit von (s. a. Informationswahrnehmung) 154f.
Buchstaben-Kode s. Kode

Citation indexes for science 254

Datenverarbeitungsanlagen (EDVA) 83, 194, 210
Denken, schöpferisches 42, 48
–, wissenschaftliches u. Planung 96
Deskriptoren (s. a. IRSpr.) 33, 47
–, Kodierung von 197
– liste 197
– sprache s. Sprache
Dezimalklassifikation, Universelle Internationale (DK) 176
Diagramm 158
Diazographie (s. a. Reprographie) 190
Digitalrechner, elektronische (s. a. Rechenmaschinen, elektronische) 33, 87
–, Anwendung 187, 193, 195, 199
–, Parameter 188
Dokument 20
–, audiovisuelles 24
–, primäres 24
–, publiziertes u. nichtpubliziertes 24
–, sekundäres 24
–, Struktur eines 21f.
–, Vervielfältigung von 21
–, wissenschaftliches 22
– –, Definition 22
– –, Bestimmung des Informationswertes eines 27
Dokumentenrecherche (s. a. Informationsrecherche) 21

Elektrographie (s. a. Reprographie) 190
Entdeckung, wissenschaftliche 30, 36, 42
– u. Laien 36
Entropie (vgl. a. Negentropie) 7, 8, 9, 10, 13, 240, 241
–, ε-Entropie-Konzeption 11
– eines physikalischen Systems 7
– des endlichen Schemas 243
– in der statistischen Informationstheorie 236
Entscheidungsfindung im Leitungssystem eines Forschungsinstitutes 78–80
Entwicklung (in der Forschung) 273, 281
–, Ausgaben für 282
Erkenntnisse, wissenschaftliche 28, 39, 42
– –, Materialisierung von 273
– –, Objekt der 38, 40
Erkenntnisprozeß 97
Erkenntnistätigkeit 13
Erkenntnistheorie 133, 134
Experiment 28, 31
– u. statistische Informationstheorie 237

Fachinformator (Referent) 143
Faksimile-Kopierung (s. a. Reprographie) 190
FAME 83, 94–96
Filmorex 183
Filter 36, 37, 51–53
Forscher
–, Arbeitszeit des 39

Forscher, Informationsbedürfnisse des s. Informationsbedürfnisse
– als Informationsumwandler 47
–, Informationsverarbeitung des 47
Forschung
–, Arbeitsplanung in der 129
–, angewandte 273–275, 281
– –, Ausgaben für 282
– u. Gesellschaft 277
–, Grundlagen- 273–275, 281
– –, Ausgaben für 282
–, Industrie- 66f.
–, Informationsanalyse der 33
–, Koordinierung der 71
–, Organisation der 18, 71, 82, 284
–, wissenschaftliche 35, 97
– – als dynamisches System 37
– –, Etappen der 40, 42, 43–45, 121–123
– –, Informationsbedürfnisse während der Durchführung der 123 bis 128
– –, als Informationsstrom 38
– –, als Informationssystem 63
– – als offenes System 35
Forschungsergebnisse als Charakteristikum des Inhaltes wiss. Information 144f.
Forschungselemente, Satz von 33
–, Menge der 34
Forschungsinstitut, Leitung des 69–78
–, als sozial organisiertes System 65
–, Organisation von 96
Forschungskollektiv
–, Informationsmitarbeiter im 130
–, Leitung eines 65
–, Organisationsniveau des 36
Forschungsobjekt 38, 39, 40
Forschungsorganisation, Hauptformen der 66f.
Forschungsplanung 70, 81
Forschungsprozeß 19, 33, 35
– als dynamischer Prozeß 120
–, Etappen des 121–123
–, Informationsbedürfnisse im 123–128
–, Industrialisierung des 67, 167
–, Steuerung des 70
Forschungsziele 70
Fotografie 162
Fragebogenmethode 211
Frist (optimistische, realistische, pessimistische) 84

Gattungsdeskriptoren s. Deskriptoren
Gedächtnis 53f.
Graph, linear, ungerichtet 48
GOST 55
Graphiken, Darstellungsformen von 157f.

habit (s. a. instruierende Information) 249
Handlocher 197
Handselektoren 193
Handvibrationsselektoren 186
Hektographie (s. a. Polygraphie) 191f.
Heuristik 28
Hypothesen (s. a. Arbeitshypothesen, Teilhypothesen) 121

inbit (s. a. Informationsbewertung, wahrscheinlichkeitstheoretische Konzeption) 248
Index Medicus 194
Industrieforschung 67
Informatik 12, 14, 27, 34
Information
–, Altern der 17, 23, 25, 256, 258
– –, Methoden zur Bestimmung des Alterns 259–261
–, Anwendungsbereich, potentieller 100f.

Information, Ausgabe- 55, 168
– –, Auswahlprinzip bei der 218f., 224
–, Befehls- 69f.
–, berichtende 73
– als beseitigte Unbestimmtheit 7f., 236f., 246
–, bibliographische 127
–, Definitionen der 7–14, 46, 236
–, disponierende 73
–, desinformierende 246
–, dokumentelle 77, 110
– u. Dokumentation, Hauptaufgaben 206
–, dynamische 22, 23
–, Fixierung der 22f.
–, gegenständliche 10
–, Geschichte des Begriffs „Information" 7ff.
–, informierende 248
–, instruierende 248
– –, Maßeinheit der (habit) 249
–, Klassifizierung der 168
–, maschinelle 10f.
–, motivierende 248
–, mündliche 77f.
–, notwendige 107
–, Nützlichkeit der 246, 247, 263, 265
–, Patent- 202f.
–, Primär- 20, 71, 112, 114
– –, Aufbereitung von 114
–, Prognose- 73, 123
–, publizierte 102, 103, 104
–, retrospektive 124
–, semantische 10, 134
–, Sekundär- 20, 103, 114, 164
–, Signal- 12
–, statische 22
–, Streuung der 104f.
– – u. Integration der Wissenschaften 105
–, technische 10, 210
–, Überblicks- 123
–, vitale 10
–, verborgene 246, 247
–, Vorab- 178
– –, automatisierte Systeme der 199–202
–, wissenschaftliche s. wissenschaftliche Information
–, wissenschaftlich-technische (s. a. wissenschaftliche) 21, 273
Informationsanalyse 20, 21, 32, 168
– der Forschung 33
Informationsaneignung (s. a. Lesen) 149
Informationsanforderung 118
–, Typen von 112–113
Informationsarbeit, bibliographische 202, 203–205
–, Mechanisierung der 204–205
Informationsaufbereitung 97
Informationsausgang 60, 71
Informationsaustausch 13, 134
Informationsbedürfnis 108, 109, 110, 119, 120, 130
Informationsbereitstellung 18, 36, 37, 107, 111, 120, 193, 218–221, 222, 226
–, Grundprinzipien der 78
– als dynamisches System 224
–, experimentelle Untersuchung der 224, 225, 226
– als Extremalaufgabe 225
Informationsbewertung 16, 235 bis 267
– durch Analyse der Zitierungshäufigkeit 254–260
– durch Bestimmung der Stellung der Inf. in einem Informationskomplex 266–267
– auf Grundlage wahrscheinlichkeitstheoretischer Methoden 235–251
– auf der Basis von Wahrscheinlichkeitsmaßen 243–245
– durch den Nutzer 245, 251
–, ökonomische (finanzielle) 260 bis 264

Informationsbewertung, qualitative 251–253
– durch wissenschaftswissenschaftliche Analyse 253–260
Informationsdaten 33, 38, 47, 48, [53
Informationsebene 33
Informationseingang 60, 71
Informationseinrichtungen (s. a. Informations-System, Grundelemente; Bibliotheken; Informationsfonds; IRS; Informationszentren) 208
Informationsereignis 46, 47
– ebenen 46, 47
Informationsergebnisse 185
Informationsexplosion 167, 170
Informationsfonds 20, 21, 33, 46, 206
–, geordneter 46
–, ungeordneter 46
Informationsgewinnung als antientropischer Prozeß s. Negentropie
Informationsgehalt 15
Informationsgrad 62, 63
Informationshunger 169, 170
Informationsinhalt
–, Kennenlernen des, Verfahren 154–159
–, Maß des 244
–, quantitative Messung des 243
–, Wiedergabe in einer Publikation 138
Informationskalender 60f.
Informationskanal (s. a. Nachrichtenkanal) 62f.
–, physiologischer 135
–, Regulierungsverfahren bei Überlastung des 135–137
Informationskapazität 14, 57
–, Zone erhöhter 56, 57
Informationskarten s. Karten
Informationskomplex 265–267
– u. Informationsbewertung 266 bis 267
Informationsmaterialien, Verteilung der 97
Informationsmenge 11, 134, 236, 242, 250
–, Bestimmung der 11, 12, 14, 241, 242, 243, 245, 251, 253
–, Eigenschaft der 247
–, Maßeinheit der s. bit
–, maximale 248
–, summarische 249
Informationsmittel, Reproduktion der 189–192
Informationsmilieu 134
Informationsnutzer 16, 23
–, individuelle Charakteristika 114–115
– u. Informationsvermittlung 110f.
–, Instruktion des 249
–, Kategorien der 110
Informationsnutzerbedürfnisse 108
Informationsnutzerinteressen 210
–, Ermittlung der 211–212
Informationsprozeß 13, 14, 226
–, Etappen des 185
–, Mechanisierung und Automatisierung des 168–170
– –, Ausgaben für 169
– –, Möglichkeiten und Perspektiven der 170f.
Informationsquellen
–, Altern der s. Altern der Information
–, Bewertung der 16f.
–, literarische 132
–, Nutzung von 119
–, Recherchebild der 179
–, Verarbeitung der 18
–, obligatorische Unterrichtung über Informationsquellen im IRF 219f.
Informationsrecherche (s. a. Informationsrecherchesystem) 21, 97, 168

–, Definition der 171
–, Mechanisierung der 180f., 186f.
–, Schwierigkeiten bei der 101f., 106f.
Informationsrecherchefonds 220, 221, 225
–, Ermittlung der optimalen Zusammensetzung des 210–217
Informationsrecherchesprache (IRSpr) 21, 170, 176
Informationsrecherchesystem (IRS) 20, 21, 170–172, 179, 196–199
–, Ebenen des 172
–, Effektivitätskriterien des 184
–, Erhöhung der Effektivität des 114–116, 119
–, Untersuchung der Effektivität des 215f.
–, einzyklisches 172, 182
–, Rückkopplungen zum 115–116, 117, 118, 130, 199
–, zweizyklisches 172, 182, 183, 198
–, Zyklen des 172
Informationsrepertoire 60f.
Informationssammlung 39, 97
Informationsspeicherung (s. a. Informationsprozeß, Informationsfonds) 97
Informationssynthese 168
Informationsstau 36, 279f.
Informationsstrom 18, 38, 62, 97
– im Leitungssystem eines Forschungsinstitutes 73
–, Lenkung von 227
–, quantitative Interpretation von 243
–, Untersuchung von 212–215
–, Unterteilung nach Quellen 74
– in der Wissenschaft 56–58, 60, 69
– in wissenschaftlichen Bibliotheken 212f.
Informationssystem 18, 59, 60, 227
–, Definition 206
–, einheitliches gesamtstaatliches, der wissenschaftlich-technischen Information 228–234
–, einheitliches Teilsystem der Information der Ukrainischen SSR 229, 232–234
–, Erhöhung der Effektivität des 206, 208, 210
–, geschlossenes 214–216
–, Grundelemente 208
–, Gruppen 192–194
–, Klassifizierung 59
–, maschinelle 87
–, Organisationsstruktur, Erarbeitung einer wissenschaftlichen 112f.
–, offene 214f.
–, Struktur, Ermittlung der 214
–, Umstrukturierung 133
–, Zusammenwirken Mensch-Maschine im 170
Informationstätigkeit 59, 98f. 120, 227
–, Effektivität der 100
Informationstheorie 9f., 239, 247
–, anthropomorphe 9
– u. Gesellschaftswissenschaften 18f.
–, mathematische 7, 9, 12
– u. Religion 11
–, semantische 243
–, statistische 11, 235–239, 240
Informationsträger 179–184, 188
–, Effektivität der 183–184
–, Vervielfältigung der 61
Informationstrajektorie 60
Informationsübertragung, Geschwindigkeit der 8
Informationsumfang 97
Informationsumwandlung 23, 46 bis 50
–, Teilsysteme der 51–56
–, Geschwindigkeit der 36, 47
Informationsverarbeitung 35f., 38, 59, 71, 78

Informationsverarbeitung als eigentlicher Forschungsprozeß 167
– u. schöpferische Tätigkeit 78
Informationsvermittler 97f.
Informationsvermittlung 108, 115, 165, 239
–, individuelle 193, 196–200
–, Organisation der
– – und Effektivität des Forschungsprozesses 167
–, Grundoperationen der 168
Informationsverlust 7, 9, 23, 138
– durch Anwendung der Dezimalklassifikation (DK) 176f.,281f.
Informationswahrnehmung 144, 135–137, 142, 170, 250
– u. Darstellungsstil wiss. Publikationen 141, 144
–, Erforschung der (s. a. Erkenntnistheorie) 133
– u. graphische Gestaltung von Publikationen 153–164
–, Störungen der 135
Informationsweg 23
Informationswert (s. a. Informationsbewertung, valbit) 217
–, Berechnung des 16f., 252
–, pragmatischer 249
–, Maßeinheit des 16
Informationsweitergabe 59, 71, 98f.
Informationszentrum
–, Auslastung des 220
–, Berechnung der Kapazität des (s. a. Bedienungstheorie) 217, 221, 223f.
–, Betriebsschema eines vollautomatisierten 198f.
–, Effektivität (ökonomische) eines 219
–, Effektivitätsuntersuchungen (Feststellung der optimalen Variante) eines 209–217, 224
–, Entwicklung von 37, 209, 221
–, Netz von (s. a. Informationssystem) 209, 226f.
–, zwischenzweigliche 233
Information Transfer Experiments (Intrex) 171
Informiertheit als Eigenschaft der Materie 13
Ingenieurpsychologie 154
Interpunktionsebenen 29
Interviewmethode 211
Intuition 139

Japan 278f.

Karteien 21
Karte des kontinuierlichen Prozesses (s. a. PERT) 84
Karten
–, Diamikro- 181, 183
–, Loch- 20, 203
– –, 80-spaltige 33, 201
–, Magnet- 181
–, Mikro- 180, 182
–, Randloch- 180, 182, 184, 193, 197
–, Schlitzloch- 180, 182
–, Steil- 186, 193
–, Uniterm- 181, 182
Kartenlocher, alphanumerische 186
Kleinmechanisierung 182f., 186
Kode 14, 15
–, RX-Kode (s. a. Sprache, IRSpr.) [179
–, semantischer 29
–, Sinn- s. Sprache
Kodierung 19
Koeffizient der relativen Wichtigkeit (s. a. PATTERN; Zwischenziele) 87, 88, 89, 90, 92, 93
Kommunikationsprozesse 98
– axiale 98, 99
– retikuläre 98, 99
– in der Wissenschaft 100
Kommunikation von Methoden s. Methoden

Kommunikationssysteme, Kapazität der wesentlichen 135
KWIC (Key-Word-In-Context-Index) (s. a. Permutationsregister, rubrizierende Sprachen, IRSpr.) 178, 193, 195
KWOC (Key-Word-Out-of-Context-Index) (s. a. Permutationsregister, IRSpr.) 178, 193, 195
Kybernetik 9, 10, 12

Leitungsaufgaben, Lösung der 79, [80
Leitungsknoten 72, 73
Leitungsprozesse, Informationsströme der 72, 73
– – äußere 73
– – innere 73
Leitungssystem 74–76
Leitung der Wissenschaften in der UdSSR 72
Lesen, Methoden des 148, 149 bis 153
Literatur, redundante 37
Lizenzvereinbarungen 278–279
Lochkarte s. Karten
Lochprüfmaschinen 186

Magnetbänder 193
Magnetkarte s. Karte
Magnetscheiben 188
Magnettrommeln 188
Massenbedienungstheorie 34
Materie, Eigenschaften 7
mathematische Matrizen, Typen 116f.
– u. Effektivität des IRS 117, 118
Mechanisierung, s. Inf.-Arbeit
Methoden, Kommunikation von 101
Mikrofilm (s. a. zweizykl. IRS) 180, 181, 187, 193
Mikrokarten s. Karten
mobit (s. a. Informationsbewertung, valbit) 249
Modell (vgl. FAME) 95f.
Murphysches Gesetz 129
Monographie, wissenschaftliche 165
–, Altern der (s. a. Altern der Inf., Analyse d. Zitierungshäufigkeit) 258

Nachricht 14, 15
–, mittlere, Bestimmung einer 16
Nachrichtenkanal (s. a. Informationskanal) 15, 71, 134, 206
–, Kapazität des 134, 135
– u. Berechnung des Informationswertes 258
Nachrichtenquelle 15
– in der stat. Inf.-Theorie 236
Nachrichtentheorie 9
Negentropie (negative Entropie) 9, 240, 241
–, Bestimmung des negentropischen Maßes 241
Nomogramm 158
Notationen (s. a. IRSpr.) 176
–, Symbole zur Kombination von 176

Offsetdruck (s. a. Polygraphie, Vervielfältigung) 192
Operator, alphabetischer 48
Operationsforschung 34, 206–208
Operationsgruppen, personelle Zusammensetzung 208
Operationskette (s. a. PERT) 84
Operationsspeicher, Kapazität 188
Optimalitätskartei 225
Originalität 41

Parameter, kritischer (s. a. PERT) 84, 85, 86
Patentfonds 225
Patentrecherche 203, 204
PATTERN (s. a. Zielbaummethode 83, 86–94
Permutationsregister 33, 34, 178, 193

PERT 83–86
Planungssystem, gesamtstaatliches (s. a. PATTERN) 87
Poissonsches Gesetz 220
Poissonsstrom 220, 224
Poissonswert 220
Polygraphie (s. a. Vervielfältigung) 191
Positionskarten s. Karten
Potential, wissenschaftliches
– u. Bedürfnisse der Produktion 278, 279, 282
Problemfragen 40
Problemgruppen 82
Problemlösung 41, 42
Problemsituationen 54, 57
Produktion u. Forschung 276
Prognose operative (s. a. FAME) 94, 95
Programmsteuerung 82
Publikation wissenschaftliche 37, 102, 165
–, graphische Gestaltung von (s. a. Informationswahrnehmung) 153–164
–, Zuwachs an 107
Publikation, wissenschaftlich-technische (s. a. Publikation, wissenschaftliche) 102
Publikationsgeschwindigkeit 24, 106, 147, 165

Randlochkarten s. Karten
Rauschen 8, 21
Rauschsignale 8
Rechenmaschinen, elektronische (s. a. Digitalrechner) 10, 207
– u. Bibliotheken 204–205
–, Effektivität von 187, 188, 189
– u. IRS 178, 179, 186, 187, 188, 189, 207
Rechercheauftrag 21
Recherchebild 179
Recherchesysteme (s. a. IRS) 20
Redundanz, nichtrelevante 22
–, relevante 22
Regler 134
Register 29
– Aufstellung von 195, 196
–, bibliographische (s. a. rubizierende Sprachen) 178, 193
Regressionsanalyse 96, 224f.
Reprographie 190
RX-Kodes s. Kode

Sachwortregister (s. a. rubizierende Spr.) 178
Schema, endliches 243
–, Unbestimmtheit des 243
Schemata, graph. Darst. von 160, 161
Schlitzlochkarten s. Karten
Schlüsselwerte (s. a. Notationen) 178
Schöpfertum, wissenschaftliches 42, 54, 65
–, Psychologie des 109, 132
– als Realisierung des Bildungsprogramms (s. a. Wissenschaftlerausbildung) 20
Science Citation Index (SCI) 254
Sekundärinformation s. Information
Selective Dissemination of Information (SDI) (s. a. Informationsbereitstellung) 194
Selektionsnadeln 186, 193, 197
Selektoren, stoßdynamische 186
Seltenheit eines Ereignisses (s. a. statistische Informationstheorie) 236, 237, 243
Siebdruck (s. a. Polygraphie, Vervielfältigung) 191, 192
Signal 133, 134
Signalreflex 134
Skalen, graph. Darstellung von 158, 160
–, Modell der 158, 159
Sortierkästen 186, 197
Sortiermaschinen 186

Sprache
–, Deskriptoren- (s. a. IRSpr.) 176 177, 178, 179
– –, Vorzüge der 177
– –, Haupttypen 177
–, klassifizierende (s. a. IRSpr.) 176
–, natürliche 21, 177
–, physikalische 32
–, rubrizierende (Sachindex) (s. a. IRSpr.) 177, 178
–, Sinnkode- (s. a. IRSpr.) 176 178
Steilkarten s. Karten
Störungen des Informationsweges (s. a. Rauschen, Verzerrungen) 8
Studiendauer 132
Suchen, schöpferisches 35
Szenarium (s. a. PATTERN) 88, 92
Systeme s. Recherchesyst., Informationssysteme
–, informationelle 20
Symbole, graph. Darst. von 160

Tabellen, graph. Darstellung von 161
Tabelliermaschine 186
Teilhypothesen 121
Text, wissenschaftlicher 29, 33, 35
–, Lesbarkeit 154–156
Textanalyse 33
Theorie, wissenschaftliche 29, 31
Theorie
– der Maße und der Topologie 240
– der Signalinformation (s. a. math. Inf.-Theorie) 12
Thermographie (s. a. Reprographie) 190
Thesaurus 252
– Veränderung des Thesaurus als Merkmal der Inf.-Bewertung 252, 253

Übersetzung 23
Umdruckverfahren (Rotaprint) 191
Unbestimmtheit in der Inf.-Theorie 8, 9, 236, 237, 251
Unitermkarten s. Karten

valbit (s. a. Informationsbewertung) 16, 17
Verschleiß, moralischer 124
Vervielfältigungsapparaturen (s. a. Polygraphie) 189
Verzerrungen (s. a. Störungen, Rauschen) 8, 22

Wahrscheinlichkeit, a-priori (s. a. statistische Informationstheorie) 236, 244, 251
Wahrscheinlichkeitsmodell u. Informationsbewertung 240
Wahrscheinlichkeitstheorie 217
Wahrscheinlichkeitsrechnung 7
Wertung
–, horizontale (s. a. PATTERN) 89, 90, 93
–, vertikale (s. a. PATTERN) 89
Wissen u. Forschung 47
– u. Information 12ff.
– u. Studiendauer 132
Wissenschaft
–, Differenzierungsprozeß in der 274
– als dynamisches Informationssystem 82
– als Form sozialer Tätigkeit 64
–, Integration der 19, 37, 105
– u. Nationaleinkommen 268f., 272, 274, 277, 280
– u. neue Hypothesen 124f.
– u. materielle Produktion 268f.
– als Produktivkraft 67, 97, 272
Wissenschaftler
–, Arbeitszeitverteilung des 169
–, Ausbildung des 19, 26, 97

Wissenschaftler, Nachteile der zu engen Spezialisierung der 126
–, Qualifikationsniveau des 115
–, Wissensspektrum der 125
– – u. wissenschaftliche Adaption 125
wissenschaftliche Information 142, 210, 237–238, 240
–, Darstellungsstil der wiss. Inf. (s. a. Informationswahrnehmung) 141, 144
–, Effektivitätssteigerung bei der Anwendung der wiss. Inf. 275, 284
–, Informationsinhalt der wiss. Inf., Charakteristika 143–144
–, quantitative Analyse der 239
–, Realisierung der wiss. Inf. in der materiellen Produktion 278ff.
– – Bedeutung der Intensität des Entstehens neuer Inf. für die Realisierung 281f.
– – Bedeutung der Organisation der Forschung für die Realisierung 281
– – Bedeutung der richtigen Verteilung des Akkumulationsfonds für die Real. 280
– – Bedeutung der Verbindung „Wissenschaft-Produktion" für die Real. 281
– – Schwierigkeiten bei der Realisierung der wiss. Inf. 280
– – – durch falsche Aufteilung der Kapitalinvestitionen 280
–, Ströme wiss. Inf. im System der gesellschaftlichen Produktion 277–278
wissenschaftliche Tätigkeit
–, Effektivitätssteigerung der 18, 275, 281
– als Produkt der gesellschaftlichen Arbeitsteilung 273
– als spezifische Form der Produktion 271f.
Wissenschaftsentwicklung 68
–, sozialer Prozeß der 81
–, Verteilung der Investitionen für 280–283
Wissenschaftsleitung 69
–, Struktur der in der UdSSR 72
Wissenschaftsökonomie 275
Wissenschaftsorganisation 66f.
– in der BRD 67–69
– in Großbritannien 67–69
Wissenschaftsorganisatoren 81
Wissenschaftsschulen 130
Wissenschaftssoziologie 69
Wissenschaftswissenschaft 101
Wort (im abstrakten Alphabet) 47

Zeichnungen, graphische Darstellung von 160–162
Zeitschriftenartikel, Altern der (s. a. Altern der Inf., Analyse der Zitierungshäufigkeit) 258
Zielbaum (s. a. PATTERN) 87 bis 91
Ziffern, Formen der 155
–, Wahrnehmung von 155
Zipfsches Gesetz 216
Zwischenziele (s. a. PATTERN) 87

Inhaltsverzeichnis

Vorwort		5
Kapitel I	*Methodologische Prinzipien und Grundbegriffe der Theorie der wissenschaftlich-technischen Information*	7
	Ausgangsprinzipien und -begriffe	7
	Struktur und Bedeutung der wissenschaftlichen Erkenntnis als spezifischer Form der Information	27
	Informationslogische Analyse der Wissenschaftssprache	29
	Die Zuverlässigkeit der Information und der Irrtum in der Wissenschaft als nichtzuverlässige Information	31
Kapitel II	*Wissenschaftlich-technisches Schöpfertum als Verarbeitung und Gewinnung neuer Information*	35
Kapitel III	*Die Informationsströme bei der Organisation und Leitung von Forschungen*	64
Kapitel IV	*Die Informationsbereitstellung – eine notwendige Voraussetzung der wissenschaftlich-technischen Arbeit*	97
Kapitel V	*Die informationelle Aufbereitung wissenschaftlicher Forschungsergebnisse*	132
Kapitel VI	*Die Mechanisierung und Automatisierung von Informationsprozessen im Forscherkollektiv*	167
	Möglichkeiten und natürliche Grenzen	167
	Informations-Recherche – Semantische Mittel zur Verwirklichung eines IRS – Arten von Informationsträgern	171
	Technische Mittel zur Realisierung von Informationsprozessen	185
	Arten der Informationsbereitstellung	192
	Das technische Niveau von Systemen, die die verschiedenen Arten von Information liefern	192
Kapitel VII	*Die Wahl und Berechnung einer rationellen Arbeitsweise für Informationssysteme*	206
Kapitel VIII	*Methoden zur Bewertung wissenschaftlicher Information*	235

Kapitel IX *Ökonomische Probleme der Effektivitätssteigerung bei der Nutzung wissenschaftlicher Information in der materiellen Produktion* 268

Literaturverzeichnis 285

Personenregister 295

Sachregister 298

Berichtigungen

S. 19, 4. Zeile v. u.	richtig: Bellman
S. 192/193, Tabelle 9	In der Zeile „Umdruckverfahren (Rotaprint)“ muß es in der Kolumne „Vorzüge“ richtig heißen: einfache Bedienung und Wartung; und in der Kolumne „Mängel“: nicht sehr hohe Qualität der Abdrucke; Einfarbendruck
S. 205, 15. und 16. Zeile v. o.	richtig: Auf je einen Mitarbeiter entfallen im Durchschnitt ...
S. 215, 3. Zeile v. u.	..., benennen wir mit l.
S. 216. 1. Formel v. o.	$K = \frac{\Sigma r_i}{N_{\Sigma r_i} + l_{n_i}}$,
S. 223, 2. Formel v. o.	$p_k = \frac{p_0}{k!}\left(\frac{\lambda}{v}\right) k \quad (k = 1, 2, \ldots, n)$.
S. 241, Formel	$I_1 = k \log p_0 - k \log p_1$.
S. 258, 7. Zeile v. o.	richtig: ... erweist sich die statistische Analyse ...

5839 Zločevskij, Information

FSC
www.fsc.org
MIX
Papier | Fördert gute Waldnutzung
FSC® C083411

Kolibri 360 GmbH
Ferdinand-Jühlke-Straße 7
99095 Erfurt, Deutschland
produktsicherheit@kolibri360.de